“十二五”职业教育国家规划教材
经全国职业教育教材审定委员会审定

UG逆向工程范例教程

第2版

常州轻工职业技术学院　袁　锋　编著
（国家级数控培训基地）
（美国UGS公司授权培训中心）
常州数控技术研究所　袁　钢　主审

机械工业出版社
CHINA MACHINE PRESS

本书为“十二五”职业教育国家规划教材，是根据《教育部关于“十二五”职业教育教材建设的若干意见》及教育部新颁布的《高等职业学校专业教学标准（试行）》编写的。本书结合了作者多年从事UG CAD/CAM/CAE和逆向反求造型的教学和培训经验，以UG NX 8.0为设计软件，以项目案例教学法详细介绍了吸顶灯、反光银碗、农用车灯、汽车反光镜和汽车轮毂盘5个工程案例的逆向反求建模工程，以文字和图形相结合的形式，详细介绍了5个工程案例的逆向造型过程和UG软件的操作步骤，并配有操作过程的动画演示（登录 www.cmpedu.com 网站，注册，免费下载），可帮助学生更加直观地掌握UG软件界面和操作步骤，使学生生动、形象地掌握逆向反求工程技术的精髓与实际操作技能。

本书可作为高等职业院校CAD、CAM、CAE课程教材，也可作为UG软件的中高级用户，高等职业院校机械、模具、机电及相关专业的师生教学、培训和自学用书，以及企业从事产品逆向设计和CAD应用的广大工程技术人员的参考用书。

图书在版编目（CIP）数据

UG逆向工程范例教程/袁锋编著.—2版.—北京：机械工业出版社，2014.7（2026.1重印）
“十二五”职业教育国家规划教材
ISBN 978-7-111-47073-1

Ⅰ.①U… Ⅱ.①袁… Ⅲ.①机械元件-计算机辅助设计-应用软件-高等职业教育-教材 Ⅳ.①TH13-39

中国版本图书馆CIP数据核字（2014）第129465号

机械工业出版社（北京市百万庄大街22号 邮政编码100037）
策划编辑：汪光灿 责任编辑：王莉娜 责任校对：陈 越
封面设计：张 静 责任印制：单爱军
中煤（北京）印务有限公司印刷
2026年1月第2版第10次印刷
184mm×260mm·16印张·387千字

标准书号：ISBN 978-7-111-47073-1
定价：44.00元

电话服务	网络服务
客服电话：010-88361066	机 工 官 网：www.cmpbook.com
010-88379833	机 工 官 博：weibo.com/cmp1952
010-68326294	金 书 网：www.golden-book.com
封底无防伪标均为盗版	机工教育服务网：www.cmpedu.com

第2版前言

逆向工程（Reverse Engineering，RE）也称反求工程，是相对于传统的产品设计流程即所谓的正向工程（Forward Engineering，FE）而提出的。正向工程泛指按常规的从概念（草图）设计到具体模型设计再到成品的生产制造过程。逆向工程常指从现有模型（产品样件和实物模型等）经过一定的手段转化为概念模型和工程设计模型，如利用三坐标测量机的测量数据对产品进行数学模型重构，或者直接将这些离散数据转化成 NC 程序进行数控加工而获取成品的过程，是对已有产品的再设计、再创造的过程。

目前，逆向工程已成为 CAD/CAM 技术的核心技术，广泛应用于家用电器、汽车、摩托车、飞机和模具等产品的改型与创新设计，成为消化、吸收先进技术，实现新产品快速开发的重要技术手段。许多高校已将逆向工程技术列入“CAD/CAM”课程中讲授。然而与该技术不对称的是，介绍逆向反求工程技术的教材非常少，即使有，也是偏重于逆向工程概念与理论的介绍，详细介绍逆向工程案例从数据采集、数据处理到逆向反求建模全过程的教材非常少。

本书第 1 版于 2007 年 1 月正式出版后，全国有 100 余所高职院校相关专业以及培训机构使用本书进行教学，并得到了师生的一致好评。

本书第 2 版在第 1 版的基础上，根据《教育部“十二五”职业教育教材建设的若干意见》及教育部颁布的《高等职业学校专业教学标准（试行）》进行修订，更换了工程案例，以 UG NX 8.0 为设计软件，以项目案例教学法详细介绍了吸顶灯、反光银碗、农用车灯、汽车反光镜和汽车轮毂盘 5 个工程案例的逆向反求建模工程，以文字和图形相结合的形式，详细介绍了 5 个工程案例的逆向造型过程和 UG 软件的操作步骤，并配有操作过程的动画演示，可帮助学生更加直观地掌握UG 软件界面和操作步骤，使学生生动、形象地掌握逆向反求工程技术的精髓与实际操作技能。

本书由常州轻工职业技术学院袁锋教授编著，由常州数控技术研究所袁钢主审。本书经全国职业教育教材审委员会审定，教育部专家在评审过程中对本书提出了很多宝贵的建议，在此对他们表示衷心的感谢！

由于作者水平有限，书中错误欠妥之处在所难免，恳请读者指正并提出宝贵意见。

E-Mail：yf2008@ czili. edu. cn

袁　锋

2013 年 10 月

第1版前言

逆向工程技术（Reverse Engineering，RE），也称逆向工程、反求工程，是在没有产品原始图样、文档的情况下，对产品实物进行测量和工程分析，经 CAD/CAM/CAE 软件进行数据处理，重构几何模型，并生成数控程序，由数控机床重新加工复制出产品的过程。它有别于传统的由图样制造产品的顺向思维模式。这项新技术一经问世，立即受到了各国和学术界的高度重视。

在经济全球化的压力下，国家和企业面临的竞争日趋激烈，市场竞争机制已渗透到各个领域，如何更快、更好地发展科技和经济，世界各国都在研究对策。充分利用别国的科技成果从而加以消化吸收与创新，进而发展为自己的技术，这已成为当今普遍采取的手段。

事实证明，技术引进是吸收国外先进技术、促进民族经济高速度增长的战略措施。第二次世界大战后，日本通过仿制美国及欧洲的产品，在采取各种手段获取先进的技术和引进技术进行消化和吸收的基础上，建立了自己的产品创新设计体系，使经济迅速崛起，成为仅次于美国的制造大国。有关统计资料表明，各国 70% 以上的技术都来自外国，要掌握这些技术，除了技术引进外，另一个重要的途径就是逆向工程。实际上，任何产品的问世，不管是创新、改进还是仿制，都蕴含着对已有科学技术的继承、应用和借鉴。

常州轻工职业技术学院为美国 UGS 公司授权培训中心、国家级数控培训基地，常年从事 UG 软件和数控机床的教学培训，具有丰富的教学和培训经验。本书的作者为 UGS 正式授权的 UG 教员，2002～2005 年连续四年担任全国数控培训网络"Unigraphics 师资培训班"教官。本书结合了编者多年从事 UG CAD/CAM/CAE 和逆向反求造型的教学和培训的经验，精选了 5 个典型零件作为逆向反求设计实例，以文字和图形相结合的形式，详细介绍了零件的逆向造型过程和 UG 软件的操作步骤，并配有操作过程的动画演示，可帮助读者更加直观地掌握 UG NX4 的软件界面和操作步骤，使读者能达到无师自通、易学易懂的目标。

本书可作为 CAD/CAM/CAE 专业课程教材，特别适用于 UG 软件的中高级用户，可供各大、中专院校机械、模具、机电及相关专业的师生教学、培训和自学使用，也可作为研究生和各工厂企业从事产品逆向设计和 CAD 应用的广大工程技术人员的参考用书。

本书由常州轻工职业技术学院副教授、高级工程师王志平校审，全书的操作过程动画演示光盘由常州勤业塑料有限公司袁钢先生制作。

本书在编写过程中得到了常州轻工职业技术学院、优集系统（中国）有限公司与 UGS 各授权培训中心的大力支持，常州轻工职业技术学院袁飞、汤小东、李涛老师也为本书的编写做了大量工作，在此表示衷心感谢。

由于作者水平有限，错误欠妥之处在所难免，恳请读者指正并提出宝贵意见。

E-Mail：yf2008@czili.edu.cn

袁　锋

2006 年 10 月

目录

第1章 逆向工程概述

1.1 逆向工程简介

逆向工程技术（Reverse Engineering，RE）也称逆向工程，是在没有产品原始图样和文档的情况下，对产品实物进行测量和工程分析，经 CAD/CAM/CAE 软件进行数据处理，重构几何模型，并生成数控程序，由数控机床重新加工复制出产品的过程。它有别于传统的由图样制造产品的顺向思维模式。这项新技术一经问世，立即受到了各国和学术界的高度重视。

逆向工程是相对于传统的产品设计流程即所谓的正向工程（Forward Engineering，FE）而提出的。正向工程泛指常规的从概念（草图）设计到具体模型设计再到成品的生产制造过程。反向工程常指将现有模型（产品样件、实物模型等）经过一定的手段转化为概念模型和工程设计模型，如利用三坐标测量机的测量数据对产品进行数学模型重构，或者直接将这些离散数据转化成 NC 程序进行数控加工而获取成品的过程，是对已有产品的再设计、再创造的过程。图 1-1 所示为汽车轮毂盘三坐标测量机逆向采集数据，图 1-2 所示为汽车轮毂盘 CAD 实物模型重现。

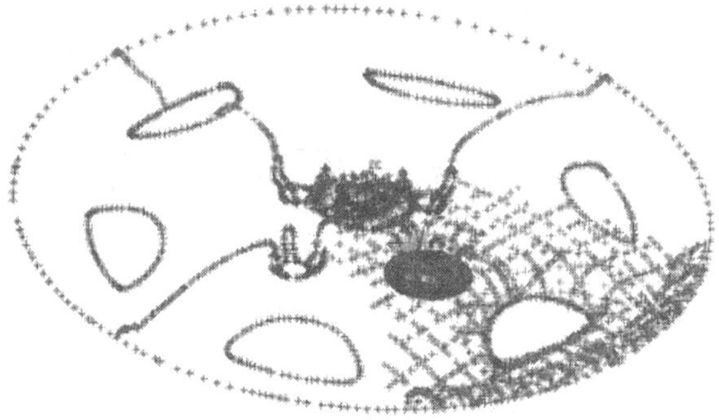

图 1-1

在经济全球化的压力下，国家、企业面临的竞争日趋激烈，市场竞争机制已渗透到各个领域。随着科学技术的高度发展，科技成果的应用已成为推动生产力发展和社会进步的重要手段。如何更快、更好地发展科技和经济，世界各国都在研究对策。充分利用别国的科技成就并加以消化吸收与创新，进而发展自己的技术已成为普遍的手段。

图 1-2

由于技术保密的限制，除非购买转让，否则要获得产品的图样、技术文档和工艺等技术资料几乎是不可能实现的，而产品实物作为商品和最终的消费品，是最容易获得的一类“研究”对象。在只有产品原型或实物模型的条件下，可以基于产品实物逆向工程对产品零件进行生产制造，除可实现对原型的仿制外，通过重构产品零件的CAD模型，在探询和了解原设计技术的基础上，还可实现对原型的修改和再设计，以达到设计创新和产品更新的目的。对于具有复杂曲面外形的零部件，逆向工程更是其主要的设计方式。作为获取成品的两种不同途径，正向工程和逆向工程的设计流程对比如图1-3所示。

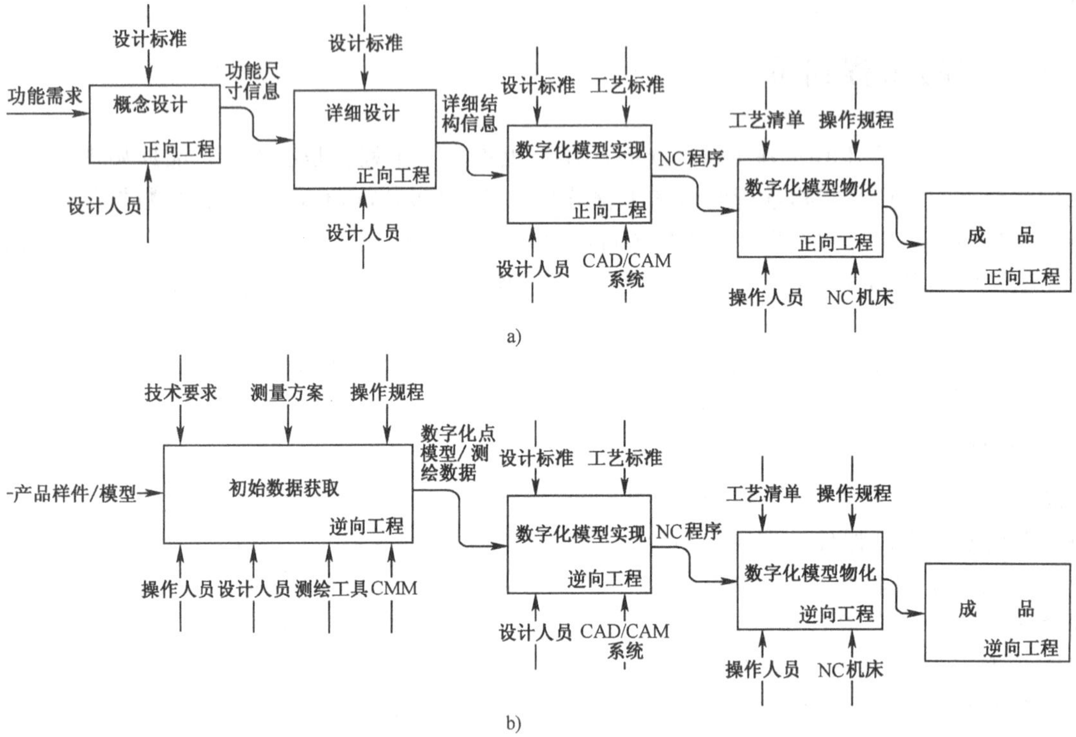

图 1-3

a）正向工程 b）逆向工程

事实证明，技术引进是吸收国外先进技术，促进民族经济高速度增长的战略措施。第二次世界大战后，日本通过仿制美国及欧洲的产品，在采取各种手段获取先进的技术和对引进的技术进行消化与吸收的基础上，建立了自己的产品创新设计体系，使经济迅速崛起，成为仅次于美国的制造大国。据有关统计资料表明，各国70%以上的技术都来自外国，要掌握这些技术，除了技术引进外，另一个重要的途径就是逆向工程。实际上，任何产品的问世，不管是创新、改进还是仿制，都蕴含着对已有科学技术的继承、应用和借鉴。

1.2 逆向工程的应用范围

随着逆向工程技术的不断发展，逆向工程已经成为联系新产品开发过程中各种先进技术的纽带，被广泛应用于家用电器、汽车、摩托车、飞机、模具等产品的改型与创新设计，成为消化、吸收先进技术，实现新产品快速开发的重要技术手段。具体来说，逆向工程有以下几方面的应用。

(1) 新零件的设计　在工业领域中，有些复杂产品或零件很难用一个确定的设计概念来表达，但为了与客户交流，以获得优化的设计，设计者常常通过创建基于功能和分析需要的一个物理模型来进行复杂或重要零部件的设计，然后用逆向工程方法从物理模型构造出CAD模型，在该模型的基础上可以做进一步的修改，实现产品的改型或仿形设计。

(2) 已有零件的复制　在缺乏二维设计图样或者原始设计参数的情况下，需要将实物零件转化为数字化模型，从而通过逆向工程方法对零件进行复制，以再现原产品或零件的设计意图，并可利用现有的计算机辅助分析（CAE）、计算机辅助制造（CAM）等先进技术，进行产品创新设计。

(3) 损坏或磨损零件的还原　当零件损坏或磨损时，可以直接采用逆向工程方法重构该零件的CAD模型，对损坏的零件表面进行还原或修补，从而可以快速生产这些零部件的替代零件，提高设备的利用率并延长其使用寿命。

(4) 模型精度的提高　设计者基于功能和美学的需要对产品进行概念化设计，然后使用一些软材料，例如木材、石膏等将设计模型制作成实物模型。在这个过程中，由于对初始模型改动得非常大，没有必要花大量的时间使物理模型的精度非常高，可以采用逆向工程的方法进行模型制作、修改和精练，提高模型的精度，直到满足各种要求为止。

(5) 数字化模型的检测　对加工后的零件进行扫描测量，再利用逆向工程方法构造出CAD模型，通过在计算机上将该模型与原始设计的CAD模型进行数据比较，可以检测制造误差，提高检测精度。

(6) 特殊领域产品的复制　如艺术品、考古文物的复制，医学领域中人体骨骼、关节等的复制，具有个人特征的太空服、头盔、假肢的制造，都需要首先建立人体的几何模型。这些情况都必须从实物模型出发，得到产品的数字化模型。

综上所述，逆向工程技术是一种以先进产品的实物、样件和软件作为研究对象，应用现代设计方法学、生产工程学、材料学和有关专业知识进行系统分析和研究，探索掌握其关键技术，进而开发出同类的更为先进的产品的技术。它不仅可以消化和吸收实物原型，通过修改和再设计制造新的产品，还有可能在设计和制造的过程中充分利用CAD、CAM、CAE、RPM、PDM及CIMS等先进制造及管理技术。逆向工程技术是一项开拓性、实用性和综合性很强的技术，具有广阔的市场前景。

1.3　逆向工程的数据采集技术

数据采集就是利用坐标测量技术得到逆向建模的数据。坐标测量技术与众多学科都有着紧密的联系，如光学、机械、电子、计算机视觉、计算机图形学、图像处理（如滤波、图像分块、轮廓提取、图像恢复）和模式识别等，其应用领域极为广阔，它也是实现逆向工程的基础。

总体上，坐标测量设备分为非破坏性测量设备和破坏性测量设备两大类。非破坏性测量设备可以分为接触式和非接触式两大类，接触式测量有基于力-变形原理的触发式和连续扫描式数据采集等方法，主要有三坐标测量机和机械手臂测量两种；而非接触式测量是基于光学和声学和磁学等原理，主要包括结构光测距法、激光三角形法、激光测距法、干涉测量法和图像分析法等。

破坏性测量主要是指自动断层扫描技术。该技术采用逐层铣削样件实物、去除材料，并逐层扫描断面的方法，获取零件原形不同位置截面的内外轮廓数据，并将其组合起来获得零件的三维数据。其特点是可以测量任意形状、任意结构样件的数据，测量精度较高，片层最小可达0.01mm。图1-4所示为逆向工程数据采集方法分类。

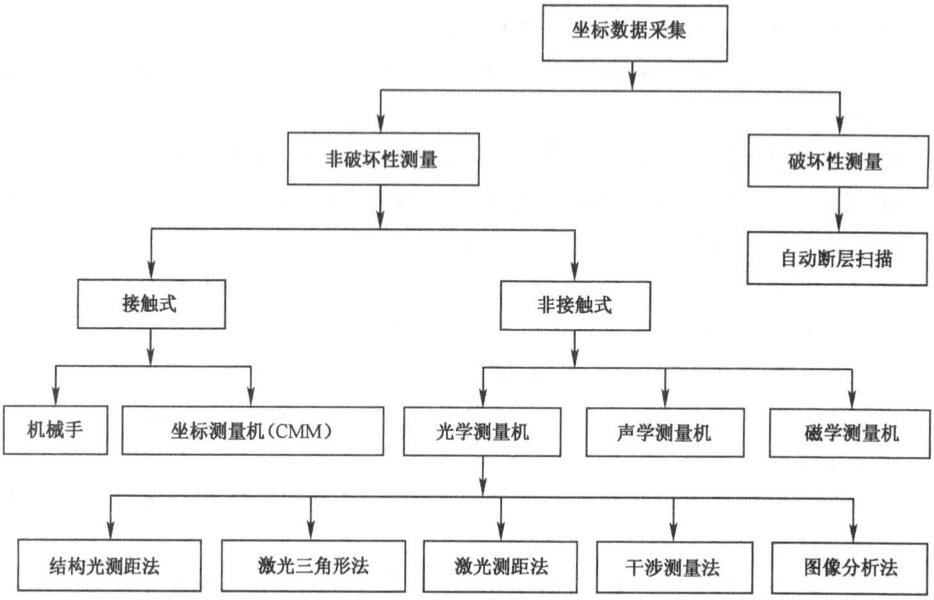

图 1-4

1. 接触式数据采集方法

接触式数据采集方法主要有基于力触发原理的触发式数据采集和连续扫描数据采集两大方法。

(1) 触发式数据采集方法　触发式数据采集采用触发探头，当测头的探针接触到样件的表面时，由于探针尖受力变形触发采样中的开关，其大小和方向由传感器测出，通过模-数转换，将测出的信号反馈给计算机，通过计算机运算，显示出所测量的三维点的坐标。如此逐点移动，就能采集到样件表面轮廓的坐标数据。在触发式数据采集的过程中，由于探针必须偏移一个固定数值才会触发开关，而且一旦接触到样件的表面后，探针需要法向退出以免受力过大而折断，因此数据采集速度较低，对凹表面的测量不十分有效，内腔难以测量。

(2) 连续式数据采集方法　连续式数据采集采用模拟量开关采样头。由于其数据采集过程是连续进行的，速度比点接触触发式采样头快许多倍，采样精度也较高。此外，由于其接触力较小，允许用小直径的探针去扫描具有细微部分或由较软材料制成的模型。由于采样速度快，连续式数据采集可以用来采集大规模的数据。

接触式测量技术已较成熟，国内外都有成熟的产品。国内主要的三坐标测量机生产厂家有中国航空精密机械研究所、西安爱德华测量设备有限公司、上海机床厂、上海光学仪器厂、北京机床研究所、新天精密光学仪器公司、昆明机床厂等10余家；国外著名厂商有美国Sheffield公司、美国OGP光学测量公司、德国Zeiss公司和意大利Coor D3公司。

英国雷尼绍公司的 CYCLON2 高速扫描仪可实现激光测头和接触式扫描头的互换，激光测头的扫描精度达 0.05mm，接触式扫描测头的精度可达 0.02mm，可对易碎、易变形的形体及精细花纹进行扫描。德国 GOM 公司的 ATOS 扫描仪在测量时，可随意绕被测物体移动，利用光带经数据影像处理器得到实物表面数据，扫描范围可达 8m × 8m。ATOS 扫描不仅适用于复杂轮廓的扫描，而且可用于汽车和摩托车内、外饰件的造型工作。英国泰勒·霍普森公司的 TALYSCAN 150 多传感扫描仪等，集中体现了检测设备的高速化、廉价化和功能复合化等特点。

英国 Renishaw 公司的 Retroscan 系统可配装在现有的加工中心或数控铣床上，使之成为一台数控仿形铣床。它从数控系统的位置反馈环节直接读取机床的坐标值，因此其数据采集率更高，扫描速度更快。这些系统的扫描和切削功能彼此独立，因而可获得最快的扫描速度和最高的切削效率，其机床规格满足被仿形模型或待加工毛坯的要求即可，广泛适用于各种配装通用数控系统的普通数控铣床或加工中心。由于是编程扫描，所以探针式测头每秒可采集几十个数据。把采集的数据存入计算机中，根据零件（或模具）制造的需要，既可以对扫描模型进行阴-阳模转换、比例缩放、镜像、旋转和平移，根据用户设定自动生成分型面等处理，也可以生成各种不同格式的 CAD 数据，送到其他的 CAD/CAM 系统（如 RP 系统）中做进一步处理或加工。图 1-5 所示为 Renscan 200 系统的示意图，图 1-6 所示为二维数据采集示意图，图 1-7 所示为三维数据采集示意图。

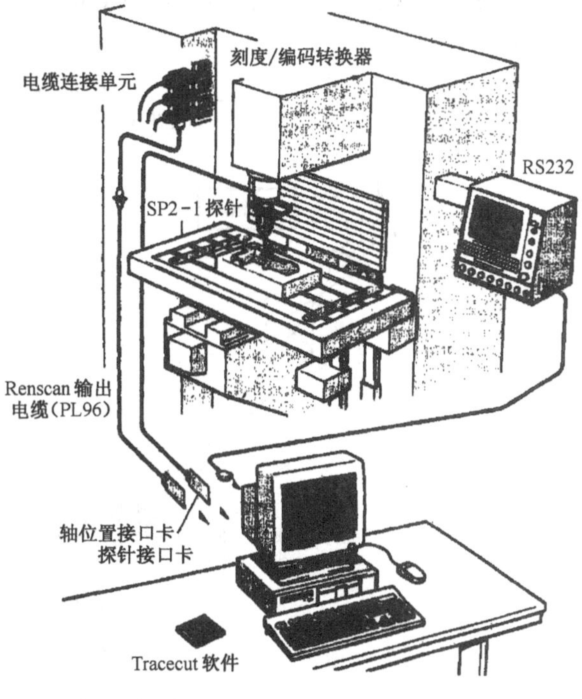

图 1-5

图 1-6

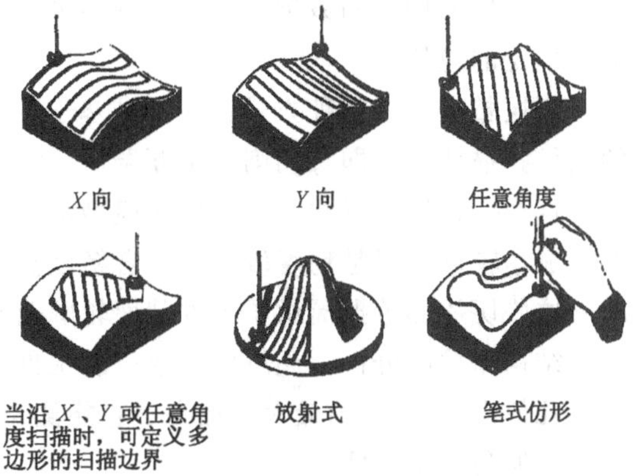

图 1-7

2. 非接触式测量方法

非接触式测量主要是基于光学、声学和磁学等原理，将一定的物理模拟量通过适当的算法转化为样件表面的坐标点。用非接触式方式采集实物模型的表面数据时，测头不与实物表面接触，主要运用光学原理进行三维数据采集。其方法主要有结构光测距法、激光三角形法、激光测距法、干涉测量法和图像分析法等。

（1）激光三角形法　采用激光作为光源，以预定角度照射到被测物体上，利用光源和 CCD 摄像机之间的位置以及投射/反射光线与这两点连线所形成的指向之间的夹角来测算目标点位置的三维坐标。利用三角形解法，由已知角度和距离就可计算得到被测表面任意一点的坐标（相对参考表面）。在图 1-8 中，被测表面与参考表面上两点探测成像的位移 h 为

$$h = \frac{db\sin\varphi\cos\alpha}{a\sin(\theta+\alpha) + d\sin(\theta+\alpha+\varphi)}$$

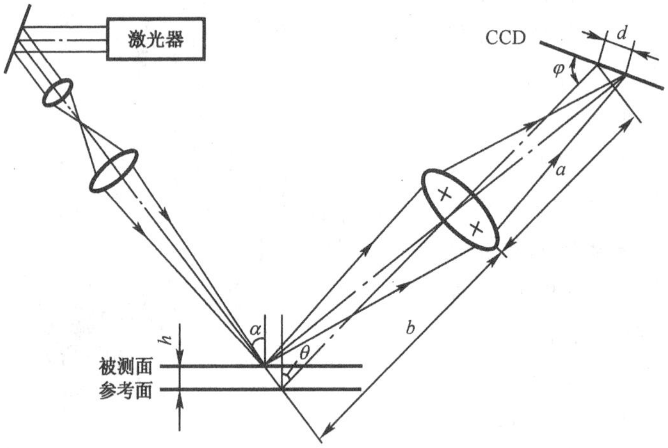

图　1-8

此方法已经成熟，光源和图像探测器安装在可移动的平台上进行多轴扫描，解决了坐标定位问题，通常采用多测点布置，能快速、完整地读取物体的表面点数据信息。其特点是数据采集速度快，如十几秒即可以完成对人体面部数据的采集。这种方法有一个局限性，不能采集到物体的内表面数据。为了实现物体内部表面的数字化，断层扫描技术在逆向工程中取得了广泛的应用。

断层扫描也有两种方式：一种是基于工业 CT 的、无损的断层扫描技术；一种是破坏式的断层扫描技术，即每切削一个断层后，测量该截面的内外边界，然后以一定的厚度再切一层，这样一直进行下去，直到实物模型被切割完毕，数字化过程也随之完成。前者不破坏零件，成本较低，但是精度较差；后者精度高，但是要破坏样件，并且测量过程复杂，成本较高。这些切片和数据提供了工件截面轮廓及其内部结构的完整信息，不仅可以进行工件的形状、结构和功能分析，还可以提取产品工件的内部截面，并由工件系列截面数据重建工件的三维几何模型。CT 的最大优点在于它能测量工件内部断面的信息，因而适用于任意的形状结构，但测量精度低。

（2）结构光测距法　结构光测距法被认为是目前三维形状测量中最好的方法，其原理

是将具有一定模式的光源，如栅状光条投射到物体表面，然后用两个镜头获取不同角度的图像，通过图像处理的方法得到整幅图像上像素的三维坐标。这种方法具有速度快、无需运动平台的优点。

1.4　三坐标测量机

三坐标测量机是20世纪60年代发展起来的一种高效率的新型精密测量仪器。它广泛应用于制造、电子、汽车和航空航天等工业中，起初是作为一种检测仪器，对零件和部件的尺寸、形状及相互位置进行检测，还可用于划线、定中心孔和光刻集成线路等。由于三坐标测量机具有对连续曲面进行扫描来制备数控加工程序的功能，因此一开始就被选为逆向工程的主要数字化设备，并一直使用至今。

作为一种测量仪器，三坐标测量机主要是比较被测量与标准量，并将比较结果用数值表示出来。三坐标测量机需要三个方向的标准器（标尺），利用导轨实现沿相应方向的运动，还需要三维测头对被测量进行探测和瞄准。此外，测量机还具有数据自动处理和自动检测等功能，需要由相应的电气控制系统与计算机软、硬件实现。

三坐标测量机由主机、CNC装置、测头、伺服系统和电气系统等部分组成，其工作原理如图1-9所示。

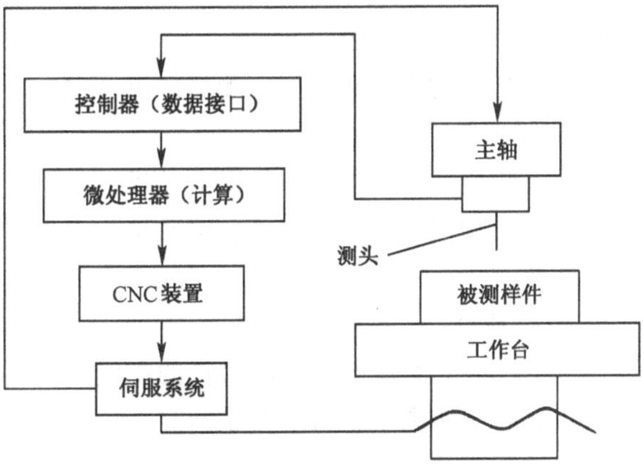

图　1-9

被测样件定位在工作台上，当测杆测头接触到被测工件时，测头内部产生一个触发信号，并通过发信臂内的电磁耦合器将此信号传给受信模块，再进入控制器。信号进入控制器后，经整形由相应的接口传到数控系统的指令端，向机床发出终止移动指令，从而使测杆测头接触工件瞬间的坐标位置被触发信号“封锁”，并进行运算处理，同时测量机进入下一个程序段。重复上述测量过程，便可自动完成所需坐标数据的测量。

1. 主机

三坐标测量机的主机结构如图1-10所示。

（1）框架结构　指测量机的主体机械结构架子，由工作台、立柱、桥框和壳体等机械结构组成。

（2）标尺系统　它是三坐标测量机的重要组成部分，包括线纹尺、精密丝杠、感应同步器、光栅尺、磁尺及数显电气装置等。

（3）导轨　用于实现三维运动，多采用滑动导轨、滚动导轨和气浮导轨，以气浮导轨为主要形式。气浮导轨由导轨体和气垫组成，包括气源、稳压器、过滤器、气管和分流器等气动装置。

（4）平衡部件　主要用于Z轴框架，以平衡Z轴的质量，使Z轴上、下运动时无偏重干扰，Z 向测力稳定。

（5）转台与附件　用于使测量机增加一个回转运动的自由度，包括分度台、单轴回转台、万能转台和数控转台等。

2. CNC 装置

CNC 装置包括印制电路板、显示器、接口、输入设备等软、硬件系统，是测量机的核心。

3. 三维测头

三维测头即三维测量传感器，它可在三个方向上感受瞄准信号和微小位移，以实现瞄准和测微两项功能，主要有硬测头、电气测头和光学测头等。测头有接触式和非接触式之分。按输出信号分，有用于发信号的触发式测头和用于扫描的瞄准式测头、测微式测头等。

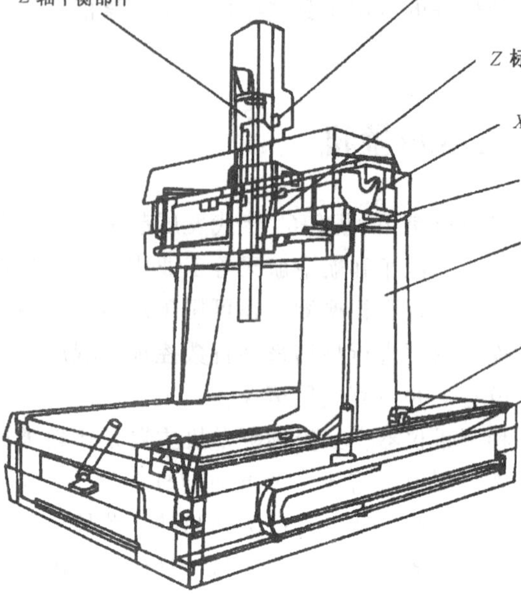

图　1-10

4. 伺服系统

伺服系统包括驱动单元和伺服电动机，是用来驱动测量机的执行机构，实现机动和程序控制伺服运动功能，由丝杠螺母、滚动轮、钢丝、同步带、齿轮齿条、光轴滚动轮和伺服电动机等组成。

5. 电气系统

（1）电气控制系统　它是测量机的电气控制部分，包括外围设备控制、通信控制和保护与逻辑控制等，实现单轴与多轴联动。

（2）计算机硬件部分　包括各式 PC 和工作站。

（3）测量机软件　包括控制软件与数据处理软件，可进行坐标变换与测头校正，生成探测模式与测量路径，还可用于基本几何元素及其相互关系的测量，形状与位置误差测量，齿轮、螺纹与凸轮的测量，曲线与曲面的测量等，具有统计分析、误差补偿和网络通信等功能。

（4）打印与绘图装置　其功能是根据测量要求打印输出数据、表格和绘制图形等。

1.5　测量数据的处理技术

数据处理是逆向工程的一项重要的技术环节，它决定着后续的模型重建过程能否方便、准确地进行。在测量设备的数据传输中，IGES 格式仍然是首选的数据转换格式标准，几乎所有的 CAD 系统都支持这一标准格式。

测量数据的处理目的首先是除去模型中冗余的数据点，最好只留下恰恰够得上重构出 CAD 模型的数据量，但是这个尺度是很难把握的，一般来说，预处理后的点云模型仍然存在较多的数据冗余，不过已经可以大大减轻 CAD 系统的负担，因为许多 CAD 系统对点云模型的处理能力是非常有限的，例如对数以万计点云的显示问题，大多数 CAD 系统都要占用大量的内存，因此刷新速度很慢，导致工作无法开展；其次是对噪声点进行过滤。具体内容有以下几个方面。

1）补偿点产生。

2）噪声点删除。

3）数据点精化。

4）数据点加密。

5）坐标变换。

6）数据的格式转换和数据输出。

1. 噪声点的处理

无论是接触法还是非接触法获取的数据，都不可避免地在真实数据点中混有不合理的噪声点，过滤掉噪声点是逆向工程中数据处理的基础。最简单的噪声除去方法是人机交互，在数据序列中将这些点删除。对大范围“数据云”的噪声过滤常用程序判断滤波、N 点平均滤波以及预测误差递推识别等方法。上述的每种方法都面临着既要消减噪声点又要保持真实点不受损过多的矛盾。

2. 测量数据分块

在实物逆向中，由于样件结构或测量设备的限制，在数据测量之前要预先对零件进行分块，这样测量得到的数据就是分块数据。另外，出于数据处理的需要，也可以在数据测量完成之后，通过产品的功能、结构分析以及数据的曲率分布定义曲面边界，提取边界线，对测量数据进行分块。

对测量数据进行分块，可将复杂的数据处理问题简化，使后期的曲面局部修正变得方便、灵活，有利于提高精度。分块数据曲面重构的选择性较好，很多参数曲面在曲率大范围扰动时的拟合状况并不理想。采用曲率法来检测数据分块区的边界线，对散乱点数据分块主要分为基于边和基于面两种方法。

1）基于边的方法首先是从数据点集中，根据组成曲面片的边界轮廓特征、两个曲面片之间的相交、过渡特征，以及形状表面曲面片之间存在的棱线或脊线特征，确定出相同类型曲面片的边界点，连接边界点形成边界环，判断点集是处于环内还是环外，实现数据分块。

2）基于面的技术是确定哪些点属于某个曲面，这种方法与曲面的拟合结合在一起，在处理过程中，同时完成了曲面的拟合。

在实际的产品中，只由一张曲面构成的情况不多，产品形面往往由多张曲面混合而成。由于组成曲面的类型不同，所以 CAD 模型重建分解为：先分别拟合单个曲面片，再通过曲面的过渡、相交、裁剪、倒圆等手段，将多个曲面“缝合”成一个整体，重建模型。

事实上，数据分块和曲面拟合是一对矛盾的统一体，如果知道将要拟合的是哪一种曲面，我们立即能划分属于它的数据点；反之，如果确切地知道属于一种曲面类型的数据点集，根据点集，我们能拟合出最优的曲面。但是，多数场合下，我们既不知道曲面的类型，也不能划分数据点集，只能在两个过程的并行中，反复计算、反复估值、反复迭代，寻求最佳的结果。

1.6 产品模型的重构技术

实物的三维 CAD 模型重建是整个逆向工程过程最关键、最复杂的一环，因为后续的模具设计、数控加工、快速原型制造、虚拟制造仿真、CAE 分析和产品的再设计等应用都需要 CAD 数学模型的支持，这些应用都不同程度地要求重建的 CAD 模型能准确地还原实物样件。产品模型重构的精度受两个因素的影响，一是设备硬件，包括数字化设备和造型软件；二是操作者（包括测量和造型人员）的经验。整个环节具有工作量大、技术性强的特点。目前，成熟的模型重建方法可根据数据类型、数据来源和造型方式进行分类。

1）按数据类型，可分为有序点和散乱点的重建。

2）按测量机的类型，分为基于 CMM、激光点云、CT 数据和光学测量数据的重建。

3）按造型方式，分为基于曲线的模型重建和基于曲面的直接拟合。

1. 曲线拟合

曲线是构建曲面的基础。在逆向工程中，对于给定的组型值点，如果构造出的曲线偏离原始型值点，则称之为逼近或拟合。样条曲线是一条通过一系列型值点的曲线，但有时让样条通过每一型值点时，样条会产生波动。所以，在生成样条时不必强制样条通过每一型值点，而是设定一个允许误差值，根据允差在每一型值点周围划出一区域，只要样条经过每一个区域，就是合乎要求的样条曲线。允差值设得越小，生成的样条曲线就越容易产生波动；允差值设得越大，样条曲线会越光顺。但光顺与偏离原始型值点的关系是矛盾的，一方面光顺就是要修改原始型值点，而另一方面又希望型值点尽量少修改。对这个问题的处理，要根据具体情况而定。

（1）逼近法拟合曲线　首先指定一个允许误差值，并设定曲线控制顶点的数目，用最小二乘法求出一条曲线后，计算测量点到曲线的距离作为点到曲线的误差值。若最大的距离值大于逼近误差值时，则需增加控制顶点的数目，重新拟合曲线，直到测量点的误差小于逼近误差。

（2）插值法拟合曲线　插值法拟合曲线就是要求构造一条曲线通过所有测量点。这种方式的优点是曲线与点数据的误差为零；缺点是当点数据量过大时，则曲线控制点也相对增多，同时不能除去由于测量带来的坏点（噪声点）。因此，使用插值法拟合曲线时，应先进行数据平滑处理以去除掉测量坏点。

2. 曲面重构

按曲面构造分，曲面重构主要有两种方法：第一种是以三角 Bezier 曲面为基础的曲面构造方法，具有构造灵活、边界适应性好的特点，不足之处在于所构造的曲面模型不符合产品描述标准，并与通用的系统通信困难，而且有关三角 Bezier 曲面的一些计算方法的研究还不太成熟；第二种是以 B 样条或 NURBS 曲面为基础的曲面构造方法，能够在一个系统中严格地以统一的数学模型定义产品的几何形状，使得系统精简，并可采用统一的数据库，易于数据管理。

B 样条及 NURBS 曲面表示是目前成熟的商品化 CAD/CAM 系统中广泛采用的曲面表示方法，这类曲面可以应用四边参数曲面片插值、拉伸、旋转、放样（Lofting）或蒙皮（Skining)、扫掠（Sweeping）、混合（Blend）和四边界方法（Boundaries）构造，也称矩形域的参数曲面或四边曲面。以此为基础，已形成一套完整的曲面延伸、求交、裁剪、变换、光滑拼接及曲面光顺等算法。

按造型方式，曲面重构分为基于曲线的曲面重建方法和基于测量点直接拟合的曲面造型方法。

1）基于曲线的曲面重建方法的原理是在数据分块的基础上，首先由测量点插值或拟合出组成曲面的网格样条曲线，再利用系统提供的放样、混合、扫掠和四边曲面等曲面造型功能进行曲面模型重建，最后通过延伸、求交、过渡、裁剪等操作，将各曲面片光滑拼接或缝合成整体的复合曲面模型。

基于曲线的曲面重建方法实际上是通过组成曲面的网格曲线来构造曲面，是原设计的模拟，在预知曲面特征信息，如原曲面类型和构建方式等时，能准确地重建原模型的几何拓扑特征，对规则形状物体是一种有效的模型重建方法。如果模型是由自由曲面组成的复合曲面，其几何拓扑信息难以从实物及数据模型中估计，采用基于曲线的曲面重建方法需反复交互选取曲面造型方式，使构建的曲面片满足光滑和精度的要求。

基于曲线的曲面重建方法要求截面扫描测量，截面应尽量与曲面的母线或曲面扫掠轨迹线垂直，测量数据点应分布均匀，最好是U、V两个方向都进行截面扫描，但在曲面数学模型未知的情况下较难做到。

2）基于测量点直接拟合的曲面造型方法的原理是直接建立满足数据点的插值或拟合曲面，既能处理规则点也能直接拟合散乱点。它有如下的优点：在大量的数据点上工作，支持面对点的最佳拟合；曲面一般选取B样条表示，在曲面重建中，能够构造出作为标准的B样条曲面，并且其最终的曲面表达式也较为简洁。

一个有经验的造型人员，在模型重建之前，应详细了解模型的前期信息和后续应用要求。前期信息包括实物样件的几何特征和数据特点（类型、完整性）等；后续应用包括结构分析、加工、制作模具和快速原型等，以选择正确有效的造型方法、支撑软件、模型精度和模型质量。

在实践中，进行模型重建时选择哪种造型方法取决于测量数据的类型和模型的几何特征以及曲面的复杂性。基于曲线的造型方法较适合于有序的测量数据，并且外形是以某种确定的造型方式生成的曲面模型。这种方法的不足之处在于，如果曲线分布较密，曲面造型通过所有的曲线，不能保证曲面的光滑性；反过来，选定曲线的数量较少时，又难以保证曲面的精度。对曲面片的直接拟合造型来说，数据分块的准确性又显得十分重要，因为如果用一张曲面片去拟合由两个及两个以上的曲面类型组成的曲面，最终拟合曲面一般都是不光滑的。另外，需要指出的是，这两种方法并不是独立的，实际造型时，对同一个实物模型，也许会选择两种造型方式（针对不同的曲面片）。

3. 基于特征的模型恢复技术

在产品设计过程中，一般以零件的力学性能、流体动力学性能或美观性要求作为设计的评价指标，产品几何形状、造型方法及设计参数的确定必须满足这些设计要求。要使逆向工程产品仍能满足这些要求，就需要在逆向工程CAD建模过程中尽量还原产品的原始设计参数。

原始设计参数还原是逆向工程的基础，如何从测量数据点中确定原设计参数是一个特征识别问题。参考特征造型的特征定义方法，原设计参数可定义为几何特征参数、形状特征参数、精度特征参数、性能特征参数和制造特征参数等。

要按照原始设计方案进行逆向工程 CAD 建模，就需要基于测量数据提取产品特征设计参数，并进行特征重构和特征运算，进而完成产品数字化模型重建。与正向设计中的曲面造型方法相对应，在三维模型重建中，实物的几何特征和形状特征识别是建模的关键，它能为设计者提供准确的几何信息，可以对测量数据直接进行修正以消除误差。单纯依据测量数据，有时会得到错误的模型，如直线的拟合和圆孔直径的确定。对于由直线、圆弧等构成的实物棱线及轮廓特征、等半径的倒圆特征、对称特征、圆孔特征以及由平面、柱、锥、球、环等基本体素拼合而成的零件，特征提取较简单，但对于二次曲线（抛物线）特征、变半径倒圆特征、椭圆孔特征等，特别是具有复杂曲面外形的零件，其外形是由一些基本子曲面通过光滑连接、修整、裁剪、过渡拼合而成的，其设计和数学模型较为复杂，提取这类特征是特征建模的难点。

1.7 UG 软件简介

UG（Unigraphics）是当今世界应用最广泛的计算机辅助设计、分析和制造软件之一，广泛应用于航空、航天、汽车和家用电器等制造领域。

UG 最早起源于美国麦道飞机公司，后数易其主，从麦道飞机到通用汽车到 EDS，后独立出来成立 UGS 公司。2001 年 5 月，EDS 公司又将其收归麾下，并且收购了 IDEAS 软件开发商 SDRC 公司。市面上 UG 的最高独立版本为 UGV18，IDEAS 的最高独立版本为 IDEASV8，合并后重新命名为 UGNX。它的内容博大精深，涉及平面工程制图、三维造型（CAD）、装配、制造加工（CAM）、工业造型设计、注塑模具设计（Moldwizard）、钣金设计、机构运动分析、有限元分析、渲染和动画仿真、工业标准交互传输和数控模拟加工等几十个模块。

UG 软件最擅长 NC 编程技术，提供了十分丰富的自由曲面加工功能，实体造型、曲面造型方面的功能也相当强大，是当前世界上最先进和紧密集成的、面向制造业的 CAX 高端软件，是知识驱动自动化技术领域中的领先者。它实现了设计优化技术与基于产品和过程的知识工程的组合。UGNX 提供了一种面向产品生命周期管理（Product Lifecycle Management, PLM）的有效解决方案，产品的创新要贯穿于产品本身的全生命周期，从总体构想设计、概念设计、详细设计、生产计划到制造质量控制都要创新。UGS 产品十分重视任何提高企业的创新能力，为此特别强调：创新要基于知识、基于产品、基于过程。UG 的产品创新开发技术和手段主要包括全集成、全相关、前瞻性、数字样机、快速反应机制和知识工程（KBE）六个方面。在航空航天、汽车、通用机械、工业设备、医疗器械以及其他高科技应用领域的机械设计和模具加工自动化的市场上得到了广泛的应用。该软件具有以下特点。

1）具有统一的数据库，真正实现了 CAD、CAE、CAM 等各模块之间的无数据交换的自由切换，可实施并行工程。

2）采用复合建模技术，可将实体建模、曲面建模、线框建模、显示几何建模与参数化建模融为一体。

3）用基于特征（如孔、凸台、型胶、槽沟、倒角等）的建模和编辑方法作为实体造型基础，形象直观，类似于工程师传统的设计办法，并能用参数驱动。

4）曲面设计采用非均匀有理B样条作为基础，可用多种方法生成复杂的曲面，特别适合于汽车外形设计、汽轮机叶片设计等复杂曲面造型。

5）出图功能强，可十分方便地从三维实体模型直接生成二维工程图。能按ISO标准和国标标注尺寸、几何公差和汉字说明等，并能直接对实体作旋转剖、阶梯剖和轴测图挖切生成各种剖视图，增强了绘制工程图的实用性。

6）以Parasolid为实体建模核心，实体造型功能处于领先地位。目前，著名的CAD、CAE、CAM软件均以此作为实体造型基础。

7）提供了界面良好的二次开发工具GRIP（Graphical Interactive Programing）和UFUNC（Userfunction），并能通过高级语言接口，使UG的图形功能与高级语言的计算功能紧密结合起来。

8）具有良好的用户界面。在UG系统中，绝大多数功能都可通过图标实现，进行对象操作时，具有自动推理功能。同时，在每个操作步骤中，都有相应的提示信息，便于用户做出正确的选择。

9）获取和重新使用知识成为了Unigraphics最新版本的一个关键特性，由此它进入了应用知识工程和设计的新时代，KDA（知识驱动自动化）成为UG软件同其他公司软件的最大区别。

1.8 UG逆向造型的基本技巧

UG的逆向造型遵循：点→线→面→体的一般原则。

在设计过程中，并不是所有的点都要选取，因此在确定基本曲面的控制曲线时，需要找出哪些点或线是可用的，哪些点或线是细化特征的，需要在以后的设计中用到，而不是在总体设计中就体现出来的。事实上，一些圆柱、凸台等特征是在整体轮廓确定之后，测量实体模型并结合扫描数据生成的。同时，应尽量选择一些扫描质量比较好的点或线，对其进行拟合。

1. 测点

测点之前规划好该怎么测点。由设计人员提出曲面测点的要求，一般原则是在曲率变化比较大的地方测点要密一些，平滑的地方则可以稀一些。由于一般的三坐标测量机取点的效率大大低于激光扫描仪，所以在零件测点时要做到有的放矢。值得注意的是，除了扫描剖面、测分型线外，测轮廓线等特征线也是必要的，它会给构面带来方便。

2. 曲线拟合

（1）点整理　进行曲线拟合之前先整理好点，包括去误点和明显缺陷点。同方向的剖面点放在同一层里，分型线点、孔位点单独放一层，轮廓线点也单独放一层，便于管理。通常这个工作在测点阶段完成，也可以在UG软件中完成。一般测量软件可以预先设定点的安放层，一边测点，一边整理。

（2）点连线　连分型线点尽量做到误差最小并且光顺。因为在许多情况下，分型线是产品的装配结合线。对汽车、摩托车中一般的零件来说，连线的误差一般控制在 0.5mm 以下。连线要做到有的放矢，根据样品的形状和特征大致确定构面方法，从而确定需要连哪些线条，不必连哪些线条。连线可用直线、圆弧、样条线（Spline），最常用的是样条线，并选用并"Through point"方式。选点间隔尽量均匀，有圆角的地方先忽略，做成尖角，做完曲面后再倒圆角。

（3）曲线调整　因测量有误差及样件表面不光滑等原因，连成 Spline 的曲率半径变化往往存在突变，对以后的构面的光顺性有影响。因此，曲线必须经过调整，使其光顺。调整中最常用的一种方法是 Edit spline，选 Edit pole 选项，利用鼠标拖曳控制点。这里有许多选项，如限制控制点在某个平面内移动、往某个方向移动、是粗调还是细调以及打开显示 Spline 的"梳子"开关等。另外，调整 Spline 经常还要移动 Spline 的一个端点到另一个点，使构建曲面的曲线有交点。但必须注意的是，无论用什么命令调整曲线都会产生偏差，调整次数越多，累积误差越大。误差允许值视样件的具体要求确定。

3. 曲面重构

运用各种构面方法建立曲面，包括 Though curve mesh、Though curves、Rule、Swept 和 From point cloud 等。构面方法的选择要根据样件的具体特征情况而定，最常用的是 Though curve mesh，将调整好的曲线用此命令编织成曲面。Though curve mesh 构面的优点是可以保证曲面边界曲率的连续性，因为 Though curve mesh 可以控制四周边界曲率（相切），因而构面的质量更高。而 Though curves 只能保证两边曲率，在构面时误差也大。如两曲面交线要倒圆角，因 Though curve mesh 的边界就是两曲面的交线，显然这条线要比两个 Though Curves 曲面的交线光顺，这样 Blend 出来的圆角质量是不一样的。

初学者在逆向造型时，两个面之间往往有"折痕"，这主要是由这两个面不相切所致。解决这个问题可以通过调整参与构面（Though curve mesh）曲线的端点与另一个面中的对应曲线相切，再加上 Though curve mesh 边界相切选项即可。只有曲线相切才能保证曲面相切。

有时候做一个单张且比较平坦的曲面时，直接用点云构面（From point cloud）更方便，但是对那些曲率半径变化大的曲面则不适用，构造面时误差较大。有时面与面之间的空隙要桥接（Bridge），以保证曲面光滑过渡。

在构建曲面的过程中，有时还要再加连一些线条，用于构面，连线和构面经常要交替进行。曲面建成后，要检查曲面的误差，一般是指测量点到面的误差，对外观要求较高的曲面还要检查表面的光顺度。当一张曲面不光顺时，可求此曲面的一些 Section，调整这些 Section 使其光顺，再利用这些 Section 重新构面，效果会好些。

构面应尽量简洁，面要尽量做得大，张数少，不要太碎，这样有利于后面增加一些圆角、斜度和增厚等特征，而且也有利于下一步的编程加工，刀路的计算量会减少，NC 文件也小。

4. 实体重构

当外表面完成后，下一步就要构建实体模型。当模型比较简单且所做的外表面质量比较好时，用缝合增厚指令就可建立实体。但大多数情况却不能增厚，所以只能采用偏置（Offset）外表面。用 Offset 指令可同时选多个面或用窗口全选，这样会提高效率。对于那些无法偏置的曲面，要学会分析原因。一种可能是由于曲面本身曲率太大，偏置后会自相交，导致 Offset 失败（有些软件的算法与此算法不同，如犀牛王就可 Offset 那些会产生自相交的曲面），如小圆角；另一种可能是被偏置曲面的品质不好，局部有波纹，这种情况只能修改好曲面后再 Offset；还有一些曲面看起来光顺性很好，但就是不能 Offset，遇到这种情况可用 Extract geometry 成 B 曲面后，再 Offset，基本会成功。偏置后的曲面有的需要裁剪，有的需要补面，用各种曲面编辑手段完成内表面的构建，然后缝合内外表面成一实体（Solid），最后再进行产品结构设计，如加强肋和安装孔等。

1.9 逆向工程 CAD 建模的要点

1）为了提高逆向工程重建产品数字化模型的再设计能力，以便对其进行变参数或适应性设计，在开始测量建模以前，要对零件的结构和功能进行分析，反推设计原理和设计方案，用以指导特征的提取和零件的建模。

2）在逆向建模时，需要分析、理解实物模型的设计意图及造型方法，并基于测量数据进行原始设计参数还原。

3）零件上总存在一些几何约束关系，如共线、共面，线与线、面与面平行或垂直等，这些可为特征的提取及建模提供指导，对反求尺寸进行一定的修正，例如在提取零件端面的轮廓时，使轮廓线共面的做法。有些产品的改型设计也是一样，只是对其中某些特征进行修改，进行修改的特征和不需修改的部分的结合处可以看成是几何约束关系，反求时就要考虑进去。逆向工程和正向工程需要考虑这部分设计曲面与其他曲面之间的连接问题，一般这个问题可以通过其他曲面的边界曲线提取出来作为这部分曲面设计的边界。有些零件和其他零件之间存在装配关系，这时就要把装配约束考虑进去，对与装配有关的尺寸要特别重视。

4）在逆向工程领域，模型的参数主要有三种：设计参数、实物参数和重构参数。设计参数是指在零件图样或者产品数字化模型上标注的尺寸，是设计、制造的依据；实物参数是指零件实物本身所固有的参数，是设计参数在实物上的体现；重构参数是基于测量数据处理得到的，体现在重构的产品数字化模型上。原始设计参数还原也就是要求重构参数与原始设计参数尽可能达到一致，它是逆向工程达到更高阶段的关键所在，其直接目的是解决实物逆向的去伪存真问题，即剔除可能包含在产品中的制造、装配、磨损、测量和计算等的误差，在防止误差扩散的前提下还原其设计参数。但是，其根本目的是从本质上理解设计中对于各种设计因素关系的处理方式和方法，找出经过实践证明是正确的设计思想及设计结果，帮助提高自主设计能力。

1.10 逆向工程 CAD 建模的步骤

逆向工程的目的在于产品的创新，而不是简单的三维复制，其设计优势在于复杂自由曲面的设计和点云的强大处理功能。基于实物原型进行产品逆向设计需要经过数据获取、建模方案制订、数据预处理、特征参数抽取、CAD 建模、创新设计及产品制造等步骤。设计人员在充分理解逆向工程 CAD 的建模目的、产品表面组成及重构方法、重建精度、重建过程的基础上，根据提取的特征设计参数，按照正向设计的方法完成产品数字化模型重建，其基本步骤如图 1-11 所示。

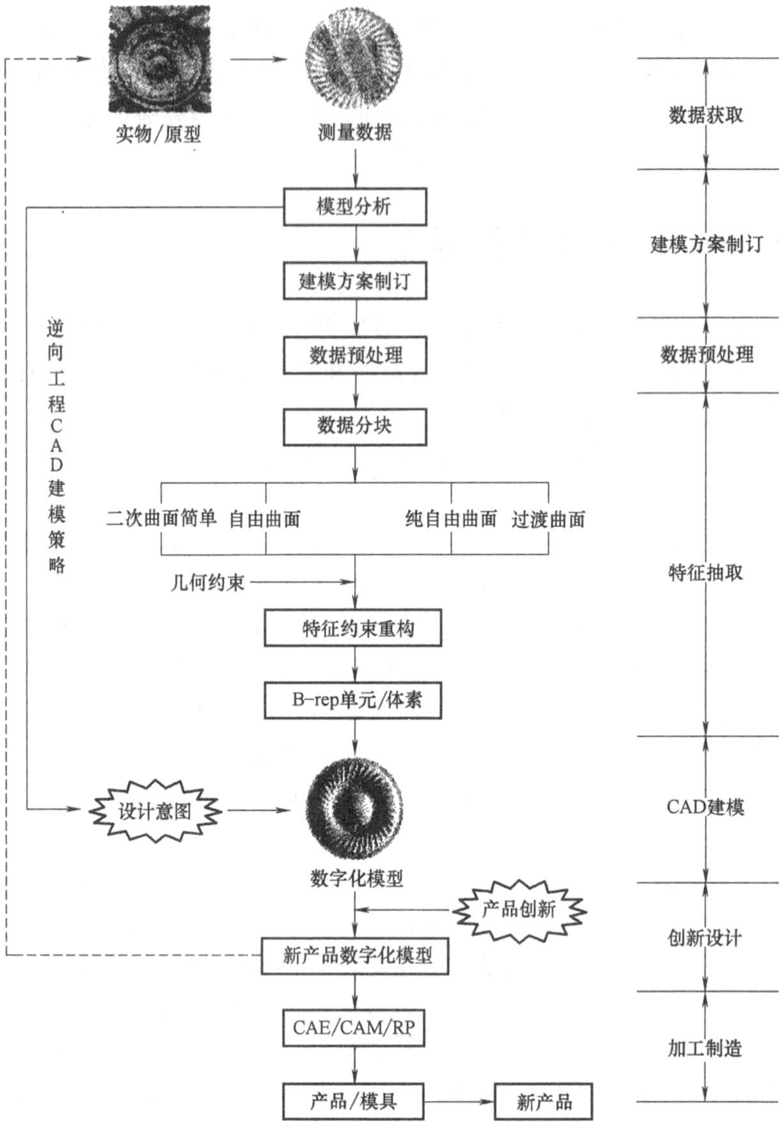

图 1-11

1.11 逆向工程与新产品开发

作为实现科技创新的重要手段，面向知识经济时代的创新设计应具有更加鲜明的时代特点，强调产品设计的个性化和快速的响应市场需求。新产品开发是关系企业可持续发展的一项重要活动，也是企业增添活力和提高竞争优势的源泉。对当代成功企业来说，产品创新是推动其不断发展壮大的动力，不断推出新产品正是其竞争策略的核心要素。

新产品的开发过程通常包括产品规划、产品设计、生产准备和样品试验四个阶段。它是一项复杂的系统工程，涉及范围广，参与人员多。在普遍采用 CAX 技术进行产品开发的今天，如何建立产品的数字化模型是产品设计的中心内容。可以说，在现代产品的无纸开发方式中，只有建立正确的产品数字化模型，才有可能采用各种虚拟技术进行产品分析、虚拟装配和虚拟制造，直至完成产品的实际制造。离开了产品数字化模型，一切分析与制造工作将无从谈起。在产品数字模型建立过程中，逆向工程技术的应用越来越受到人们的重视，综合利用 RE 技术和 CAD 技术可以显著提高复杂外形产品的数字化建模工作质量和效率，增强企业对市场的快速响应能力。

但逆向工程在新产品开发中的应用又不局限于数字化模型重建，三维重构只是实现产品创新的基础，再设计的思想应始终贯穿于逆向工程的整个过程，它将逆向工程的各个环节有机地结合起来，“引进、消化、吸收、创新”是被证明了的新产品快速开发的有效途径。通过逆向工程分析，可以全面地理解原型的设计思路，发现其优点及不足，增加逆向设计产品及工程的可靠性；通过逆向工程技术，可以完成基于数字化模型的产品优化设计，以达到进一步改进原型设计的目的；采用逆向工程技术，可避免走自行开发中不可避免的许多弯路，从而大大缩短新产品开发的周期，适应消费者对产品的个性化与多样化的要求，为企业快速占领市场创造条件。

逆向工程所追求的不应是简单的仿制，而是再提高、再创造。目前，对逆向工程的认识存在着一定的误区，认为逆向工程只不过是从实物原型再现直接到实物原型制造的过程，大多数的研究工作也很少将实物原型再现与再设计、再分析、再提高，从而实现重大改型的创新设计联系起来，逆向工程似乎变成了简单仿制的代名词。事实上，实物原型再现仅仅是逆向工程的初级阶段，而实现创新设计才是逆向工程的真正目的和最终目标。

第2章 吸顶灯逆向造型

实例说明

本章主要讲述吸顶灯的构建。其构建思路为：首先分析点的组成，将点集中心移动至坐标原点，然后绘制外形轮廓曲线，拉伸生成吸顶灯四周壁面，应用扫掠曲面生成吸顶灯顶面，通过面倒圆，创建出吸顶灯外形轮廓曲面；第二步绘制方形孔截面线，拉伸后进行面倒圆角，并修剪多余片体；最后创建偏置曲面，通过直纹曲面特征封闭片体，缝合后形成吸顶灯实体，效果如图 2-1 所示。

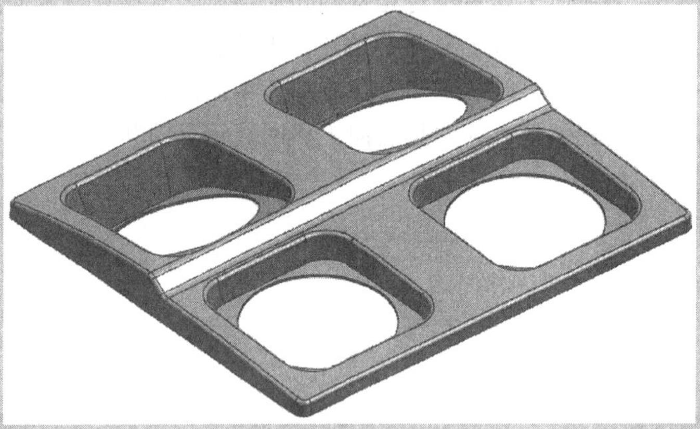

图 2-1

学习目标

通过该实例的练习，使读者能熟练掌握逆向造型的基本方法，开拓创建思路，提高片体裁剪和编辑的能力，熟练掌握偏置曲面、拉伸曲面、直纹曲面和曲面倒圆角等基本技巧。

2.1 打开练习文件

选择菜单中的【文件】/【打开(O)...】命令，或选择（打开文件）图标，出现【打开】部件对话框，在本书附的光盘文件夹中选择\dzx\nx2. prt，单击 OK 按钮，打开文件名为 nx2. prt 的文件，如图 2-2 所示。

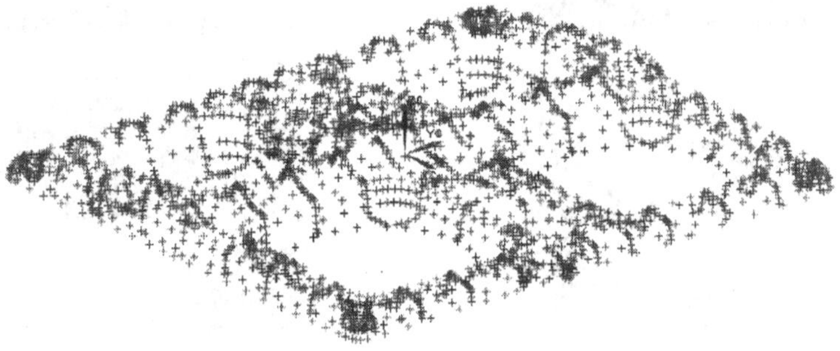

图 2-2

2.2 移动点集中心至坐标原点

1. 设置图层

选择菜单中的【格式(R)】/【图层设置(S)...】命令，出现【图层设置】对话框，如图2-3所示，在对话框的图层列表框中取消勾选第2、3、4、5、6、33层，然后在【图层设置】对话框中单击关闭按钮，完成图层设置操作，图形更新后如图2-4所示。

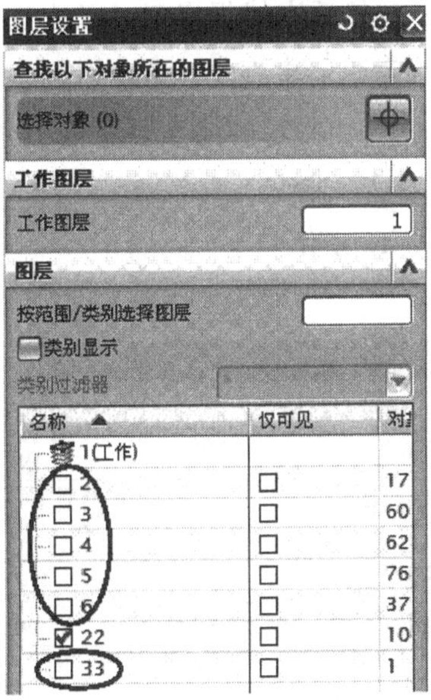

图 2-3

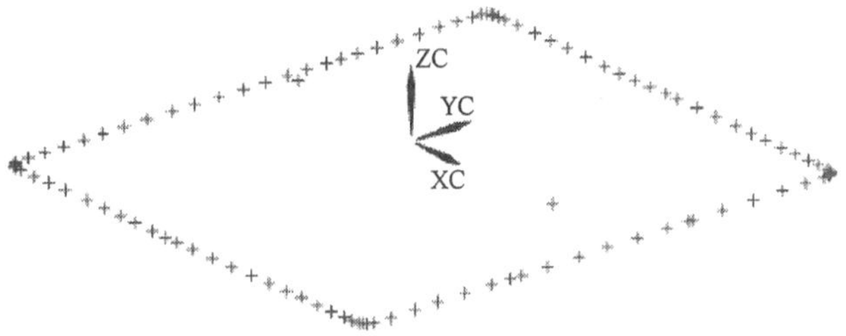

图 2-4

2. 对象预设置

选择菜单中的【首选项(P)】/【对象(O)... Ctrl+Shift+J】命令，出现【对象首选项】对话框，如图2-5所示，在【类型】下拉框中选择【直线】，在【颜色】栏单击颜色区，出现【颜色】选择框，如图2-6所示，选择图中绿色，然后单击确定按钮，系统返回【对象首选项】对话框，再单击确定按钮，完成对象预设置。

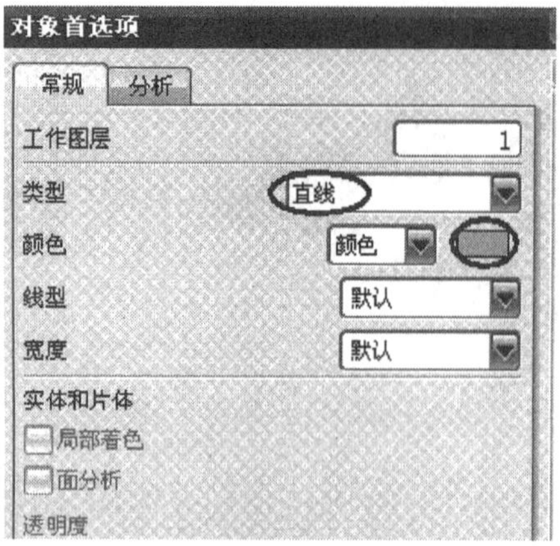

图 2-5

图 2-6

3. 更改视图方向

在【视图】工具条选择如图 2-7 中箭头所指的图标，在出现的各种视图里选择（俯视图）图标，图形更新后如图 2-8 所示。

4. 绘制外形线

选择菜单中的【插入(S)】/【曲线(C)】/【直线(L)...】命令，或在【曲线】工具条中选择（直线）图标，出现【直线】对话框，如图 2-9 所示，然后在捕捉点工具条中选择（现有点）选项，在图形中选择如图 2-10 所示的点，横向拖出一条直线，出现如图 2-10 所示的 X 标记时，按下鼠标左键，出现直线，向左拖曳如图 2-11 所示的圆点至适当位置，单击【应用】按钮，完成直线的绘制，如图 2-12 所示。

按照上述方法，依次绘制其他三边的直线，完成后如图 2-13 所示。

注：直线分别平行于 *X*、*Y* 轴。

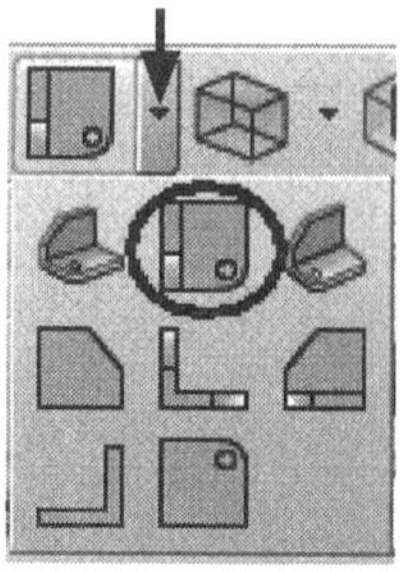

图 2-7

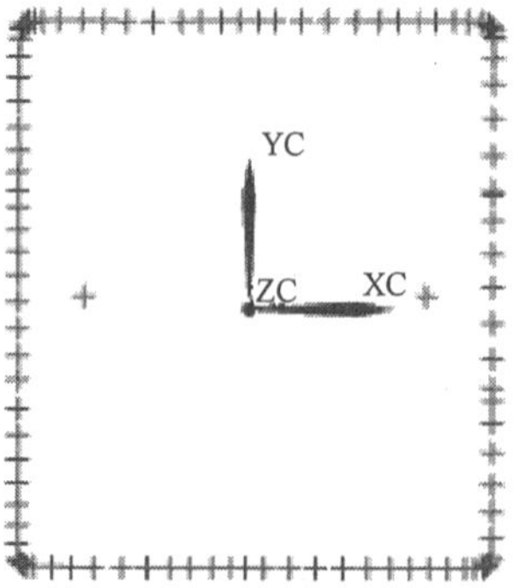

图 2-8

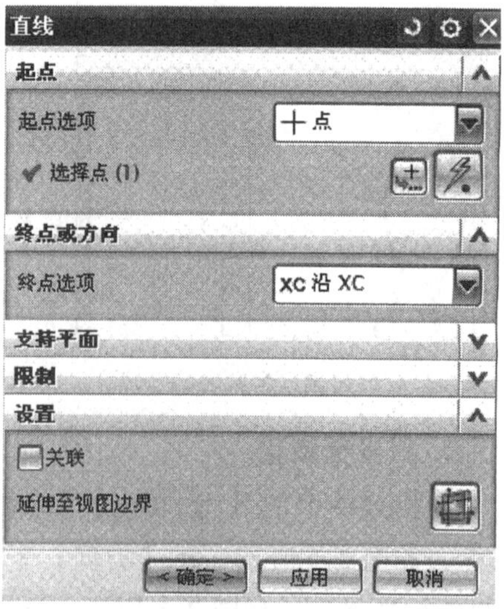

图 2-9

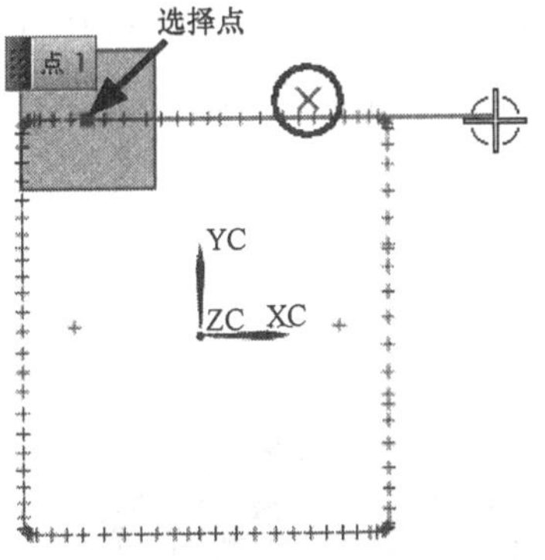

图 2-10

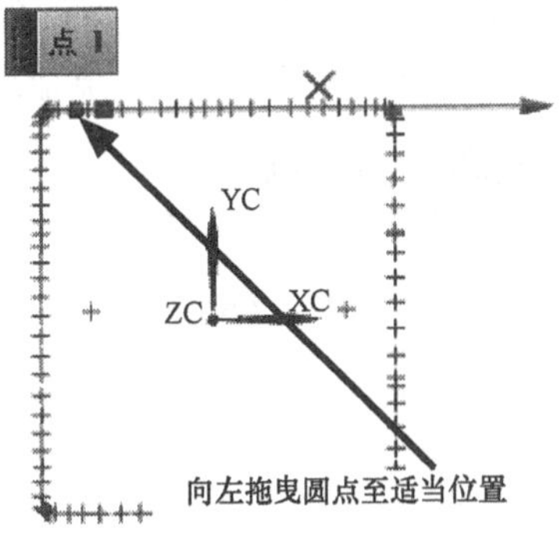

图 2-11

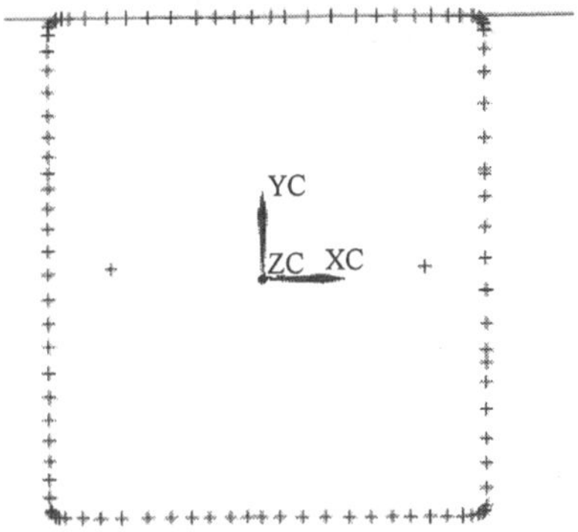

图 2-12

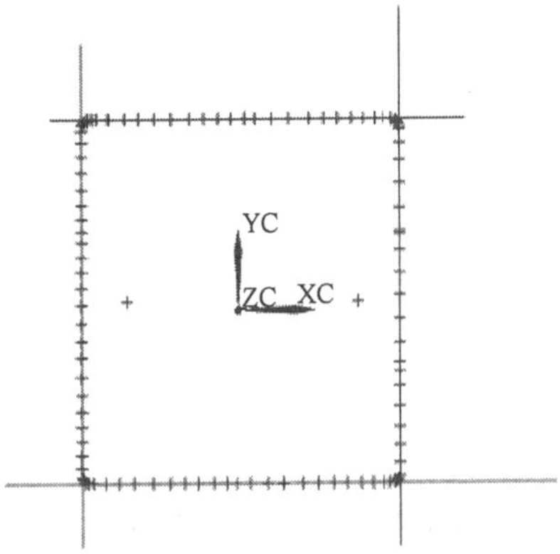

图 2-13

5. 绘制对角线

选择菜单中的【插入(S)】/【曲线(C)】/【直线(L)...】命令，或在【曲线】工具条中选择（直线）图标，出现【直线】对话框，然后在捕捉点工具条中选择（交点）选项，在图形中依次选择如图 2-14 所示的交点，单击< 确定 >按钮，完成对角线的绘制，如图2-15所示。

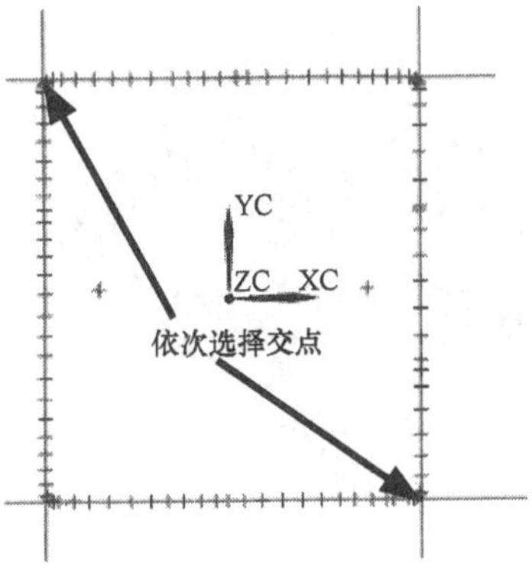

图 2-14

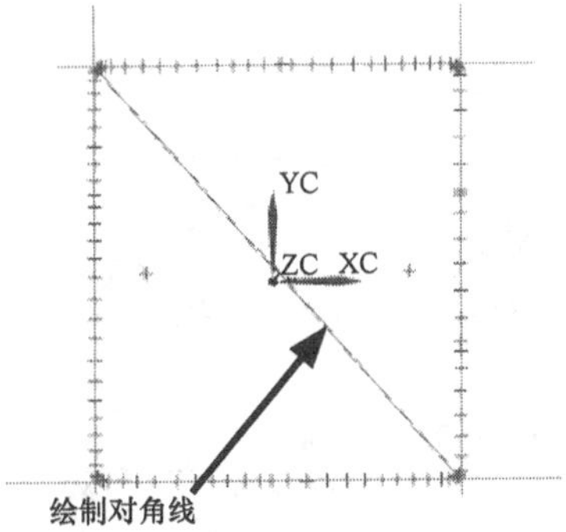

图 2-15

6. 设置图层

选择菜单中的【格式(R)】/【图层设置(S)...】命令，出现【图层设置】对话框，如图

2-16 所示，在对话框的图层列表框的勾选第 2、3、4、5、6、22、33 层，然后在【图层设置】对话框中单击 关闭 按钮，完成图层设置操作，图形更新后如图 2-17 所示。

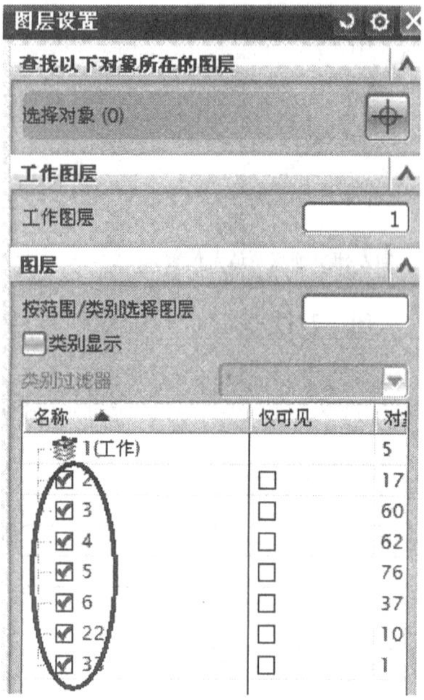

图 2-16

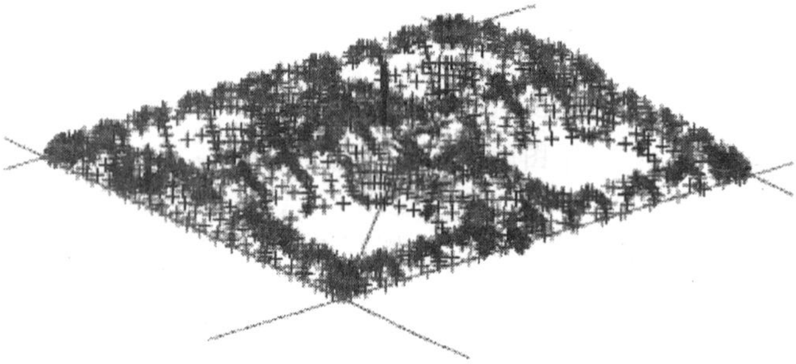

图 2-17

7. 平移点集中心至坐标原点

选择菜单中的【编辑(E)】/【移动对象(O)...】命令，或在【标准】工具栏中选择（移动对象）图标，出现【移动对象】对话框，如图 2-18 所示，然后在图形中框选如图 2-19 所示的对象，再在【移动对象】对话框的 运动 下拉框中选择 点到点 选项，在 指定出发点 下拉框中选择（控制点）选项，在图形中选择如图 2-20 所示的对角线中

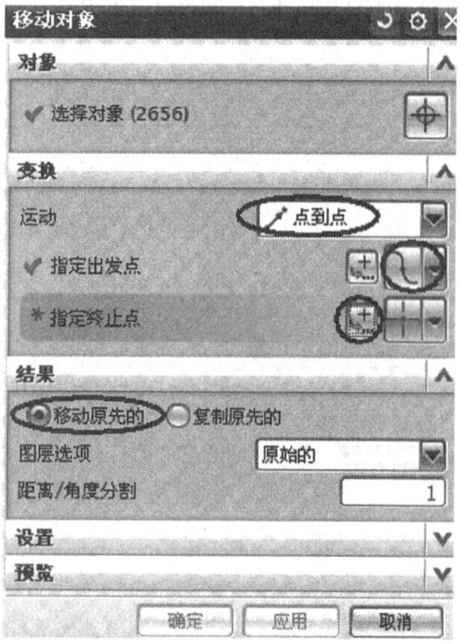

图 2-18

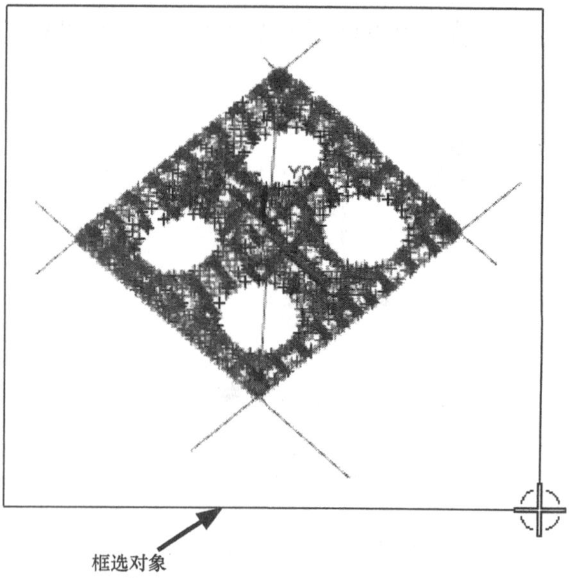

图 2-19

点，然后在指定终止点区域选择（点对话框）图标，出现【点】对话框，单击（重置）按钮，如图 2-21 所示，再单击确定按钮，系统返回【移动对象】对话框，在结果区域中选择◉移动原先的选项，单击< 确定 >按钮，完成操作，效果如图 2-22 所示。

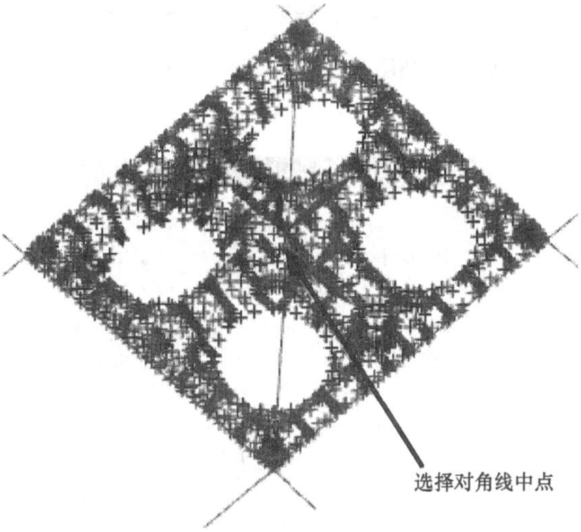

图 2-20

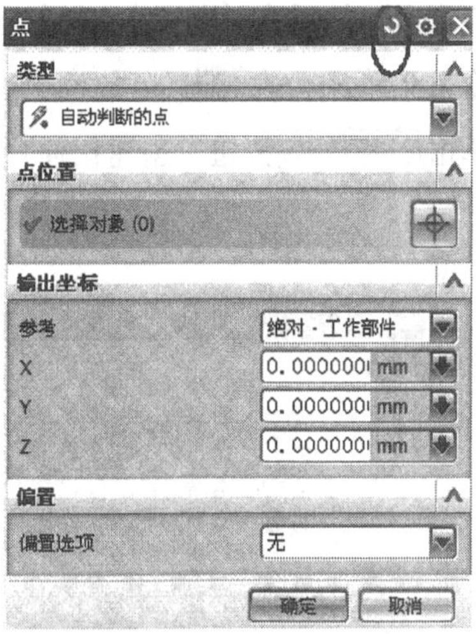

图 2-21

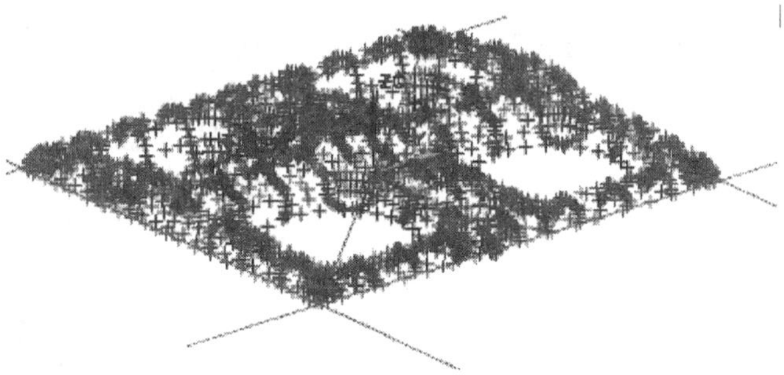

图 2-22

2.3 绘制吸顶灯外形

1. 设置片体颜色为粉红色

选择菜单中的【首选项(P)】/【对象(O)... Ctrl+Shift+J】命令，出现【对象首选项】对话框，如图 2-23 所示，在【类型】下拉框中选择【片体】，在【颜色】栏单击颜色区，出现【颜色】选择框，如图 2-24 所示，选择图中粉红色，然后单击确定按钮，系统返回【对象首选项】对话框，再单击确定按钮，完成设置。

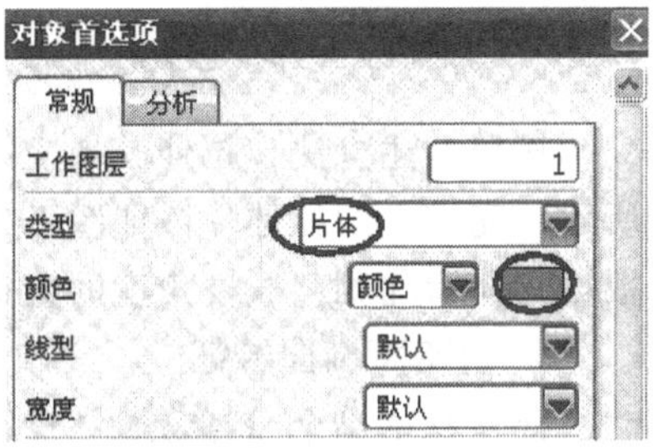

图 2-23

2. 创建拉伸片体特征

选择菜单中的【插入(S)】/【设计特征(E)】/【拉伸(E)...】命令，或在【特征】工具条中选择（拉伸）图标，出现【拉伸】对话框，如图2-25所示，在主界面的曲线规则下拉框中选择单条曲线选项，选择如图2-26所示的直线为拉伸对象，出现图中拉伸方向，然后在【拉伸】对话框中的【开始】\【距离】栏和【结束】\【距离】栏分别输入0和50，在拔模下拉框中选择从起始限制选项，在角度栏输入-2，如图2-25所示，单击应用按钮，创建拉伸片体，如图2-27所示。

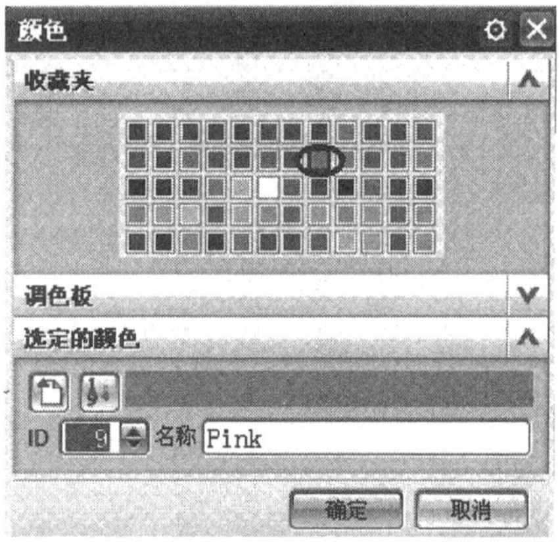

图 2-24

图 2-25

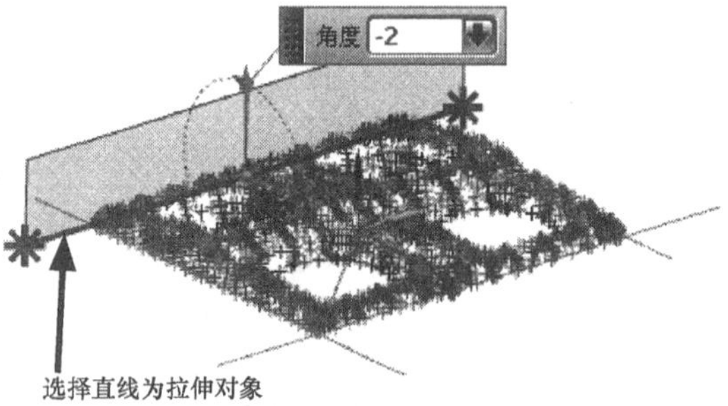

图 2-26

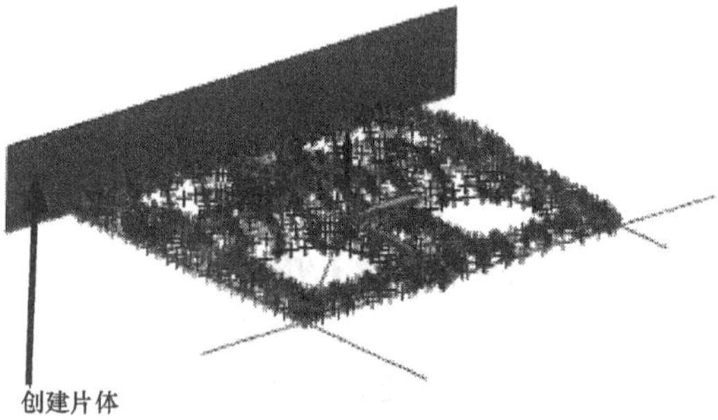

图 2-27

按照上述方法，拉伸其他3条直线，注意模型拔模方向是+ZC轴，拔模角度如图2-28所示，完成后的拉伸片体如图2-28所示。如读者练习时拔模角度与图2-28所示不一致，可根据具体情况调整拔模角度的正负值，最终拔模后的形状为上小下大。

3. 创建面倒圆特征

选择菜单中的【插入(S)】/【细节特征(L)】/【面圆角(F)...】命令，或在【特征操作】工具条中选择（面倒圆）图标，出现【面倒圆】对话框，如图2-29所示。

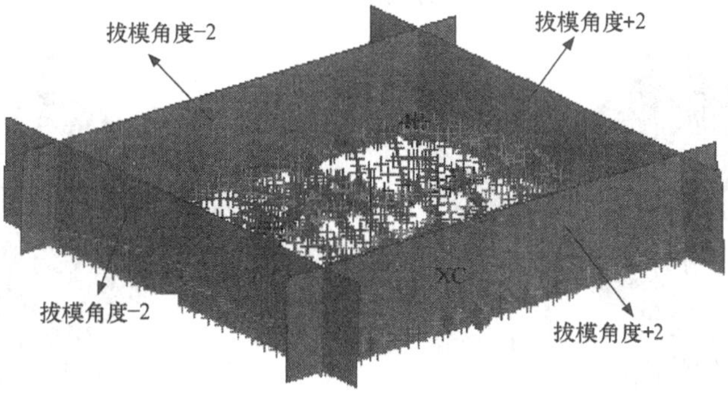

图 2-28

在【面倒圆】对话框的**修剪和缝合选项**/圆角面下拉框中选择修剪至所有输入面选项，勾选☑修剪输入面至倒圆面选项，取消勾选☐缝合所有面 选项，然后在图形中选择如图2-30所示的第一组面，图形中出现圆心向量，如图2-30所示。注：圆心向量必须指向圆角的圆心，如读者图形中出现相反的圆心向量，可以在【面倒圆】对话框中单击（反向）按钮，使向量方向反向（全书相同，下文不重复叙述）。

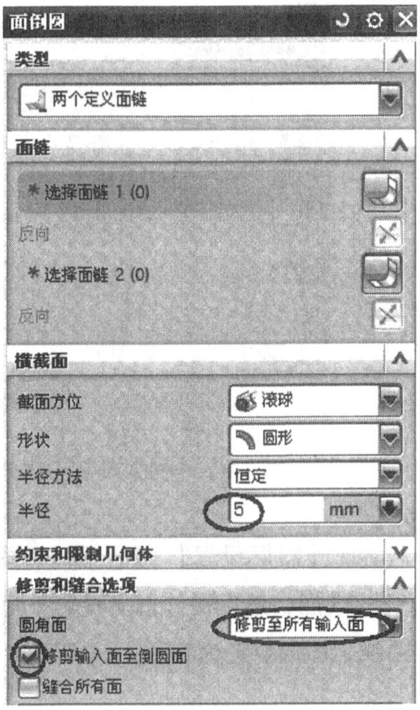

图 2-29

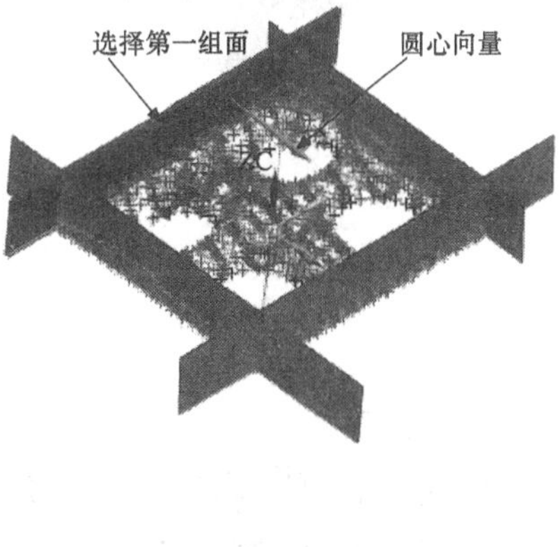

图 2-30

接着，在【面倒圆】对话框的选择面链 2 (0) 区域选择（面）图标，如图2-29所示，然后在图形中选择如图2-31所示的第二组面，图形中出现圆心向量，如圆心向量与图2-31所示方向相反，则单击（反向）按钮，然后在【半径】栏中输入5，再单击应用按钮，完成面倒圆特征，如图2-32所示。

按照上述方法，创建其他三个角落的面倒圆，圆角应倒在相交面内侧，结果如图 2-33 所示。

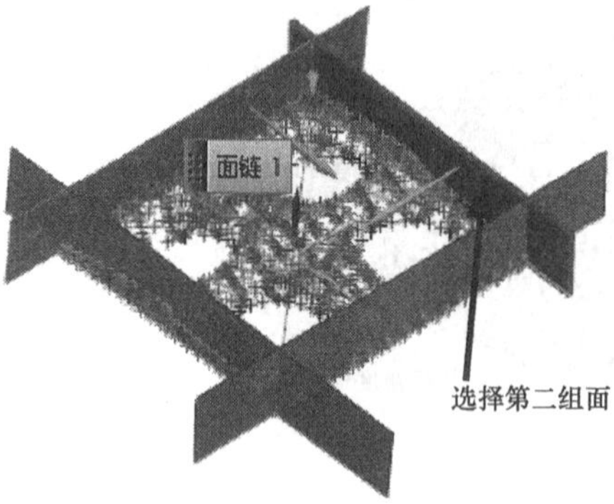

图 2-31

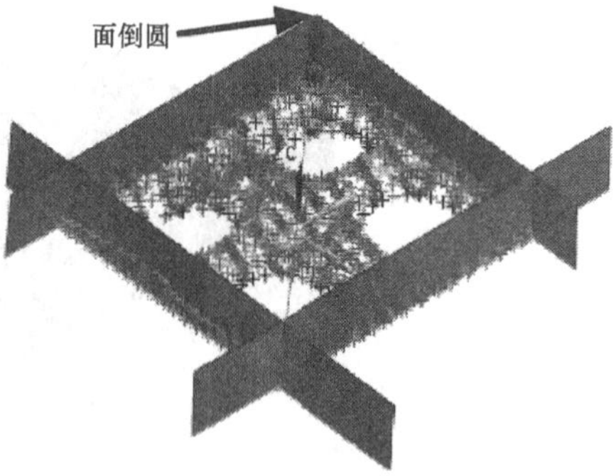

图 2-32

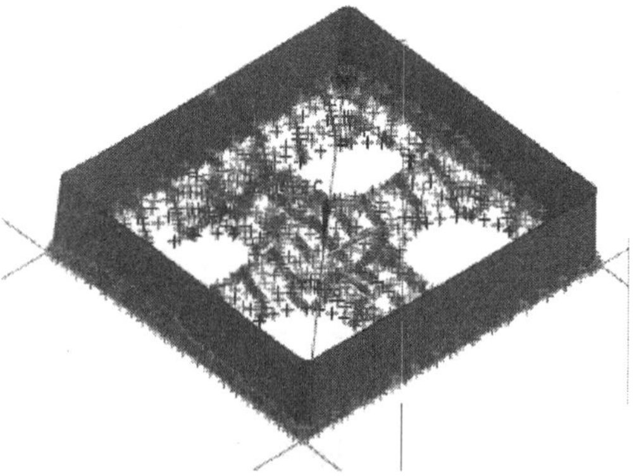

图 2-33

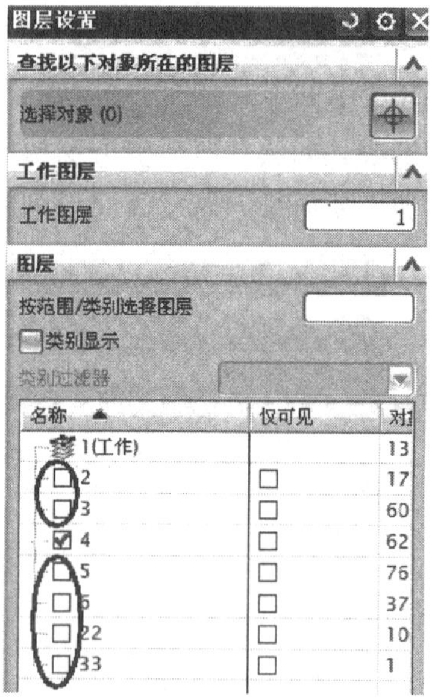

图 2-34

4. 设置图层

选择菜单中的【格式(R)】/【图层设置(S)...】命令，出现【图层设置】对话框，如图2-34所示，在对话框的图层列表框中取消勾选第2、3、5、6、22、33 层，然后在【图层设置】对话框中单击关闭按钮，完成图层设置操作，再隐藏片体和曲线，图形更新为如图 2-35 所示。

5. 绘制直线

选择菜单中的【插入(S)】/【曲线(C)】/【直线(L)...】命令，或在【曲线】工具条中选择（直线）图标，出现【直线】对话框，如图 2-36 所示，然后在捕捉点工具条中选择（现有点）选项，在图形中选择如图 2-37 所示的点，纵向拖出一条直线，出现如图 2-37 所示的 Y 标记时，按下鼠标左键，出现直线，向左拖曳如图 2-38 所示的圆点至适当位置，单击应用按钮，完成直线的绘制，如图 2-39 所示。

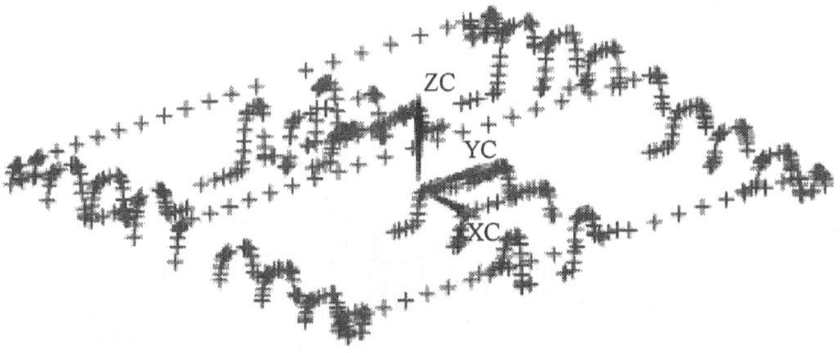

图 2-35

图 2-36

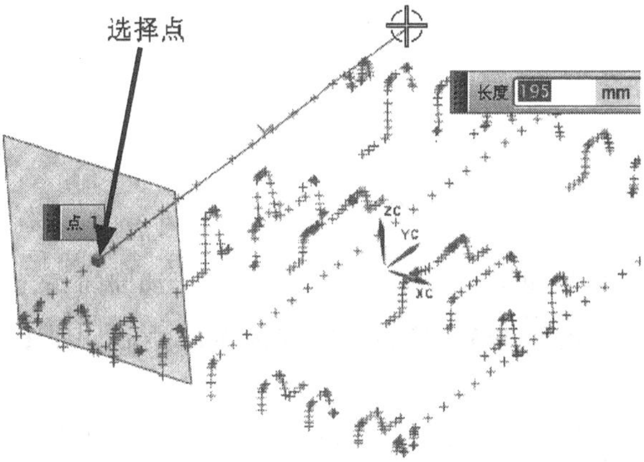

图 2-37

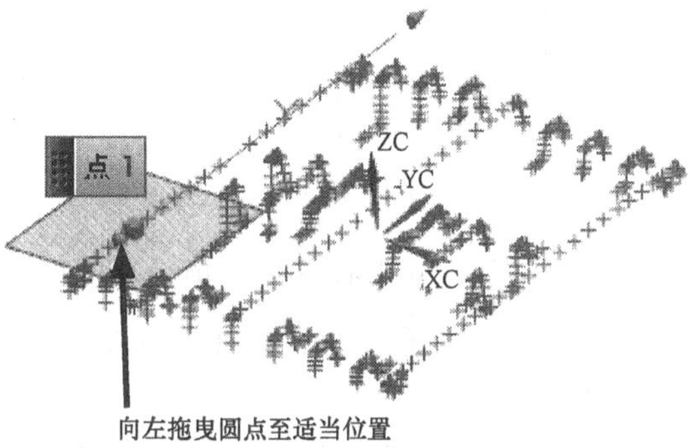

图 2-38

按照上述方法，创建另外两条直线，如图 2-40 所示。

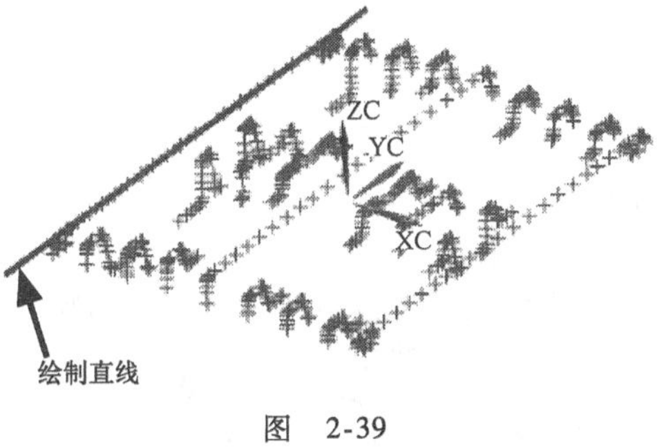

图 2-39

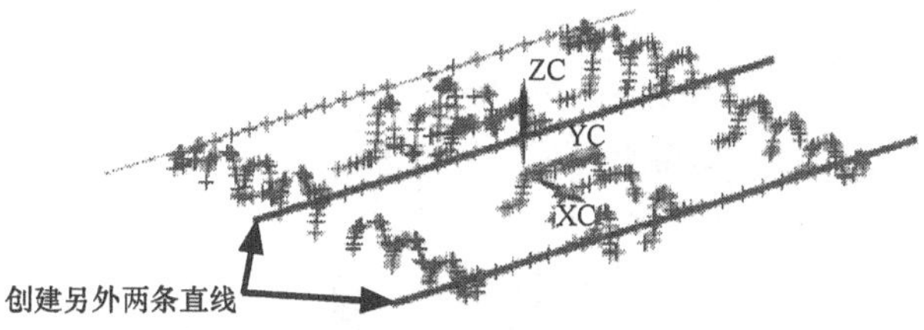

图 2-40

6. 设置图层

选择菜单中的【格式(R)】/【图层设置(S)...】命令，出现【图层设置】对话框，如图 2-41 所示，在对话框的图层列表框中取消勾选第 4 层，并勾选第 5 层，然后在【图层设置】对话框中单击关闭按钮，完成图层设置操作，图形更新后如图 2-42 所示。

7. 绘制圆弧

选择菜单中的【插入(S)】/【曲线(C)】/【圆弧/圆(C)...】命令，或在【曲线】工具条中选择（圆弧/圆）图标，出现【圆弧/圆】对话框，如图 2-43 所示，然后在捕捉点工

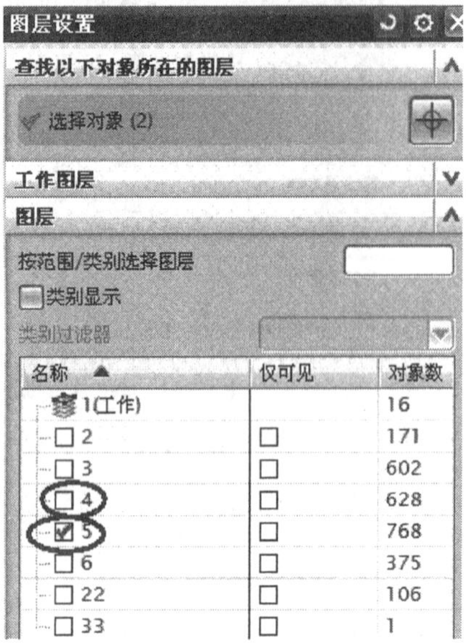

图 2-41

图 2-42

具条中选择 + （现有点）选项，在图形中依次选择如图 2-44 所示的三个点，出现圆弧，拖曳如图 2-45 所示的圆点及箭头至适当位置，单击 应用 按钮，完成圆弧的绘制，如图 2-46所示。

继续绘制圆弧，按照顺序依次选择如图 2-47 所示的点 1、点 2 和点 3，并按照上述方法完成圆弧的绘制，如图 2-48 所示。

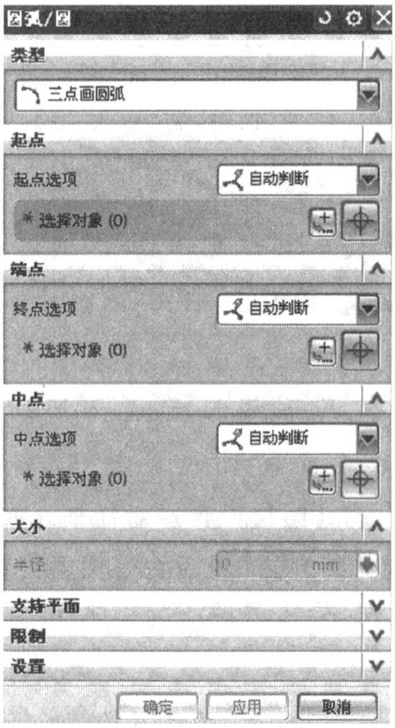

图 2-43

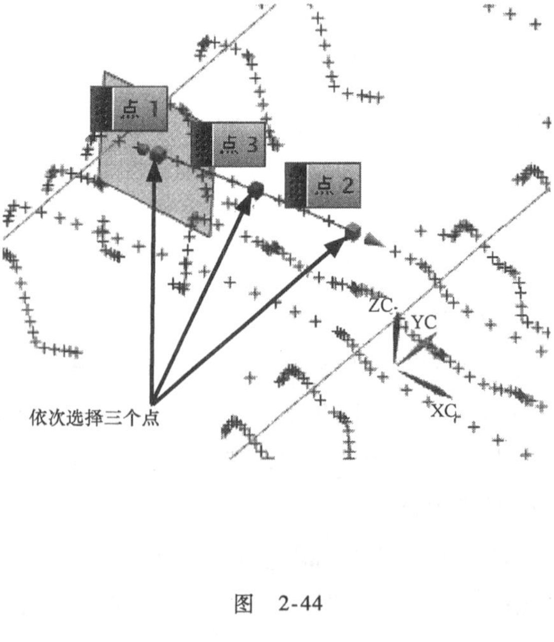

图 2-44

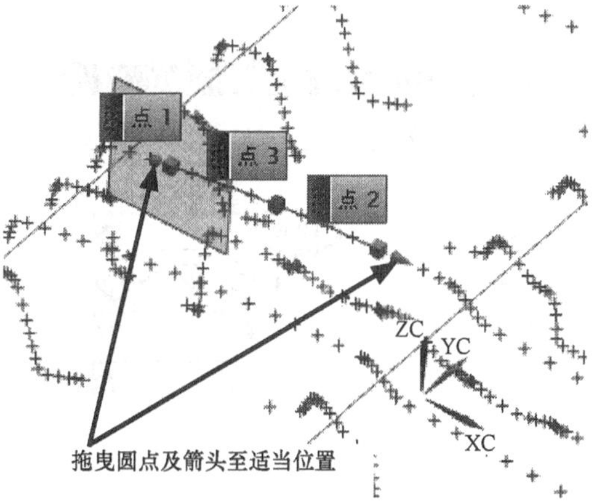

图 2-45

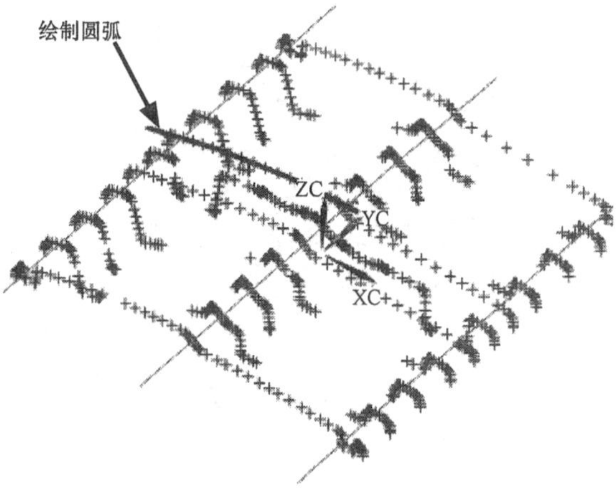

图 2-46

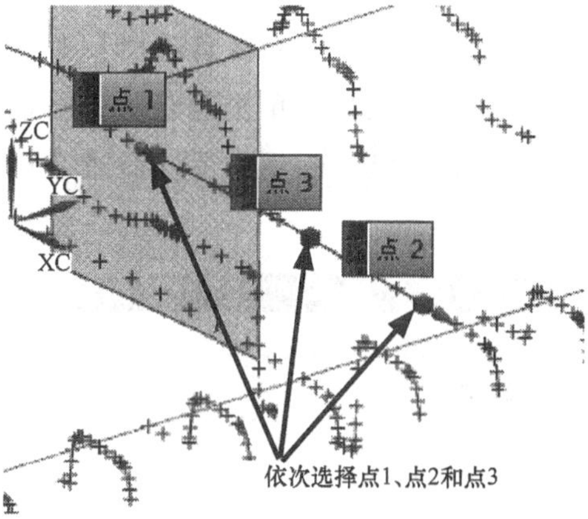

图 2-47

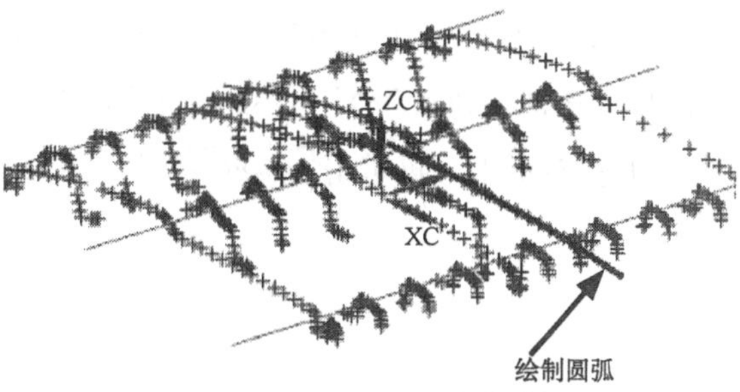

图 2-48

8. 绘制直线

选择菜单中的【插入(S)】/【曲线(C)】/【直线(L)...】命令，或在【曲线】工具条中选择（直线）图标，出现【直线】对话框，然后在捕捉点工具条中选择（现有点）选项，在图形中选择如图 2-49 所示的两个点，出现直线，拖曳如图 2-50 所示的圆点及箭头至适当位置，单击应用按钮，完成直线的绘制，如图 2-51 所示。

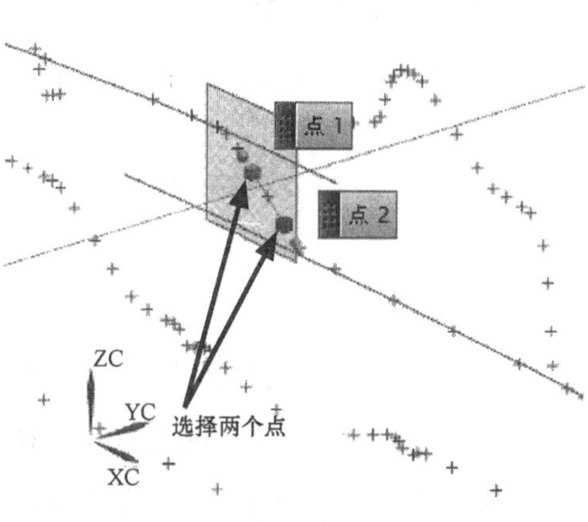

图 2-49

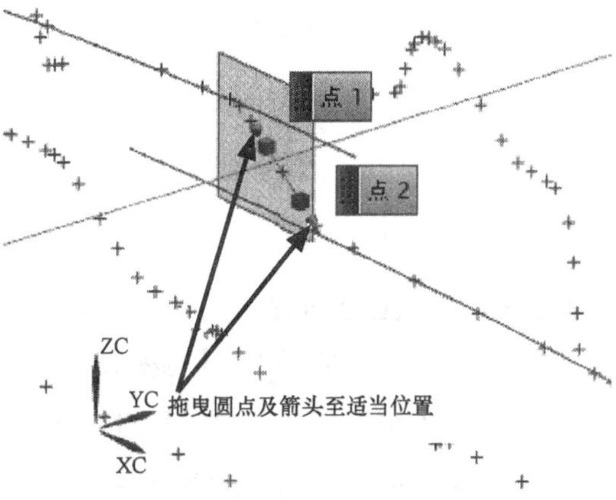

图 2-50

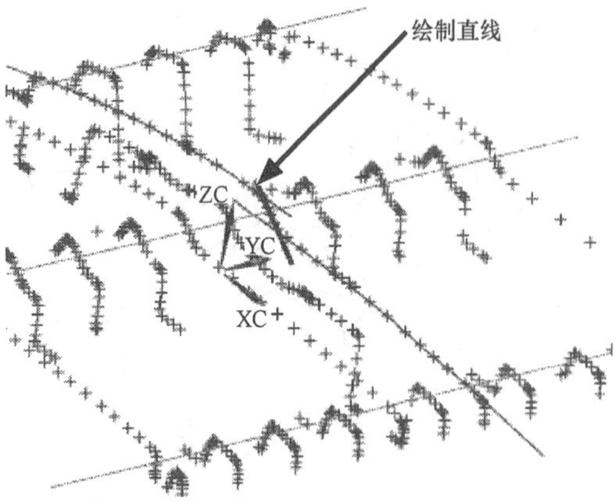

图 2-51

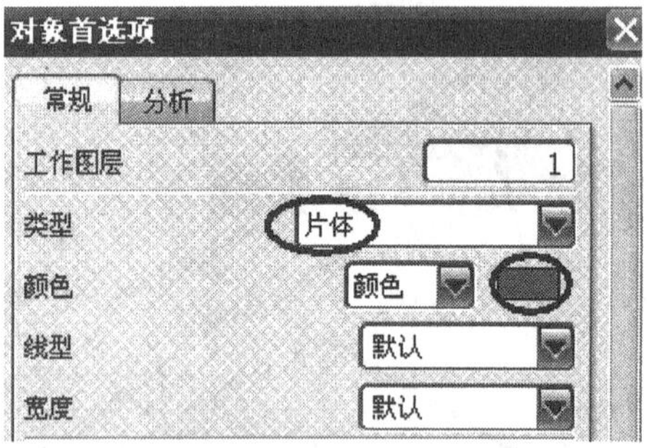

图 2-52

9. 设置片体颜色为橘黄色

选择菜单中的【首选项(P)】/【对象(O)... Ctrl+Shift+J】命令，出现【对象首选项】对话框，如图2-52所示，在【类型】下拉框中选择【片体】，在【颜色】栏单击颜色区，出现【颜色】选择框，如图2-53所示，选择图中橘黄色，然后单击确定按钮，系统返回【对象首选项】对话框，再单击确定按钮，完成设置。

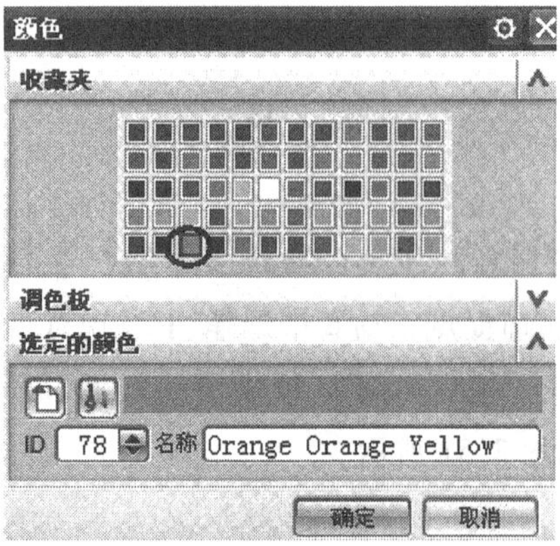

图 2-53

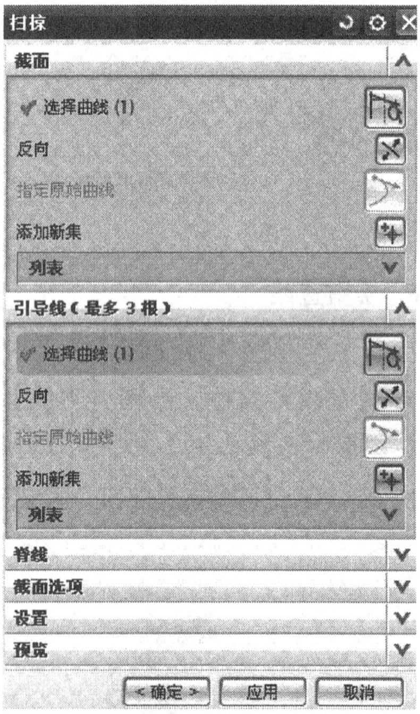

图 2-54

10. 创建扫掠曲面特征

选择菜单中的【插入(S)】/【扫掠(W)】/【扫掠(S)...】命令，或在【特征】工具条中选择（扫掠）图标，出现【扫掠】对话框，如图2-54所示，系统提示选择截面曲线，在主界面的曲线规则下拉框中选择相连曲线选项，在图形中选择如图2-55所示的直线为截面线，然后在对话框中选择 （引导线）图标，再在主界面的曲线规则下拉框中选择 相切曲线 选项，在图形中选择如图 2-55 所示的圆弧为引导线，在【扫掠】对话框中单击 确定 按钮，完成创建扫掠特征，如图 2-56 所示。

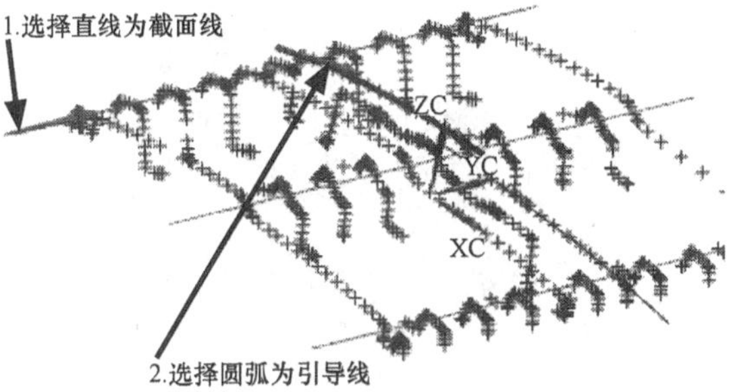

图 2-55

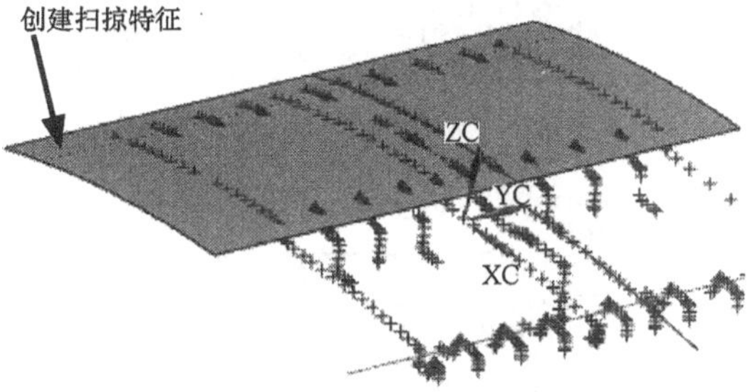

图 2-56

继续创建扫掠曲面特征。按照上述方法，依次选择如图 2-57 所示的截面线及引导线，完成创建扫掠曲面，如图 2-58 所示。

按照上述方法，依次选择如图 2-59 所示的截面线及引导线，完成创建扫掠曲面，如图 2-60 所示。

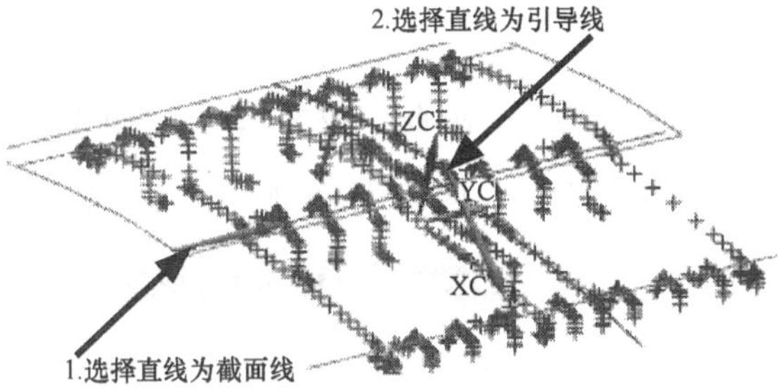

图 2-57

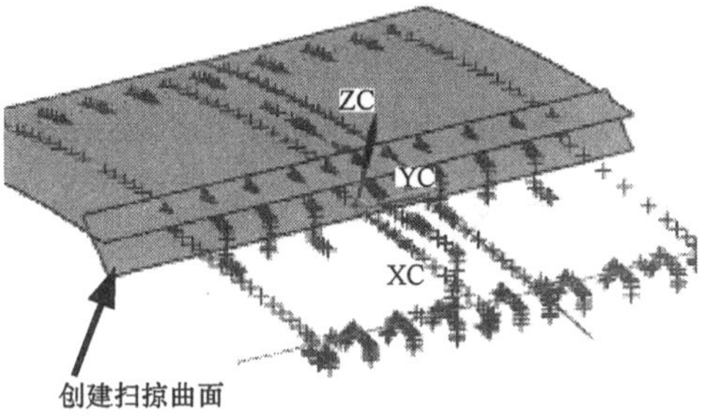

图 2-58

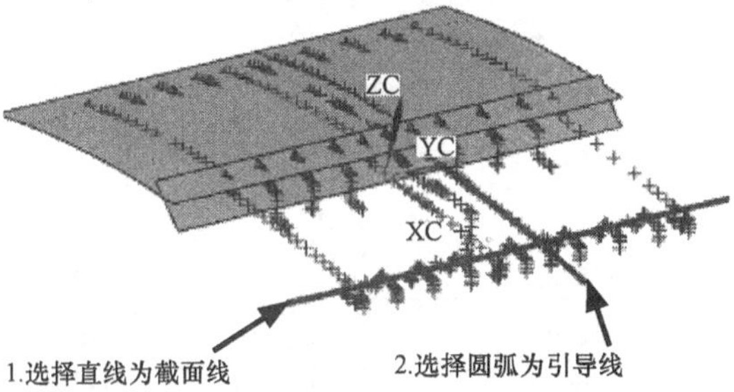

图 2-59

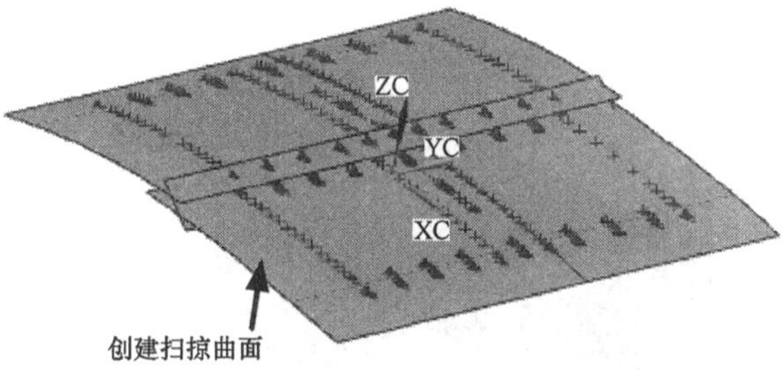

图 2-60

11. 分析贴点

选择菜单中的【分析(L)】/【测量距离(D)..】命令，出现【测量距离】对话框，如图 2-61 所示，选择如图 2-62 所示的蓝色现有点，然后选择如图 2-62 所示的面，系统出现测量距离值，如图 2-63 所示，最好控制在 0.30mm 以内，越小越好。

12. 对象预设置

选择菜单中的【首选项】/【对象】命令，将片体的颜色设置成淡蓝色（具体操作见步骤 9）。

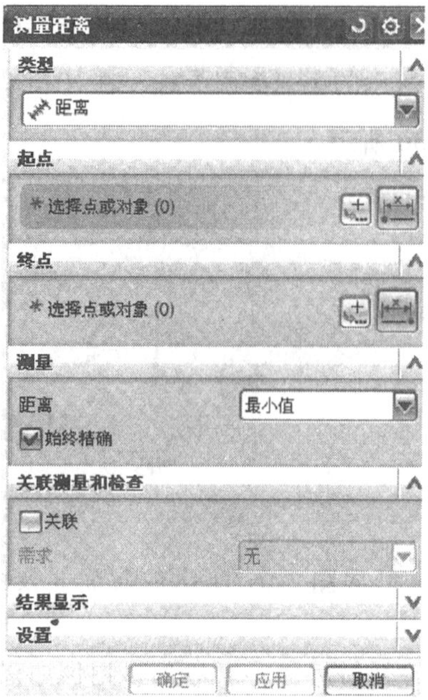

图 2-61

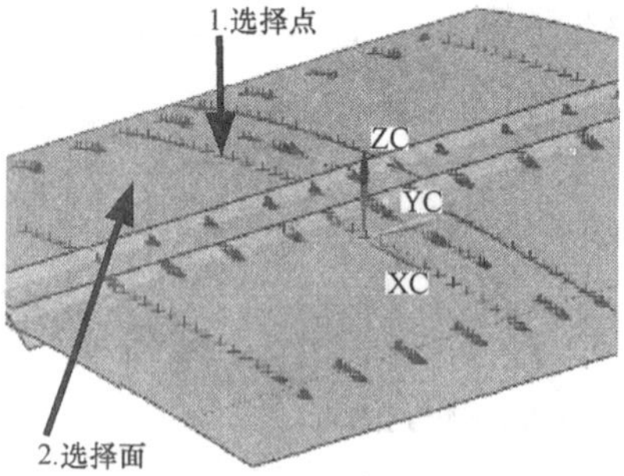

图 2-62

13. 创建面倒圆特征

选择菜单中的【插入(S)】/【细节特征(L)】/【面圆角(F)...】命令，或在【特征操作】工具条中选择（面倒圆）图标，出现【面倒圆】对话框，如图 2-64 所示，在 类型 下

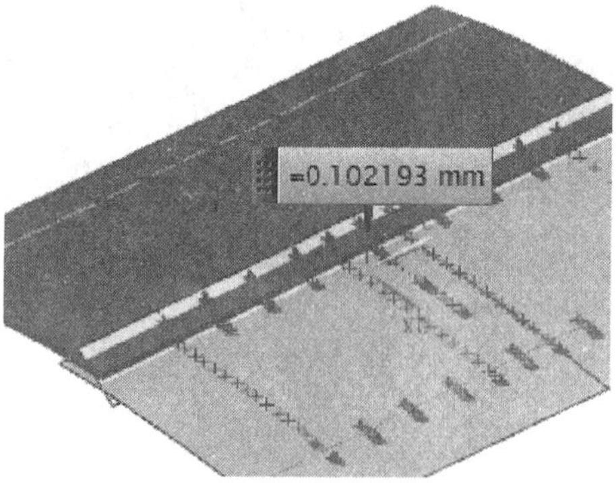

图 2-63

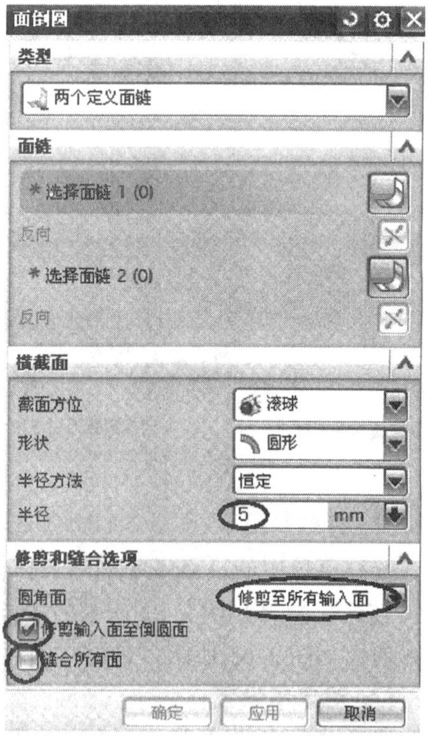

图 2-64

拉框中选择 两个定义面链 选项，在 圆角面 下拉框中选择 修剪至所有输入面 选项，勾选 修剪输入面至倒圆面 选项，取消勾选 缝合所有面 选项。

在图形中选择如图 2-65 所示的面为第一组面，图形中出现圆心向量，在【面倒圆】对话框的 选择面链 2 (0) 区域选择（面）图标，然后在图形中选择如图 2-66 所示的面为第二组面，图形中出现圆心向量，然后在图 2-64 的【半径】栏输入 5，最后单击 应用 按钮，完成面圆角特征，圆角倒在两个相交面的内侧，如图 2-67 所示。

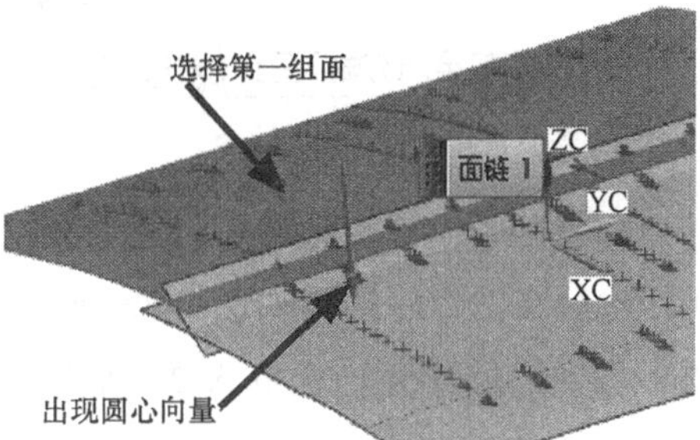

图 2-65

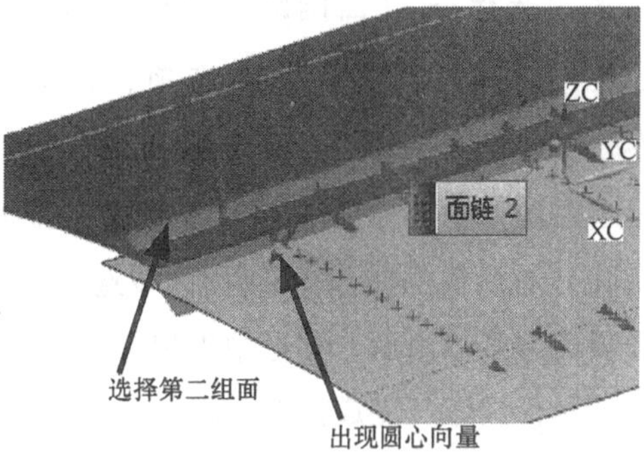

图 2-66

按照上述方法，在图形中选择如图 2-68 所示的两组面，图形中出现圆心向量，创建另一侧的面倒圆特征，结果如图 2-69 所示。

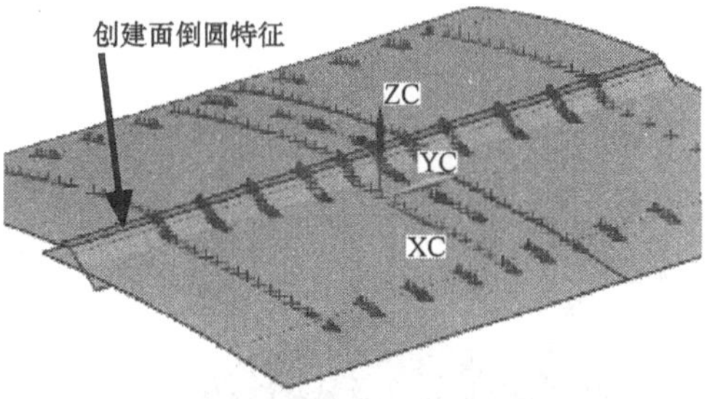

图 2-67

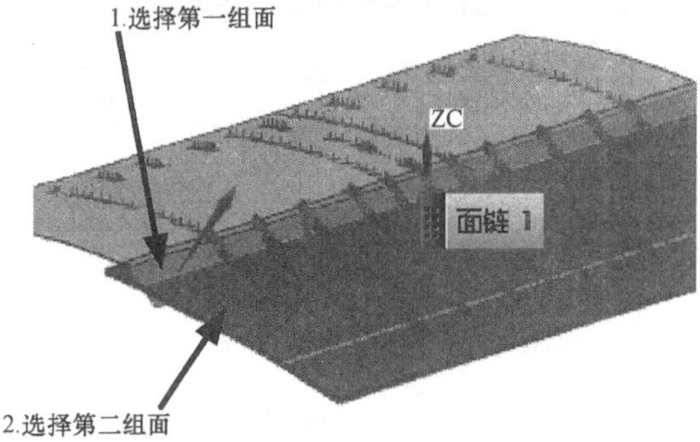

图 2-68

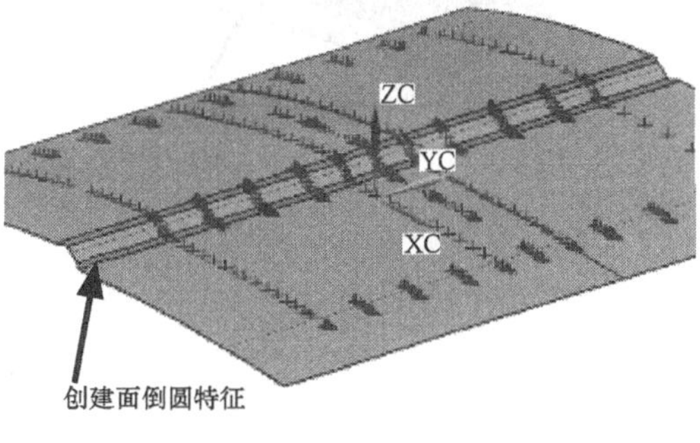

图 2-69

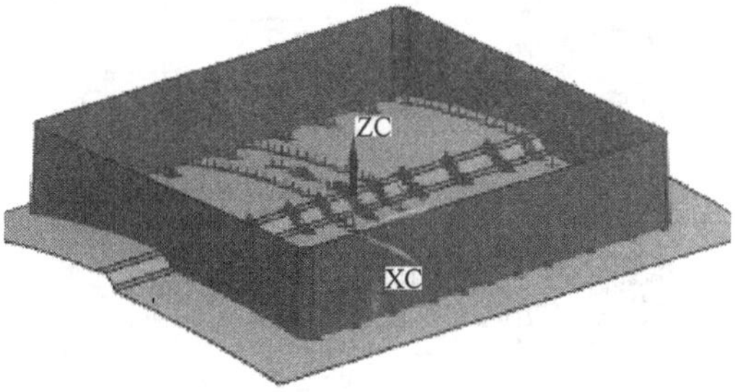

图 2-70

14. 显示被隐藏片体

选择菜单中的【编辑(E)】/【显示和隐藏(H)】/【全部显示(A)】命令，在【实用工具】栏选择（全部显示）图标，恢复被隐藏的片体（略），然后再隐藏所有曲线，完成后如图 2-70 所示。

15. 创建面倒圆特征

选择菜单中的【插入(S)】/【细节特征(L)】/【面圆角(F)...】命令，或在【特征操作】工具条中选择（面倒圆）图标，出现【面倒圆】对话框，如图 2-71 所示，在类型下拉框中选择两个定义面链选项，在圆角面下拉框中选择修剪至所有输入面选项，勾选修剪输入面至倒圆面选项和缝合所有面选项。

在图形中选择如图 2-72 所示的 8 张侧壁面为第一组面，图形中出现圆心向量，在【面倒圆】对话框的选择面链 2 (0)区域选择（面）图标，然后在图形中选择如图 2-73 所示的 5 张顶面为第二组面，图形中出现圆心向量，然后在图 2-71 的【半径】栏输入 2，最后单击应用按钮，完成面圆角特征，圆角倒在两个相交面的内侧，如图 2-74 所示（已翻转图形）。

注：如读者图形中出现相反的圆心向量，可以在【面倒圆】对话框中单击（反向）图标，使其出现正确的向量方向。

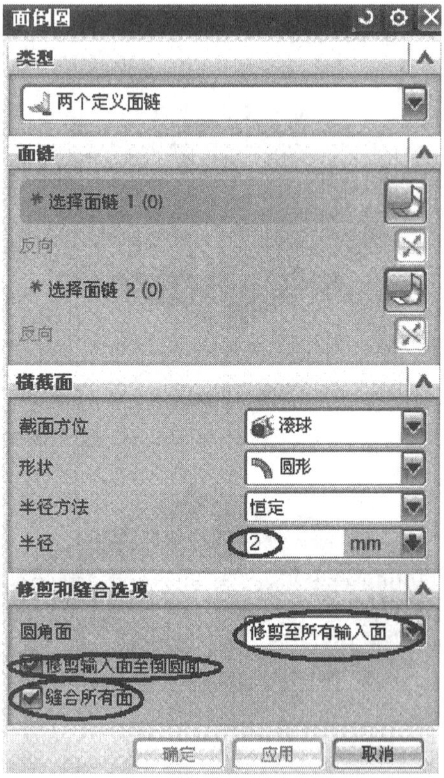

图 2-71

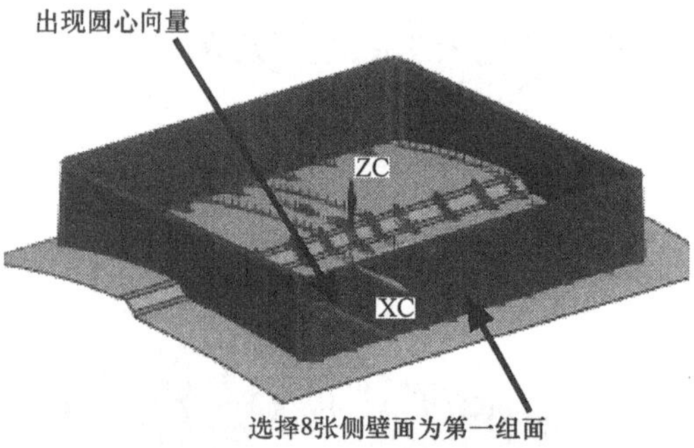

图 2-72

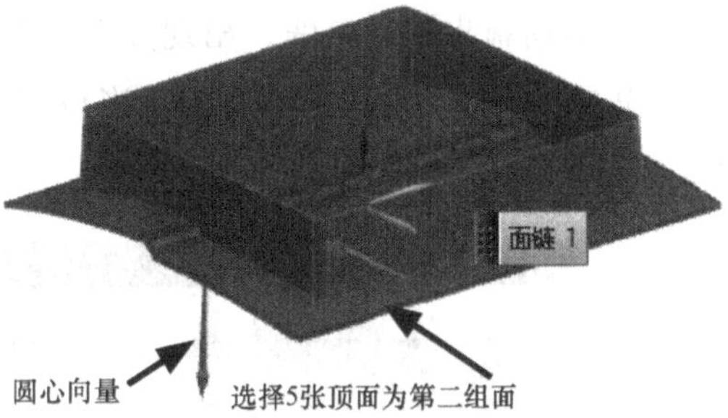

图 2-73

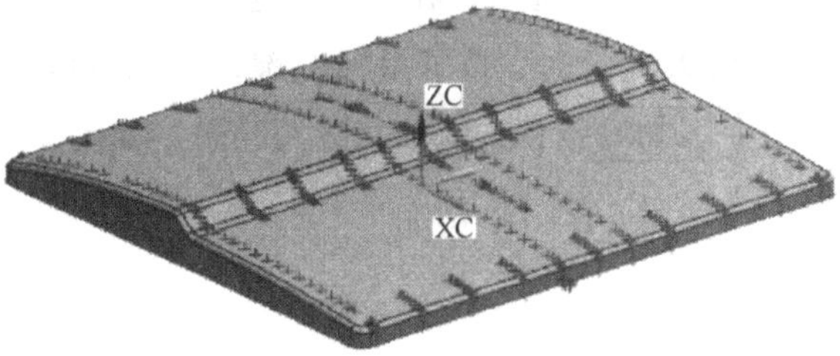

图 2-74

2.4 绘制吸顶灯细节特征

1. 隐藏片体

选择菜单中的【编辑(E)】/【显示和隐藏(H)】/【隐藏(H)...】命令，或在【实用工具】栏中选择（隐藏）图标，隐藏片体（略），完成后如图 2-75 所示。

2. 设置图层

选择菜单中的【格式(R)】/【图层设置(S)...】命令，出现【图层设置】对话框，如图 2-76 所示，在对话框的图层列表框中取消勾选第 5 层，并勾选第 3 层，然后在【图层设置】对话框中单击关闭按钮，完成图层设置操作，图形更新为如图 2-77 所示。

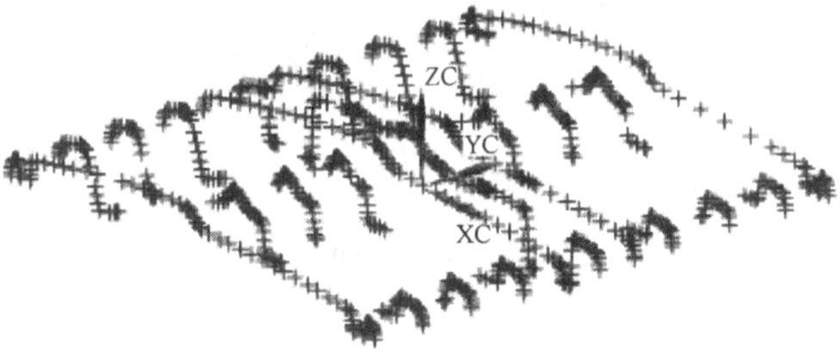

图 2-75

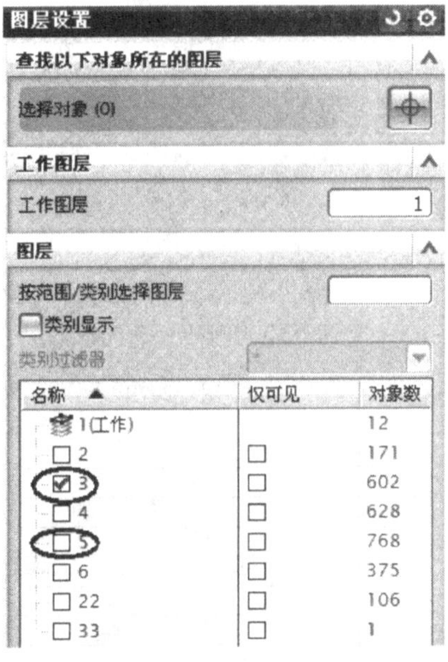

图 2-76

3. 绘制盒顶方孔截面线

选择菜单中的【插入(S)】/【曲线(C)】/【直线(L)...】命令，或在【曲线】工具条中选择（直线）图标，出现【直线】对话框，如图 2-78 所示，然后在捕捉点工具条中选择

+（现有点）选项，在图形中选择如图 2-79 所示的点，横向拖出一条直线，出现如图 2-79 所示的 X 标记时，按下鼠标左键，出现直线，向左拖曳如图 2-80 所示的圆点至适当位置，单击 应用 按钮，完成直线的绘制，如图 2-81 所示。

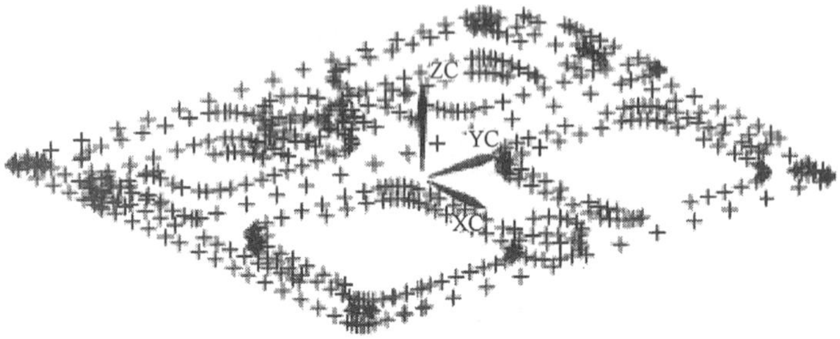

图 2-77

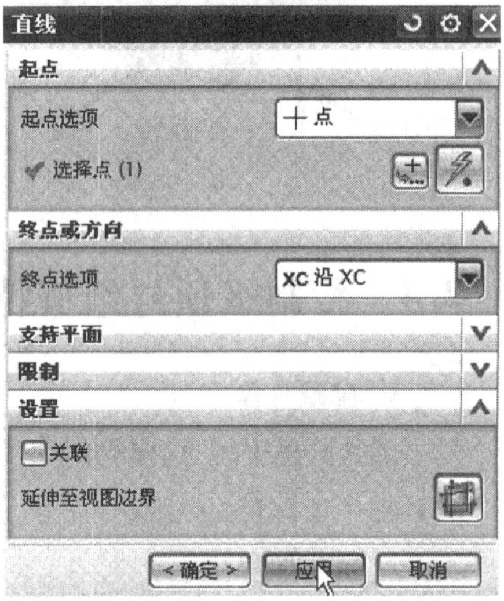

图 2-78

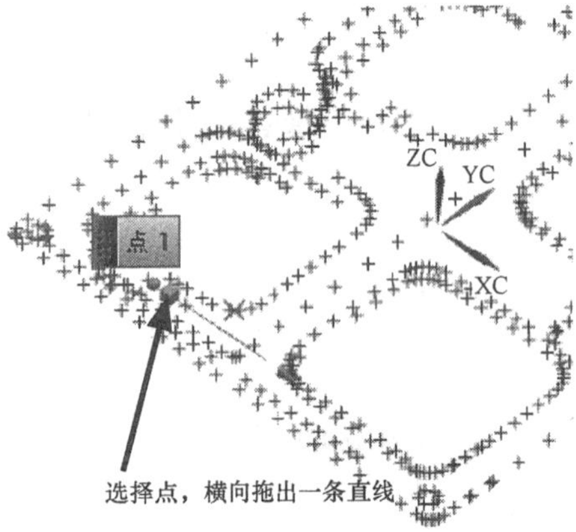

图 2-79

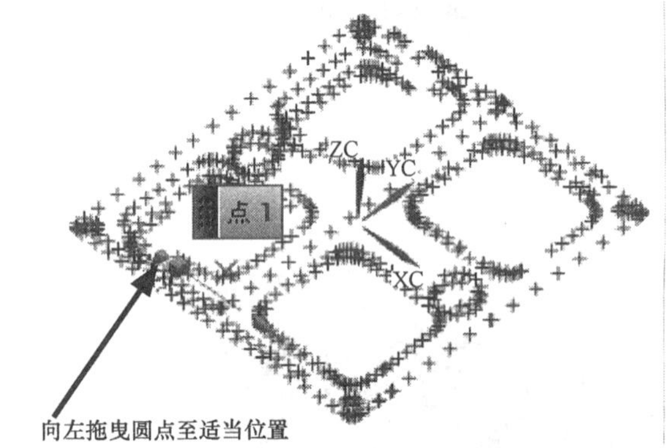

图 2-80

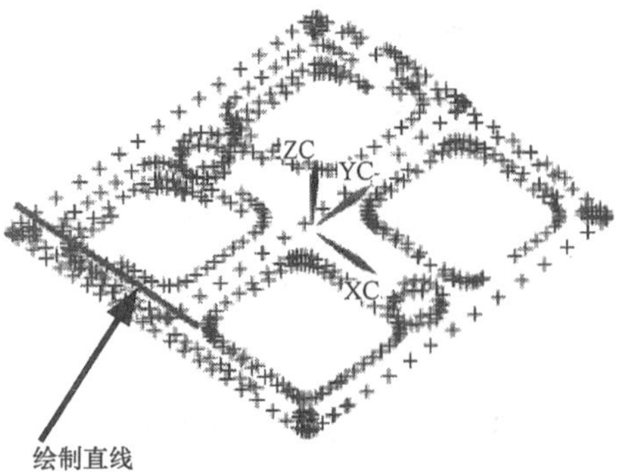

图 2-81

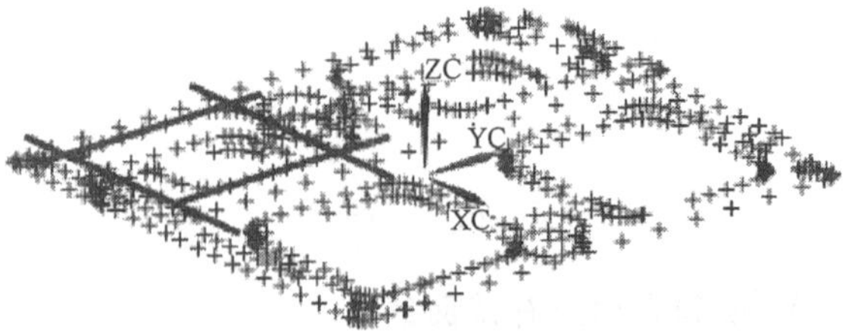

图 2-82

按照上述方法，绘制其他三边的直线，完成后如图 2-82 所示。

继续按照上述方法，绘制右下角的方孔截面线，完成后如图 2-83 所示。

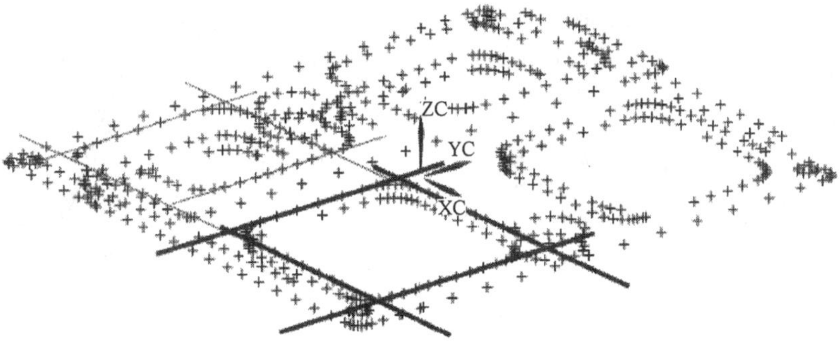

图 2-83

4. 设置图层

选择菜单中的【格式(R)】/【图层设置(S)...】命令，出现【图层设置】对话框，如图 2-84 所示，在对话框的图层列表框中取消勾选第 3 层，并勾选第 4 层，然后在【图层设置】对话框中单击 关闭 按钮，完成图层设置操作，图形更新后如图 2-85 所示。

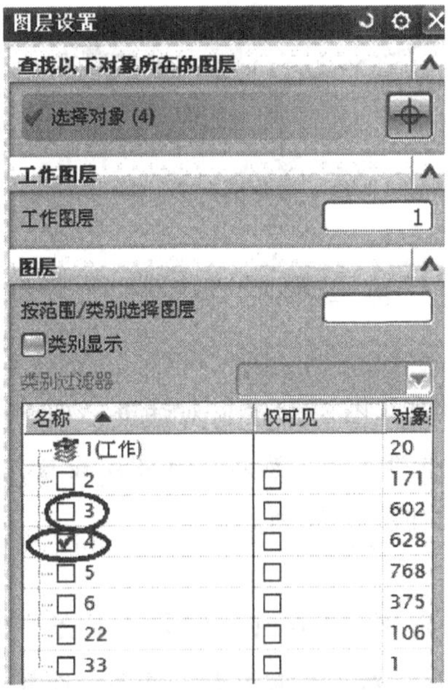

图 2-84

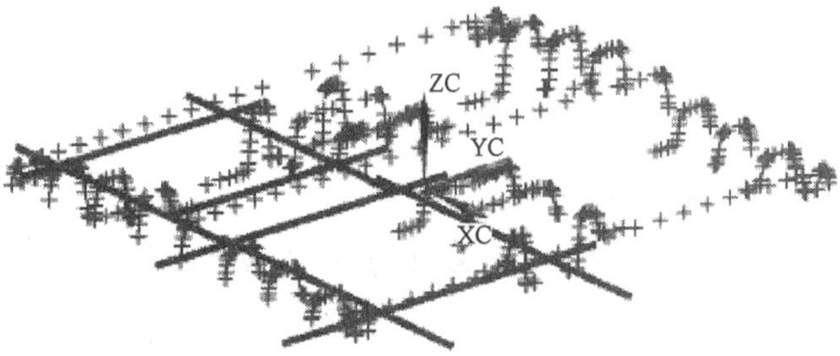

图 2-85

5. 绘制拉伸辅助方向线

选择菜单中的【插入(S)】/【曲线(C)】/【直线(L)...】命令，或在【曲线】工具条中选择（直线）图标，出现【直线】对话框，如图 2-86 所示，然后在捕捉点工具条中选择（现有点）选项，在图形中选择如图 2-87 所示的两个点，再单击 应用 按钮，完成直线的绘制，如图 2-88 所示。

按照上述方法，绘制其他三处的直线，完成后如图 2-89 所示。

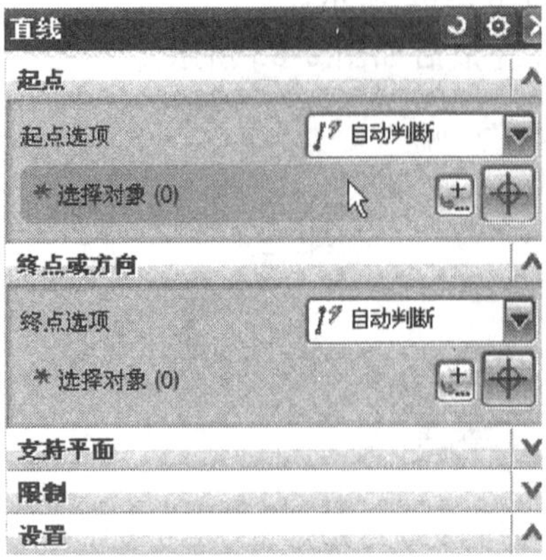

图 2-86

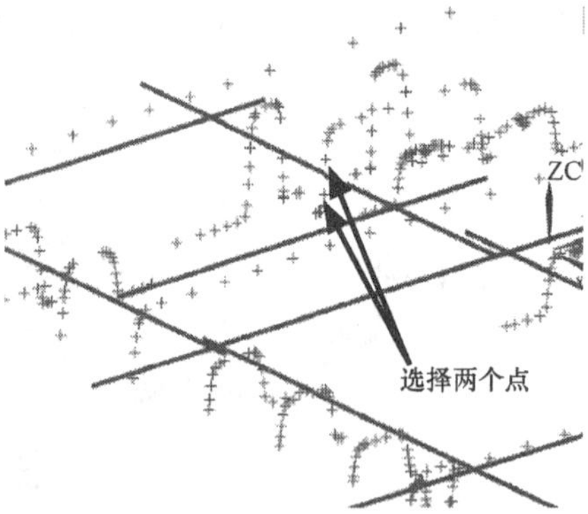

图 2-87

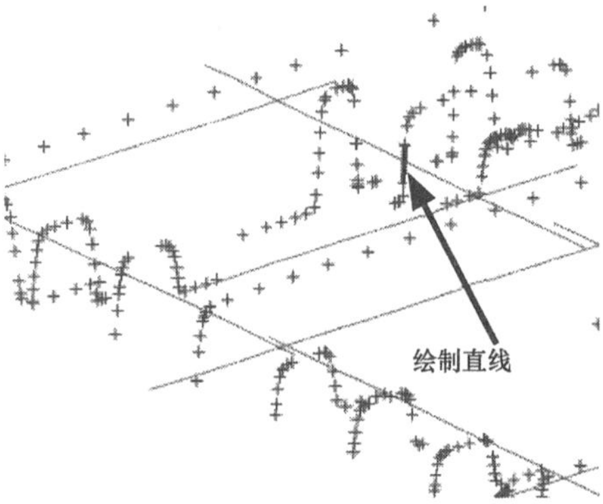

图 2-88

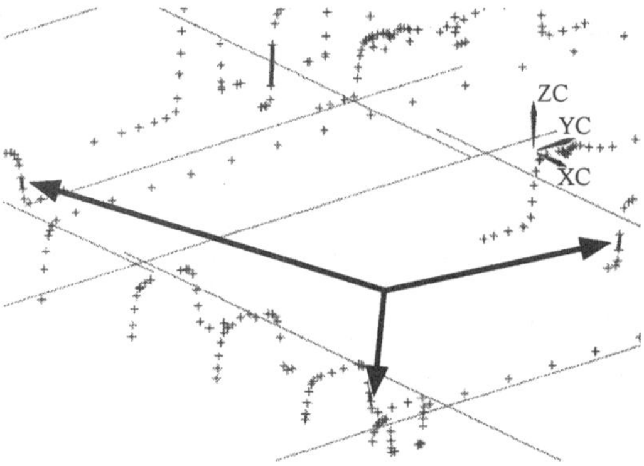

图 2-89

6. 设置图层

选择菜单中的【格式(R)】/【图层设置(S)...】命令，出现【图层设置】对话框，如图2-90所示，在对话框的图层列表框中取消勾选第4层，并勾选第5层，然后在【图层设置】对话框中单击关闭按钮，完成图层设置操作，图形更新后如图2-91所示。

7. 绘制拉伸辅助方向线

选择菜单中的【插入(S)】/【曲线(C)】/【直线(L)...】命令，或在【曲线】工具条中选择（直线）图标，出现【直线】对话框，如图2-92所示，然后在捕捉点工具条中选择（现有点）选项，在图形中选择如图2-93所示的两个点，单击应用按钮，完成直线的绘制，如图2-94所示。

按照上述方法，绘制其他三处的直线，完成后如图2-95所示。

8. 设置图层

选择菜单中的【格式(R)】/【图层设置(S)...】命令，出现【图层设置】对话框，在对话框的图层列表框中取消勾选第5层，然后在【图层设置】对话框中单击关闭按钮，完成图层设置操作，图形更新为如图2-96所示。

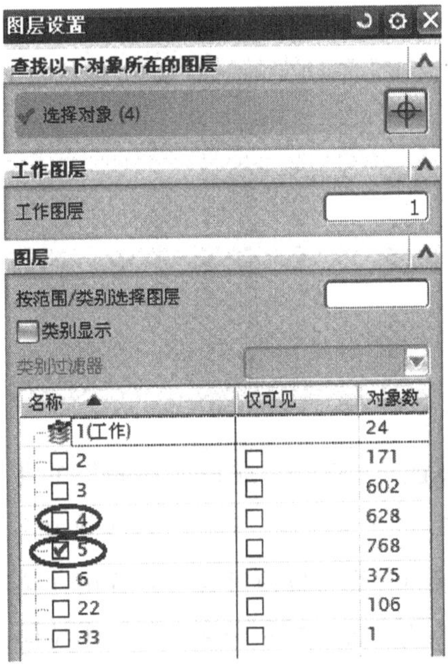

图 2-90

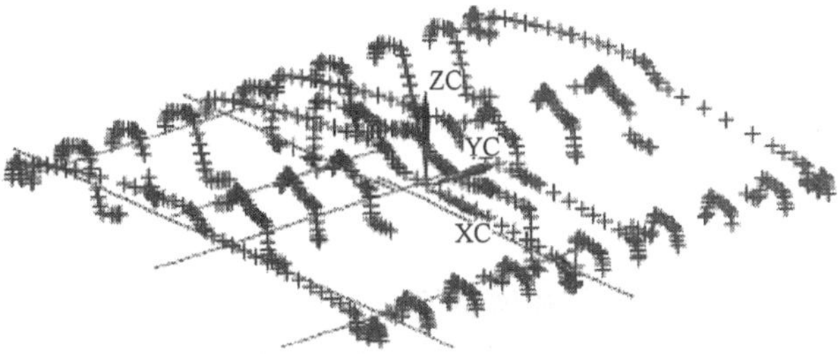

图 2-91

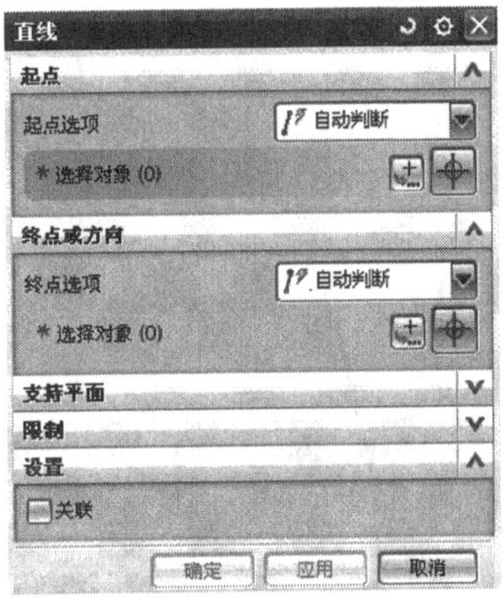

图 2-92

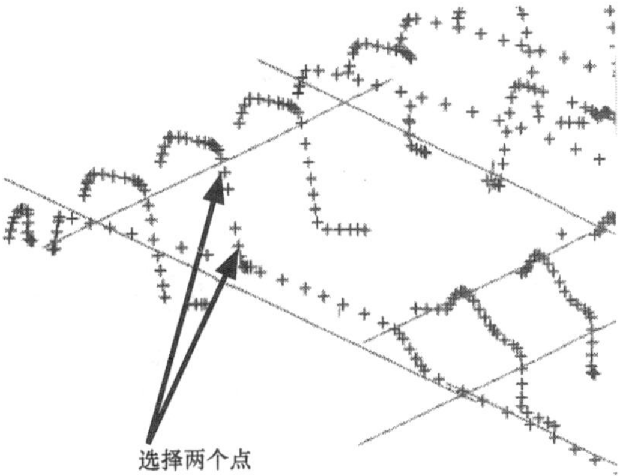

图 2-93

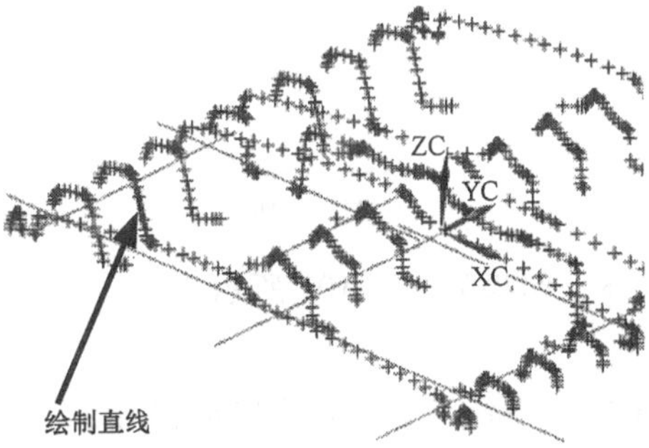

图 2-94

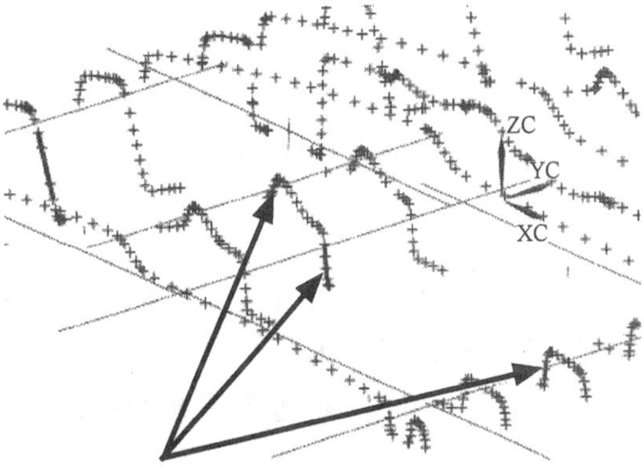

图 2-95

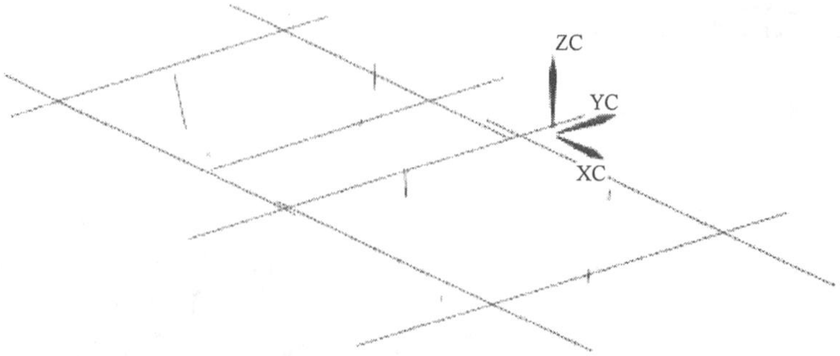

图 2-96

9. 创建拉伸片体特征

选择菜单中的【插入(S)】/【设计特征(E)】/【拉伸(E)...】命令，或在【特征】工具条中选择（拉伸）图标，出现【拉伸】对话框，如图2-97所示，在主界面的曲线规则下拉框中选择单条曲线选项，选择如图2-98所示的直线为拉伸对象，然后在【拉伸】对话框中选择（自动判断的矢量）图标，在图形中选择如图2-99所示的直线为拉伸方向，在结束下拉框中选择对称值选项，在【距离】栏输入30，如图2-97所示，然后单击应用按钮，创建片体，如图2-100所示。

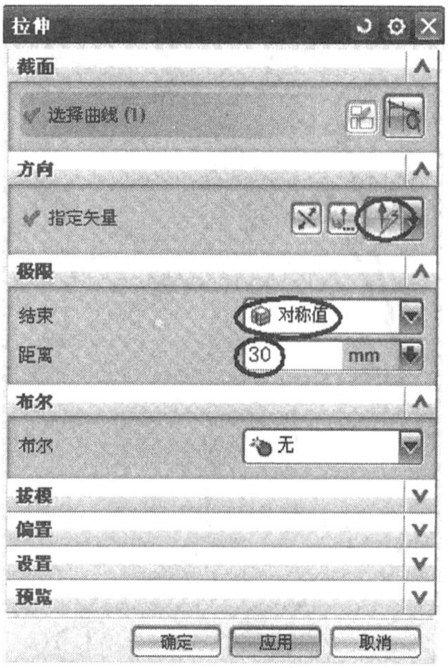

图 2-97

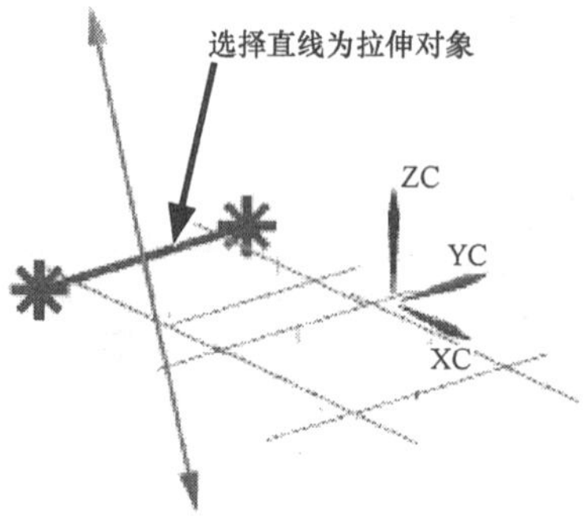

图 2-98

按照上述方法，拉伸其他7条直线，完成拉伸片体，结果如图2-101所示。

10. 创建面倒圆特征

选择菜单中的【插入(S)】/【细节特征(L)】/【面圆角(F)...】命令，或在【特征操作】工具条中选择（面倒圆）图标，出现【面倒圆】对话框，如图2-102所示，在类型下拉

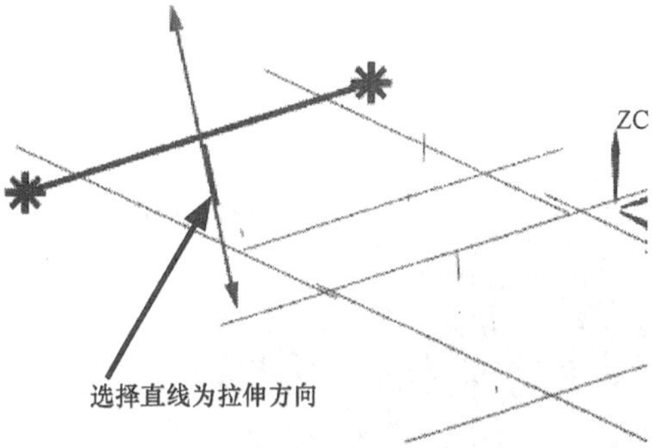

图 2-99

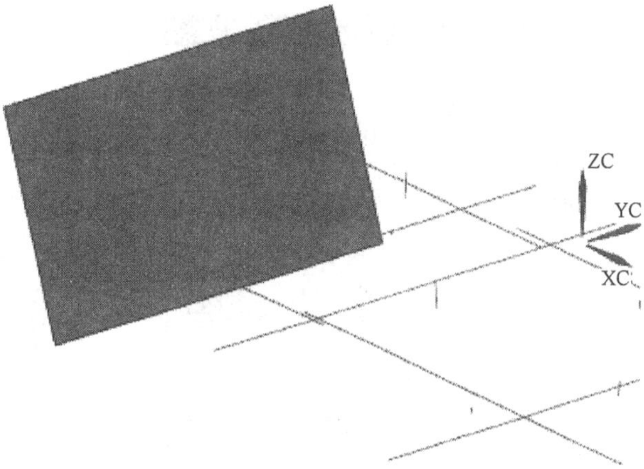

图 2-100

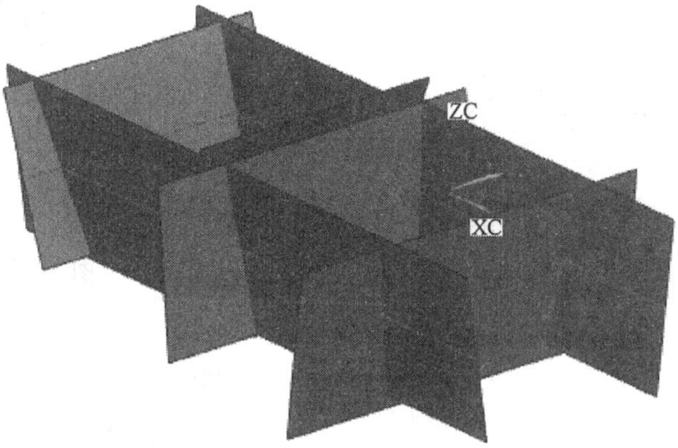

图 2-101

框中选择 两个定义面链 选项，在 圆角面 下拉框中选择 修剪至所有输入面 选项，勾选 修剪输入面至倒圆面 选项和 缝合所有面 选项。

在图形中选择如图 2-103 所示的侧壁面为第一组面，图形中出现圆心向量，在【面倒圆】对话框的 选择面链 2 (0) 区域选择（面）图标，然后在图形中选择如图 2-104 所示的侧壁面为第二组面，图形中出现圆心向量，然后在图 2-102 的【半径】栏中输入 14，最后单击 应用 按钮，完成面圆角特征，圆角倒在两个相交面的内侧，如图 2-105 所示（已翻转图形）。

注：如读者图形中出现相反的圆心向量，可以在【面倒圆】对话框中单击（反向）图标，使其出现正确的向量方向。

按照上述方法，创建另 7 处的面倒圆特征，结果如图 2-106 所示。

11. 设置图层

选择菜单中的【格式(R)】/【图层设置(S)...】命令，出现【图层设置】对话框，如图 2-107所示，在对话框的图层列表框中勾选第 2 层，然后单击 关闭 按钮，完成图层设置操作，图形更新后如图 2-108 所示。

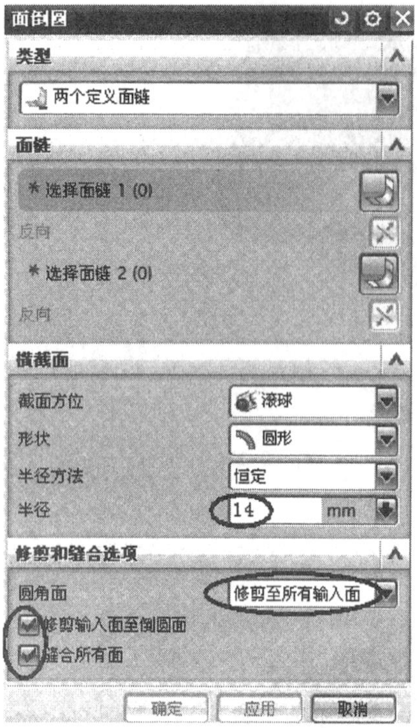

图 2-102

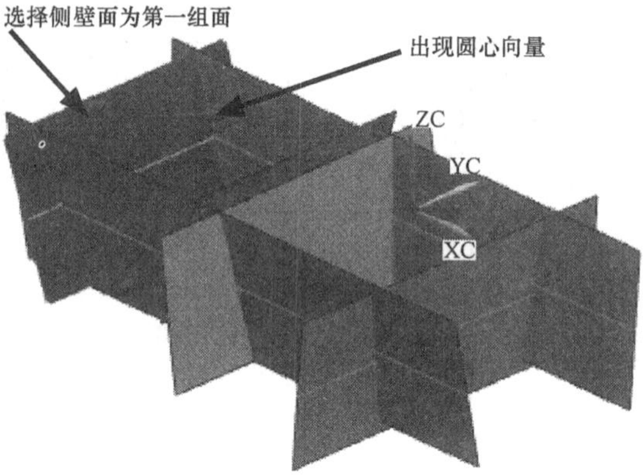

图 2-103

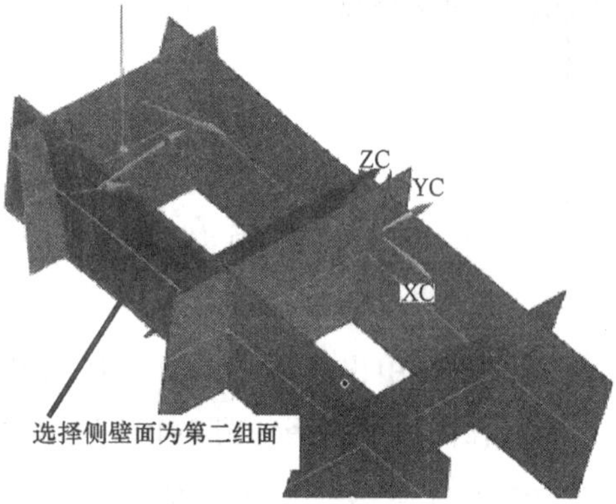

图 2-104

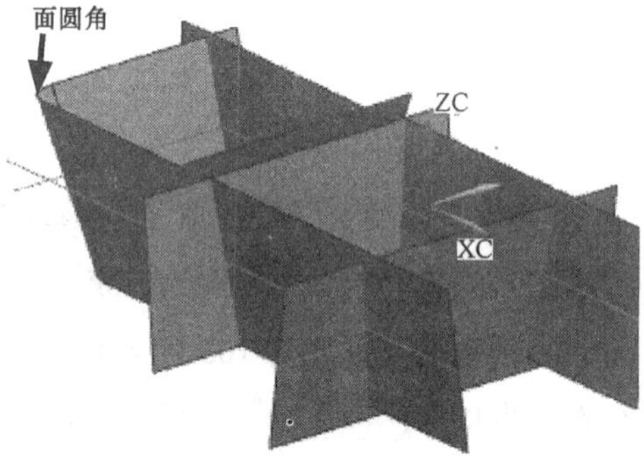

图 2-105

12. 绘制整圆

选择菜单中的【插入(S)】/【曲线(C)】/【圆弧/圆(C)...】命令，或在【曲线】工具条中选择（圆弧/圆）图标，出现【圆弧/圆】对话框，在**限制**区域勾选整圆选项，如图 2-109 所示，然后在捕捉点工具条中选择（现有点）选项，在图形中依次选择如图 2-110 所示的三个点，单击应用按钮，完成绘制整圆，如图 2-111 所示。

按照上述方法，绘制右边的整圆，如图 2-112 所示。

13. 创建 N 边曲面特征

选择菜单中的【插入(S)】/【网格曲面(M)】/【N 边曲面(N)...】命令，或在【曲面】工具栏

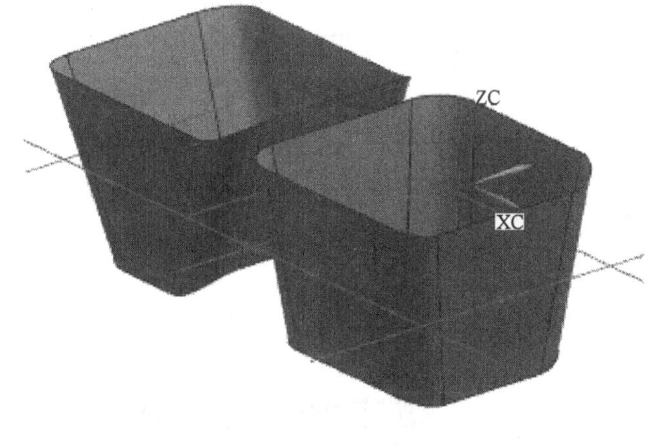

图 2-106

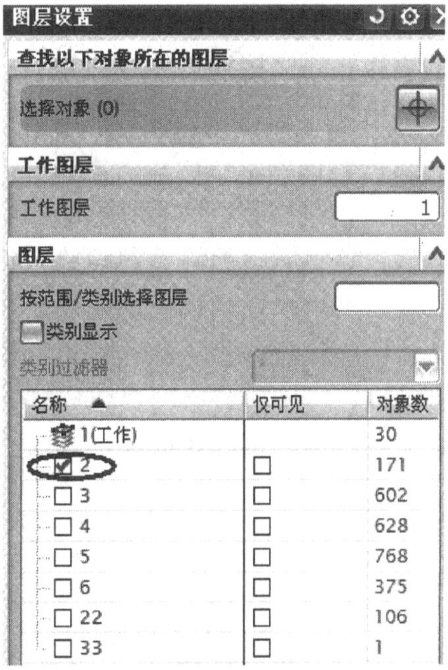

图 2-107

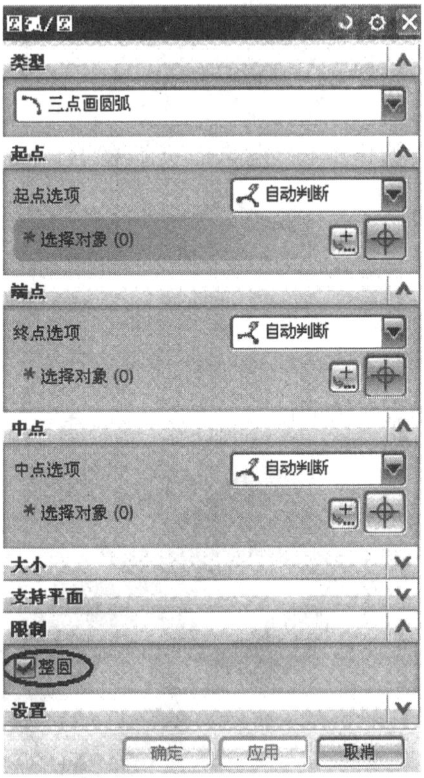

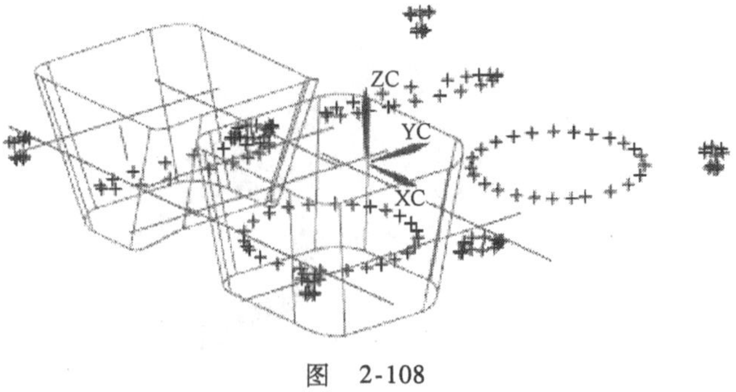

图 2-108

图 2-109

中选择（N 边曲面）图标，出现【N 边曲面】对话框，如图 2-113 所示，在图形中选择如图 2-114 所示圆，单击 应用 按钮，完成创建 N 边曲面特征，如图 2-115 所示。

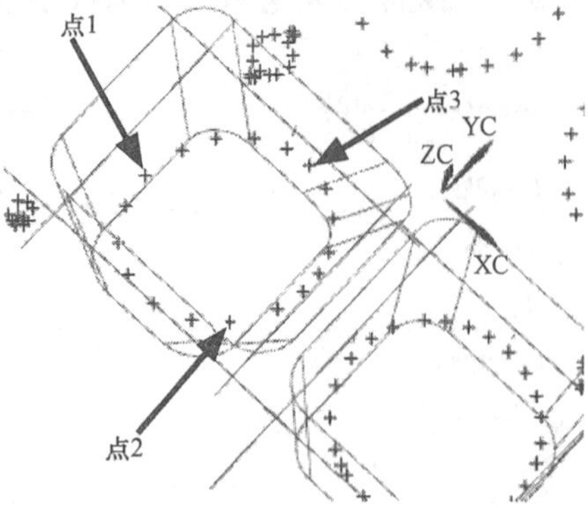

图 2-110

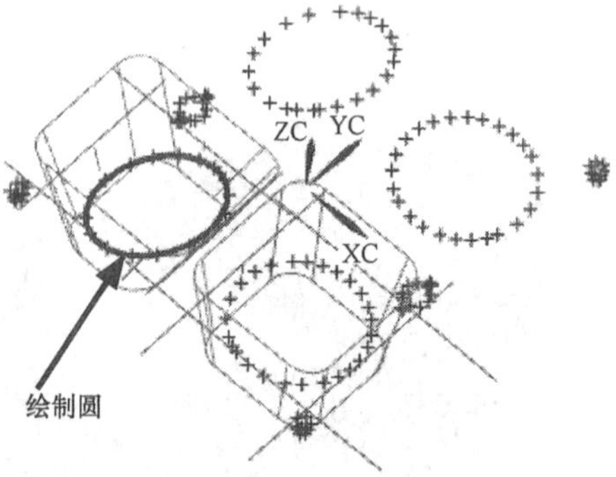

图 2-111

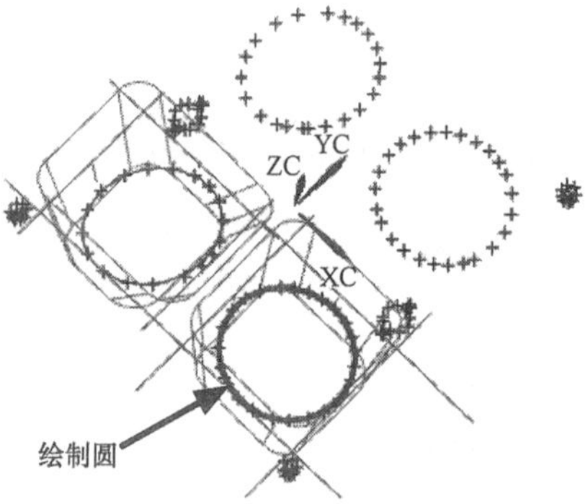

图 2-112

图 2-113

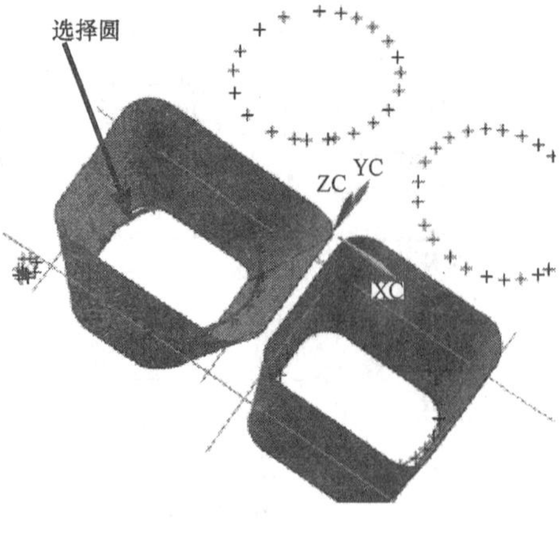

图 2-114

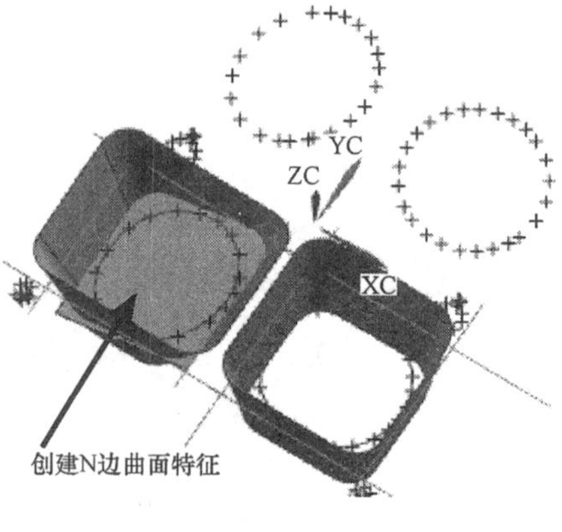

图 2-115

按照上述方法，创建 N 边曲面特征，如图 2-116 所示。

14. 扩大面

选择菜单中的【编辑(E)】/【曲面(R)】/【扩大(L)...】命令，或在【编辑曲面】工具栏中选择（扩大）图标，出现【扩大】面对话框，如图2-117所示，在图形中选择如图2-118所示的面，然后在【扩大】面对话框中勾选全部选项，在%U起点栏输入20，单击<确定>按钮，完成创建扩大面，如图2-119所示。

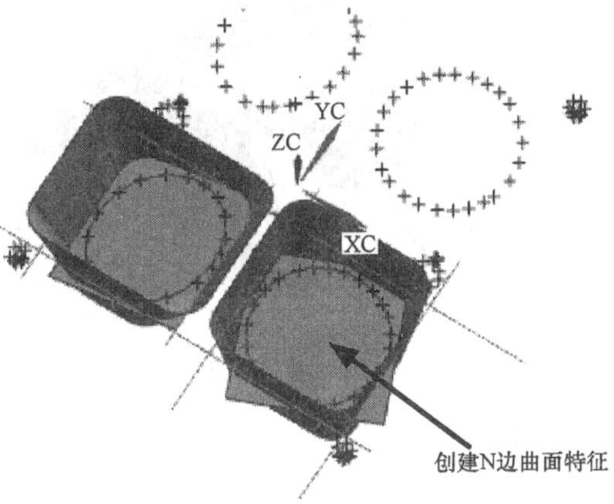

图 2-116

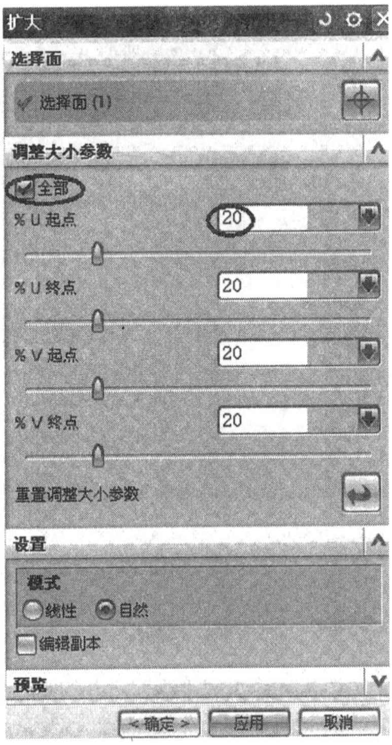

图 2-117

15. 修剪掉平面下的孔壁面

选择菜单中的【插入(S)】/【修剪(T)】/【修剪片体(R)...】命令，或在【曲面】工具栏中

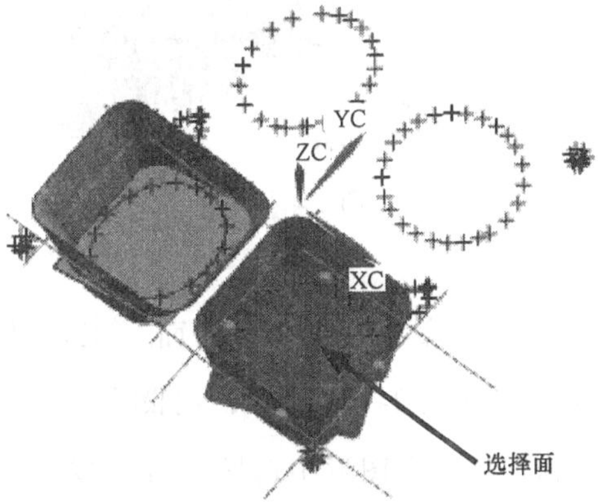

图 2-118

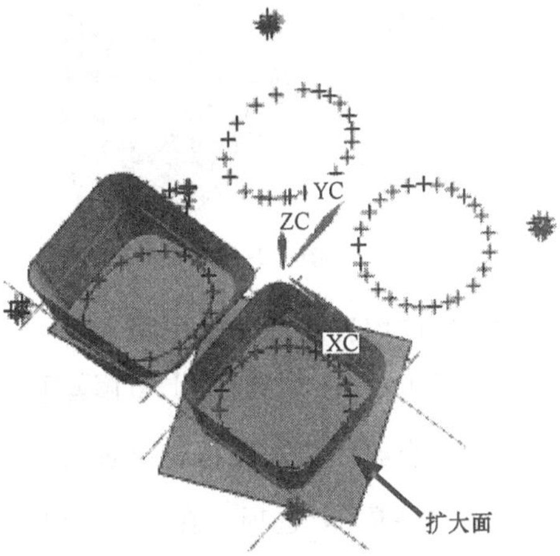

图 2-119

选择（修剪片体）图标，出现【修剪片体】对话框，如图 2-120 所示，在对话框的投影方向下拉框中选择垂直于面选项，在区域项选择保持单选选项，系统提示选择目标片体，在图形中选择如图 2-121 所示的面为目标片体。

然后在【修剪片体】对话框的边界对象区域选择（对象）图标，选择如图 2-121 所示的面为修剪边界，接着在对话框中单击应用按钮，完成修剪片体，如图 2-122 所示。

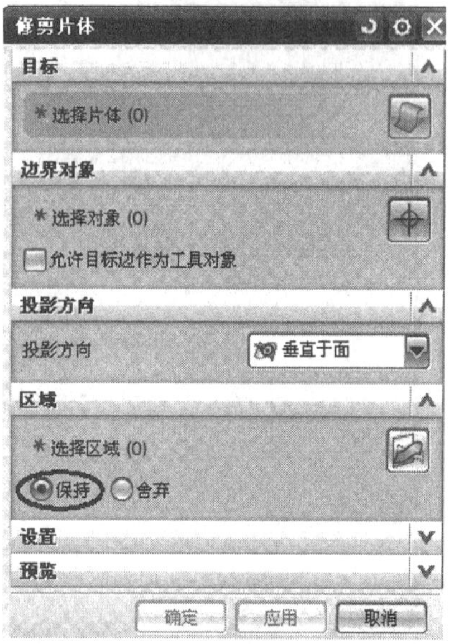

图 2-120

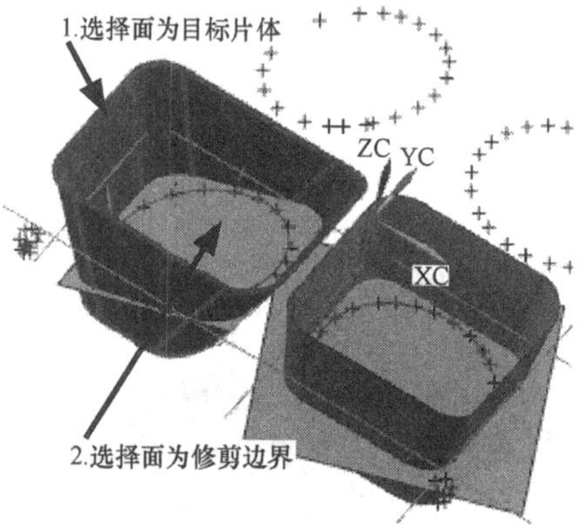

图 2-121

按照上述方法修剪右边的侧壁面，完成后如图 2-123 所示。

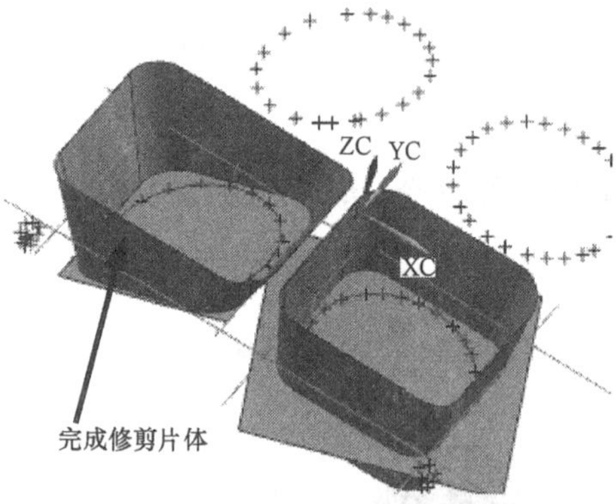

图 2-122

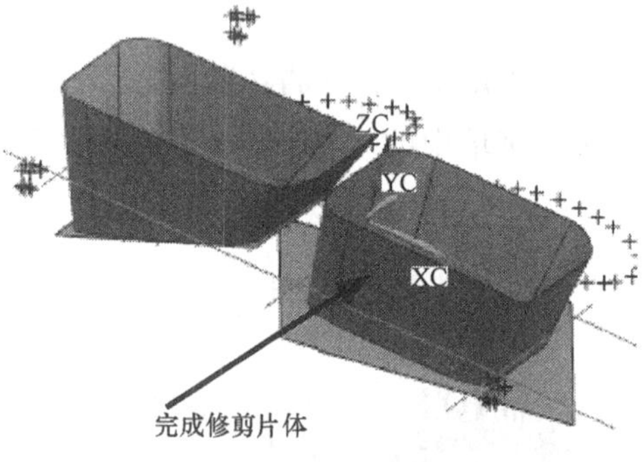

图 2-123

16. 修剪掉孔壁面外的平面

选择菜单中的【插入(S)】/【修剪(T)】/【修剪片体(R)...】命令，或在【曲面】工具栏中选择（修剪片体）图标，出现【修剪片体】对话框，如图 2-124 所示，在投影方向下拉框中选择垂直于面选项，在区域项中选择保持单选选项，在图形中选择如图 2-125 所示的面为目标片体。

然后在【修剪片体】对话框的 **边界对象** 区域选择（对象）图标，选择如图 2-125 所示的面为修剪边界，接着在对话框中单击 应用 按钮，完成修剪片体，如图 2-126 所示。

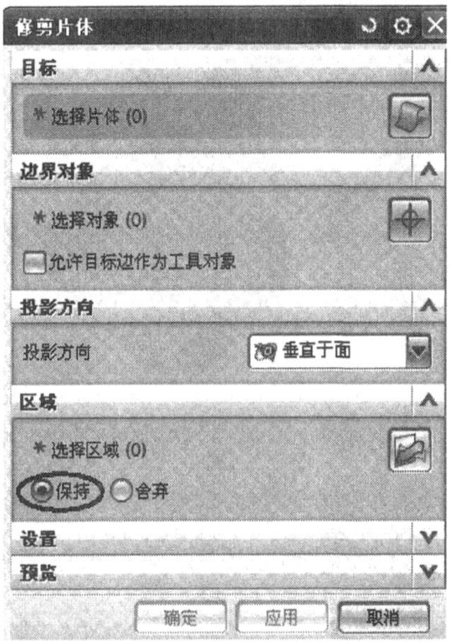

图 2-124

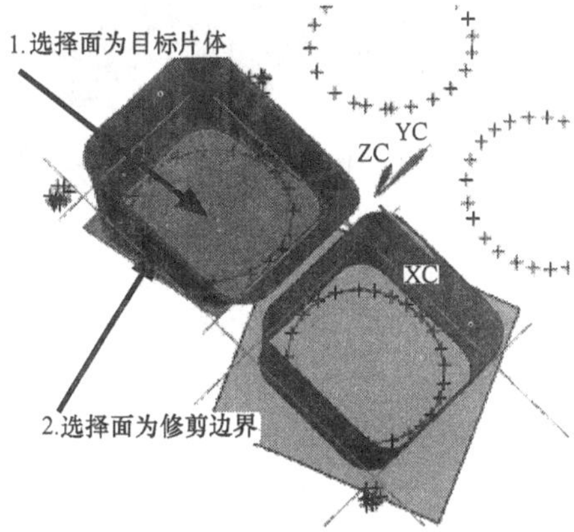

图 2-125

继续修剪片体，按照上述方法修剪右边的孔底面，完成后如图 2-127 所示。

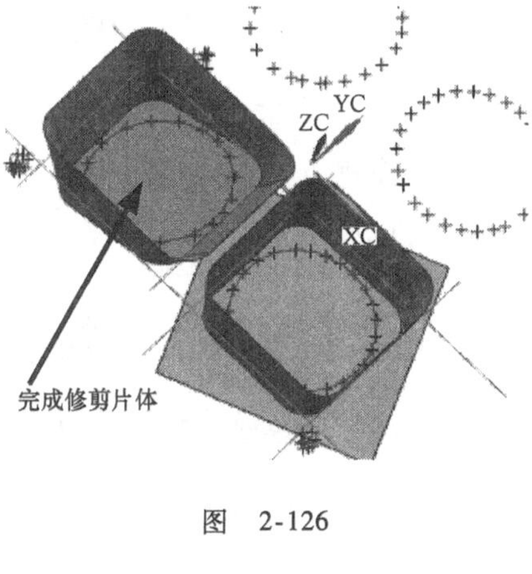

图 2-126

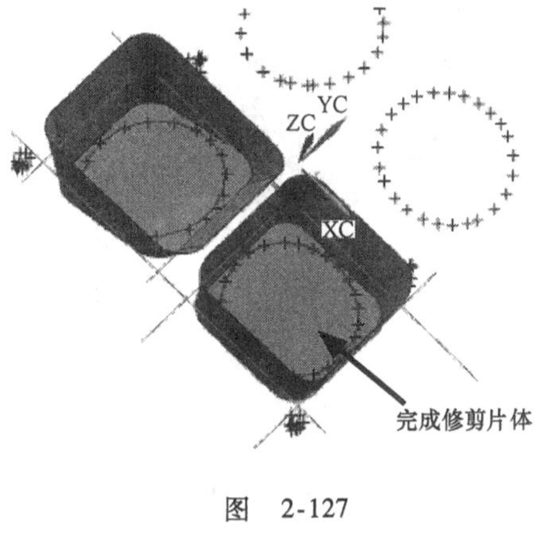

图 2-127

17. 修剪出底面圆孔

选择菜单中的【插入(S)】/【修剪(T)】/【修剪片体(R)...】命令，或在【曲面】工具栏中选择（修剪片体）图标，出现【修剪片体】对话框，在 投影方向 下拉框中选择 垂直于面 选项，在 **区域** 项中选择 保持 单选选项，在图形中选择如图 2-128 所示的面为目标片体，然后在【修剪片体】对话框的 **边界对象** 区域选择（对象）图标，选择如图 2-128 所示的曲线为修剪边界，接着在对话框中单击 应用 按钮，完成修剪片体，如图 2-129

所示。

按照上述方法修剪右边的底面圆孔，完成后如图 2-130 所示。

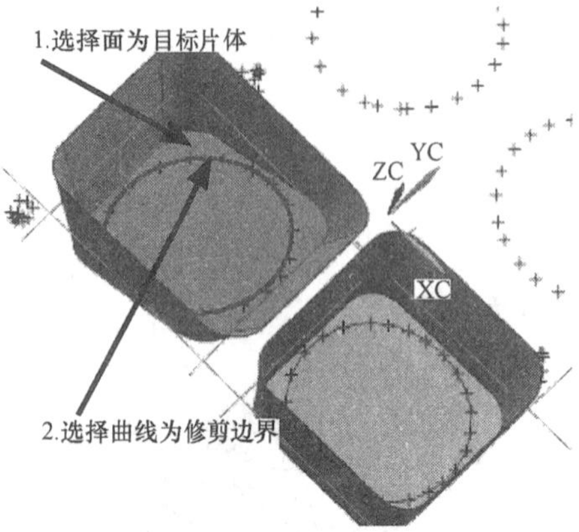

图 2-128

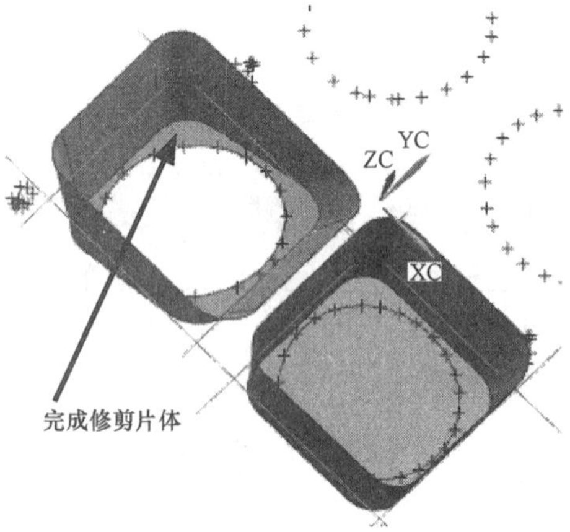

图 2-129

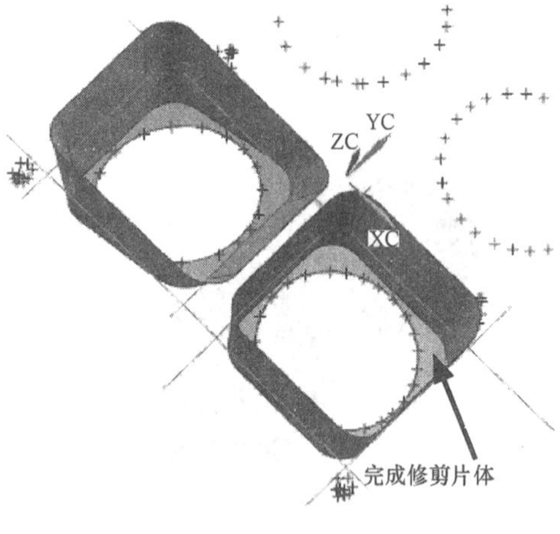

图 2-130

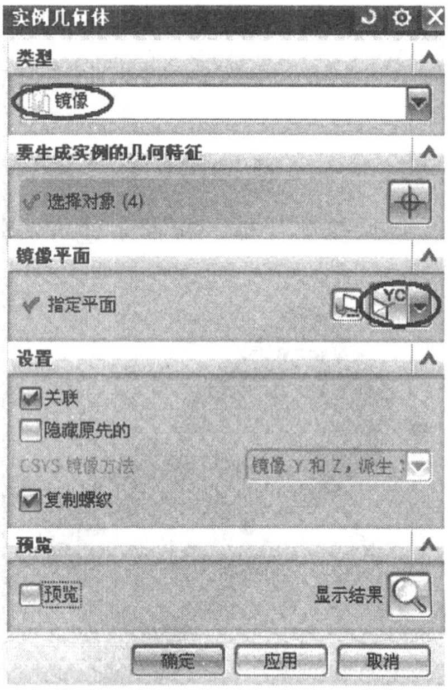

图 2-131

18. 创建镜像片体特征

选择菜单中的【插入(S)】/【关联复制(A)】/【生成实例几何特征(G)...】命令，或在【特征】工具栏中选择（实例几何体）图标，出现【实例几何体】对话框，如图 2-131 所示，在类型下拉框中选择镜像选项，然后在图形中选择如图 2-132 所示的曲面，在【实例几何体】对话框的指定平面下拉框中选择（XC-ZC 平面）选项，单击确定按钮，完成创建镜像片体特征，如图 2-133 所示。

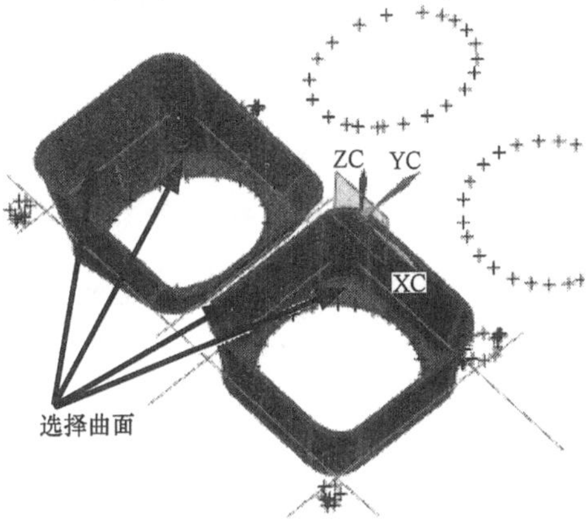

图 2-132

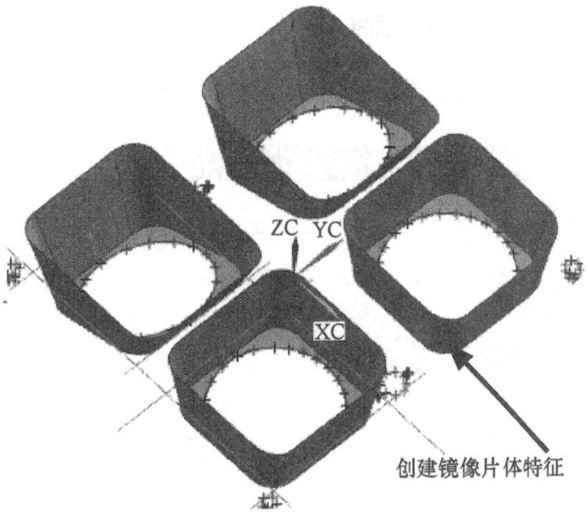

图 2-133

2.5 创建吸顶灯实体

1. 显示 2.3 节创建的片体

选择菜单中的【编辑(E)】/【显示和隐藏(H)】/【全部显示(A)】命令，或在【实用工具】栏中选择（全部显示）图标，恢复被隐藏的片体（略），完成后如图 2-134 所示。

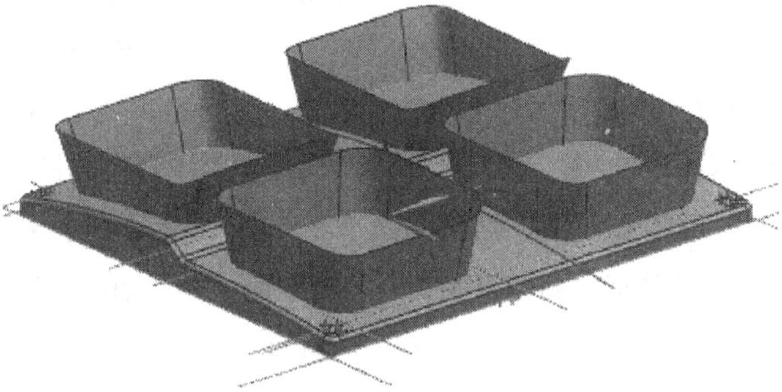

图 2-134

2. 图层设置

选择菜单中的【格式(R)】/【图层设置(S)...】命令，出现【图层设置】对话框，在对话框的图层列表框中取消勾选第 2 层，然后单击关闭按钮，完成图层设置操作。

3. 将曲线移至 255 层

选择菜单中的【格式(R)】/【移动至图层(M)...】命令，出现【类选择】对话框，选择曲线将其移动至 255 层（步骤略），然后设置 255 层为不可见。

4. 创建面倒圆特征

选择菜单中的【插入(S)】/【细节特征(L)】/【面圆角(F)...】命令，或在【特征操作】工具条中选择（面倒圆）图标，出现【面倒圆】对话框，如图 2-135 所示，在类型下拉框中

选择 两个定义面链 选项，在 圆角面 下拉框中选择 修剪至所有输入面 选项，勾选 修剪输入面至倒圆面 选项和 缝合所有面 选项。

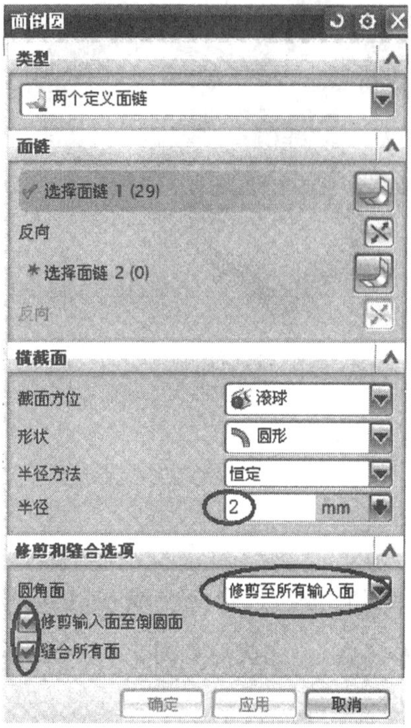

图 2-135

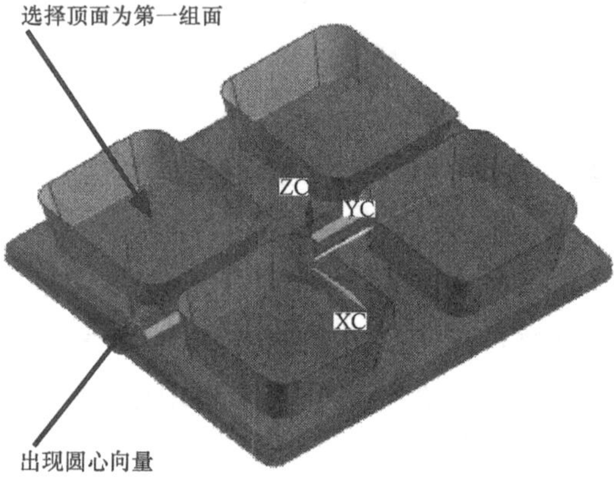

图 2-136

在图形中选择如图 2-136 所示的顶面为第一组面，图形中出现圆心向量，在【面倒圆】对话框的选择面链 2 (0)区域选择（面）图标，然后在图形中选择如图 2-137 所示的侧壁面为第二组面，图形中出现圆心向量，然后在图 2-135 的【半径】栏输入 2，最后单击 应用 按钮，完成面圆角特征，圆角倒在两个相交面的内侧，如图 2-138 所示。

注：如读者图形中出现相反的圆心向量，可以在【面倒圆】对话框中单击（反向）图标，使其出现正确的向量方向。

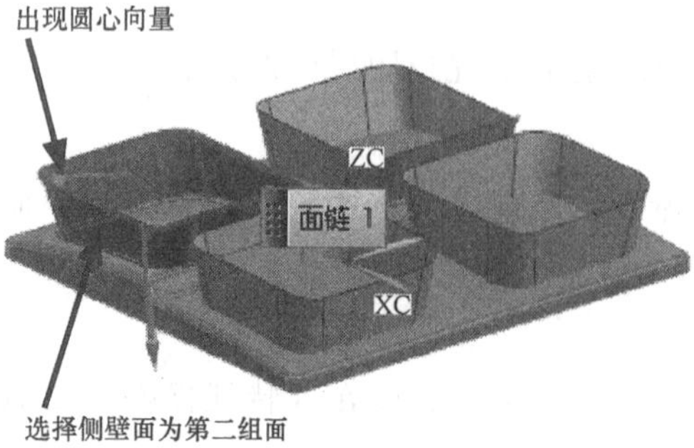

图 2-137

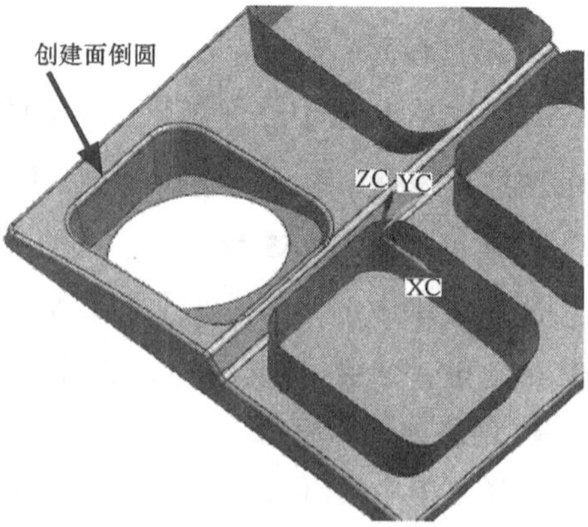

图 2-138

按照上述方法，创建其他三处面倒圆，结果如图 2-139 所示（翻转模型后）。

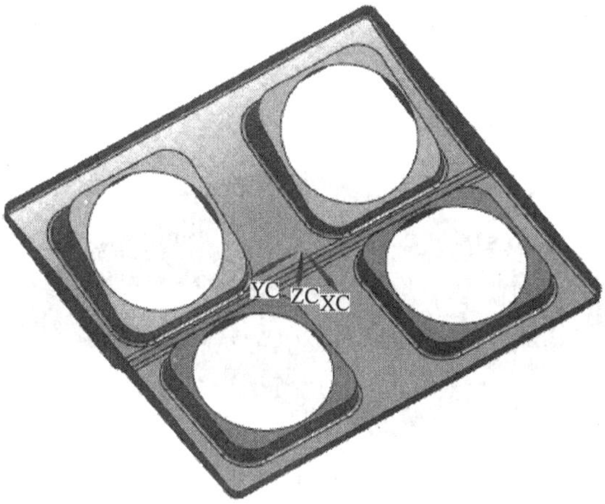

图 2-139

图 2-140

5. 缝合曲面

选择菜单中的【插入(S)】/【组合(B)】/【缝合(W)...】命令，或在【特征】操作工具栏中选择（缝合）图标，出现【缝合】对话框，如图 2-140 所示，系统提示选择缝合的目标片体，按照图 2-141 所示选择目标片体，然后框选如图 2-142 所示的工具片体，再单击应用按钮，此时片体已经缝合。

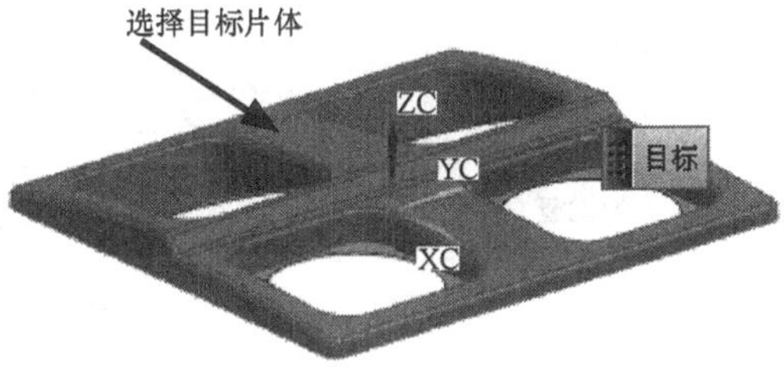

图 2-141

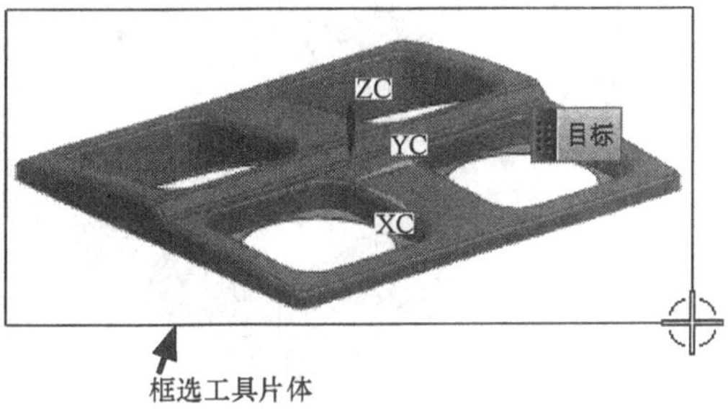

图 2-142

6. 创建偏置曲面特征

选择菜单中的【插入(S)】/【偏置/缩放(O)】/【偏置曲面(O)...】命令，或在【特征】操作工具条中选择（偏置曲面）图标，出现【偏置曲面】对话框，如图 2-143 所示，在主界面的面规则下拉框中选择体的面选项，然后在图形中选择如图 2-144 所示的面，再在【偏置曲面】对话框中单击（反向）按钮，出现偏置方向箭头，如图 2-144 所示，在图 2-143 的【偏置 1】栏输入 1，然后单击< 确定 >按钮，完成偏置曲面，如图 2-145 所示（翻转模型后）。

7. 对象预设置

选择菜单中的【首选项】/【对象】命令，将片体的颜色设置成橘黄色。

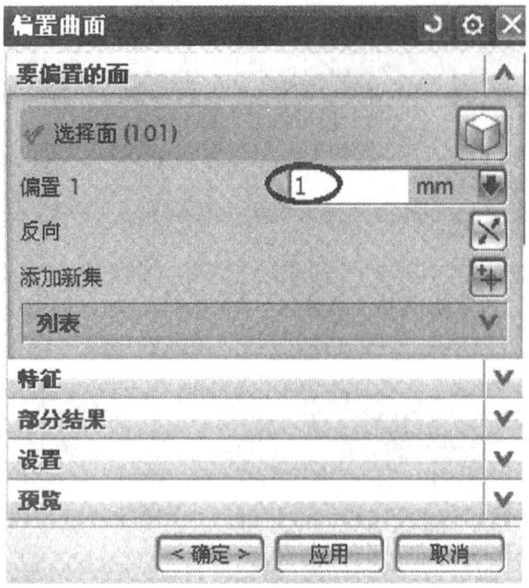

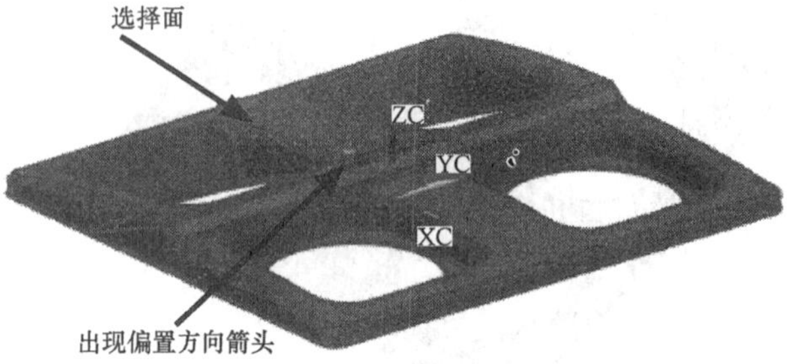

图　2-143　　　图　2-144

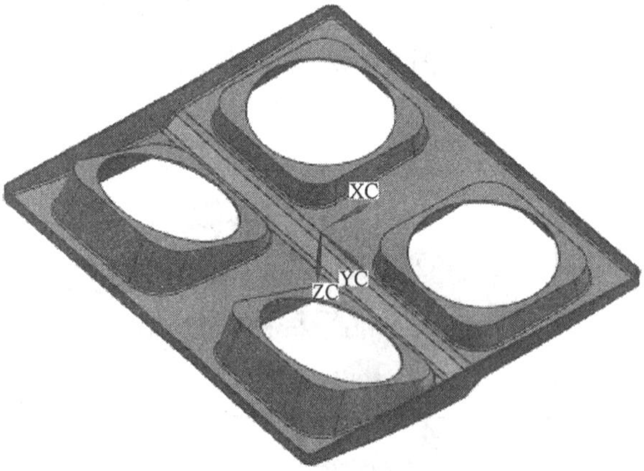

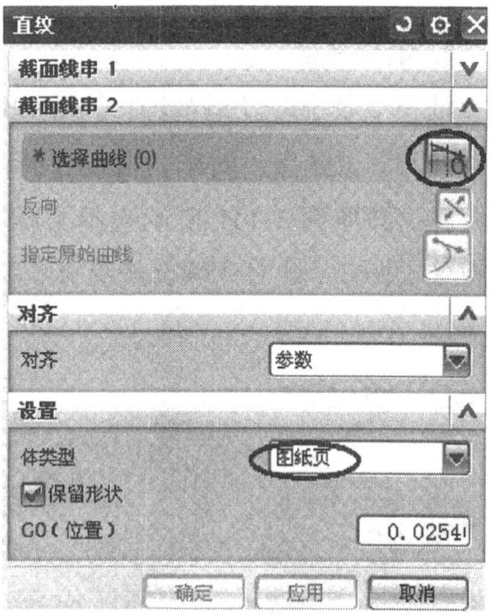

图　2-145　　　图　2-146

8. 创建直纹面特征

选择菜单中的【插入(S)】/【网格曲面(M)】/【直纹(R)...】命令，或在【曲面】工具栏中选择（直纹面）图标，出现【直纹】对话框，如图 2-146 所示，在主界面的曲线规则下拉框中选择相切曲线选项，在图形中选择如图 2-147 所示的外圈片体边，然后在【直纹】对话框的截面线串 2 区域选择（截面 2）图标，接着在图形中选择如图 2-148 所示的内圈片体边（注意起始位置与矢量方向一致），最后在【直纹】对话框的体类型下拉框中选择图纸页选项，并单击< 确定 >按钮，完成创建直纹面，如图 2-149 所示。

9. 创建拉伸片体特征

选择菜单中的【插入(S)】/【设计特征(E)】/【拉伸(E)...】命令，或在【特征】工具条

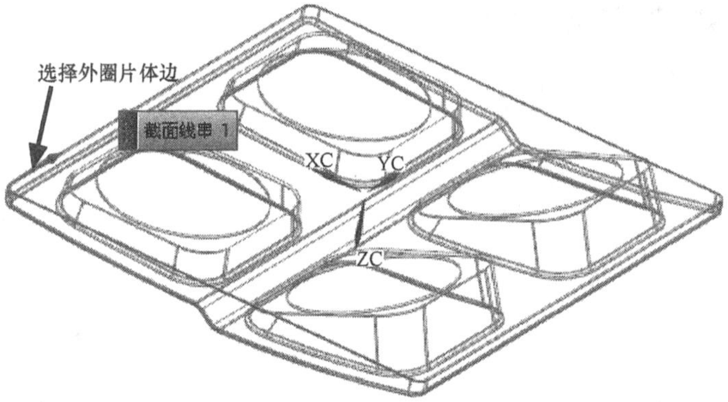

图 2-147

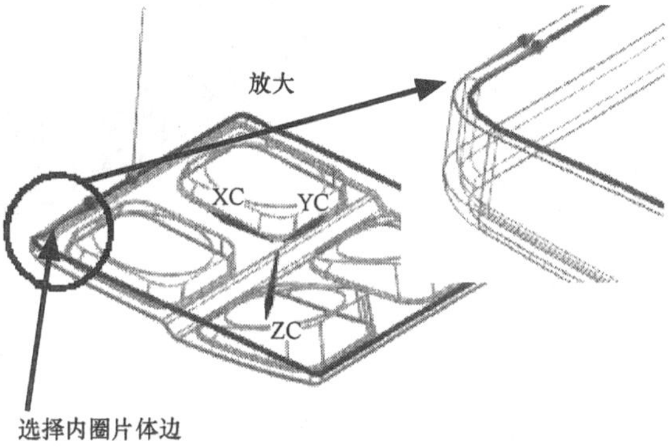

图 2-148

图 2-149

中选择 (拉伸) 图标，出现【拉伸】对话框，如图 2-150 所示，在主界面的曲线规则下拉框中选择「单条曲线」选项，选择如图 2-151 所示的边线为拉伸对象，图形中出现拉伸方向，然后在【拉伸】对话框的【开始】\【距离】栏和【结束】\【距离】栏分别输入 0 和 25，在「体类型」下拉框中选择「图纸页」选项，再单击「应用」按钮，创建片体，如图 2-152 所示。

图 2-150

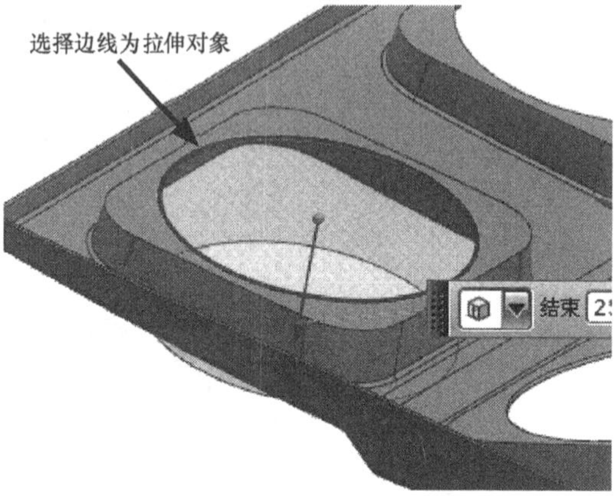

图 2-151

按照上述方法，拉伸其他 3 条圆弧边线，完成拉伸片体，结果如图 2-153 所示。

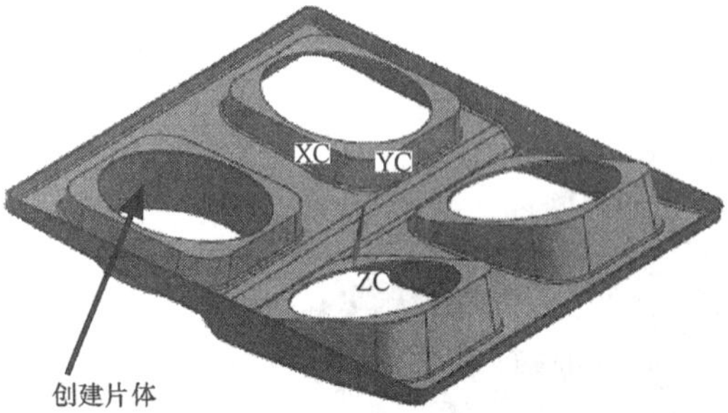

图 2-152

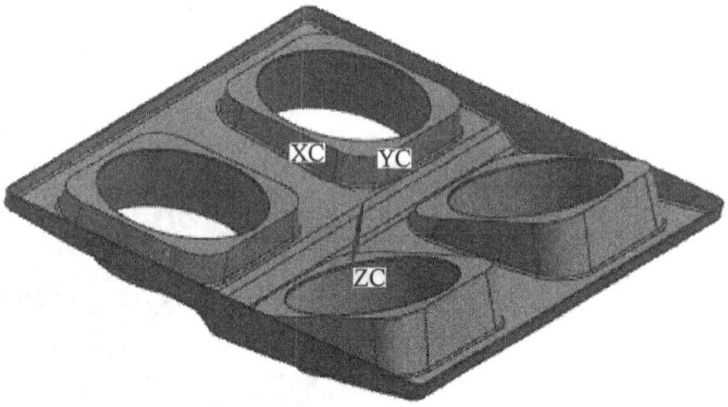

图 2-153

10. 修剪孔外多余的片体

选择菜单中的【插入(S)】/【修剪(T)】/【修剪片体(R)...】命令，或在【曲面】工具栏中选择（修剪片体）图标，出现【修剪片体】对话框，如图 2-154 所示，在对话框的投影方向下拉框中选择垂直于面选项，在区域项中选择舍弃单选选项，在图形中选择如图 2-152 所示的面为目标片体。然后在【修剪片体】对话框的边界对象区域选择（对象）图标，选择如图 2-155 所示的面为修剪边界，接着在对话框中单击应用按钮，完成修剪片体，如图 2-156 所示。

继续修剪片体，按照上述方法修剪其他 3 处侧壁面，完成后如图 2-157 所示。

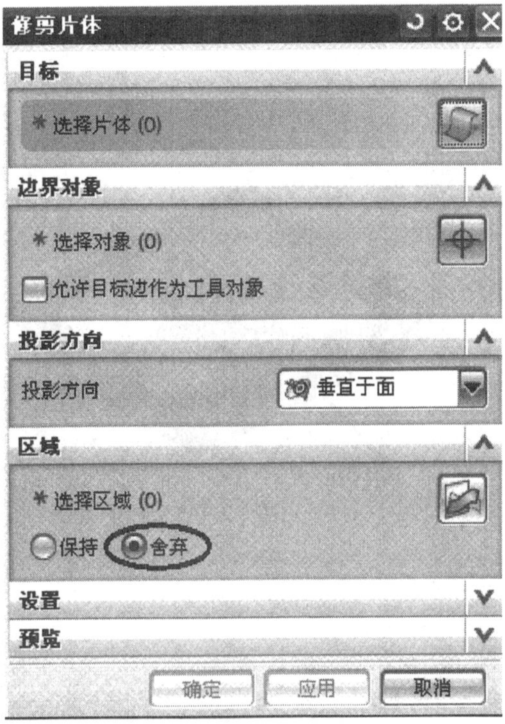

图 2-154

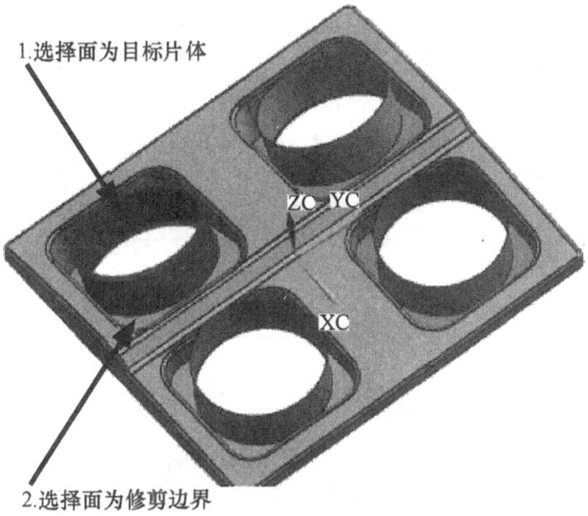

图 2-155

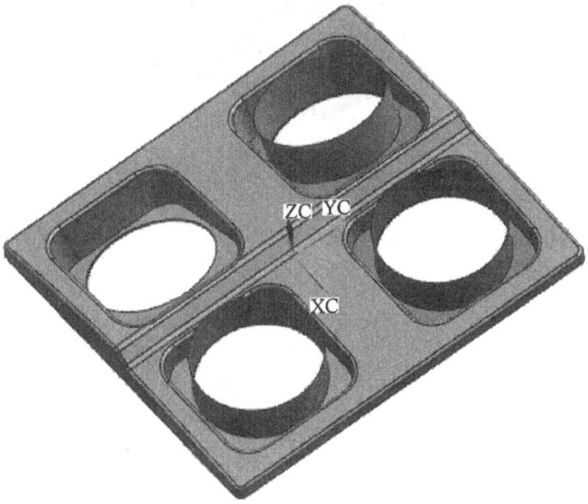

图 2-156

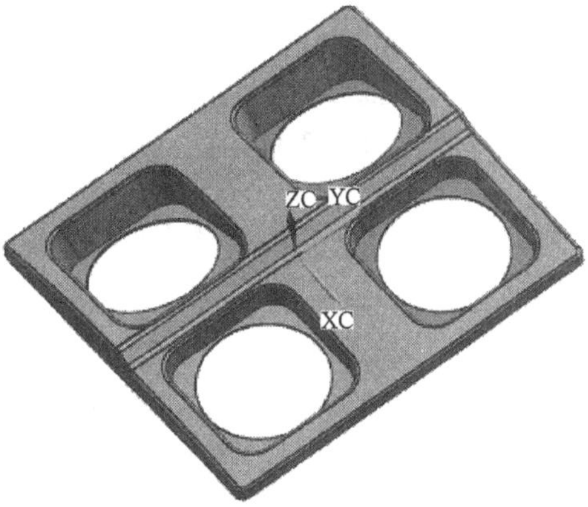

图 2-157

11. 缝合曲面

选择菜单中的【插入(S)】/【组合(B)】/【缝合(W)...】命令，或在【特征】操作工具栏中选择（缝合）图标，出现【缝合】对话框，如图 2-158 所示，系统提示选择缝合的目标片体，按照图 2-159 所示选择目标片体。然后框选如图 2-160 所示的工具片体，最后单击 应用 按钮，此时片体经缝合后已经成了实体，如图 2-161 所示。

图 2-158

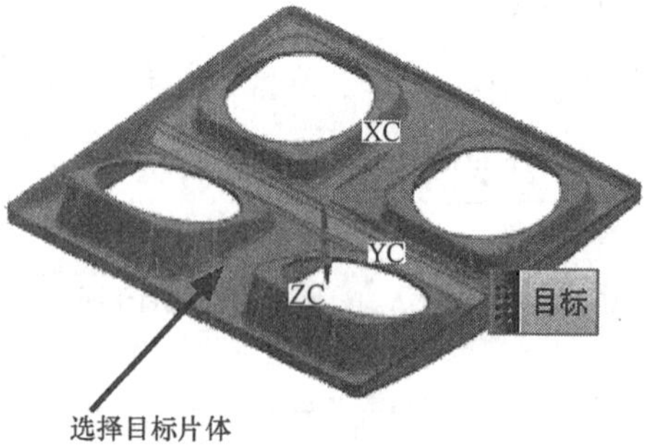

图 2-159

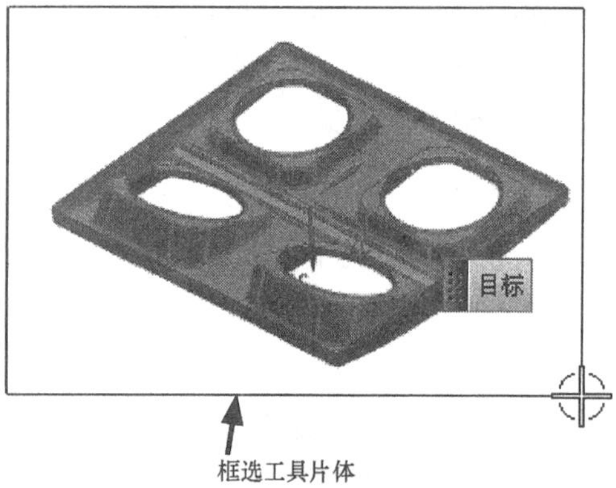

图 2-160

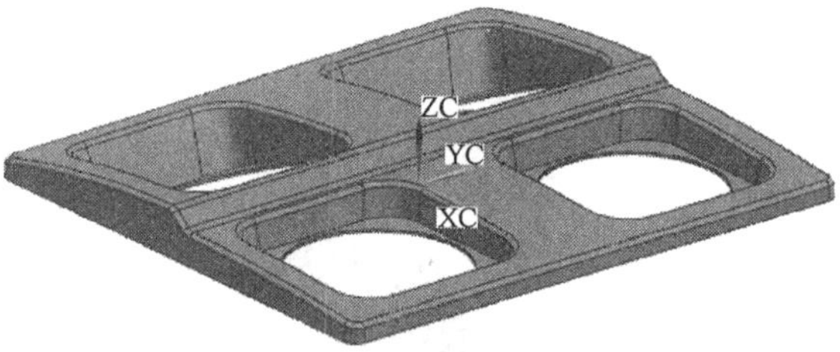

图 2-161

第3章　反光银碗逆向造型

实例说明

本章主要讲述反光银碗的构建。其构建思路为：首先分析点的组成，绘制银碗截面轮廓曲线，回转生成银碗曲面，拉伸底面轮廓曲线，通过修剪片体，创建银碗轮廓外形；第二步在银碗曲面上修剪出圆孔；最后通过创建偏置曲面、直纹曲面和封闭片体并缝合后，最终创建出反光银碗实体，效果如图 3-1 所示。

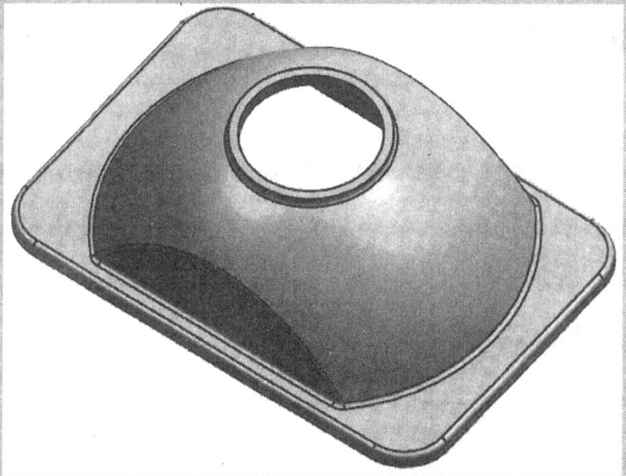

图　3-1

学习目标

通过该实例的练习，使读者能熟练掌握逆向造型的基本方法，开拓创建思路，提高修剪片体和编辑能力，熟练掌握偏置曲面、拉伸曲面、直纹曲面和曲面倒圆角等创建的基本技巧。

3.1　打开练习文件

选择菜单中的【文件】/【打开(O)...】命令，或选择（打开文件）图标，出现【打开】部件对话框，在本书附的光盘文件夹中选择 \ dzx \ nx3. prt，单击 OK 按钮，打开文件名为 nx3. prt 的文件，如图 3-2 所示。

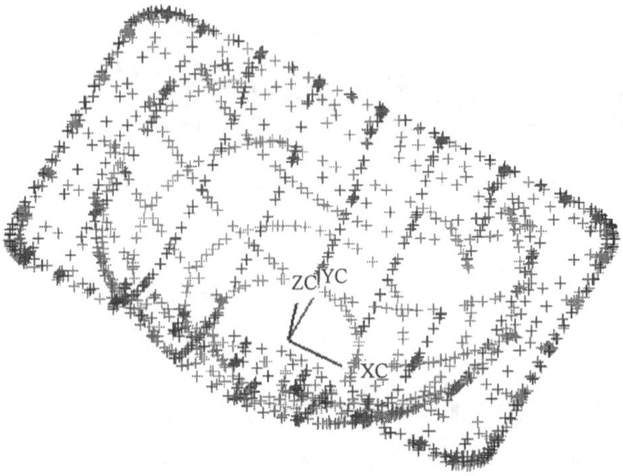

图 3-2

3.2 绘制反光银碗外形

1. 设置图层

选择菜单中的【格式(R)】/【图层设置(S)...】命令，出现【图层设置】对话框，如图3-3所示，在图层列表框中取消勾选第2、4、5、6层，然后单击关闭按钮，完成图层设置操作，图形更新后如图3-4所示。

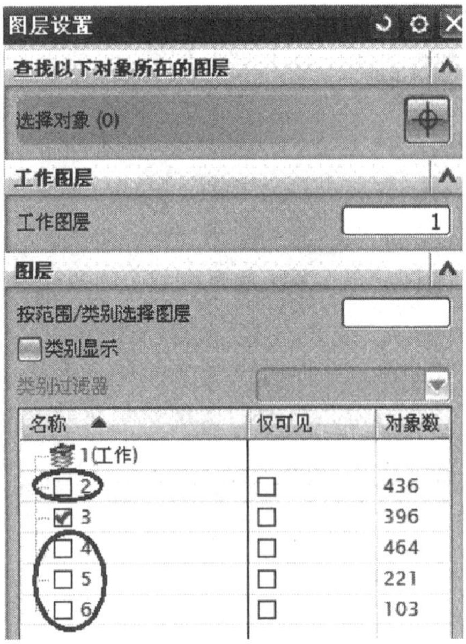

图 3-3

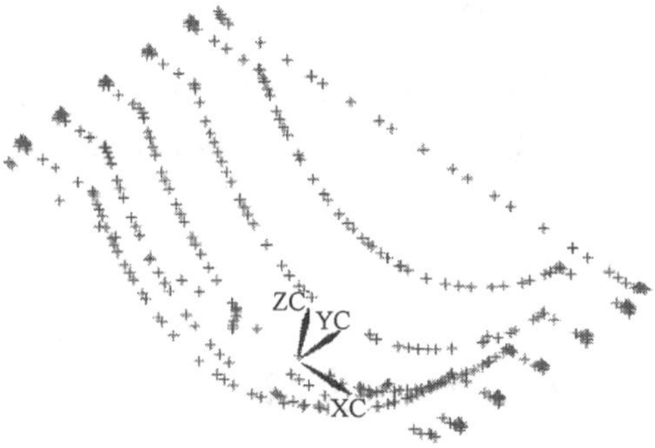

图 3-4

2. 对象预设置

选择菜单中的【首选项(P)】/【对象(O)... Ctrl+Shift+J】命令，出现【对象首选项】对话话框，如图 3-5 所示，在【类型】下拉框中选择【直线】，在【颜色】栏单击颜色区，出现【颜色】选择框，如图 3-6 所示，选择图中绿色，然后将圆弧颜色也设置为绿色，再单击 确定 按钮，系统返回【对象首选项】对话框，单击 确定 按钮，完成对象预设置。

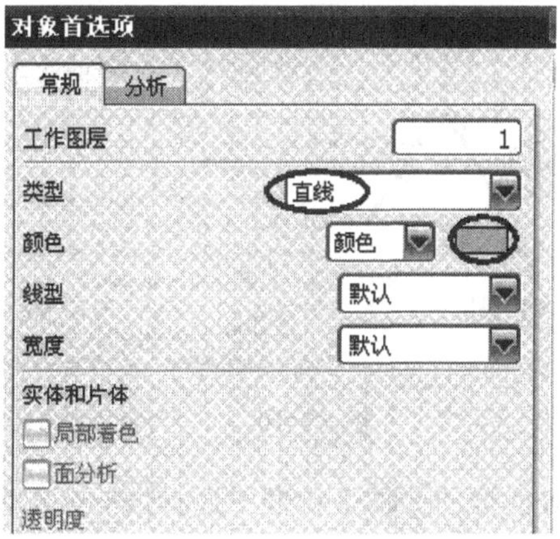

图 3-5

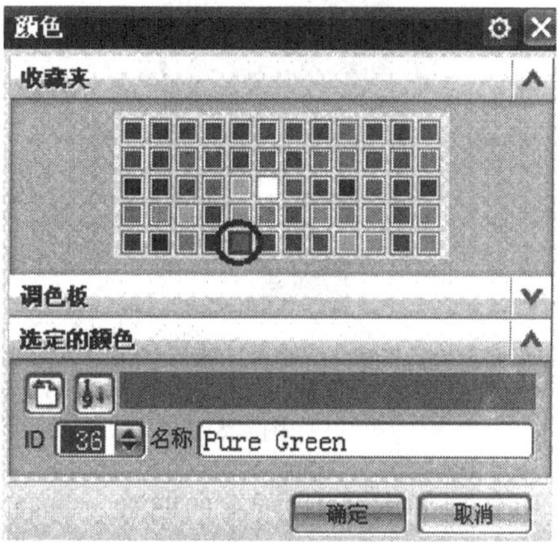

图 3-6

3. 绘制外形截面线

选择菜单中的【插入(S)】/【曲线(C)】/【圆弧/圆(C)...】命令，或在【曲线】工具条中选择（圆弧/圆）图标，出现【圆弧/圆】对话框，如图 3-7 所示，然后在捕捉点工具条中选择（现有点）选项，在图形中依次选择如图 3-8 所示的三个点，出现圆弧，拖曳如图 3-9 所示圆点至适当位置，单击 应用 按钮，完成绘制圆弧，如图 3-10 所示。

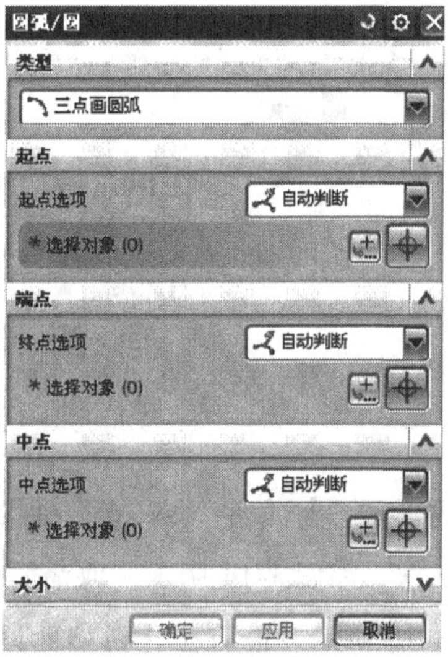

图 3-7

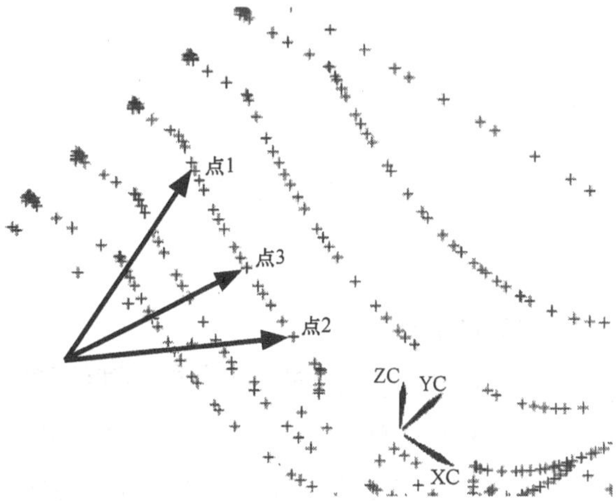

图 3-8

4. 创建镜像曲线

选择菜单中的【插入(S)】/【来自曲线集的曲线(F)】/【镜像(M)...】命令，或在【曲线】工具条中选择（镜像曲线）图标，出现【镜像曲线】对话框，如图 3-11 所示，然后在图

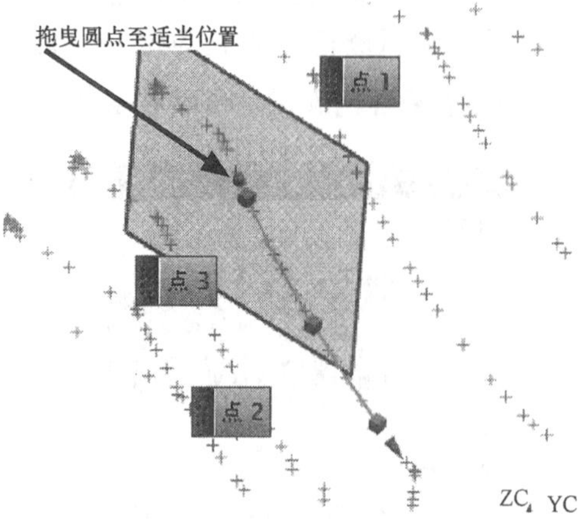

图 3-9

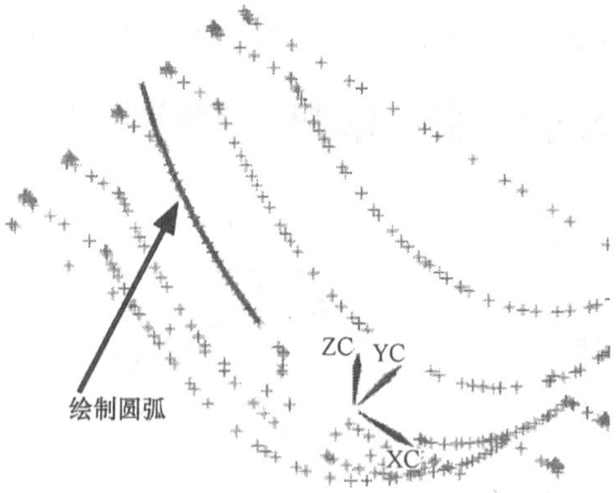

图 3-10

形中选择如图 3-12 所示的曲线，并在【镜像曲线】对话框的 平面 下拉框中选择 新平面 选项，在 指定平面 下拉框中选择 (YC-ZC 平面) 选项，然后单击 确定 按钮，创建镜像曲线，如图 3-13 所示。

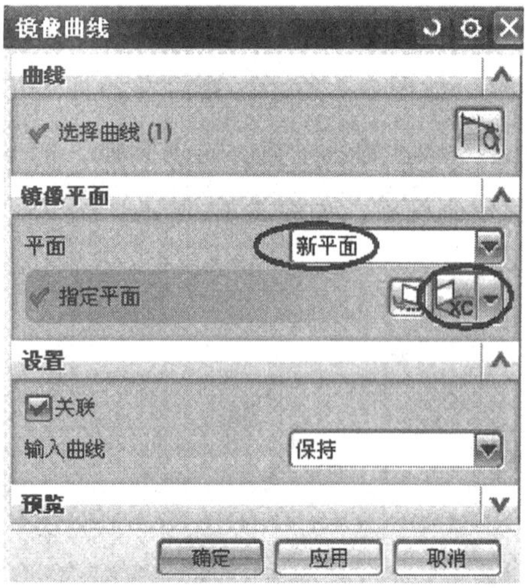

图 3-11

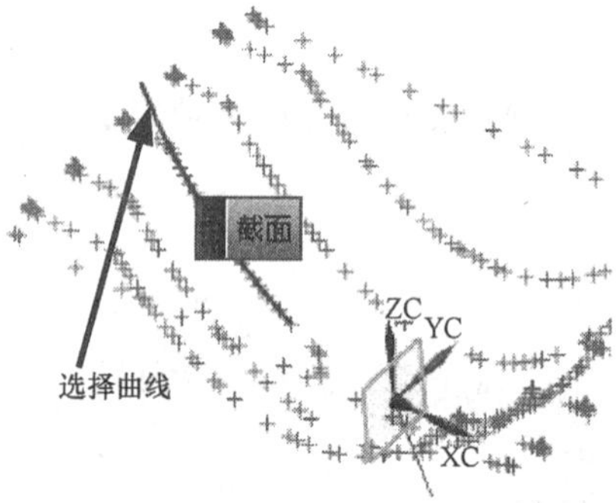

图 3-12

5. 创建桥接曲线

选择菜单中的【插入(S)】/【来自曲线集的曲线(F)】/【桥接(B)...】命令，或在【曲线】工具条中选择 (桥接曲线) 图标，出现【桥接曲线】对话框，如图 3-14 所示，取消勾选 关联 选项，然后在图形中依次选择曲线 1 与曲线 2，如图 3-15 所示，最后在【桥接曲线】对话框中单击 < 确定 > 按钮，创建桥接曲线，如图 3-16 所示。

6. 创建连接曲线

选择菜单中的【插入(S)】/【来自曲线集的曲线(F)】/【连结(I)...】命令，或在【曲线】工具条中选择 (连接曲线) 图标，出现【连接曲线】对话框，如图 3-17 所示，取消勾选

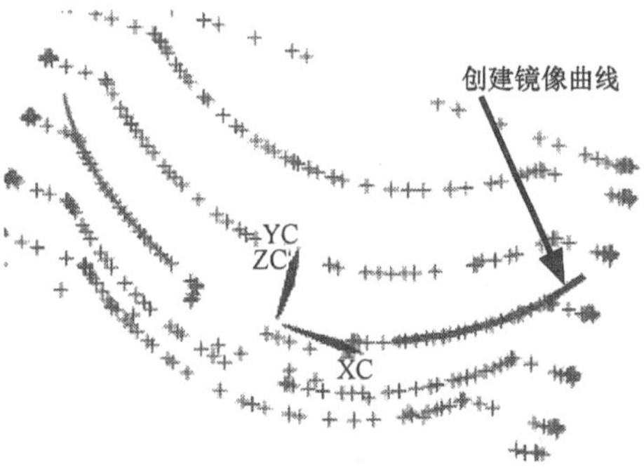

图 3-13

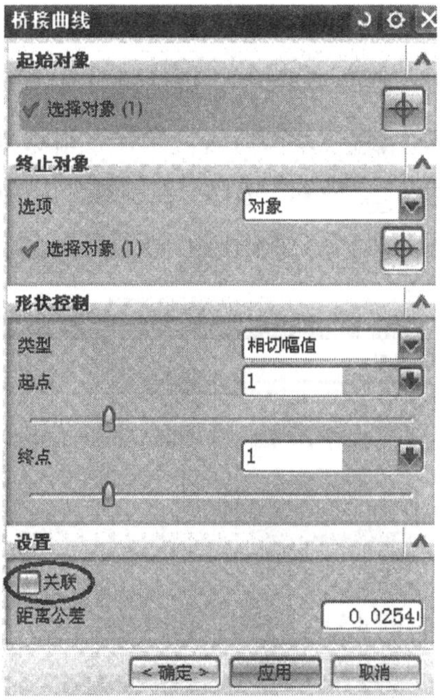

图 3-14

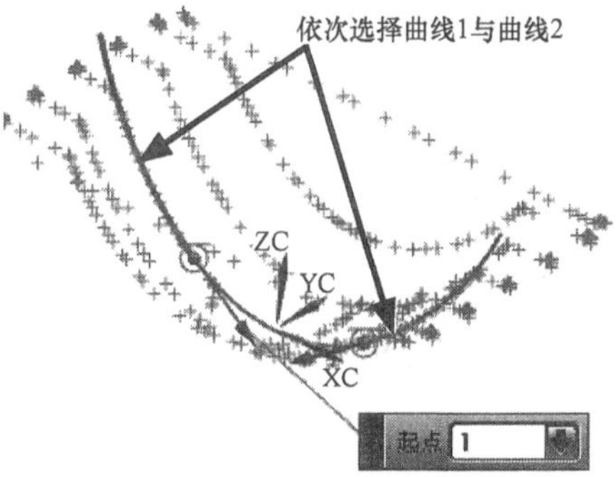

图 3-15

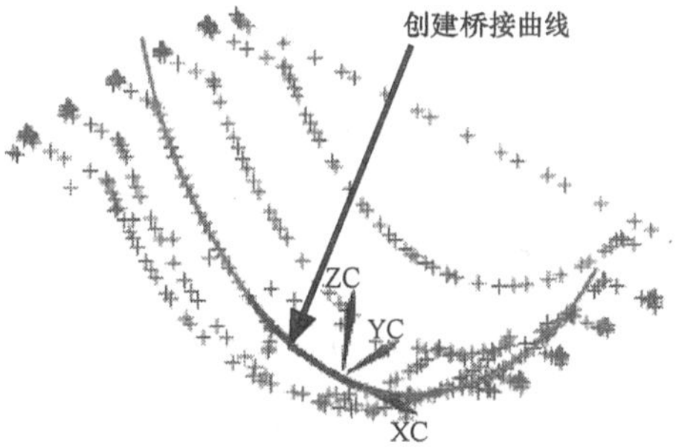

图 3-16

□关联选项，在输入曲线下拉框中选择替换选项，在主界面的曲线规则下拉框中选择相切曲线选项，在图形中选择如图 3-18 所示的曲线，然后在【连接曲线】对话框中单击< 确定 >按钮，完成创建连接曲线。

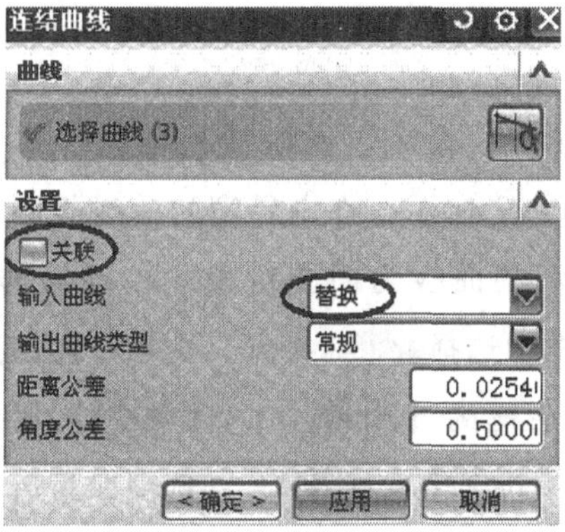

图 3-17

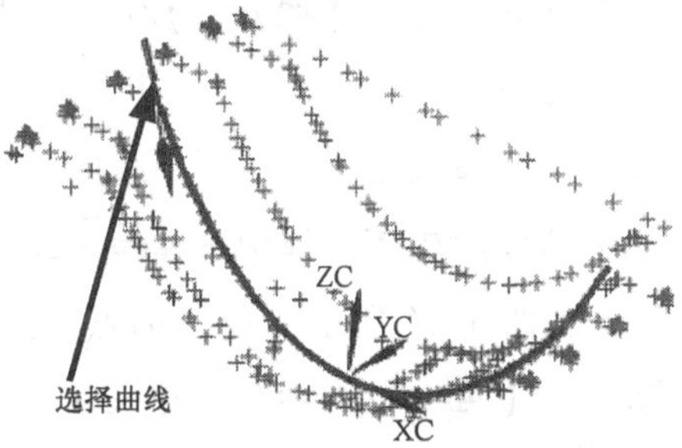

图 3-18

7. 创建分割曲线

选择菜单中的【编辑(E)】/【曲线(V)】/【分割(D)...】命令，或在【编辑曲线】工具条中选择（分割曲线）图标，出现【分割曲线】对话框，如图3-19所示，在类型下拉框中选择等分段选项，在段数栏中输入2，在图形中选择如图3-20所示的曲线，再在【分割曲线】对话框中单击确定按钮，完成创建分割曲线，如图3-21所示。

图 3-19

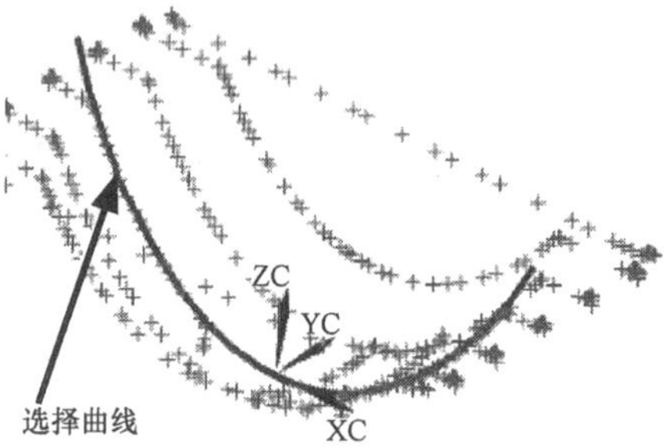

图 3-20

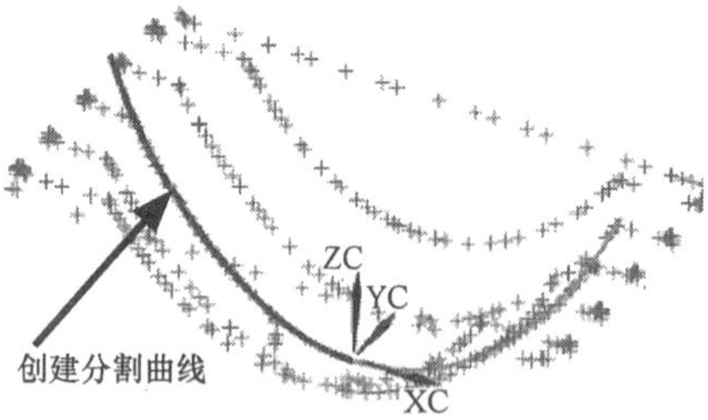

图 3-21

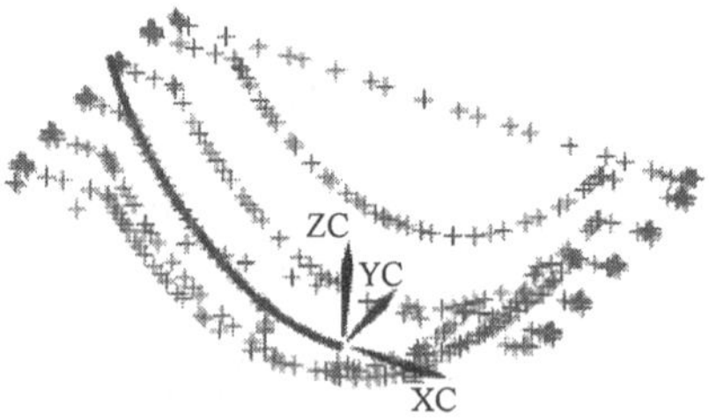

图 3-22

8. 将曲线移至255层

选择菜单中的【格式(R)】/【移动至图层(M)...】命令，出现【类选择】对话框，选择右侧曲线并将其移动至255层（步骤略），然后设置255层为不可见，图形更新后如图3-22所示。

9. 创建回转片体特征

选择菜单中的【插入(S)】/【设计特征(E)】/【回转(R)...】命令，或在【特征】工具条中选择（回转）图标，出现【回转】对话框，如图3-23所示，在主界面的曲线规则下拉框中选择单条曲线选项，选择如图3-24所示的曲线为回转对象，在【回转】对话框的指定矢量下拉框中选择ZC选项，在指定点下拉框中选择（终点）选项，在图形中选择如图3-24所示的曲线端点，然后在【回转】对话框的【开始】\【角度】栏和【结束】\【角度】栏中分别输入0和360，在体类型下拉框中选择图纸页选项，最后单击应用按钮，创建回转片体特征，如图3-25所示。

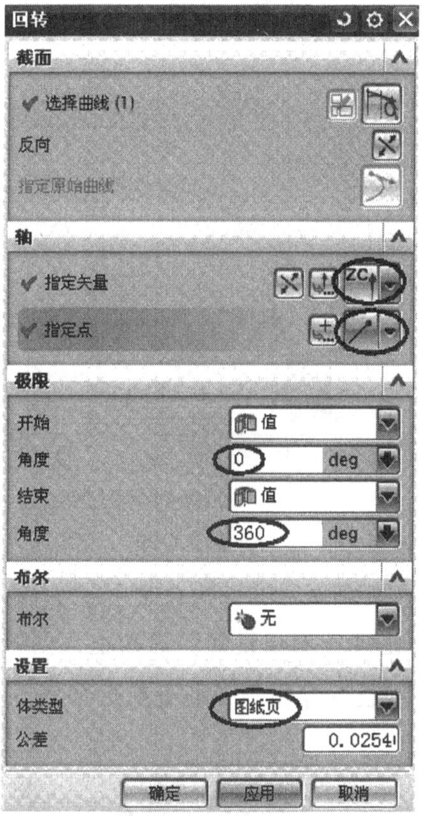

图 3-23

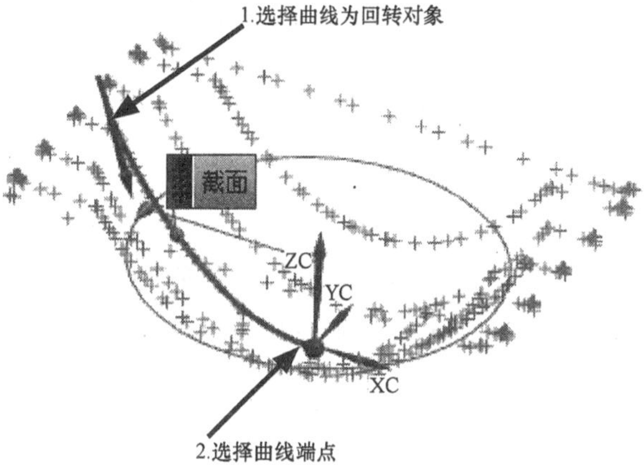

图 3-24

10. 绘制直线

选择菜单中的【插入(S)】/【曲线(C)】/【直线(L)...】命令，或在【曲线】工具条中选择（直线）图标，出现【直线】对话框，如图 3-26 所示，然后在捕捉点工具条中选择（现有点）选项，在图形中选择如图 3-27 所示的点，横向拖出一条直线，出现如图 3-27

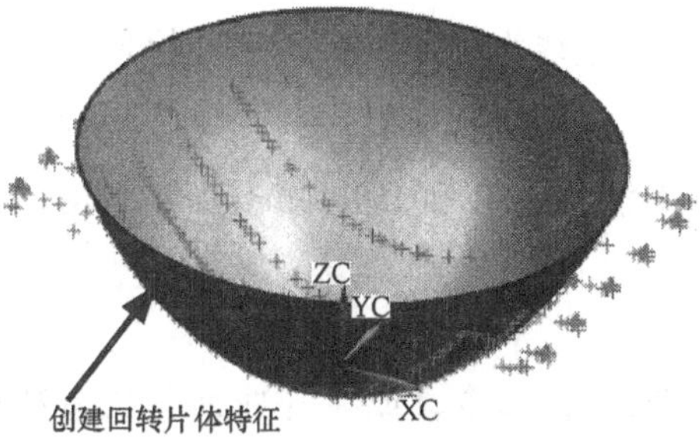

图 3-25

图 3-26

所示的 X 标记时，按下鼠标左键，出现直线，向左拖曳如图 3-28 所示的圆点至适当位置，单击 应用 按钮，完成直线的绘制，如图 3-29 所示。

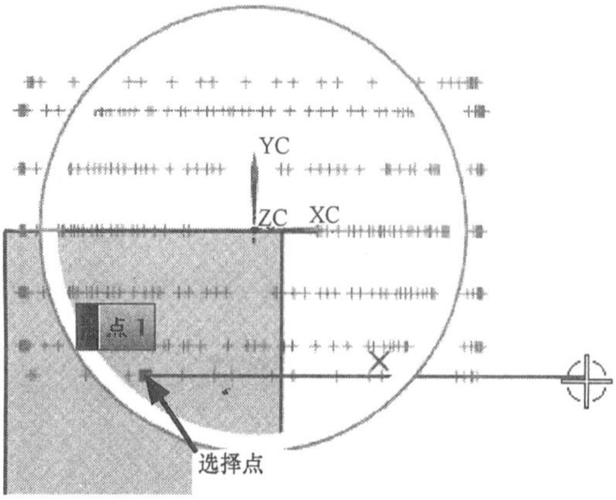

图 3-27

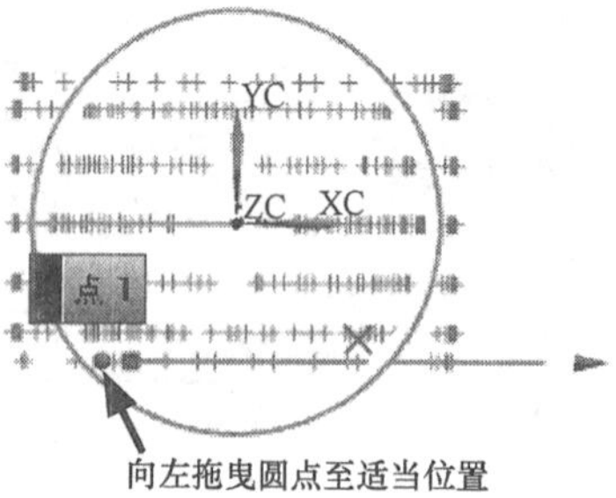

图 3-28

11. 设置图层

选择菜单中的【格式(R)】/【图层设置(S)...】命令，出现【图层设置】对话框，在图层列表框中勾选第 4 层，然后单击 关闭 按钮，完成图层设置操作，图形更新后如图 3-30 所示。

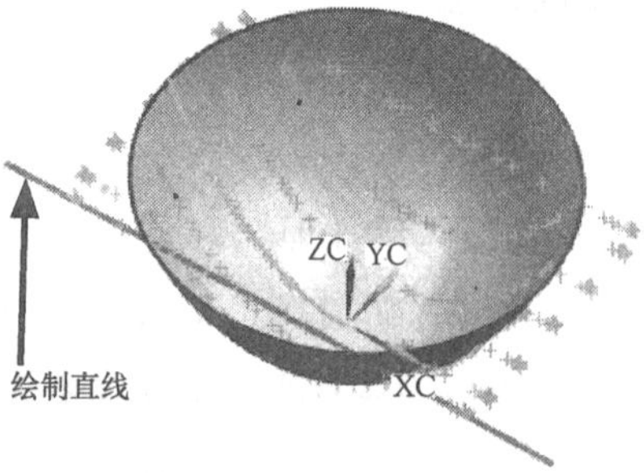

图 3-29

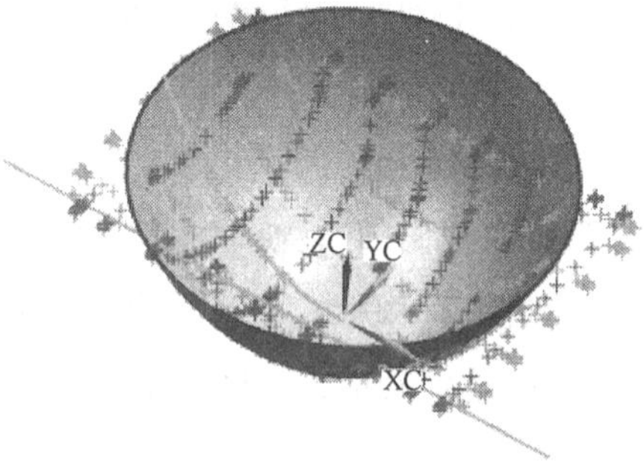

图 3-30

12. 创建拉伸片体特征

选择菜单中的【插入(S)】/【设计特征(E)】/【拉伸(E)...】命令，或在【特征】工具条中选择 (拉伸) 图标，出现【拉伸】对话框，如图 3-31 所示，在主界面的曲线规则下拉框中选择 单条曲线 选项，选择如图 3-32 所示的直线为拉伸对象，在【拉伸】对话框的 指定矢量 下拉框中选择 YC 选项，出现如图 3-32 所示的拉伸方向，然后在【拉伸】对话框的【开始】\【距离】栏和【结束】\【距离】栏中分别输入 -50 和 150，单击 应用 按钮，创建片体，如图 3-33 所示。

13. 创建修剪片体特征

选择菜单中的【插入(S)】/【修剪(T)】/【修剪片体(R)...】命令，或在【曲面】工具栏中选择 (修剪片体) 图标，出现【修剪片体】对话框，如图 3-34 所示，在 投影方向 下拉框

中选择 垂直于面 选项，在 **区域** 项中选择 舍弃 单选选项，在图形中选择如图 3-35 所示的面为目标片体。然后在【修剪片体】对话框的 **边界对象** 区域选择 （对象）图标，选择如图 3-35 所示的面为修剪边界，接着在对话框中单击 应用 按钮，完成修剪片体，如图3-36所示。

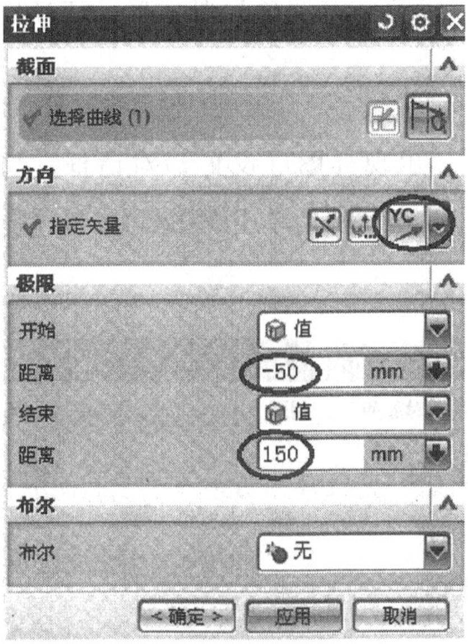

图 3-31

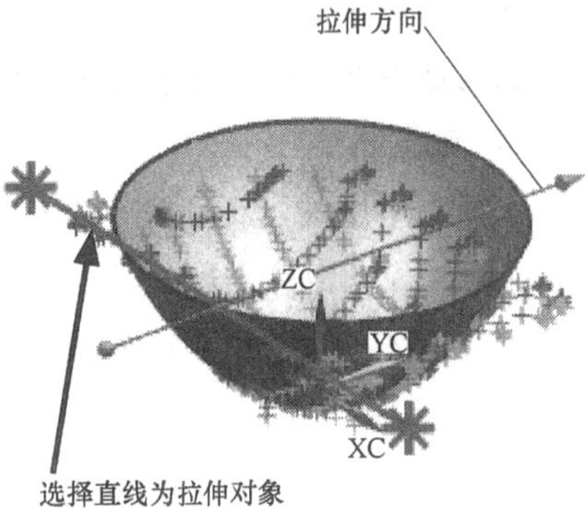

图 3-32

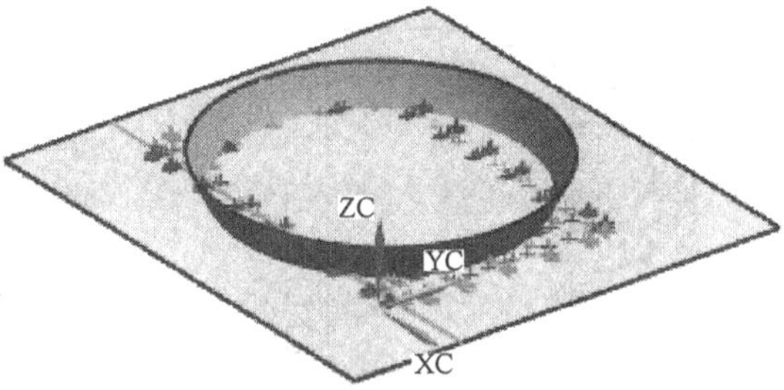

图 3-33

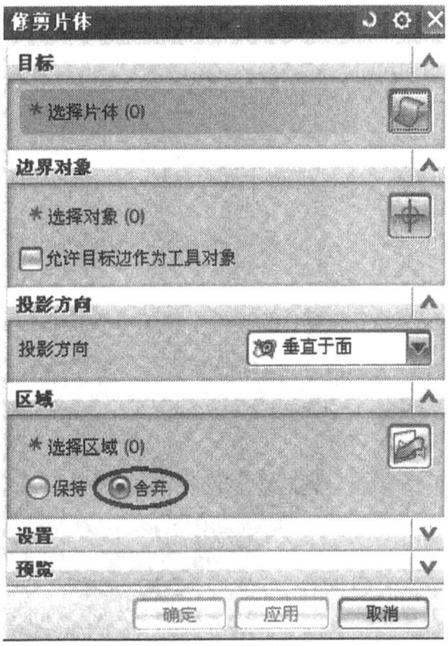

图 3-34

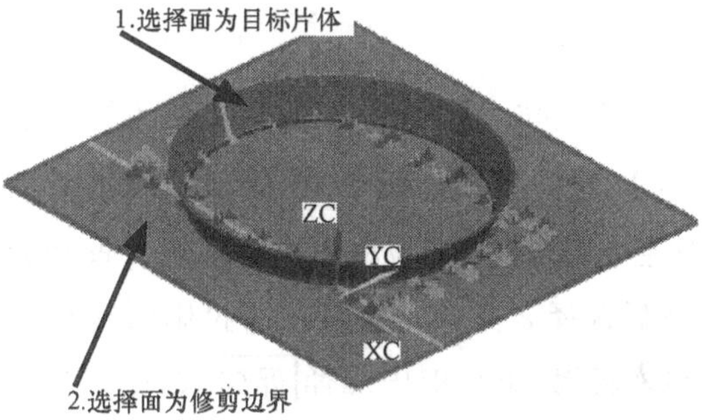

图 3-35

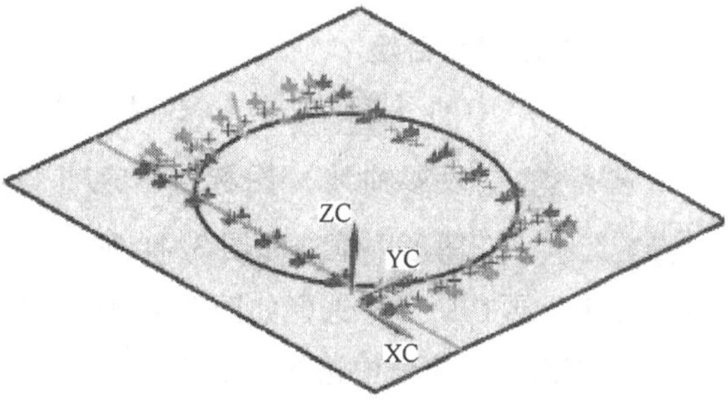

图 3-36

14. 隐藏片体

选择菜单中的【编辑(E)】/【显示和隐藏(H)】/【隐藏(H)...】命令，或在【实用】工具栏中选择（隐藏）图标，隐藏片体（略），完成后如图 3-37 所示。

15. 将辅助曲线移至 255 层

选择菜单中的【格式(R)】/【移动至图层(M)...】命令，出现【类选择】对话框，选择曲线并将其移动至 255 层（步骤略），然后设置 255 层为不可见。

16. 设置图层

选择菜单中的【格式(R)】/【图层设置(S)...】命令，出现【图层设置】对话框，如图 3-38所示，在图层列表框中勾选第 5 层，取消勾选第 3、4 层，然后单击关闭按钮，完成图层设置操作，图形更新后如图 3-39 所示。

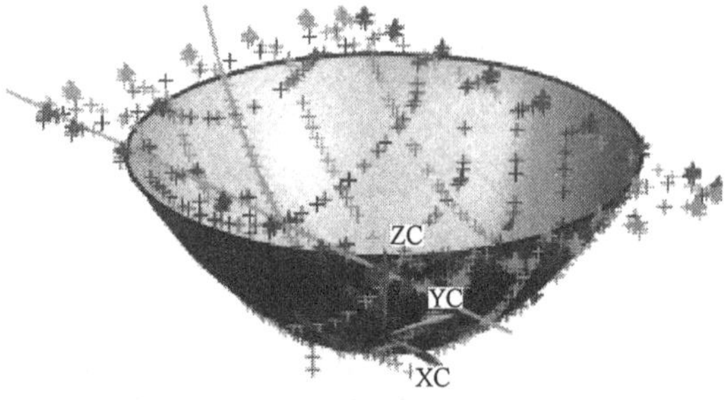

图 3-37

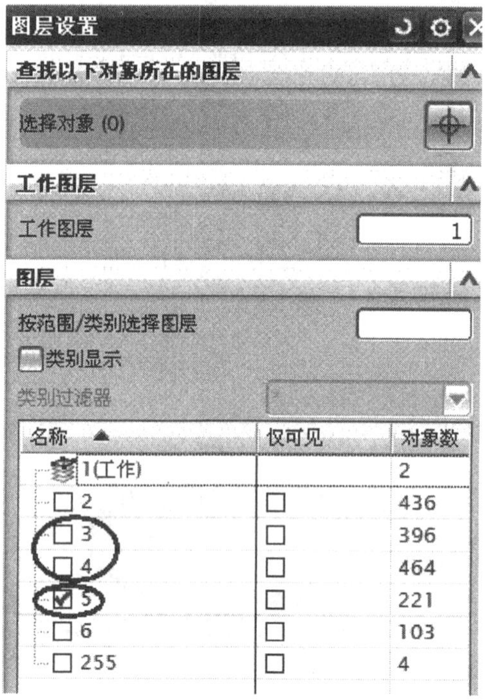

图 3-38

17. 创建投影曲线

选择菜单中的【插入(S)】/【来自曲线集的曲线(F)】/【投影(P)...】命令，或在【曲线】工具条中选择（投影曲线）图标，出现【投影曲线】对话框，如图 3-40 所示，取消勾选关联选项，在图形中框选如图 3-41 所示的点，然后在指定平面下拉框中选择（点和方向）选项，再在图形中选择如图 3-42 所示的点，然后选择 Z 方向，接着在【投影曲线】对话框的方向下拉框中选择沿面的法向选项，在输入曲线下拉框中选择保持选项，单击应用按钮，完成创建投影曲线（绿色的点），如图 3-43 所示。

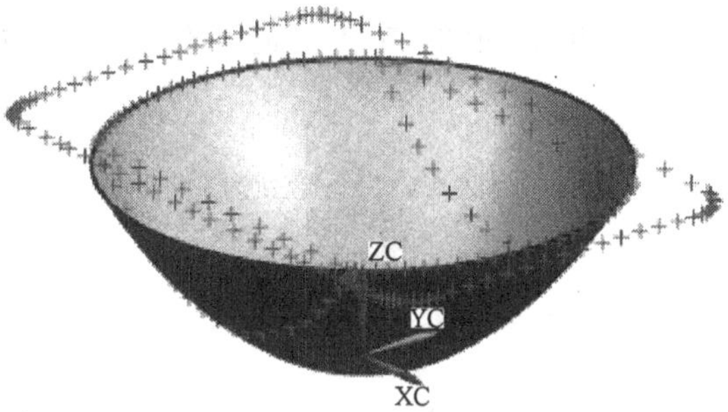

图 3-39

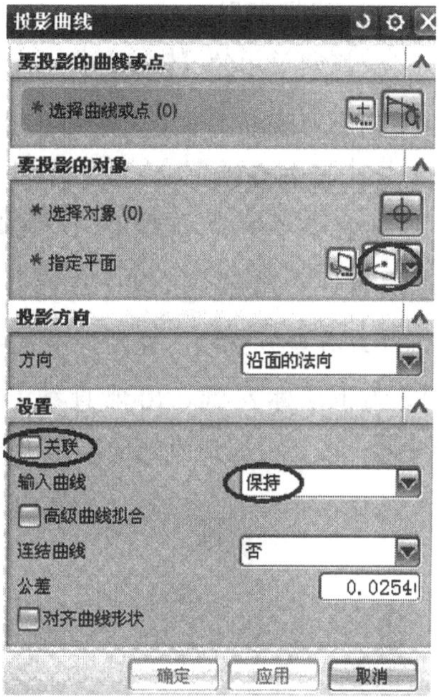

图 3-40

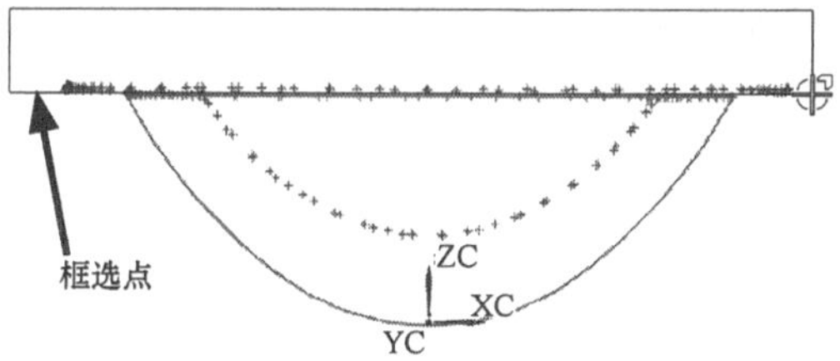

图 3-41

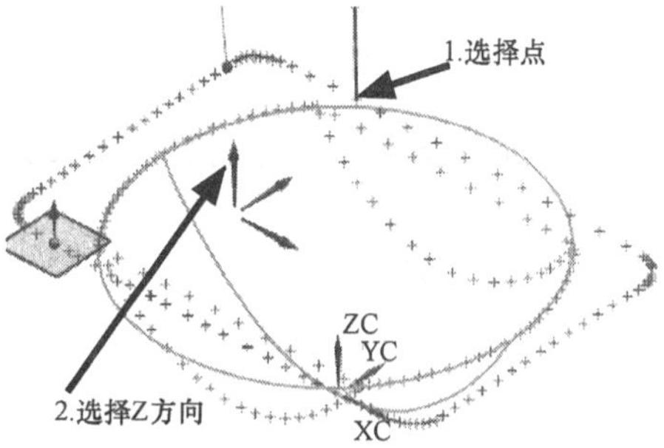

图 3-42

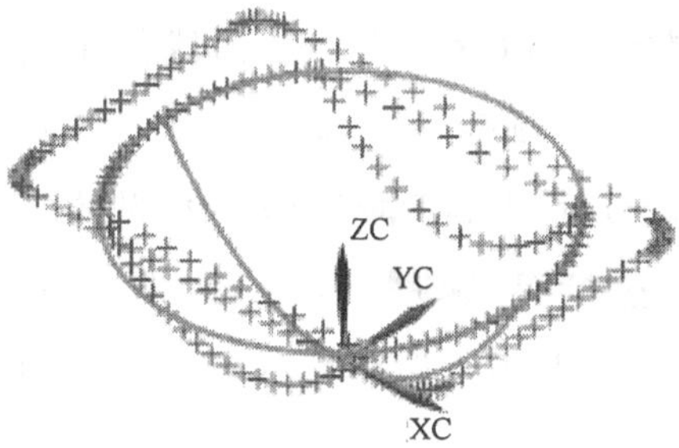

图 3-43

图 3-44

18. 设置图层

选择菜单中的【格式(R)】/【图层设置(S)...】命令，出现【图层设置】对话框，在对话框中图层列表框中取消勾选第5层，然后单击关闭按钮，完成图层设置操作。

19. 绘制直线

选择菜单中的【插入(S)】/【曲线(C)】/【直线(L)...】命令，或在【曲线】工具条中选择（直线）图标，出现【直线】对话框，如图3-44所示，然后在捕捉点工具条中选择（现有点）选项，在图形中选择如图3-45所示的点，横向拖出一条直线，出现X标记时，按下鼠标左键，出现直线，向左拖曳如图3-46所示的圆点至适当位置，再单击应用按钮，完成直线的绘制，如图3-47所示。

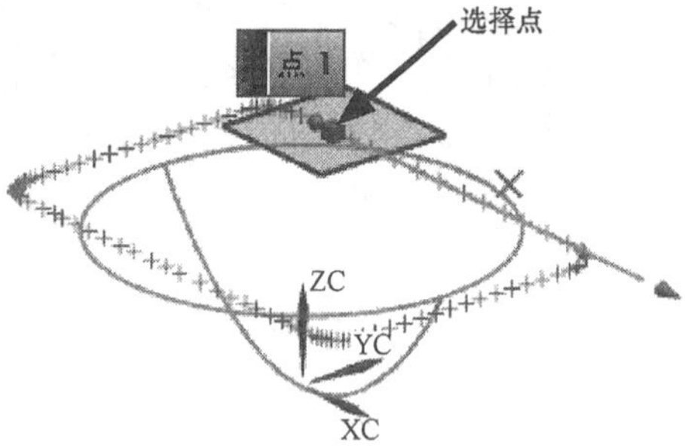

图 3-45

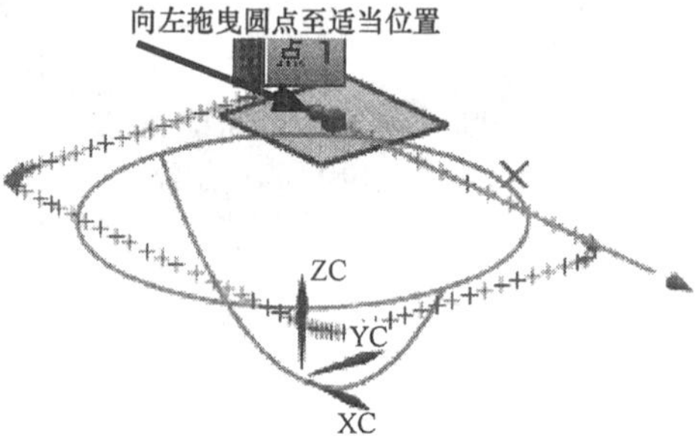

图 3-46

按照上述方法依次绘制其他3条直线，完成后如图3-48所示。

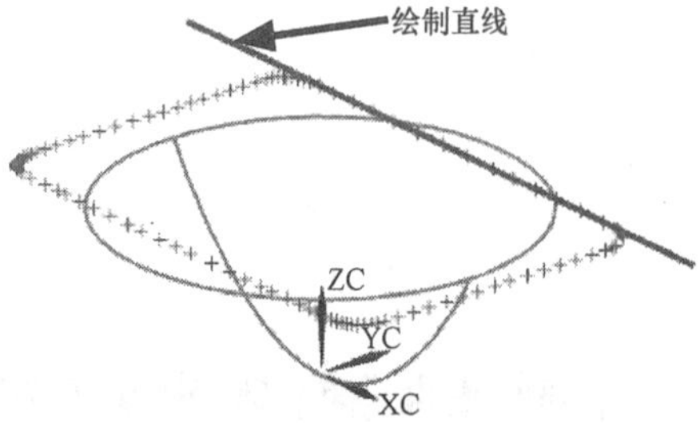

图 3-47

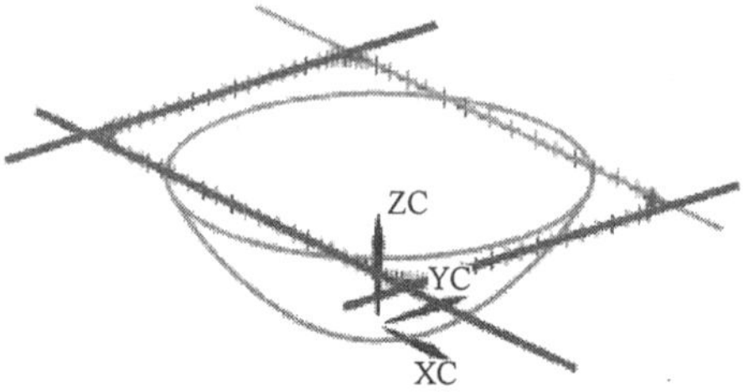

图 3-48

注：三条直线中1条平行于X轴，两条平行于Y轴。

20. 创建曲线倒圆角

选择菜单中的【插入(S)】/【曲线(C)】/【基本曲线(B)...】命令，或在【曲线】工具条中选择（基本曲线）图标，出现【基本曲线】对话框，选择（圆角）图标，如图3-49所示，系统出现【曲线倒圆】对话框，在【方法】栏中选择（2曲线圆角）图标，在半径栏中输入13，再选中修剪第一条曲线和修剪第二条曲线选项，如图3-50所示，然后在图形中依次选择两条曲线及圆心，如图3-51所示，创建曲线倒圆角，如图3-52所示。

按照上述方法，依次创建其他3个圆角，完成后如图3-53所示。

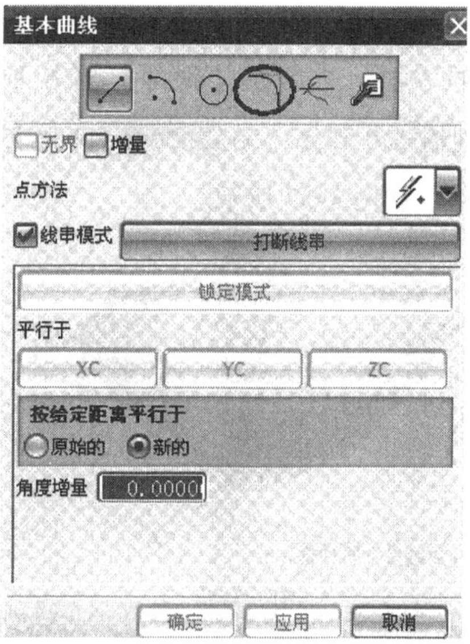

图 3-49

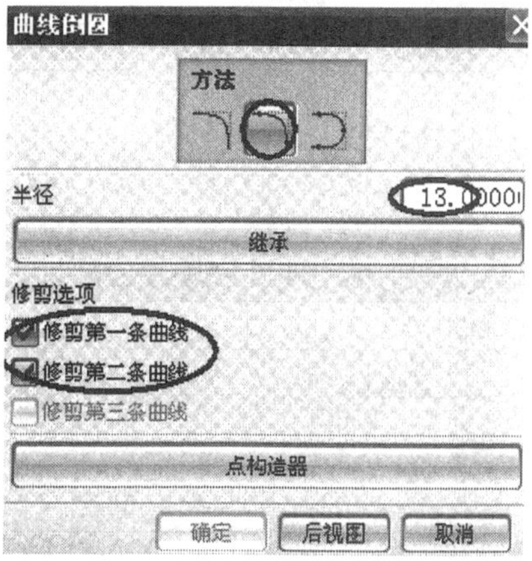

图 3-50

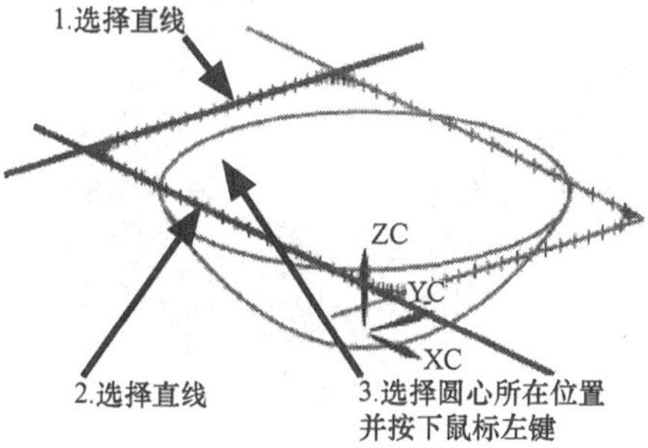

图 3-51

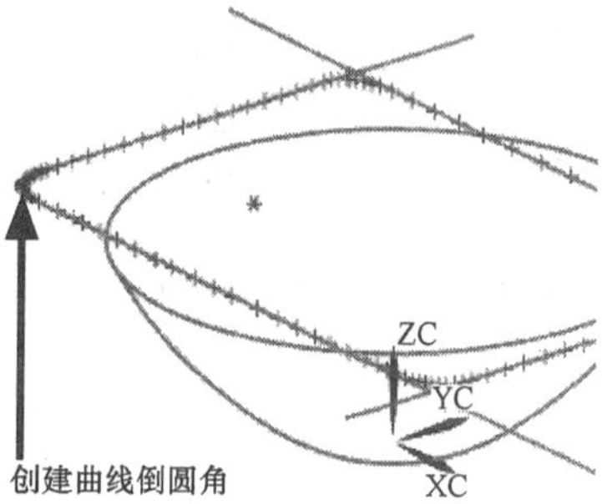

图 3-52

21. 将投影点移至 255 层

选择菜单中的【格式(R)】/【移动至图层(M)...】命令，出现【类选择】对话框，选择投影点将其移动至 255 层（步骤略），图形更新后如图 3-54 所示。

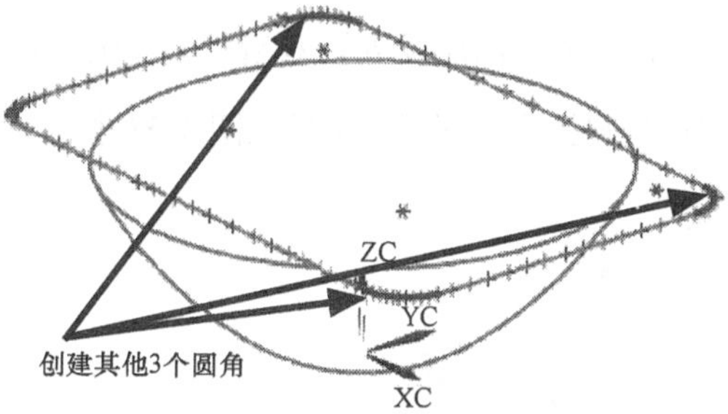

图 3-53

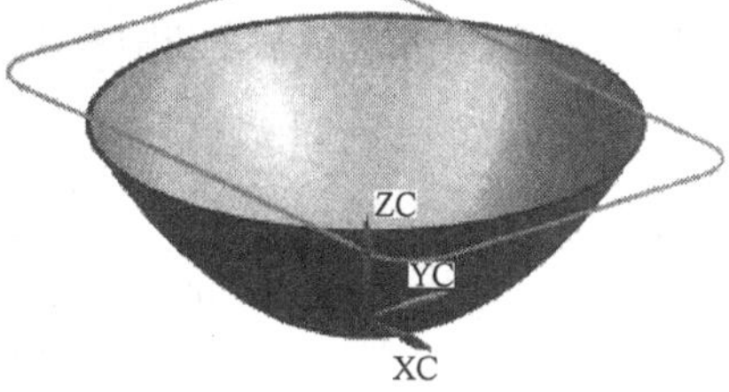

图 3-54

22. 创建拉伸片体特征

选择菜单中的【插入(S)】/【设计特征(E)】/【拉伸(E)...】命令，或在【特征】工具条中选择（拉伸）图标，出现【拉伸】对话框，如图 3-55 所示，在主界面的曲线规则下拉

框中选择 相连曲线 选项，并选择如图 3-56 所示的曲线为拉伸对象，在【拉伸】对话框的 指定矢量 下拉框中选择 -ZC 选项，图形中出现拉伸方向，然后在【拉伸】对话框的【开始】\【距离】栏和【结束】\【距离】栏中分别输入 0 和 50，在 体类型 下拉框中选择 图纸页 选项，再单击 应用 按钮，完成创建片体，如图 3-57 所示。

图 3-55

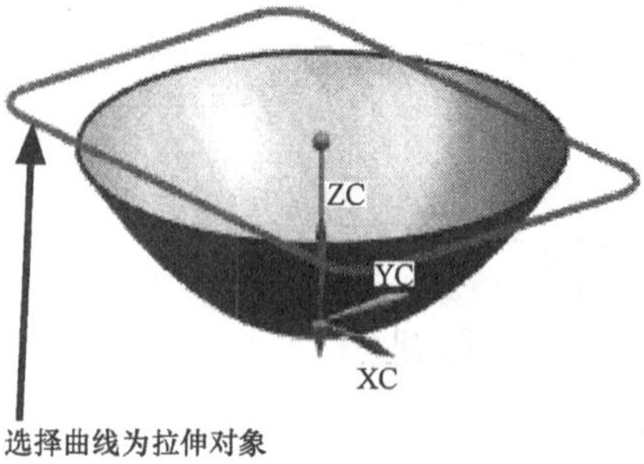

图 3-56

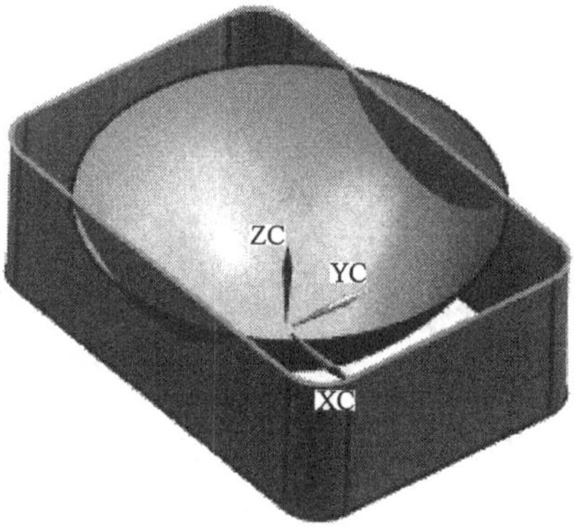

图 3-57

3.3 绘制反光银碗细节部分

1. 设置图层

选择菜单中的【格式(R)】/【图层设置(S)...】命令，出现【图层设置】对话框，在图层列表框中勾选第 2、4 层，然后单击 关闭 按钮，完成图层设置操作，图形更新后如图 3-58 所示。

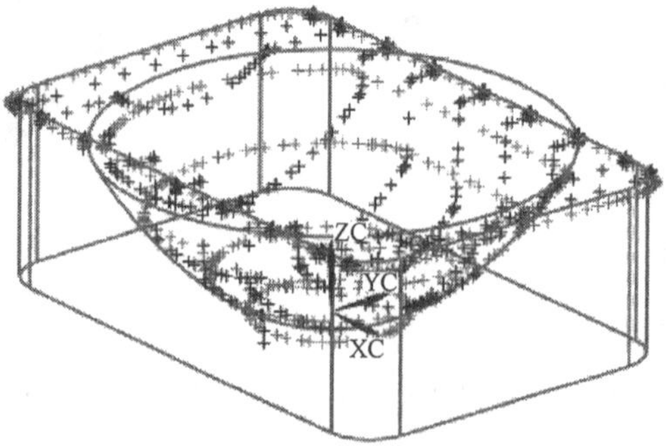

图 3-58

2. 绘制直线

选择菜单中的【插入(S)】/【曲线(C)】/【直线(L)...】命令，或在【曲线】工具条中选择（直线）图标，出现【直线】对话框，如图 3-59 所示，然后在捕捉点工具条中选择（现有点）选项，在图形中选择如图 3-60 所示的点，横向拖出一条直线，出现 X 标记时，按下鼠标左键，出现直线，向左拖曳如图 3-61 所示的圆点至适当位置，再单击应用按钮，完成直线的绘制，如图 3-62 所示。

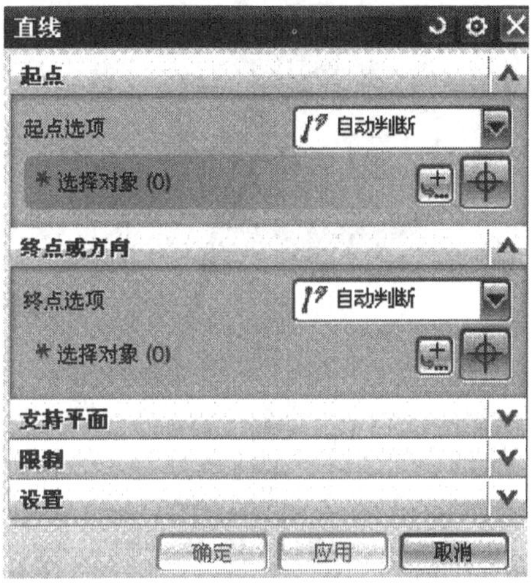

图 3-59

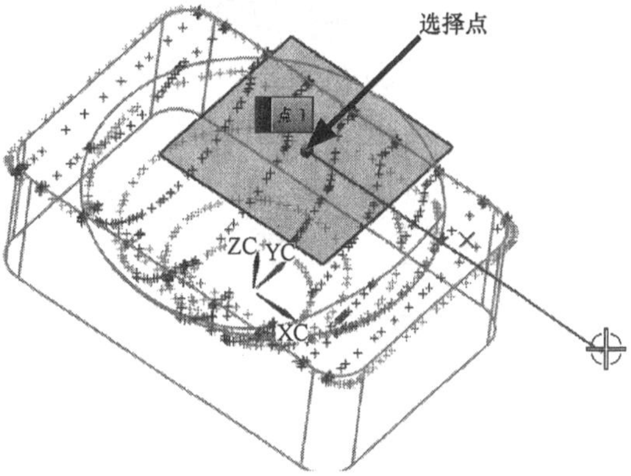

图 3-60

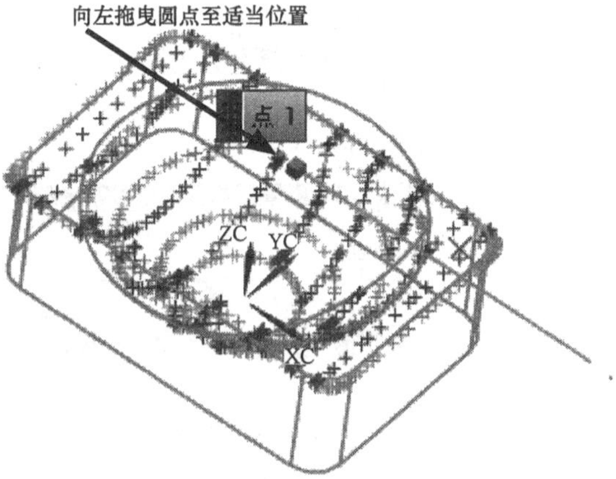

图 3-61

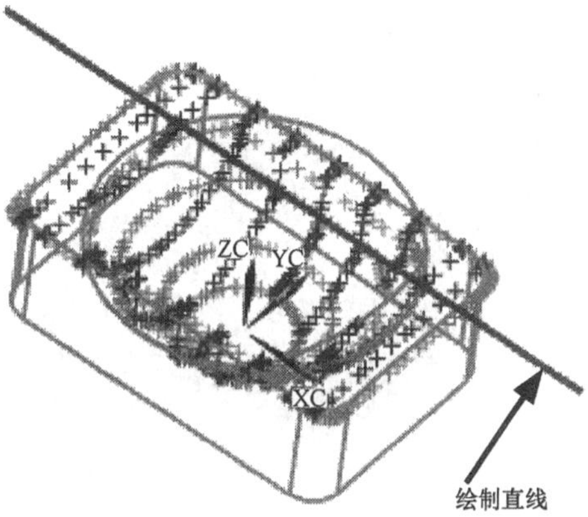

图 3-62

3. 创建拉伸片体特征

选择菜单中的【插入(S)】/【设计特征(E)】/【拉伸(E)...】命令，或在【特征】工具条中选择（拉伸）图标，出现【拉伸】对话框，如图 3-63 所示，在主界面的曲线规则下拉框中选择单条曲线选项，并选择如图 3-64 所示的直线为拉伸对象，在【拉伸】对话框的指定矢量下拉框中选择（两点）选项，在图形中选择如图 3-64 所示的两点，图形中出现拉伸方向，然后在【拉伸】对话框的【结束】下拉框中选择 对称值选项，在【距离】栏中输入50，单击 应用 按钮，完成创建片体，如图3-65所示。

图 3-63

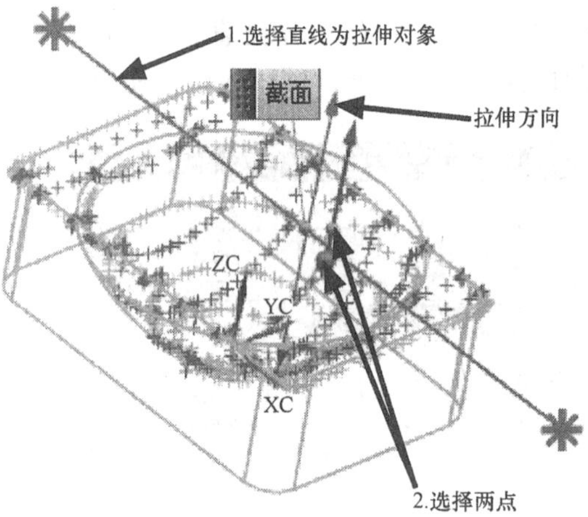

图 3-64

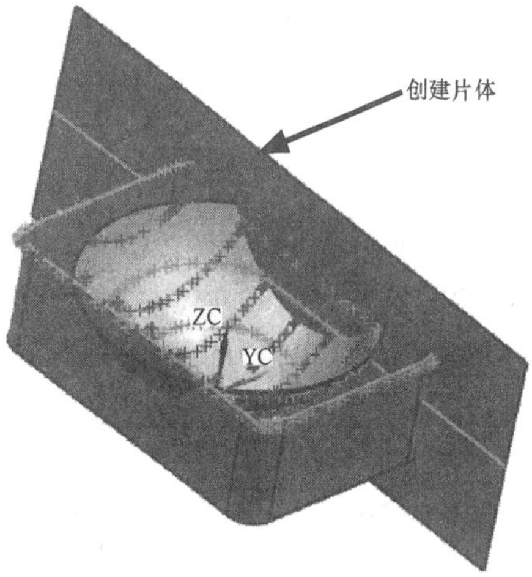

图 3-65

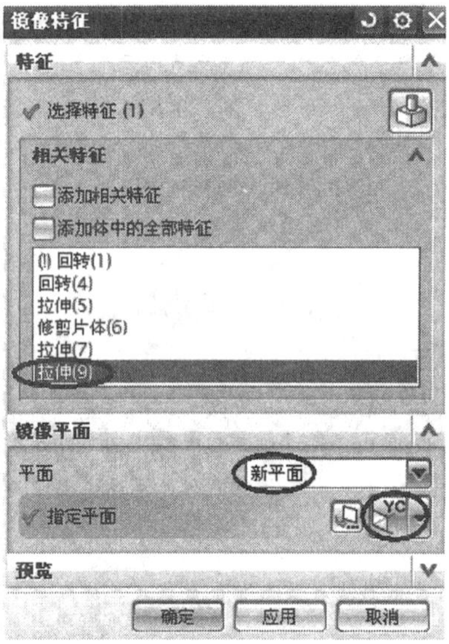

图 3-66

4. 创建镜像片体特征

选择菜单中的【插入(S)】/【关联复制(A)】/【 镜像特征(M)...】命令，或在【特征】工具条中选择 （镜像特征）图标，出现【镜像特征】对话框，如图3-66所示，在【相关特征】列表栏中选择最后的拉伸特征 拉伸(9)，在【镜像平面】的 平面 下拉框中选择 新平面 选项，在 指定平面 下拉框中选择 （XC-ZC平面）选项，然后单击 确定 按钮，完成创建镜像片体特征，如图3-67所示。

图 3-67

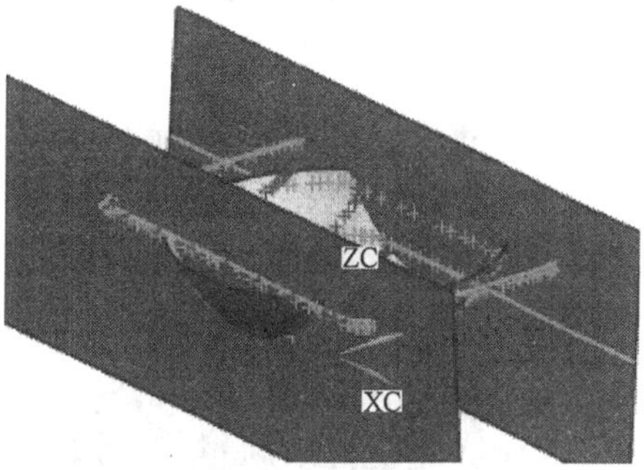

图 3-68

5. 隐藏矩形拉伸面

选择菜单中的【编辑(E)】/【显示和隐藏(H)】/【隐藏(H)...】命令，或在【实用】工具栏中选择（隐藏）图标，隐藏矩形拉伸面（略），完成后如图3-68所示。

6. 显示被隐藏平面

选择菜单中的【编辑(E)】/【显示和隐藏(H)】/【显示(S)...】命令，或在【实用】工具栏中选择（显示）图标，恢复显示平面（略），然后再将辅助曲线移至255层，完成后如图3-69所示。

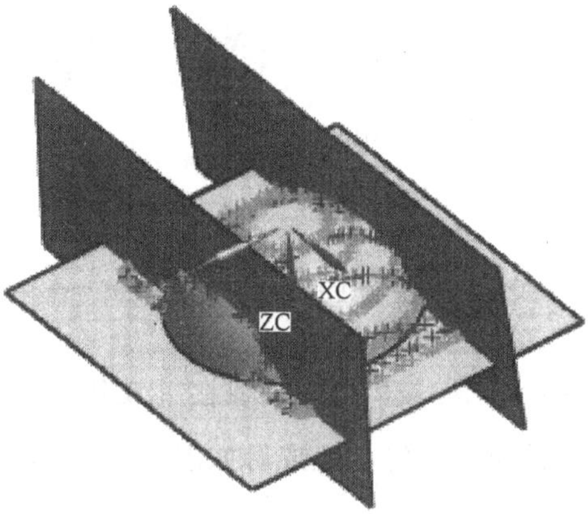

图 3-69

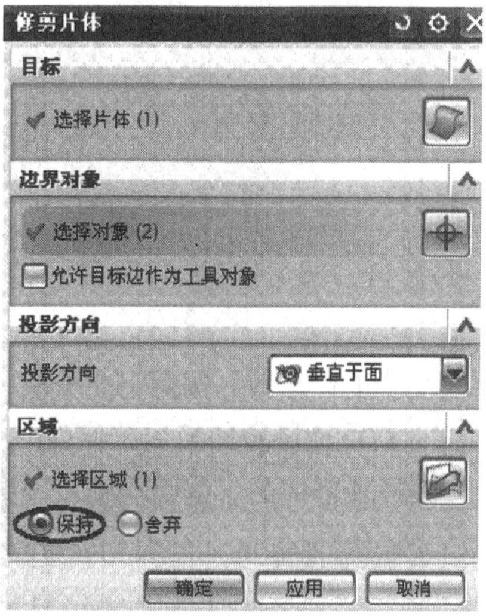

图 3-70

7. 创建修剪片体特征

选择菜单中的【插入(S)】/【修剪(T)】/【修剪片体(R)...】命令，或在【曲面】工具栏中选择（修剪片体）图标，出现【修剪片体】对话框，如图3-70所示，在投影方向下拉框中选择垂直于面选项，在区域中选择保持单选选项，在图形中选择如图3-71所示的面为目标片体。然后在【修剪片体】对话框的**边界对象**区域选择（对象）图标，选择如图

3-71 所示的两张面为修剪边界，接着在对话框中单击 应用 按钮，完成修剪片体，如图 3-72所示。

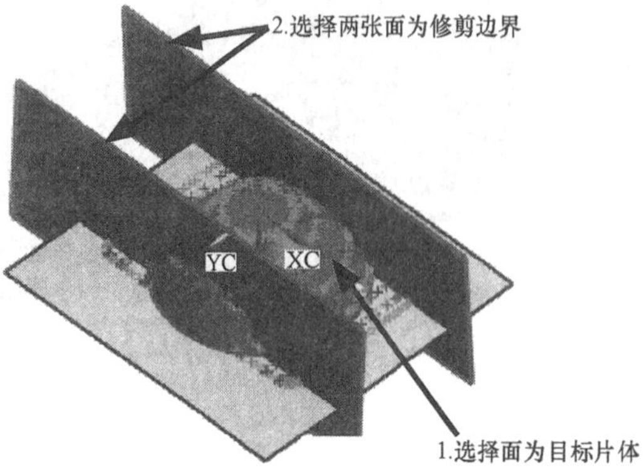

图 3-71

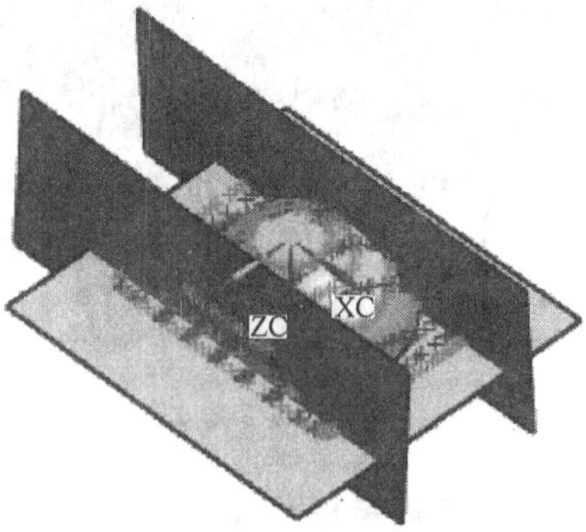

图 3-72

在图形中选择如图 3-73 所示的面为修剪目标片体继续进行修剪，然后选择如图 3-73 所示的两张面为修剪边界，接着在对话框中单击 应用 按钮，完成修剪片体，如图 3-74 所示。

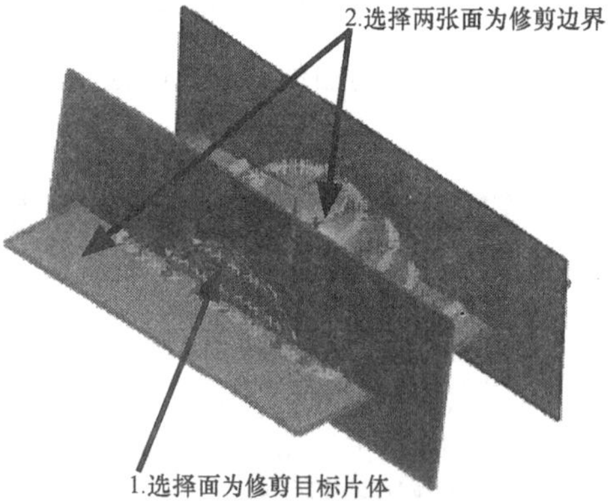

图 3-73

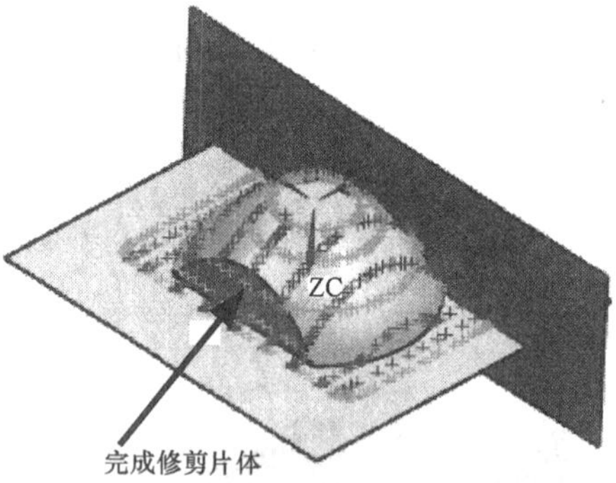

图 3-74

继续进行修剪，按照上述方法，修剪出右侧的片体，完成后如图 3-75 所示。

8. 显示被隐藏的矩形拉伸面

选择菜单中的【编辑(E)】/【显示和隐藏(H)】/【显示(S)...】命令，或在【实用】工具栏中选择（显示）图标，恢复显示被隐藏的矩形拉伸面（略），完成后如图 3-76 所示。

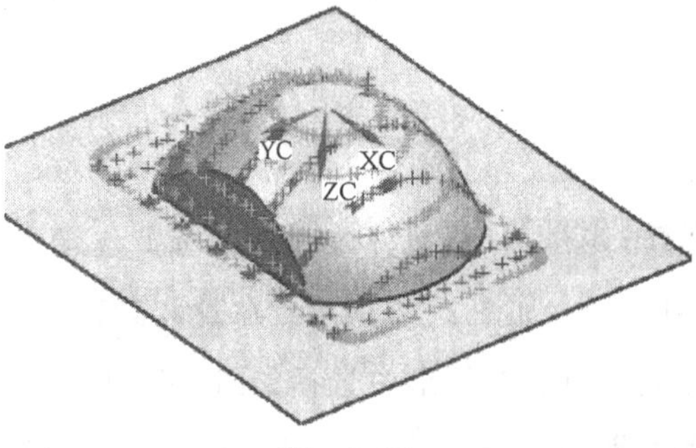

图 3-75

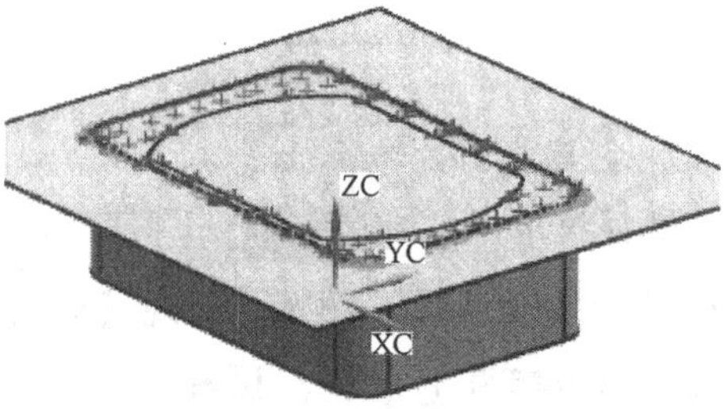

图 3-76

9. 创建修剪片体特征

选择菜单中的【插入(S)】/【修剪(T)】/【修剪片体(R)...】命令，或在【曲面】工具栏中选择（修剪片体）图标，出现【修剪片体】对话框，如图3-77所示，在投影方向下拉框中选择垂直于面选项，在区域中选择保持单选选项，在图形中选择如图3-78所示的面为目标片体。然后在【修剪片体】对话框的边界对象区域选择（对象）图标，并选择如图3-78所示的平面为修剪边界，接着在对话框中单击应用按钮，完成修剪片体，如图3-79所示。

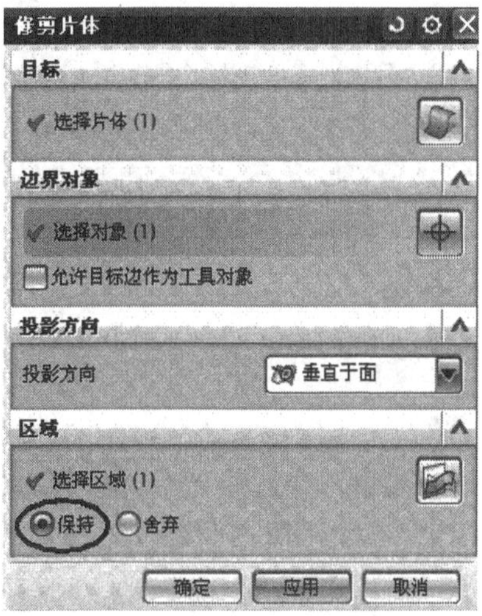

图 3-77

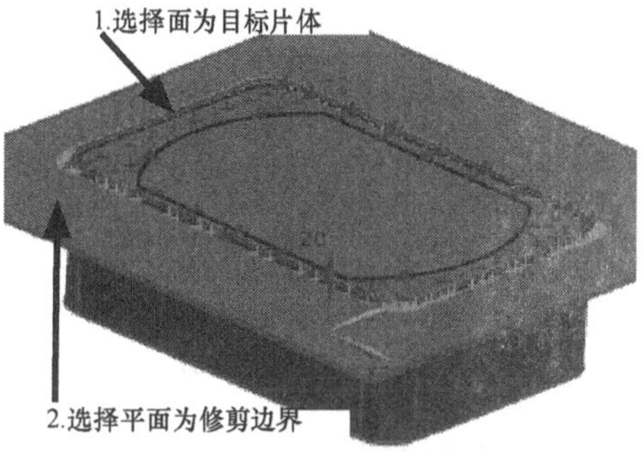

图 3-78

在图形中选择如图3-80所示的面为修剪目标片体继续进行修剪，再选择面及边缘为修剪边界，然后在对话框中单击应用按钮，完成修剪片体，如图3-81所示。

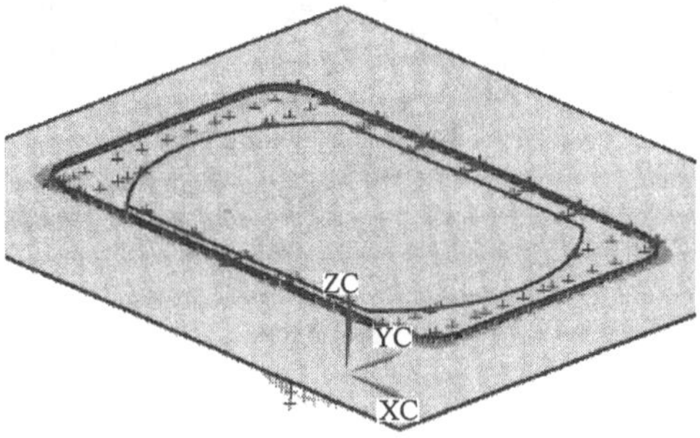

图 3-79

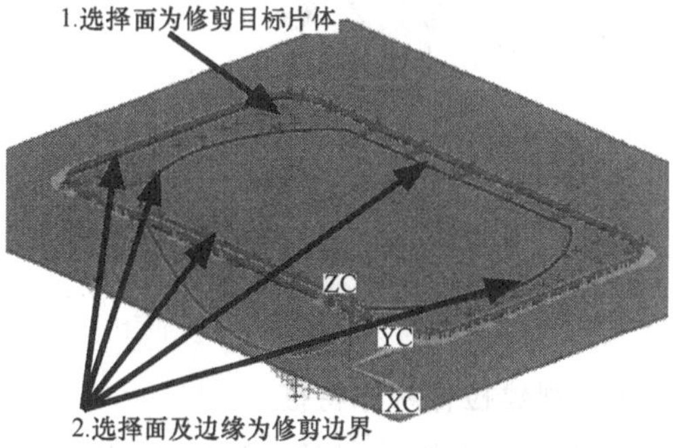

图 3-80

10. 绘制整圆

选择菜单中的【插入(S)】/【曲线(C)】/【圆弧/圆(C)...】命令，或在【曲线】工具条中选择（圆弧/圆）图标，出现【圆弧/圆】对话框，在限制区域勾选整圆选项，如图3-82所示，然后在捕捉点工具条中选择（现有点）选项，在图形中依次选择如图3-83所示的三个点，单击应用按钮，完成绘制整圆，如图3-84所示。

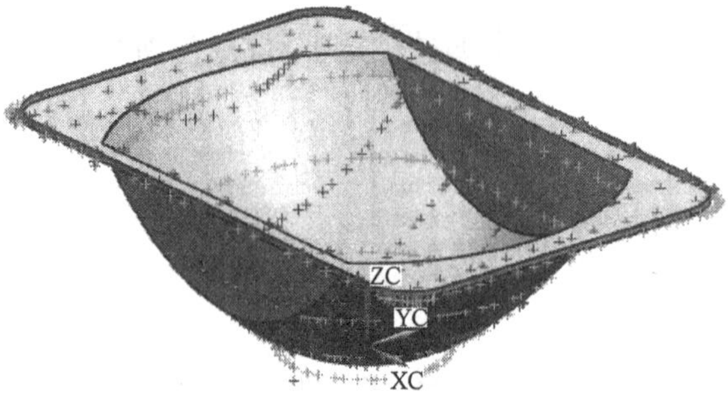

图 3-81

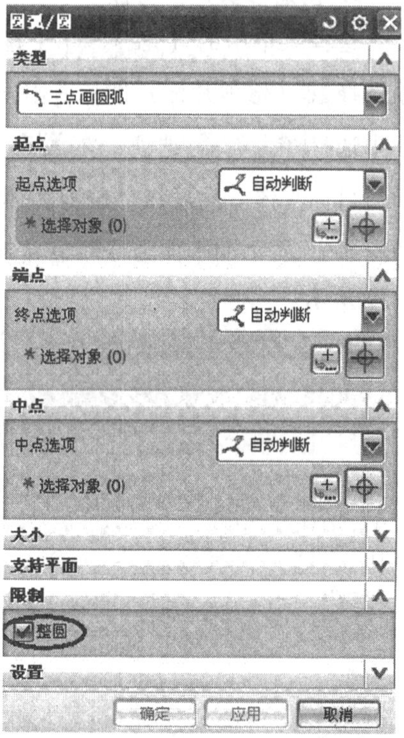

图 3-82

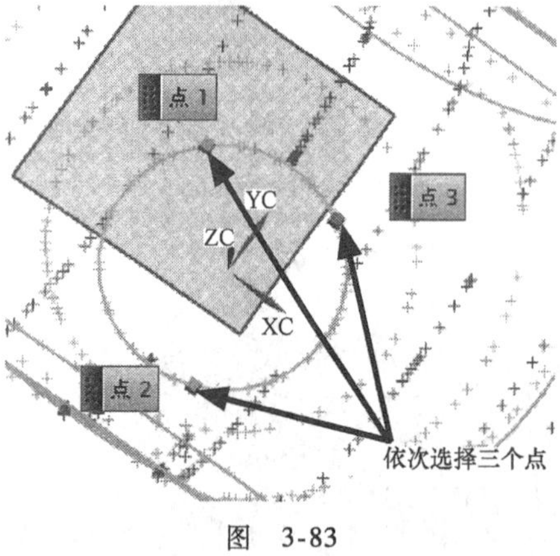

图 3-83

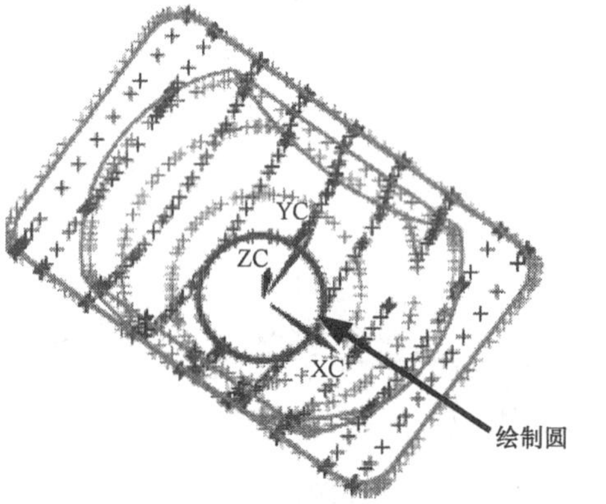

图 3-84

11. 创建拉伸片体特征

选择菜单中的【插入(S)】/【设计特征(E)】/【拉伸(E)...】命令，或在【特征】工具条中选择（拉伸）图标，出现【拉伸】对话框，如图3-85所示，在主界面的曲线规则下拉框中选择单条曲线选项，选择如图3-86所示的圆为拉伸对象，在【拉伸】对话框的指定矢量下拉框中选择ZC选项，图形中出现拉伸方向，然后在【拉伸】对话框的【开始】\【距离】栏和【结束】\【距离】栏中分别输入0和10，在体类型下拉框中选择图纸页选项，最后单击应用按钮，完成创建片体，如图3-87所示。

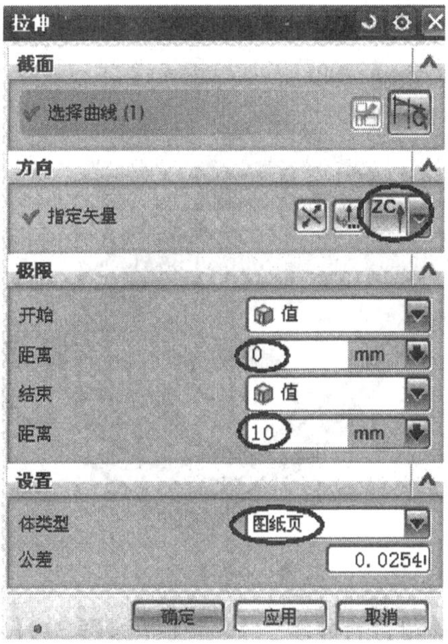

图 3-85

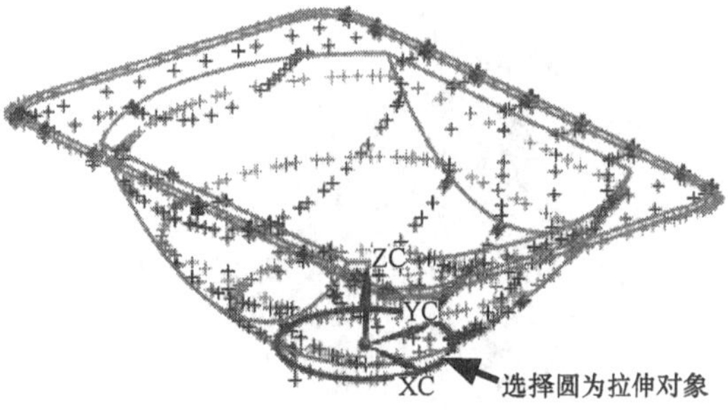

图 3-86

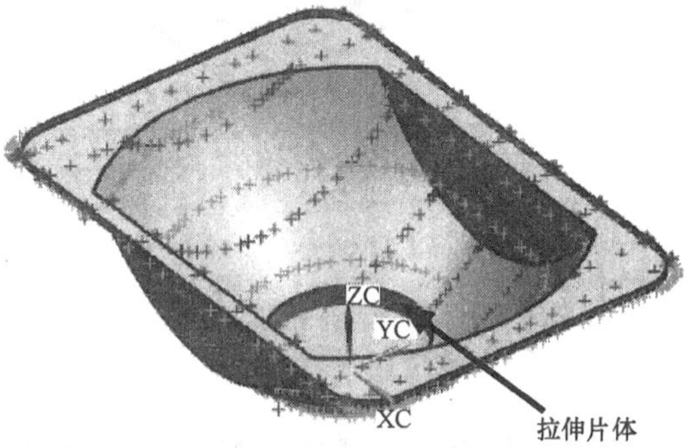

图 3-87

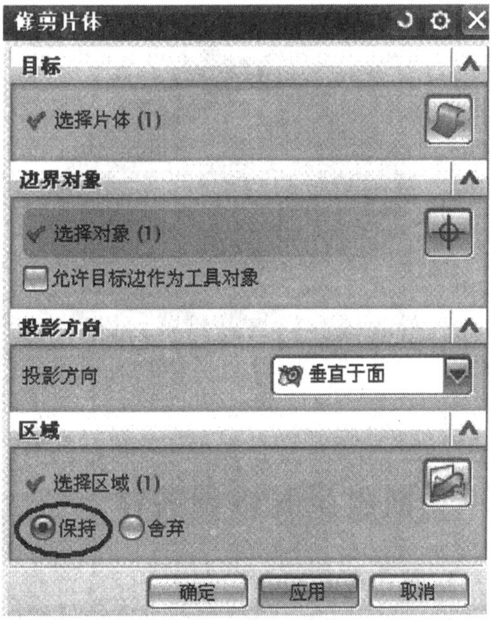

图 3-88

12. 创建修剪片体特征

选择菜单中的【插入(S)】/【修剪(T)】/【修剪片体(R)...】命令，或在【曲面】工具栏中选择（修剪片体）图标，出现【修剪片体】对话框，如图 3-88 所示，在投影方向下拉框中选择垂直于面选项，在区域项中选择保持单选选项，在图形中选择如图 3-89 所示的面为目标片体。然后在【修剪片体】对话框的边界对象区域选择（对象）图标，选择如图3-89所示的面为修剪边界，接着在对话框中单击 应用 按钮，完成修剪片体，如图 3-90 所示。

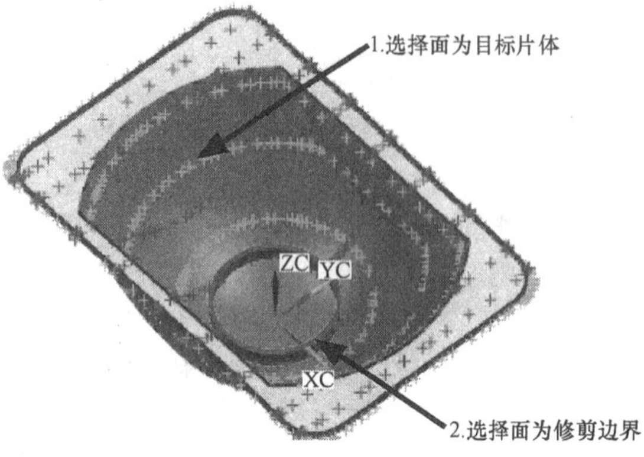

图 3-89

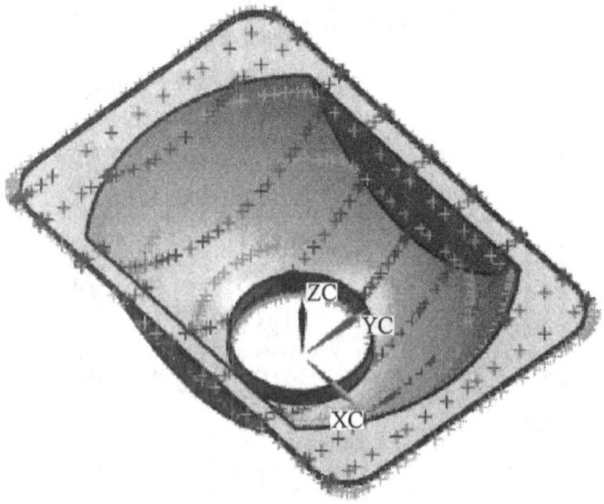

图 3-90

在图形中选择如图 3-91 所示的面为修剪目标片体继续进行修剪，然后选择如图 3-91 所示的面为修剪边界，接着在对话框中单击 应用 按钮，完成修剪片体，如图 3-92 所示。

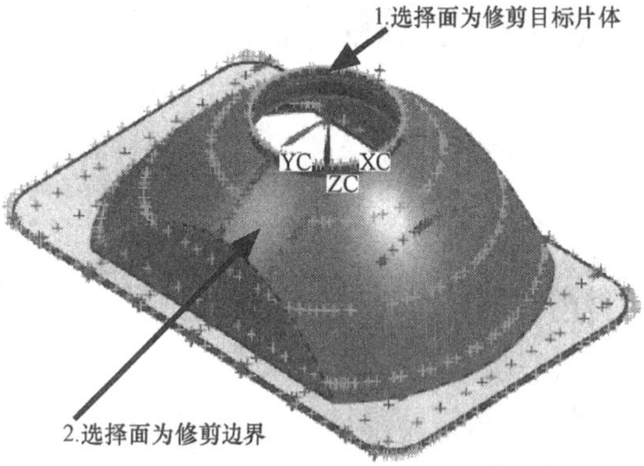

图 3-91

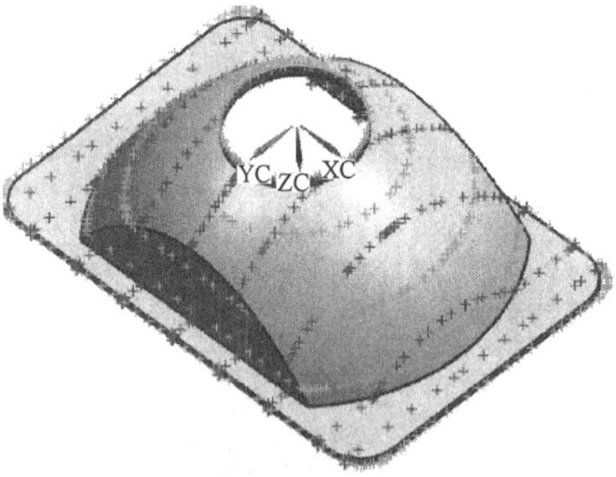

图 3-92

3.4 创建反光银碗实体

1. 缝合曲面

选择菜单中的【插入(S)】/【组合(B)】/【缝合(W)...】命令，或在【特征】操作工具栏中选择（缝合）图标，出现【缝合】对话框，如图 3-93 所示，系统提示选择缝合的目标片体，按照图 3-94 所示选择目标片体，然后框选如图 3-95 所示的工具片体，最后单击 应用 按钮，此时片体已经缝合。

2. 对象预设置

选择菜单中的【首选项】/【对象】命令，将片体的颜色设置成淡蓝色。

3. 创建偏置曲面特征

选择菜单中的【插入(S)】/【偏置/缩放(O)】/【偏置曲面(O)...】命令，或在【特征】操作

图 3-93

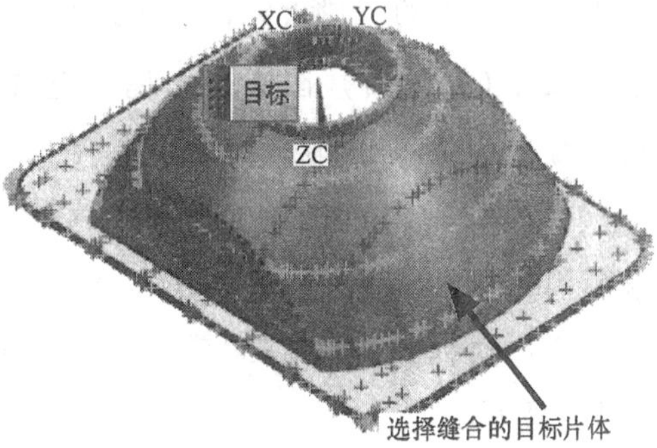

图 3-94

工具条中选择（偏置曲面）图标，出现【偏置曲面】对话框，如图3-96所示，在主界面的面规则下拉框中选择 体的面 选项，然后在图形中选择如图3-97所示的面，再在【偏置曲面】对话框中单击（反向）按钮，出现偏置方向箭头，如图3-97所示，在【 偏置 1 】栏输入3，最后单击 < 确定 > 按钮，完成偏置曲面，如图3-98所示（翻转模型后）。

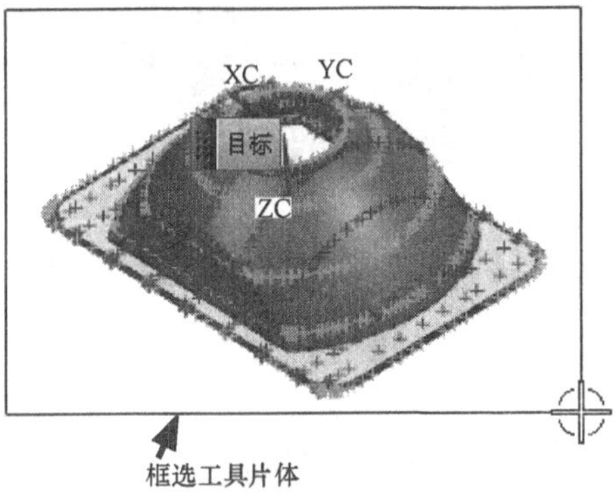

图 3-95

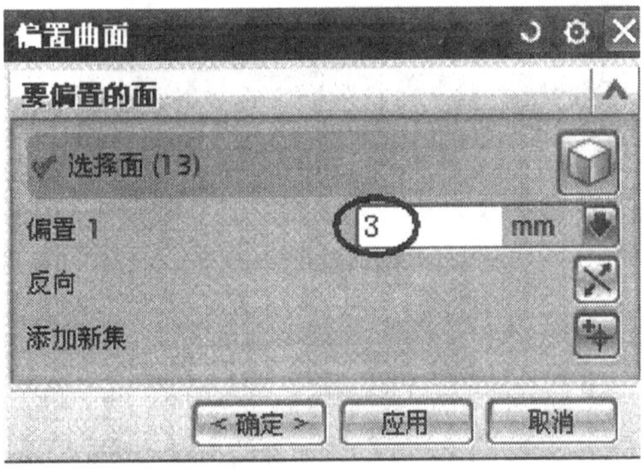

图 3-96

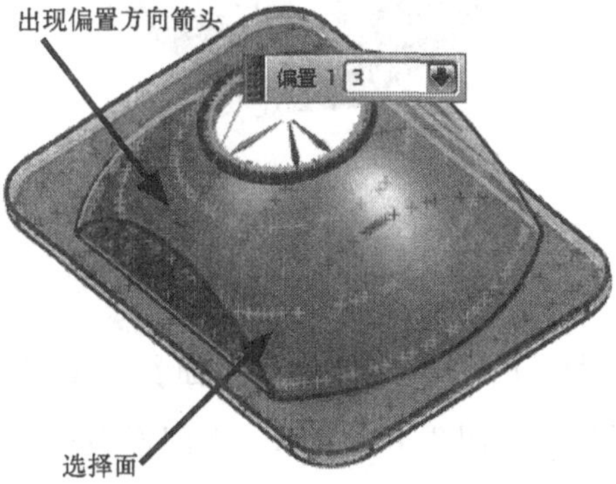

图 3-97

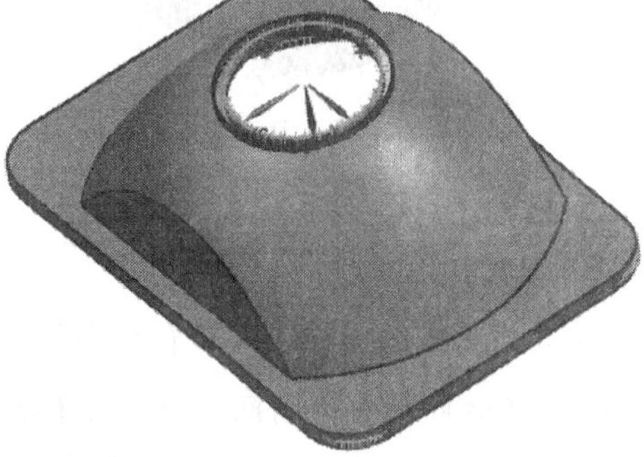

图 3-98

4. 创建直纹面特征

选择菜单中的【插入(S)】/【网格曲面(M)】/【直纹(R)...】命令，或在【曲面】工具栏中选择（直纹面）图标，出现【直纹】对话框，如图3-99所示，在主界面的曲线规则下拉框中选择相切曲线选项，在图形中选择如图3-100所示的外圈片体边，然后在【直纹】对话框的截面线串2区域选择（截面2）图标，接着在图形中选择如图3-101所示的内圈片体边，注意起始位置与矢量方向应一致，最后在【直纹】对话框的体类型下拉框中选择图纸页选项，单击<确定>按钮，完成创建直纹面，如图3-102所示。

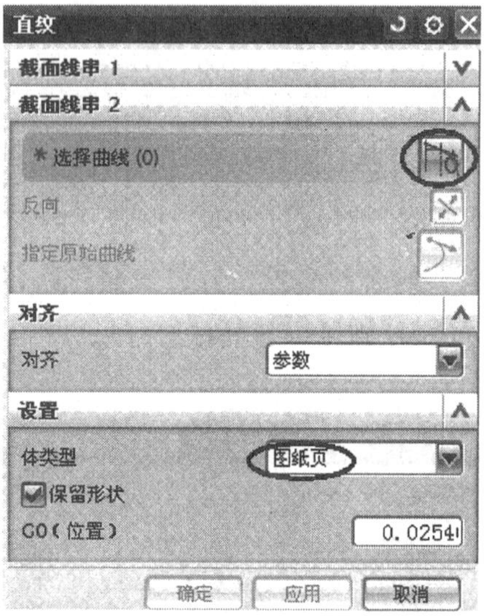

图 3-99

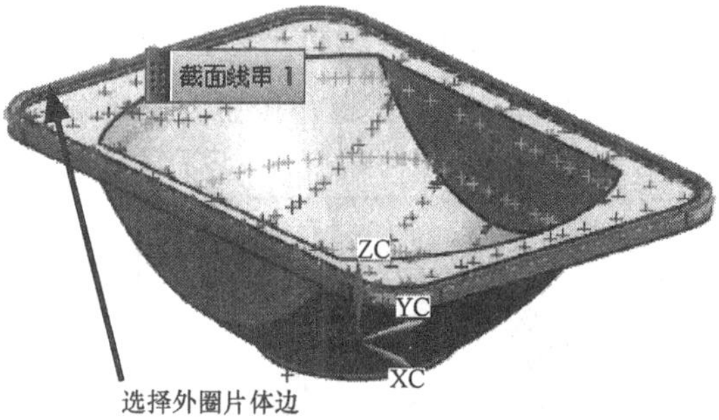

图 3-100

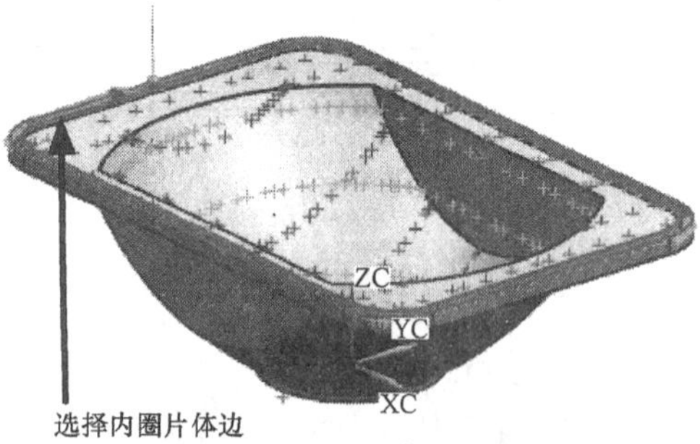

图 3-101

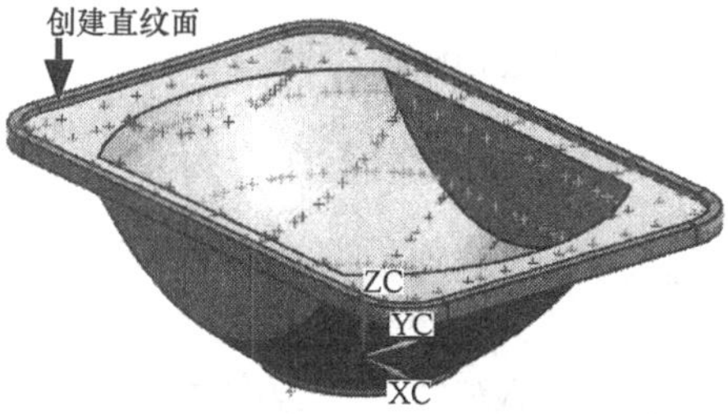

图 3-102

5. 创建有界平面

选择菜单中的【插入(S)】/【曲面(R)】/【有界平面(B)...】命令，或在【曲面】工具栏中选择（有界平面）图标，出现【有界平面】对话框，如图3-103所示，在图形中选择如图3-104所示的片体边，单击确定按钮，完成创建有界平面，如图3-105所示。

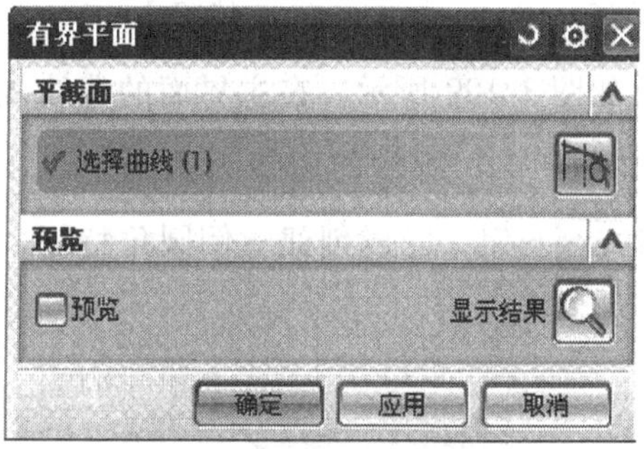

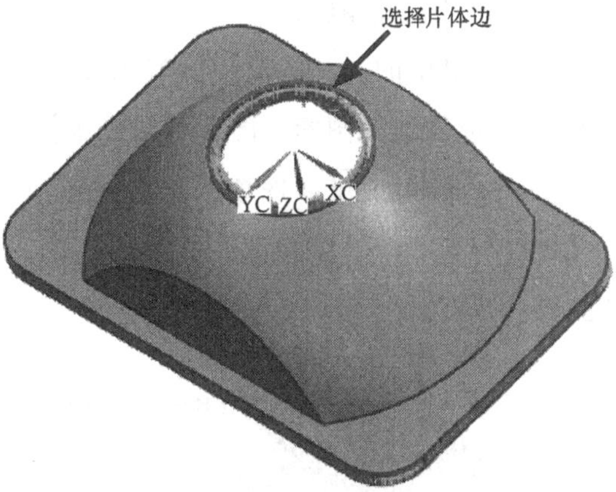

图 3-103

图 3-104

6. 创建修剪片体特征

选择菜单中的【插入(S)】/【修剪(T)】/【修剪片体(R)...】命令，或在【曲面】工具栏中选择（修剪片体）图标，出现【修剪片体】对话框，如图3-106所示，在投影方向下拉框中选择垂直于面选项，在区域项中选择保持单选选项，在图形中选择如图3-107所示的面为目标片体。

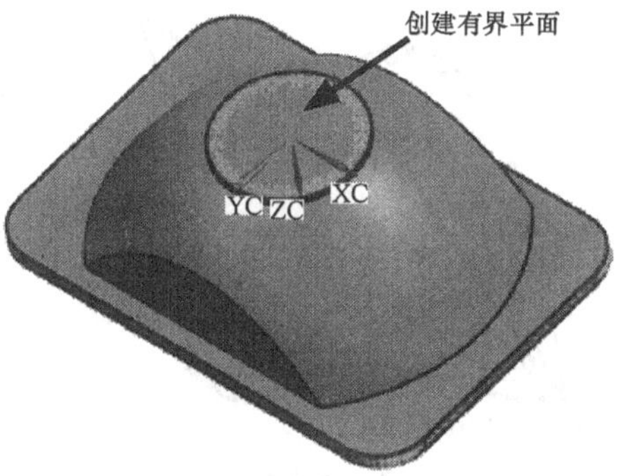

图 3-105

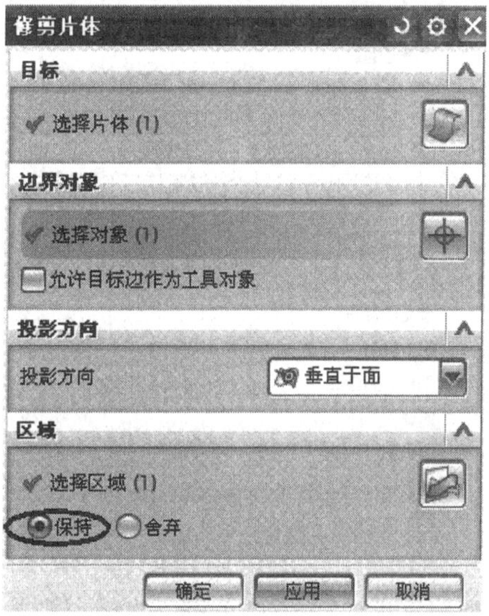

图 3-106

然后在【修剪片体】对话框的边界对象区域选择（对象）图标，选择如图3-107所示的片体边为修剪边界，接着在对话框中单击应用按钮，完成修剪片体，如图3-108所示。

7. 创建边倒圆角特征

选择菜单中的【插入(S)】/【细节特征(L)】/【边倒圆(E)...】命令，或在【特征】工具条中选择（边倒圆）图标，出现【边倒圆】对话框，如图 3-109 所示，在主界面的曲线规则下拉框中选择相切曲线选项，然后在图形中选择如图 3-110 所示的边缘为倒圆角边，在【边倒圆】对话框的【半径 1】栏输入 2，单击确定按钮，完成创建边倒圆角特征，如图 3-111 所示。

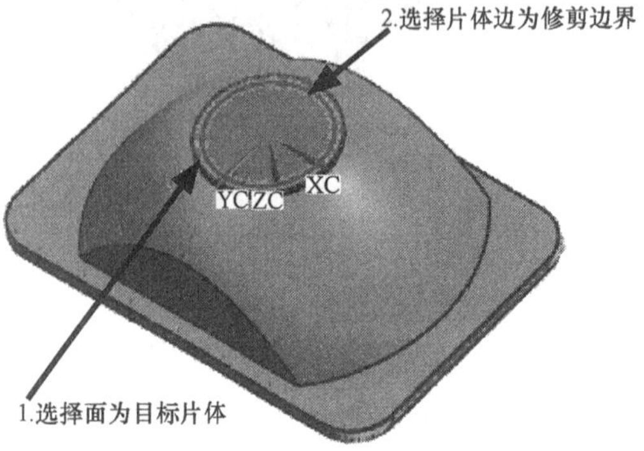

图 3-107

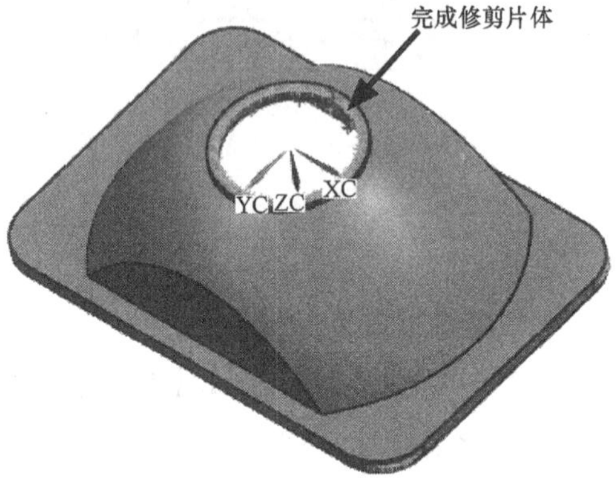

图 3-108

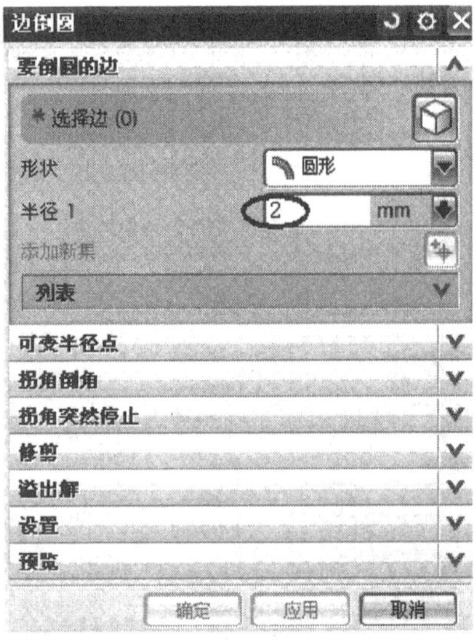

图 3-109

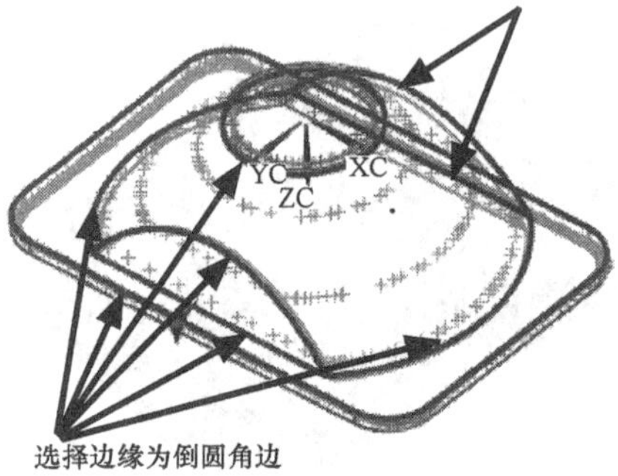

图 3-110

8. 缝合曲面

选择菜单中的【插入(S)】/【组合(B)】/【缝合(W)...】命令，或在【特征】操作工具栏中选择（缝合）图标，出现【缝合】对话框，如图 3-112 所示，系统提示选择缝合的目标片体，按照图 3-113 所示选择目标片体，然后框选如图 3-114 所示的工具片体，最后单击确定按钮，此时片体已经缝合成实体，如图 3-115 所示（隐藏点及曲线后）。

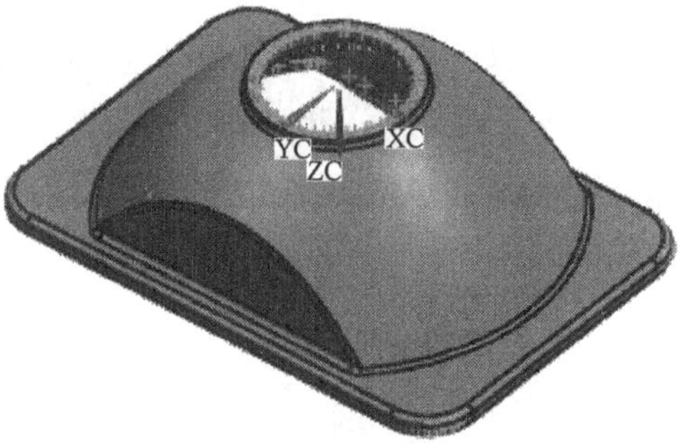

图 3-111

图 3-112

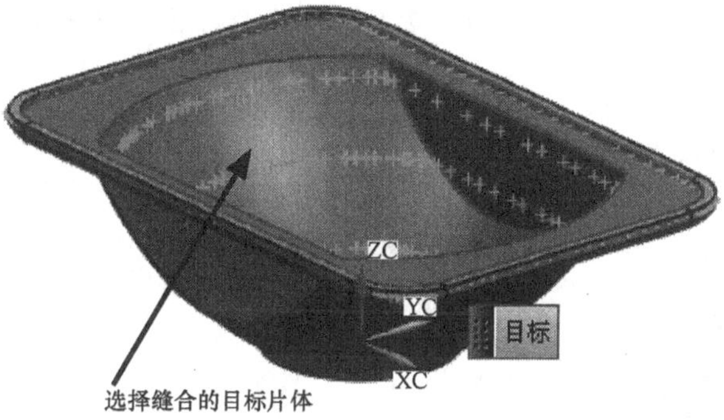

图 3-113

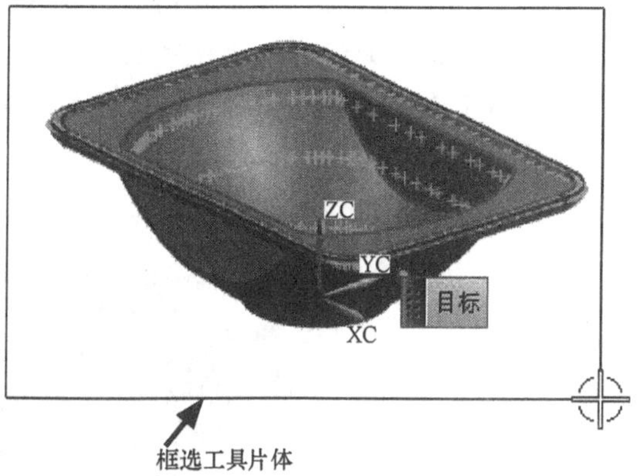

图 3-114

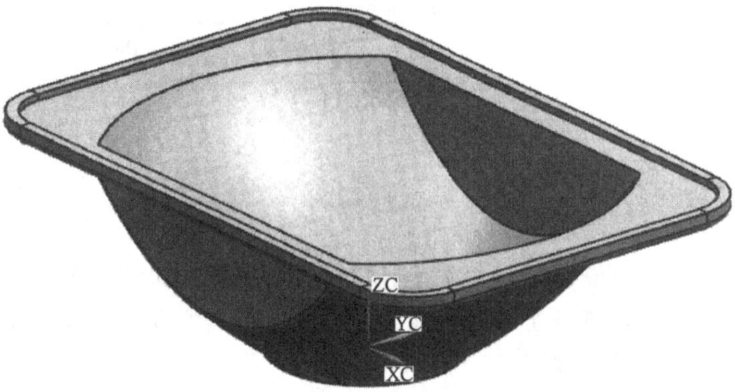

图 3-115

第4章 农用车灯逆向造型

实例说明

本章主要讲述农用车灯的构建。其构建思路为：首先分析点的组成，然后绘制外形轮廓曲线，通过拉伸和扫掠生成农用车灯侧面，应用扫掠曲面及通过曲线网格曲面生成农用车灯台阶面及顶面，通过面倒圆创建出农用车灯的外形轮廓曲面；第二步镜像曲面至对侧，通过桥接曲线，然后应用通过曲线网格曲面生成过渡面，最后修剪多余片体，缝合形成农用车灯实体后进行抽壳，效果如图 4-1 所示。

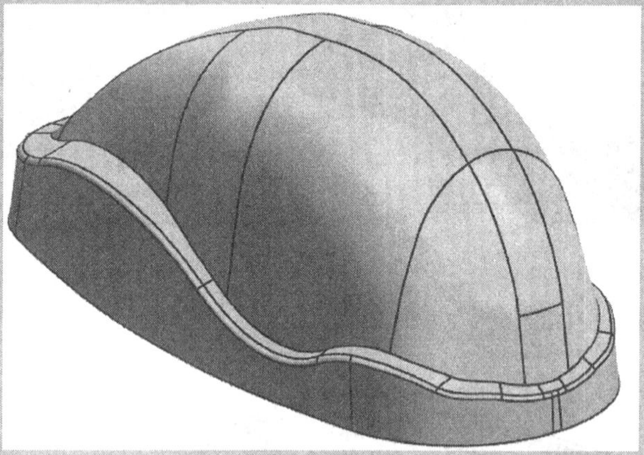

图 4-1

学习目标

通过该实例的练习，使读者能熟练掌握逆向造型的基本方法，开拓创建思路，学习截面线的多种创建手段，提高修剪片体的能力，熟练掌握拉伸曲面、扫掠曲面、通过曲线网格曲面和曲面倒圆角等基本技巧。

4.1 打开练习文件

选择菜单中的【文件】/【打开(O)...】命令，或选择（打开文件）图标，出现【打开】部件对话框，在本书附的光盘文件夹中选择\dzx\nx4.prt，单击 OK 按钮，打开文件名为 nx4.prt 的文件，如图 4-2 所示。

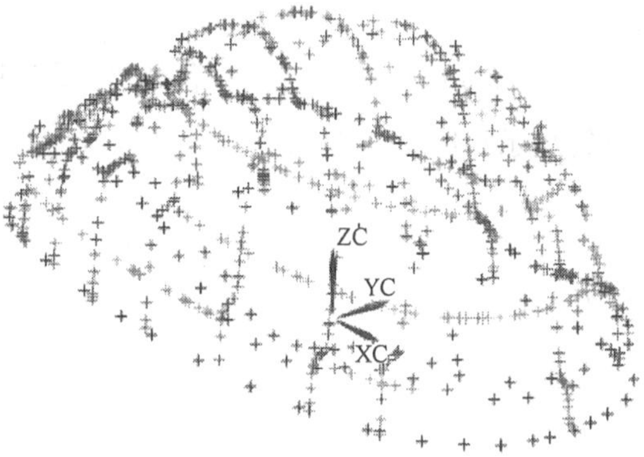

图 4-2

4.2 绘制农用车灯侧面

1. 隐藏蓝色点

选择菜单中的【编辑(E)】/【显示和隐藏(H)】/【隐藏(H)...】命令，或在【实用】工具条中选择（隐藏）图标，出现【类选择】对话框，在【颜色过滤器】区域选择（颜色过滤）图标，如图 4-3 所示，系统出现【颜色】过滤选择对话框，如图 4-4所示，单击（从对象继承）按钮，然后在图形中选择如图 4-5 所示的蓝色点，再在【颜色】过滤选择对话框中单击确定按钮，系统返回【类选择】对话框，选择（全选）图标，单击确定按钮完成操作。

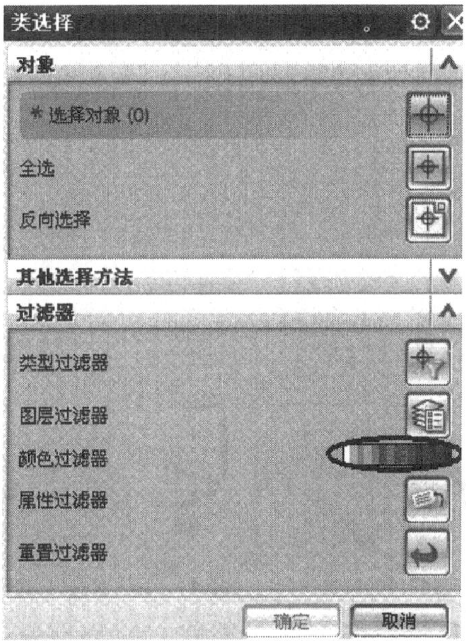

图 4-3

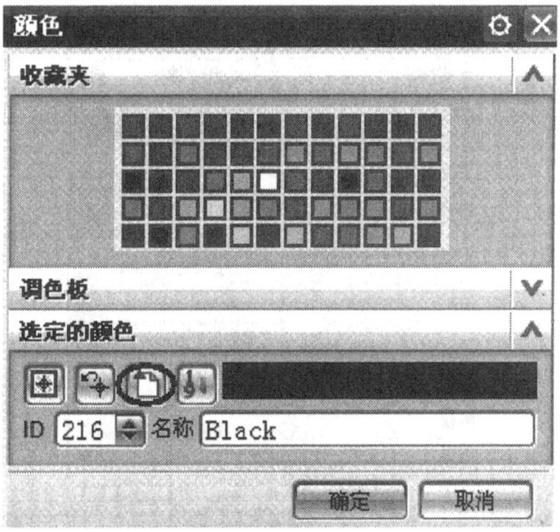

图 4-4

2. 反转显示和隐藏

选择菜单中的【编辑(E)】/【显示和隐藏(H)】/【反转显示和隐藏(I)】命令，或在【实用】工具条中选择（反转显示和隐藏）图标，图形更新后如图4-6所示。

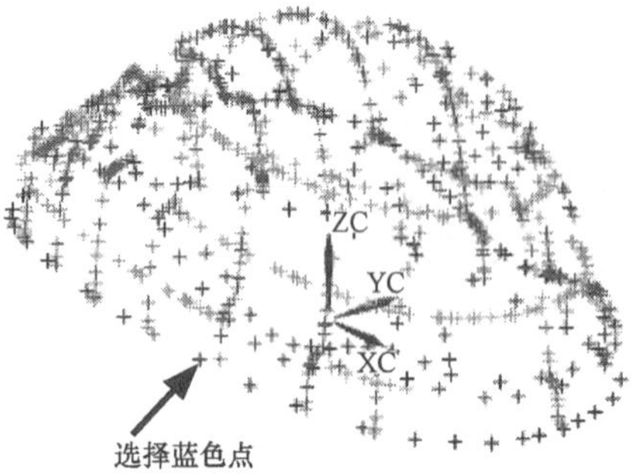

图 4-5

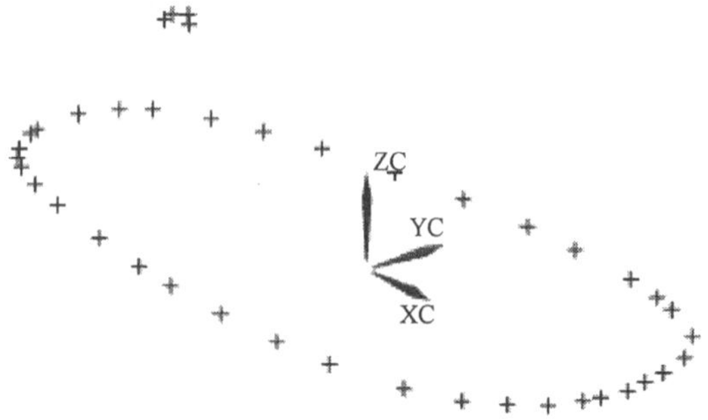

图 4-6

3. 绘制圆弧

选择菜单中的【插入(S)】/【曲线(C)】/【圆弧/圆(C)...】命令，或在【曲线】工具条中选择（圆弧/圆）图标，出现【圆弧/圆】对话框，如图4-7所示，然后在捕捉点工具条中选择（现有点）选项，在图形中依次选择如图4-8所示的3个蓝色点，出现圆弧，拖曳如图4-9所示的圆点及箭头至适当位置，单击【应用】按钮，完成圆弧的绘制，如图4-10所示。

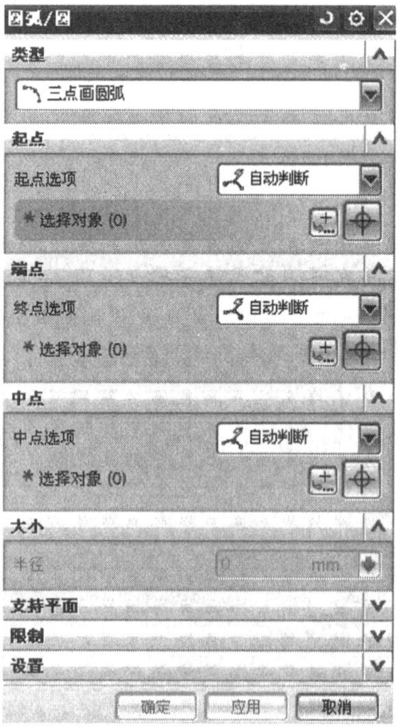

图 4-7

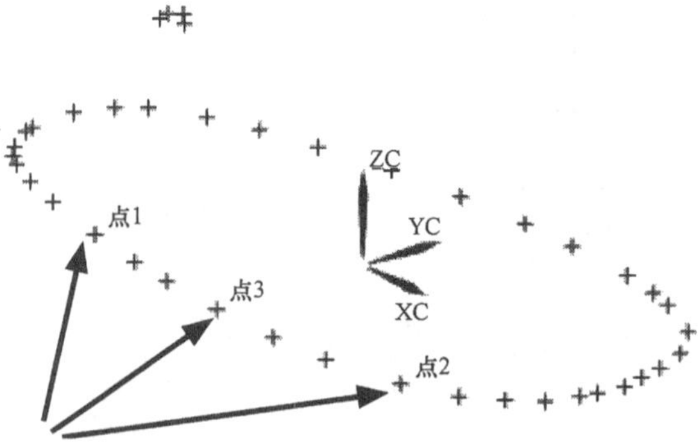

图 4-8

4 CHAPTER

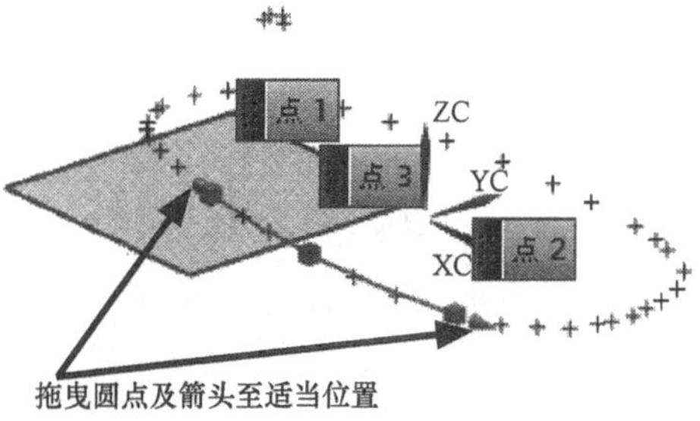

图 4-9

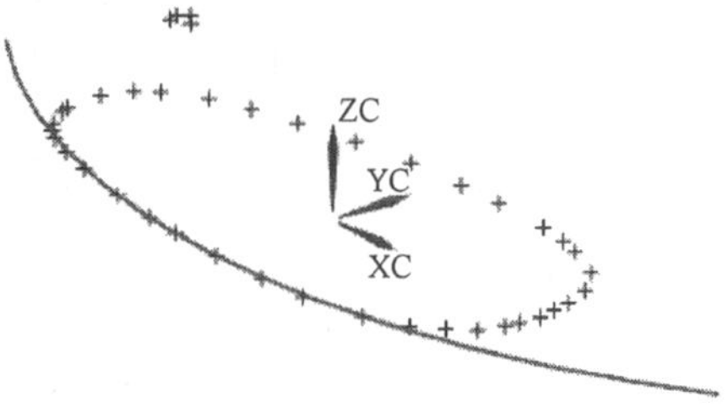

图 4-10

4. 隐藏曲线

选择菜单中的【编辑(E)】/【显示和隐藏(H)】/【隐藏(H)...】命令，或在【实用】工具栏中选择（隐藏）图标，隐藏曲线（略），完成后如图 4-11 所示。

5. 反转显示和隐藏

选择菜单中的【编辑(E)】/【显示和隐藏(H)】/【反转显示和隐藏(I)】命令，或在【实用】工具条中选择（反转显示和隐藏）图标，图形更新后如图 4-12 所示。

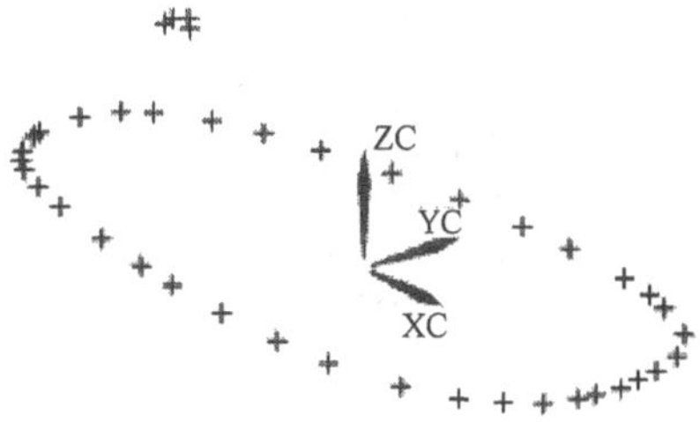

图 4-11

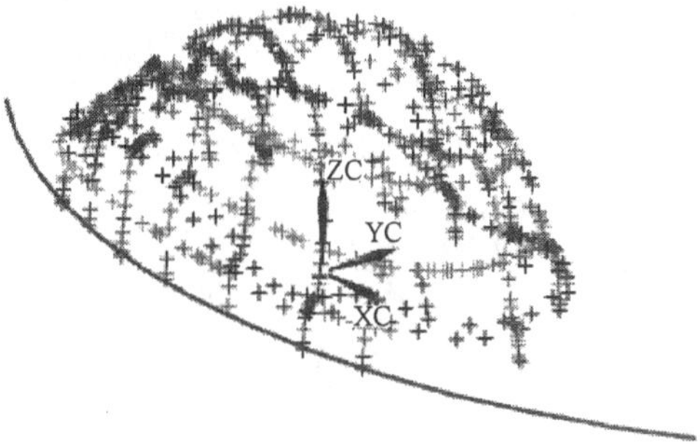

图 4-12

6. 绘制直线

选择菜单中的【插入(S)】/【曲线(C)】/【直线(L)...】命令，或在【曲线】工具条中选择（直线）图标，出现【直线】对话框，如图 4-13 所示，然后在捕捉点工具条中选择（现有点）选项，在图形中选择如图 4-14 所示的两个绿色点，出现直线，拖曳如图 4-15 所示的圆点及箭头至适当位置，单击应用按钮，完成直线的绘制，如图 4-16 所示。

在图形中选择如图 4-17 所示的两个淡蓝色点继续绘制直线，出现直线，拖曳如图 4-18 所示的圆点及箭头至适当位置，单击应用按钮，完成直线的绘制，如图 4-19 所示。

7. 创建扫掠曲面

选择菜单中的【插入(S)】/【扫掠(W)】/【扫掠(S)...】命令，或在【特征】工具条中选择（扫掠）图标，出现【扫掠】对话框，如图 4-20 所示，系统提示选择截面曲线，在主界面的曲线规则下拉框中选择相连曲线选项，在图形中选择如图 4-21 所示的直线为截面线，然后在对话框中选择（引导线）图标，在主界面的曲线规则下拉框中选择

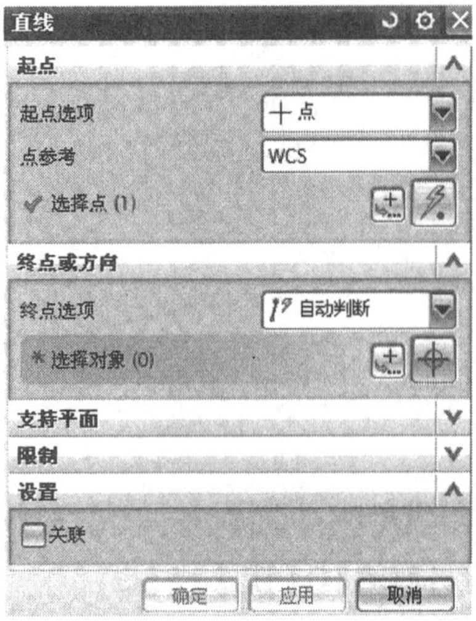

图 4-13

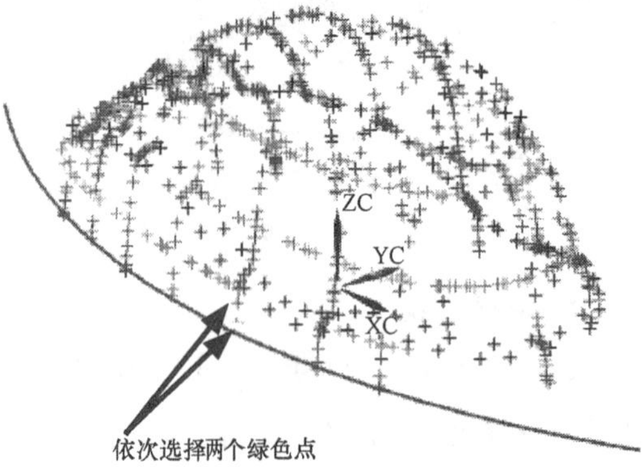

图 4-14

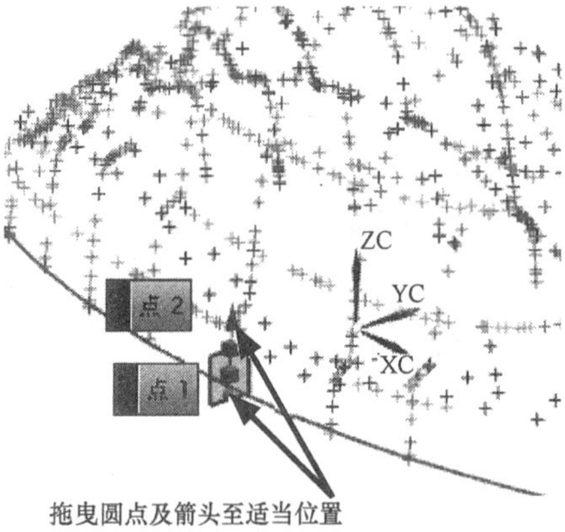

图 4-15

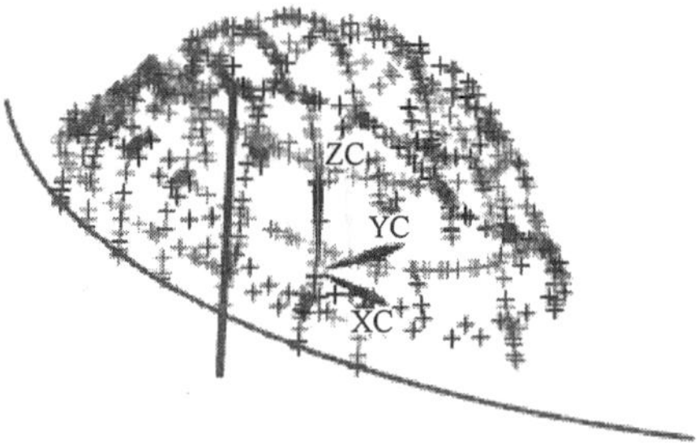

图 4-16

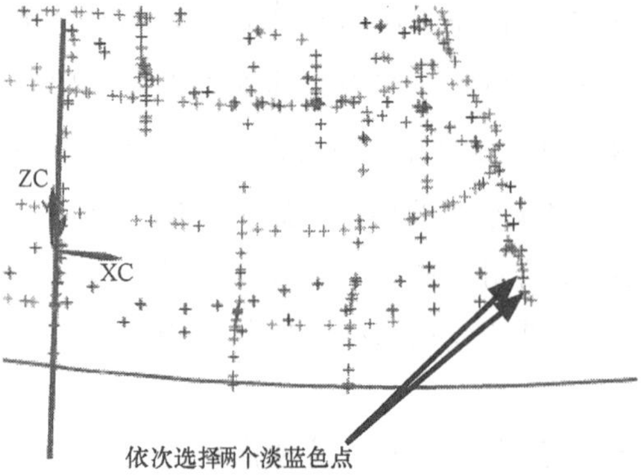

图 4-17

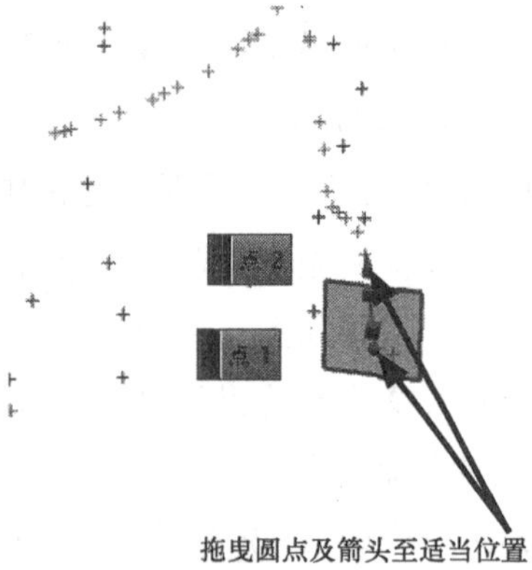

图 4-18

相切曲线选项，在图形中选择如图 4-21 所示的圆弧为引导线，在【扫掠】对话框中单击确定按钮，完成创建扫掠特征，如图 4-22 所示。

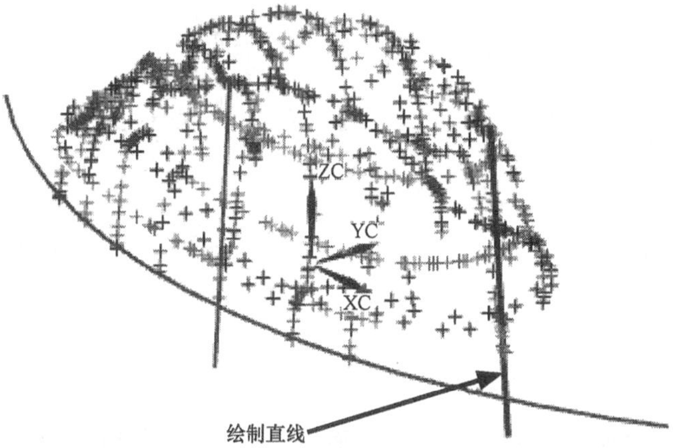

图 4-19

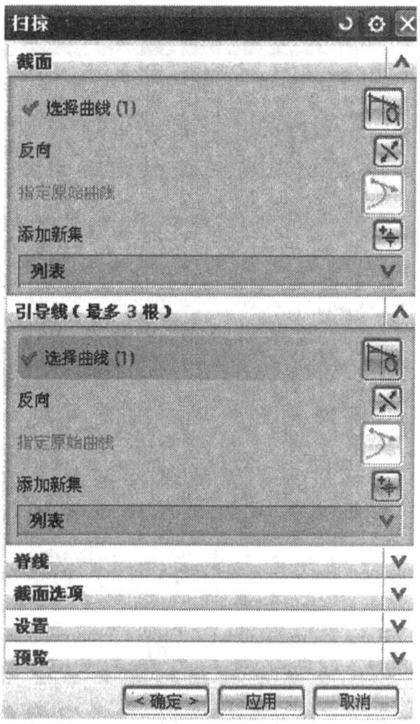

图 4-20

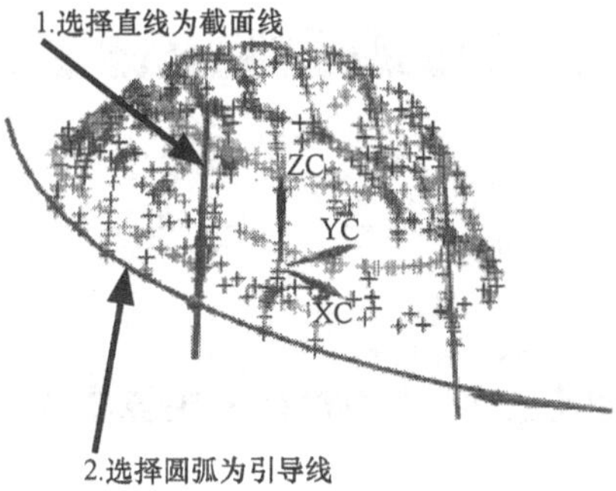

图 4-21

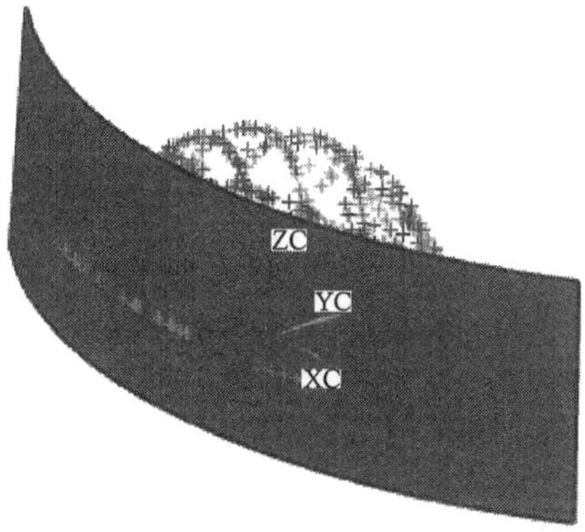

图 4-22

8. 创建拉伸片体特征

选择菜单中的【插入(S)】/【设计特征(E)】/【拉伸(E)...】命令，或在【特征】工具条中选择（拉伸）图标，出现【拉伸】对话框，如图 4-23 所示，在主界面的曲线规则下拉框中选择单条曲线选项，选择如图 4-24 所示的直线为拉伸对象，然后在【拉伸】对话框的指定矢量下拉框中选择YC（YC 轴）选项，在图形中出现拉伸方向，在结束下拉框中选择对称值选项，在【距离】栏中输入 25，如图 4-23 所示，单击应用按钮，完成创建拉伸片体，如图 4-25 所示。

9. 创建镜像片体特征

选择菜单中的【插入(S)】/【关联复制(A)】/【镜像特征(M)...】命令，或在【特征】工具栏中选择（镜像特征）图标，出现【镜像特征】对话框，在相关特征列表框中选择如图

图 4-23

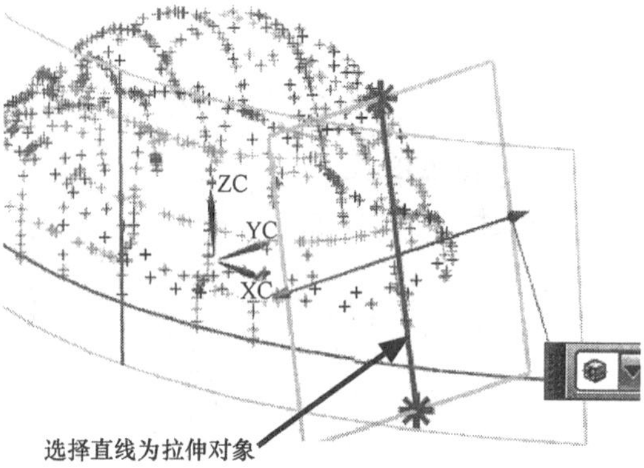

图 4-24

4-26 所示的扫掠(2)特征，在镜像平面的平面下拉框中选择新平面选项，在指定平面下拉框中选择 YC （XC-ZC 平面）选项，单击确定按钮，完成创建镜像片体特征，如图4-27所示。

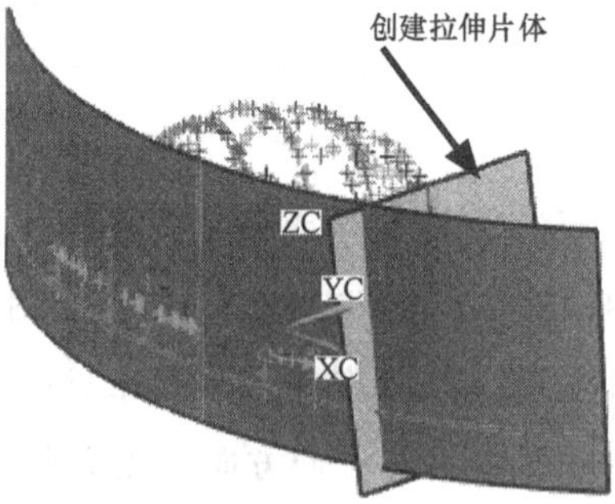

图 4-25

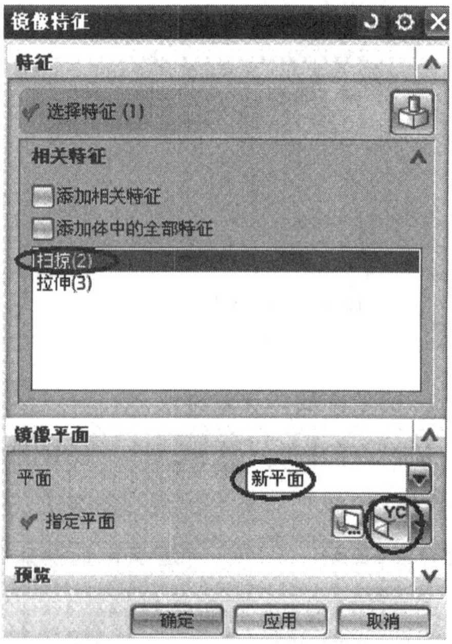

图 4-26

10. 创建面倒圆特征

选择菜单中的【插入(S)】/【细节特征(L)】/【面圆角(F)...】命令，或在【特征】工具栏中选择（面倒圆）图标，出现【面倒圆】对话框，如图 4-28 所示，在类型下拉框中选择

两个定义面链 选项，在 圆角面 下拉框中选择 修剪至所有输入面 选项，勾选 修剪输入面至倒圆面 选项，取消勾选 缝合所有面 选项。在图形中选择如图 4-29 所示的侧壁面为第一组面，图形中出现圆心向量，然后在【面倒圆】对话框的 选择面链 2 (0) 区域选择（面）图标，然后在图形中选择如图 4-30 所示的曲面为第二组面，图形中出现圆心向量，如图 4-30 所示，然后在图 4-28 的 半径 栏中输入 22，最后单击 应用 按钮，完成面圆角特征，圆角倒在两个相交面的内侧，如图 4-31 所示。

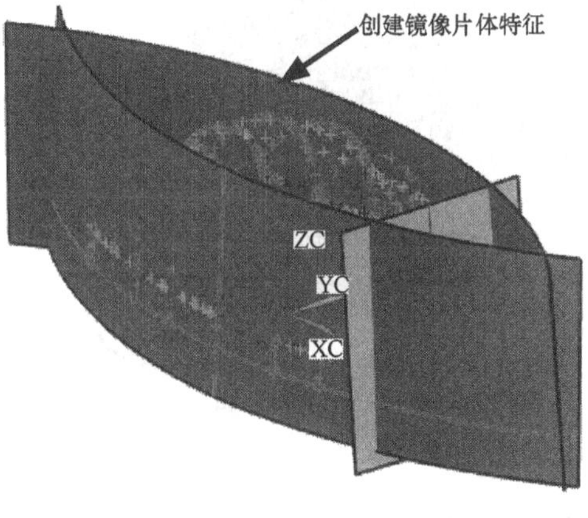

图 4-27

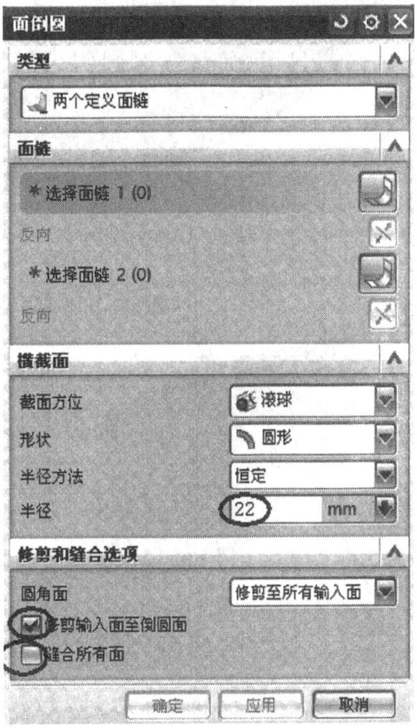

图 4-28

注：如读者图形中出现相反的圆心向量，可以在【面倒圆】对话框中单击（反向）图标，使其出现如图正确的向量方向。

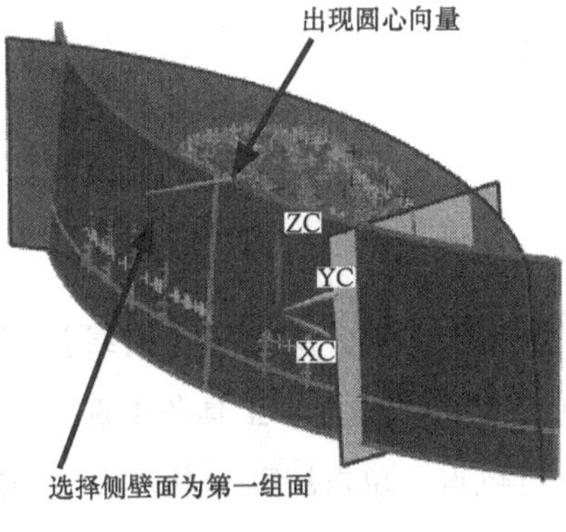

图 4-29

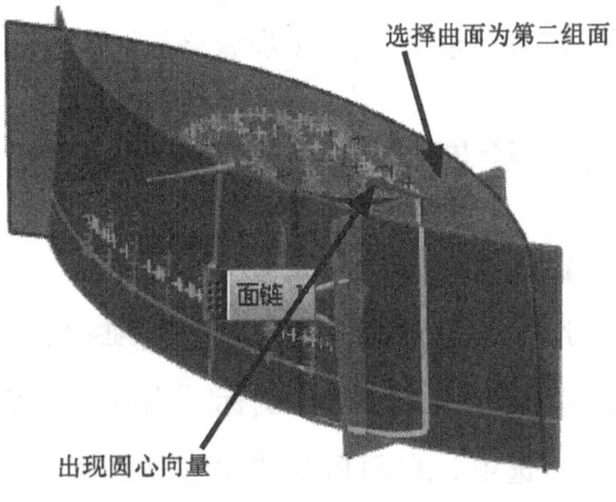

图 4-30

按照上述方法，创建半径为22mm的对称圆角面，完成后如图4-32所示。

按照上述方法，依次选择如图4-33所示的曲面为第一、第二组倒圆面，在图4-28的【半径】栏中输入15.8，完成面倒圆特征，如图4-34所示。

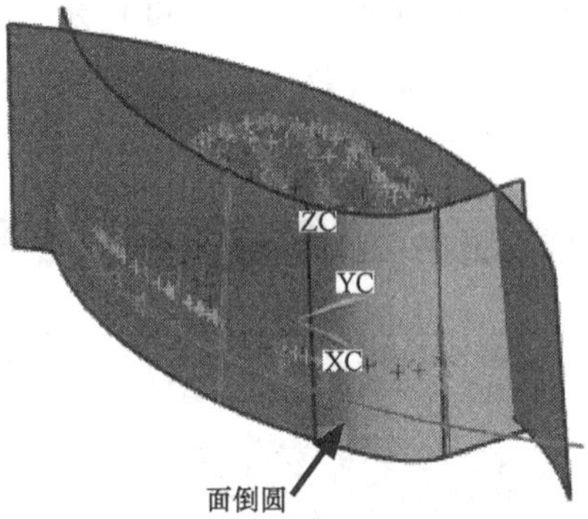

图 4-31

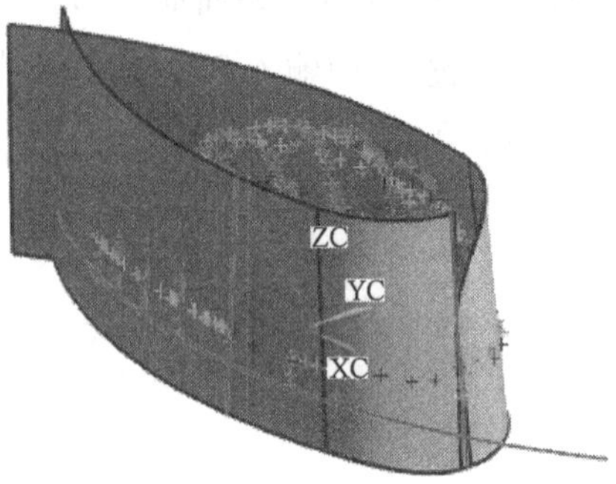

图 4-32

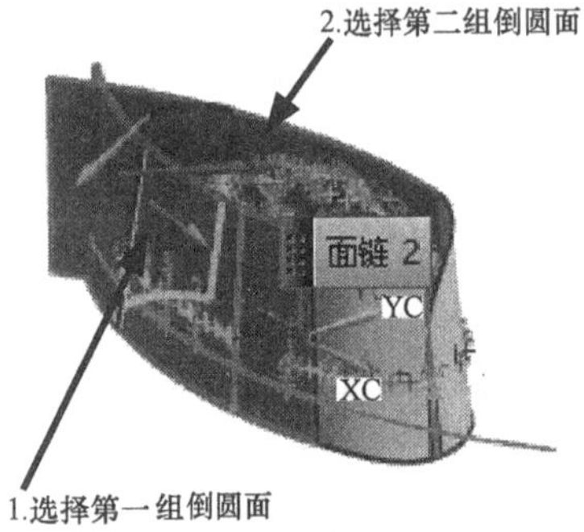

图 4-33

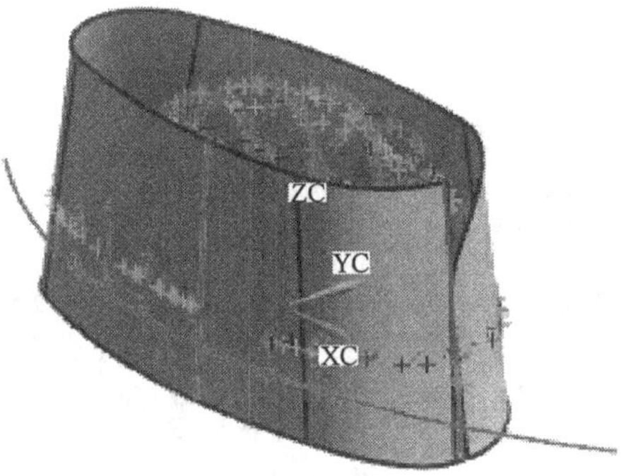

图 4-34

11. 隐藏片体

选择菜单中的【编辑(E)】/【显示和隐藏(H)】/【隐藏(H)...】命令，或在【实用】工具栏中选择（隐藏）图标，隐藏片体（略）。

12. 将辅助曲线移动至255图层

选择菜单中的【格式(R)】/【移动至图层(M)...】命令，出现【类选择】对话框，选择曲线并将其移动至255层（步骤略），然后设置255层为不可见。

4.3 绘制农用车灯台阶面部分

1. 绘制圆弧

选择菜单中的【插入(S)】/【曲线(C)】/【圆弧/圆(C)...】命令，或在【曲线】工具条中选择（圆弧/圆）图标，出现【圆弧/圆】对话框，然后在捕捉点工具条中选择（现有点）选项，在图形中依次选择如图4-35所示的3个红色点，单击应用按钮，完成绘制圆弧，如图4-36所示。

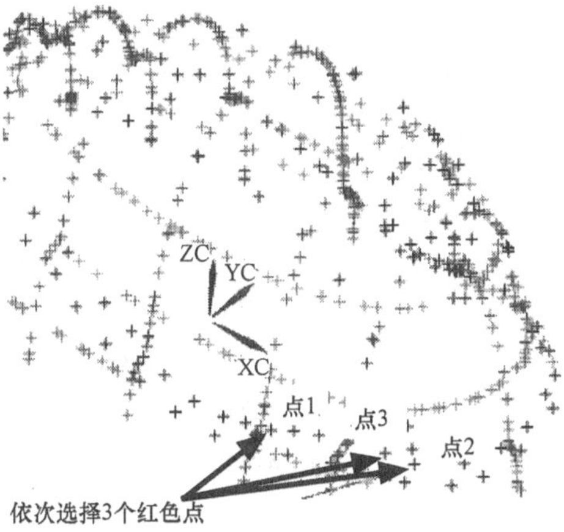

图 4-35

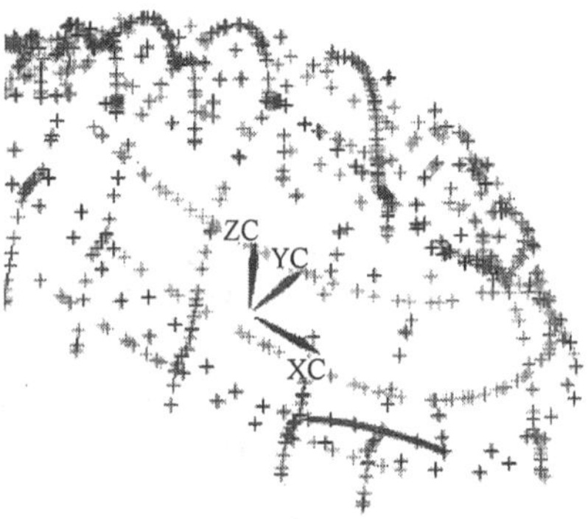

图 4-36

在图形中依次选择如图 4-37 所示的 3 个红色点继续绘制圆弧，创建圆弧，如图 4-38 所示。

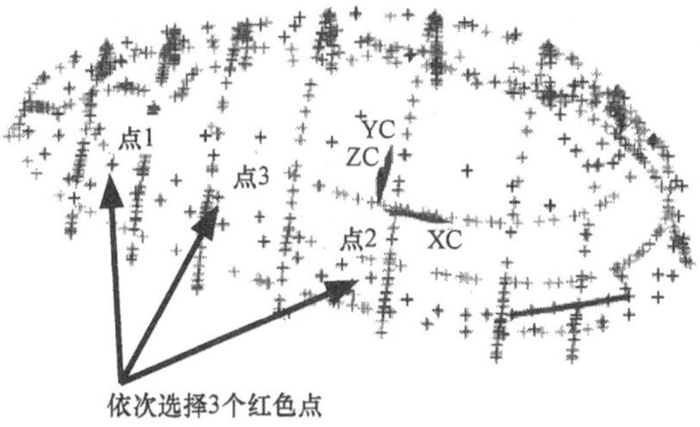

图 4-37

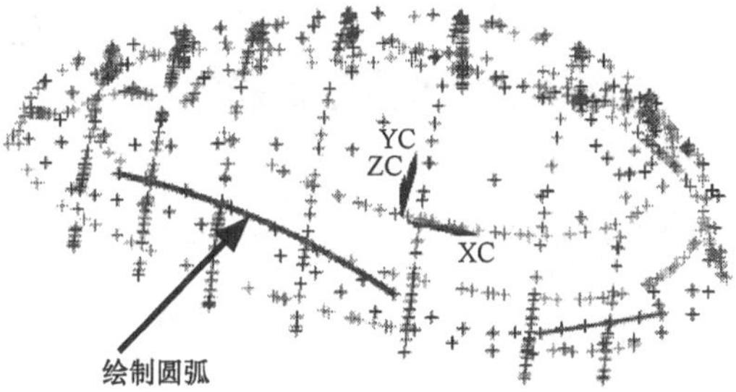

图 4-38

在图形中依次选择如图 4-39 所示的 3 个红色点继续绘制圆弧，创建圆弧，如图 4-40 所示。

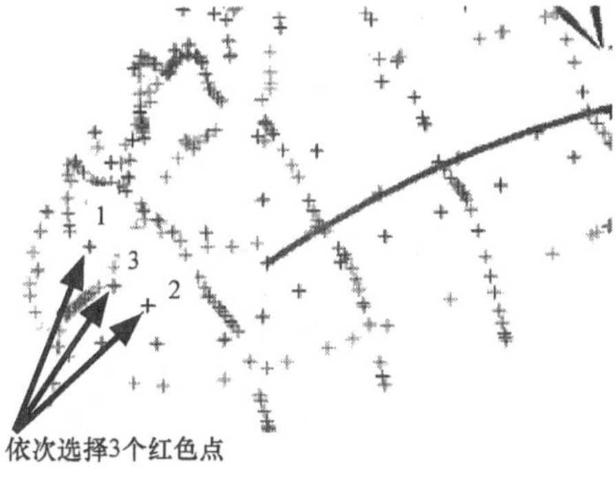

图 4-39

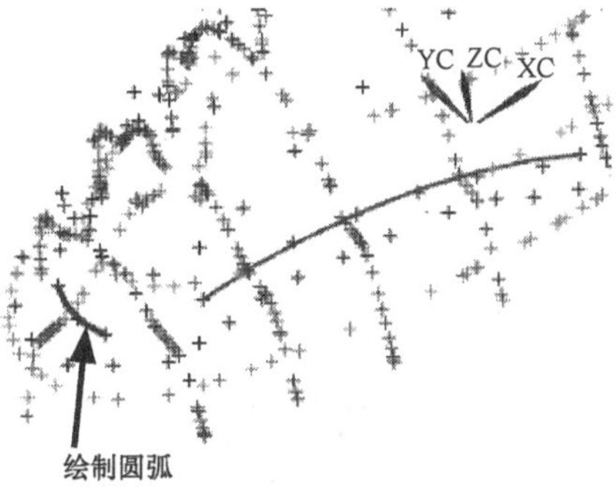

图 4-40

在图形中依次选择如图 4-41 所示的 3 个红色点继续绘制圆弧，创建圆弧，如图 4-42 所示。

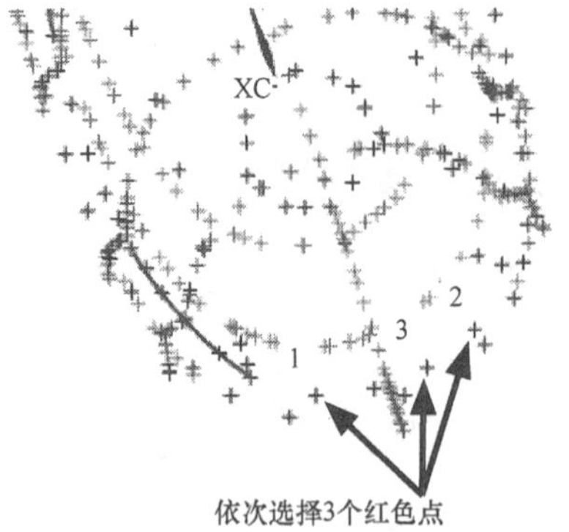

图 4-41

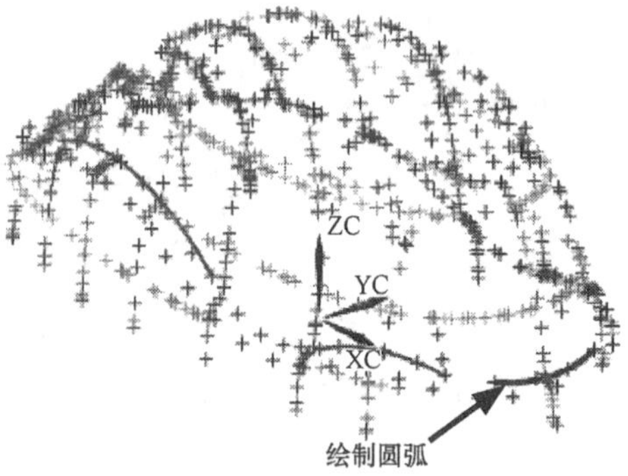

图 4-42

2. 绘制直线

选择菜单中的【插入(S)】/【曲线(C)】/【直线(L)...】命令，或在【曲线】工具条中选择（直线）图标，出现【直线】对话框，如图 4-43 所示，然后在捕捉点工具条中选择（现有点）选项，在图形中选择如图 4-44 所示的两个绿色点，出现直线，拖曳如图 4-45 所示的圆点及箭头至适当位置，单击 应用 按钮，完成直线的绘制，如图 4-46 所示。

图 4-43

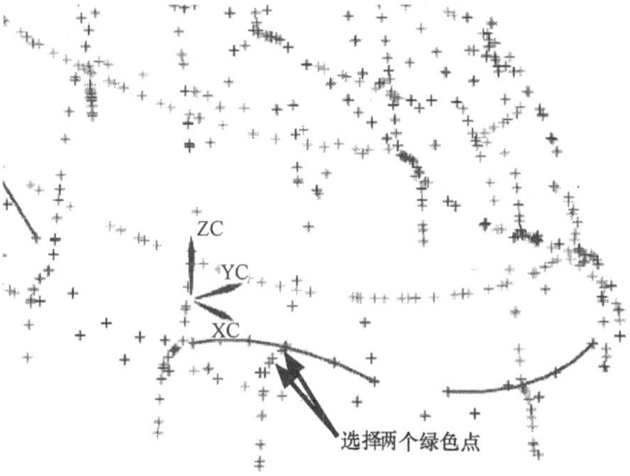

图 4-44

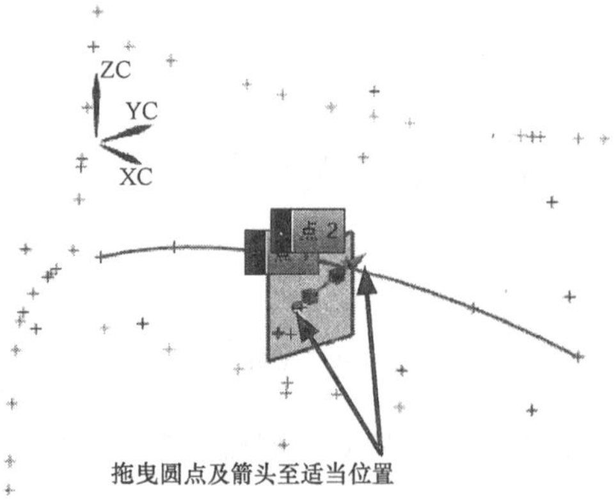

图 4-45

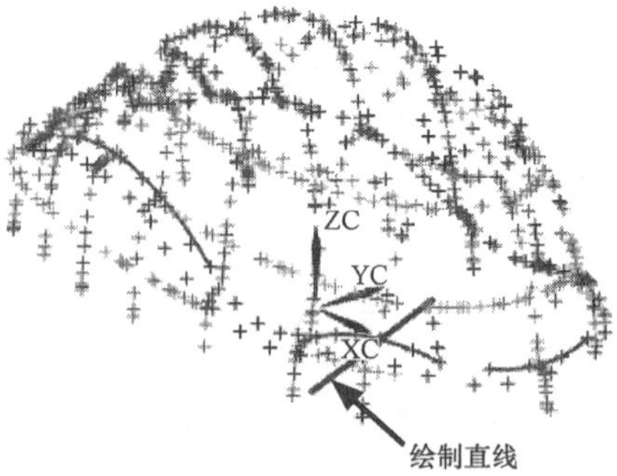

图 4-46

按照上述方法创建另外 3 条直线，如图 4-47 所示。

3. 创建扫掠曲面特征

选择菜单中的【插入(S)】/【扫掠(W)】/【扫掠(S)...】命令，或在【特征】工具条中选择（扫掠）图标，出现【扫掠】对话框，如图 4-48 所示，系统提示选择截面曲线，在主界面的曲线规则下拉框中选择相连曲线选项，在图形中选择如图 4-49 所示的直线为截面线，然后在对话框中选择（引导线）图标，在主界面的曲线规则下拉框中选择相切曲线选项，在图形中选择如图 4-49 所示的圆弧为引导线，最后在【扫掠】对话框中单击确定按钮，完成创建扫掠特征，如图 4-50 所示。

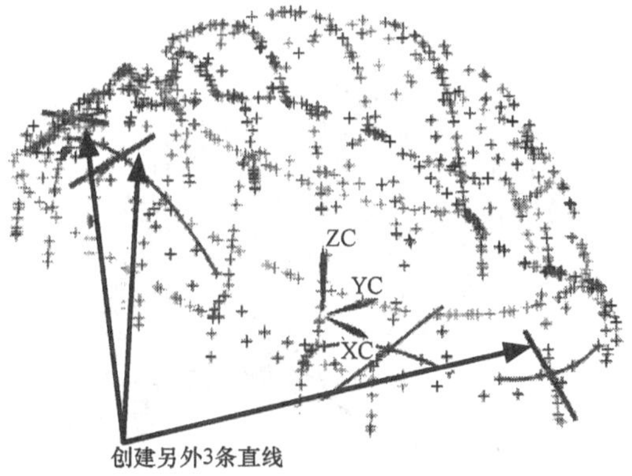

图 4-47

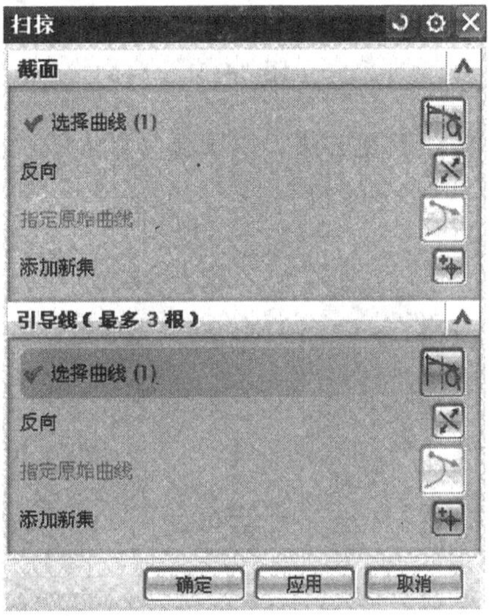

图 4-48

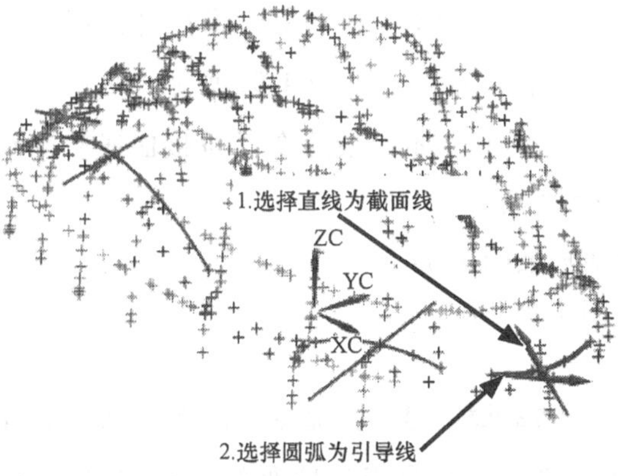

图 4-49

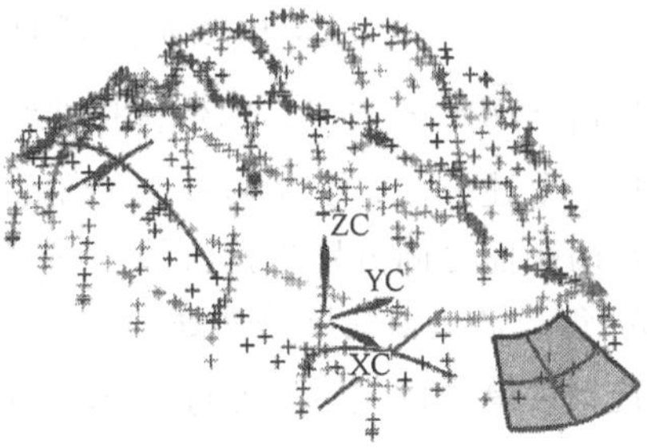

图 4-50

按照上述方法，以直线为截面线、圆弧为引导线，依次创建左侧的扫掠曲面，完成后如图 4-51 所示。

继续创建扫掠曲面。在图形中选择如图 4-52 所示的直线为截面线，然后选择如图 4-52 所示的圆弧为引导线，完成扫掠曲面，如图 4-53 所示。

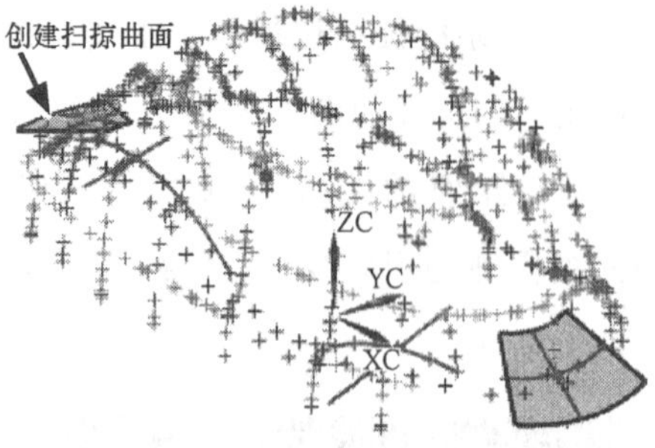

图 4-51

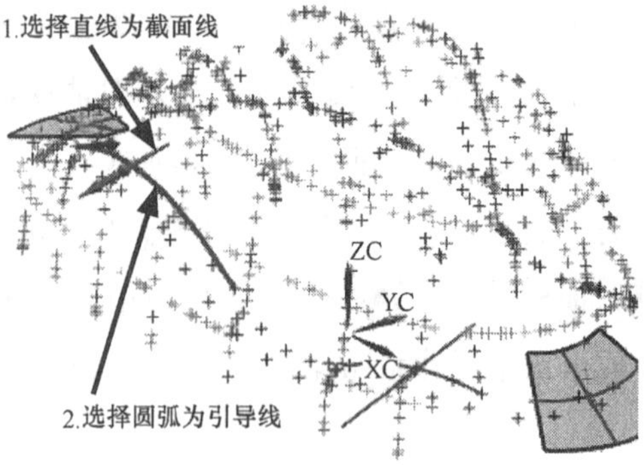

图 4-52

按照上述方法，以圆弧为截面线、直线为引导线，依次创建扫掠曲面，完成后如图4-54 所示。

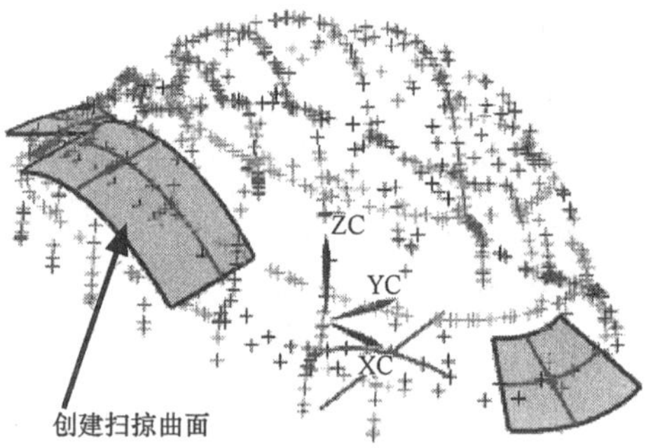

图 4-53

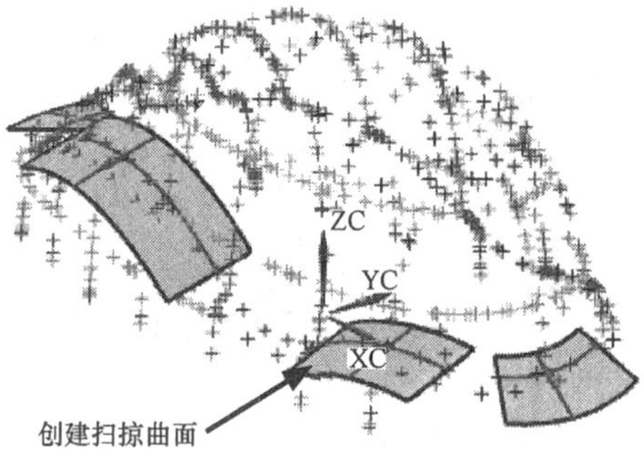

图 4-54

4. 创建桥接曲线

选择菜单中的【插入(S)】/【来自曲线集的曲线(F)】/【桥接(B)...】命令，或在【曲线】工具条中选择（桥接曲线）图标，出现【桥接曲线】对话框，如图 4-55 所示，取消勾选 □关联 选项，然后在图形中依次选择曲面边线，如图 4-56 所示，最后在【桥接曲线】对话框中单击 < 确定 > 按钮，创建桥接曲线，如图 4-57 所示。

按照上述方法，桥接另一侧的曲面边线，完成后如图 4-58 所示。

在两张面之间分别创建桥接曲线，完成后如图 4-59 所示。

5. 创建通过曲线网格曲面

选择菜单中的【插入(S)】/【网格曲面(M)】/【通过曲线网格(M)...】命令，或在【曲面】工具条中选择（通过曲线网格曲面）图标，出现【通过曲线网格】曲面对话框，如图 4-60 所示，根据系统提示，首先关闭点捕捉工具按钮，在图形中依次选择如图 4-61 所示的两条片体边缘为主要曲线（注意：选择每条主要曲线后，按下鼠标中键确认）。

然后，在【通过曲线网格】曲面对话框的交叉曲线区选择（交叉曲线）图标，或直

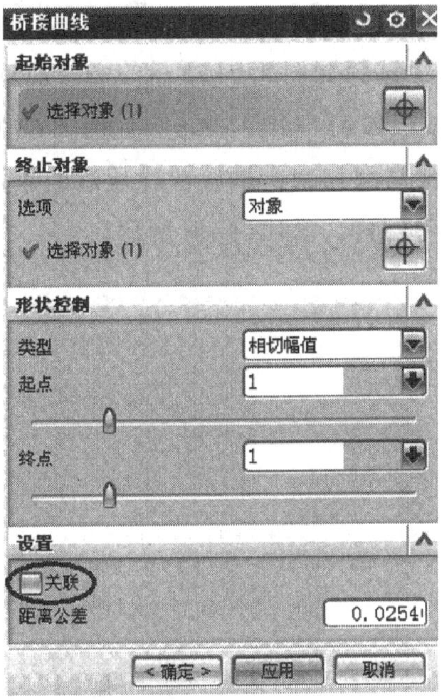

图 4-55

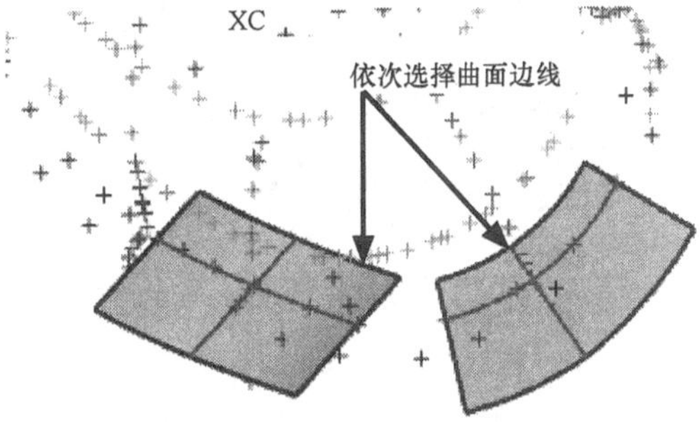

图 4-56

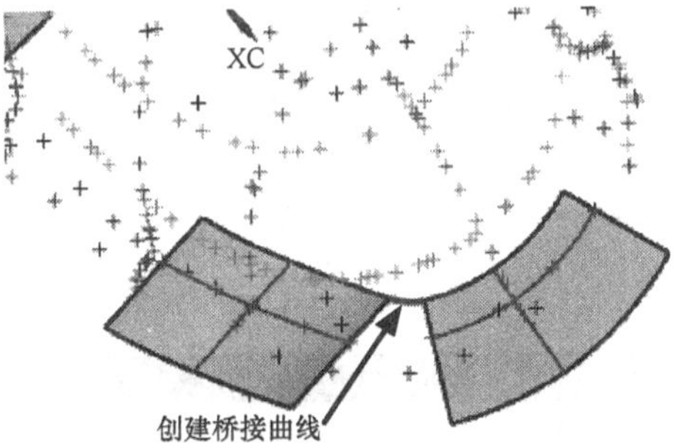

图 4-57

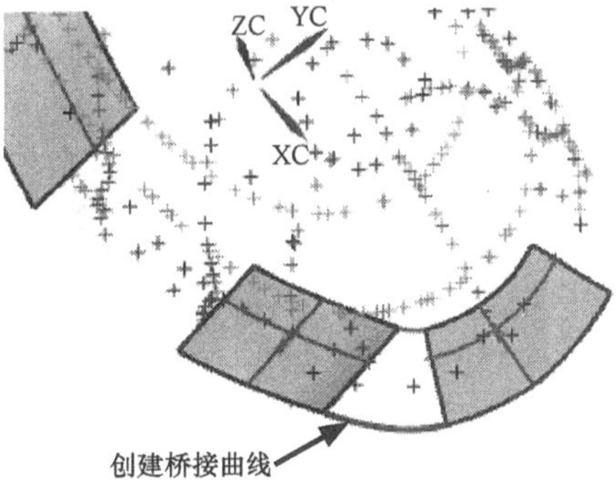

图 4-58

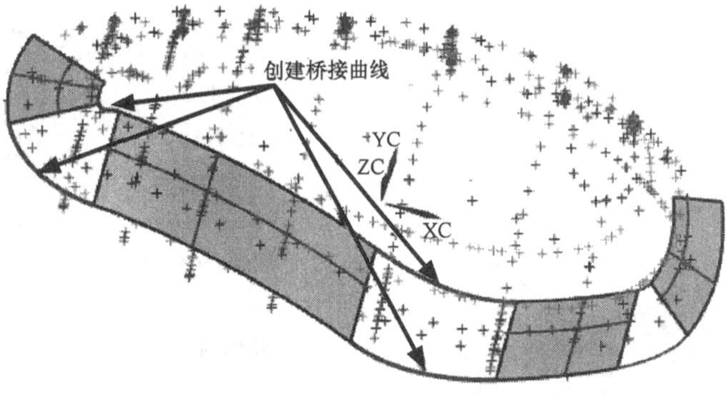

图 4-59

接按下鼠标中键，在主界面的曲线规则下拉框中选择 单条曲线 选项，接着在图形中依次选择如图 4-62 所示的两条曲线为交叉曲线（注意：选择每条交叉曲线后，按下鼠标中键确认）。当选择好第 2 条交叉曲线后，按下鼠标中键，然后在 **连续性** 区的 **第一主线串** 下拉框中选择 G1（相切） 选项，如图 4-63 所示，并在图形中选择如图 4-64 所示的面，使创建的网格曲面与之相切。同样，在 **最后主线串** 下拉框中也选择 G1（相切） 选项，如图 4-63 所示，在图形中选择如图 4-65 所示的面，使创建的网格曲面与之相切，最后在【通过曲线网格】曲面对话框中单击 确定 按钮，完成创建通过曲线网格曲面，如图 4-66 所示。

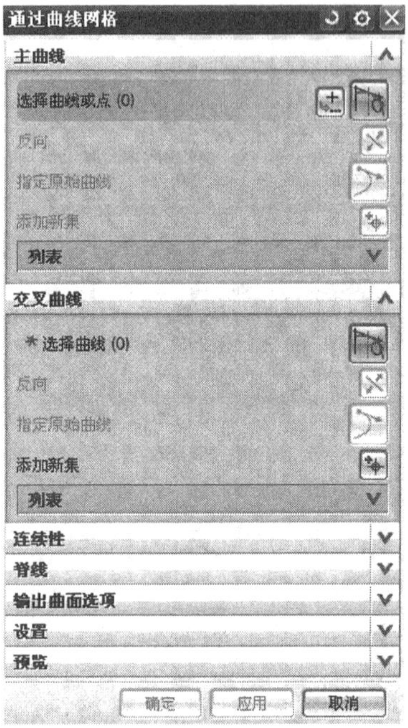

图 4-60

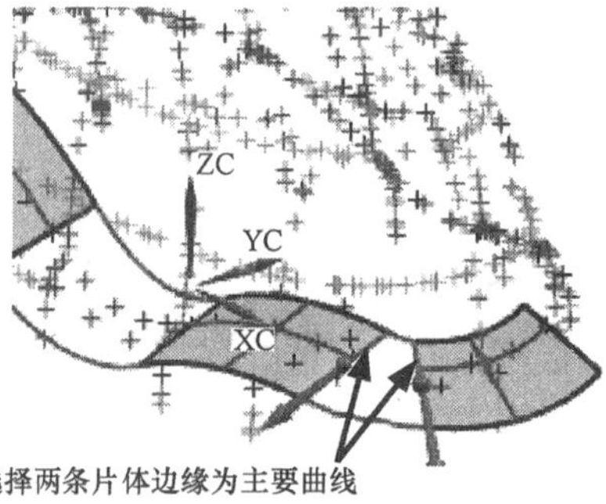

图 4-61

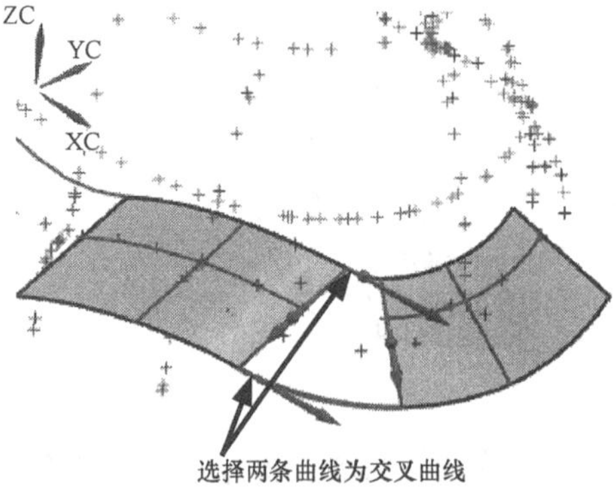

图 4-62

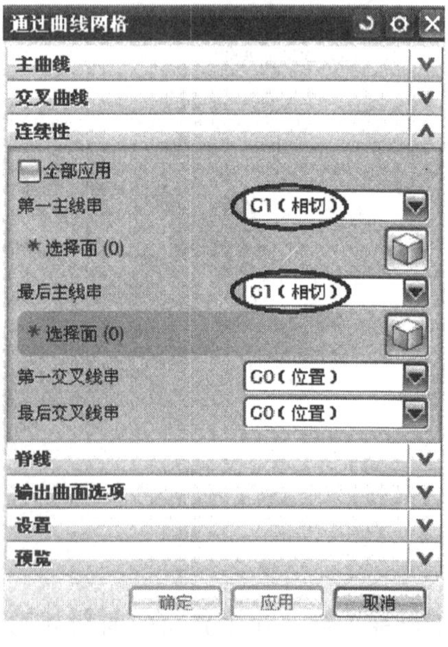

图 4-63

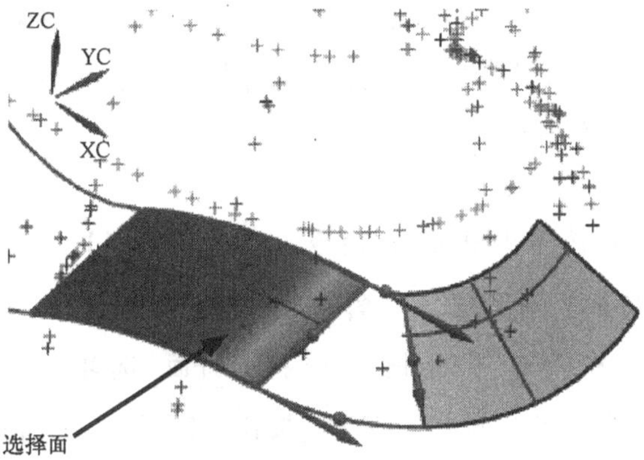

图 4-64

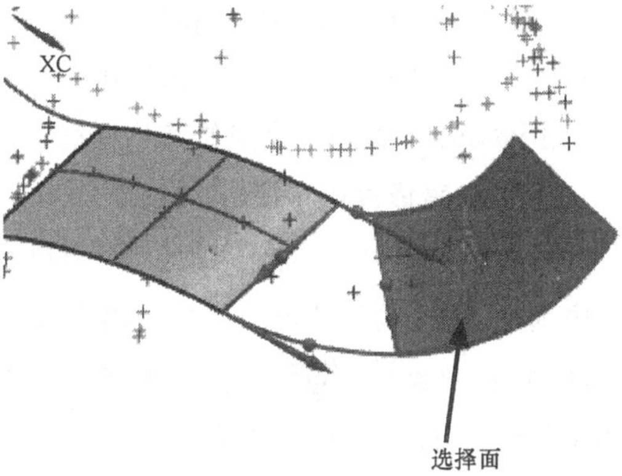

图 4-65

创建其他两张面之间的通过曲线网格曲面，完成后如图 4-67 所示。

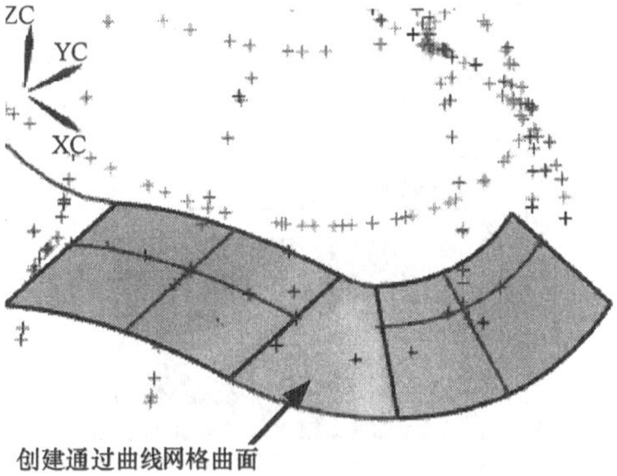

图 4-66

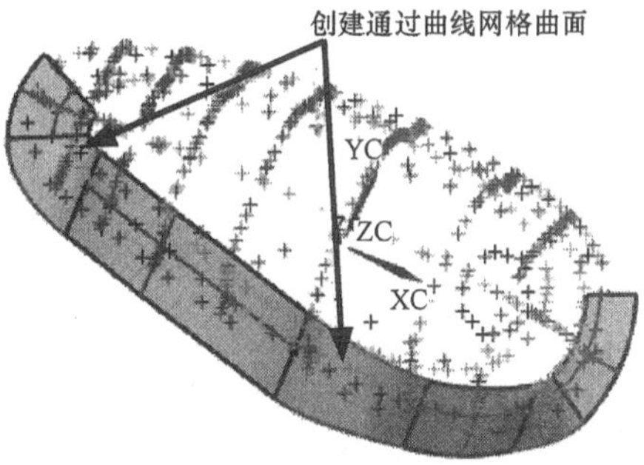

图 4-67

6. 创建修剪体特征

选择菜单中的【插入(S)】/【修剪(T)】/【修剪体(T)...】命令，或在【特征】工具条中选择（修剪体）图标，出现【修剪体】对话框，如图 4-68 所示，在图形中选择如图 4-69 所示的曲面为要修剪的对象，然后在对话框的 工具选项 下拉框中选择

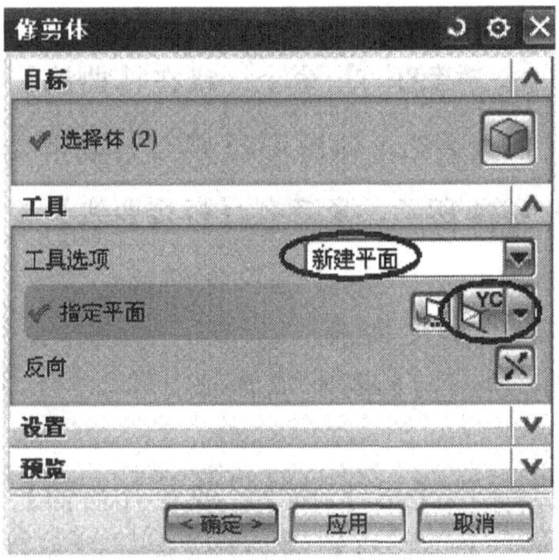

图 4-68

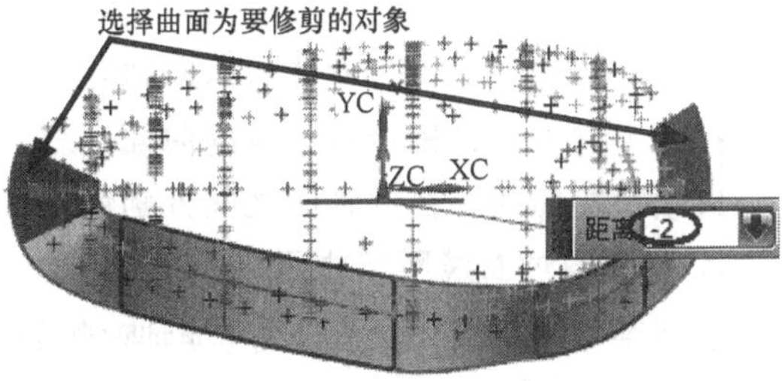

图 4-69

新建平面 选项，在 指定平面 下拉框中选择 （XC-ZC 平面）选项，接着在图形中的 距离 栏中输入 –2，如图 4-69 所示，图形中出现平面预览及修剪方向，然后在【修剪体】对话框中单击 <确定> 按钮，完成修剪体特征，如图 4-70 所示。

7. 创建镜像片体特征

选择菜单中的【插入(S)】/【关联复制(A)】/【镜像特征(M)...】命令，或在【特征】工具栏中选择 （镜像特征）图标，出现【镜像特征】对话框，在 相关特征 列表框中选择如图 4-71 所示的 扫掠(9) 特征后的所有特征，在 平面 下拉框中选择 新平面 选项，在 指定平面 下拉框中选择 （XC-ZC 平面）选项，然后单击 确定 按钮，完成创建镜像片体特征，如图 4-72 所示。

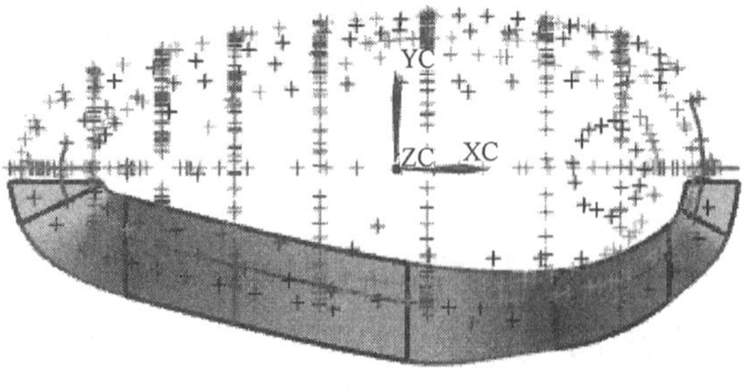

图 4-70

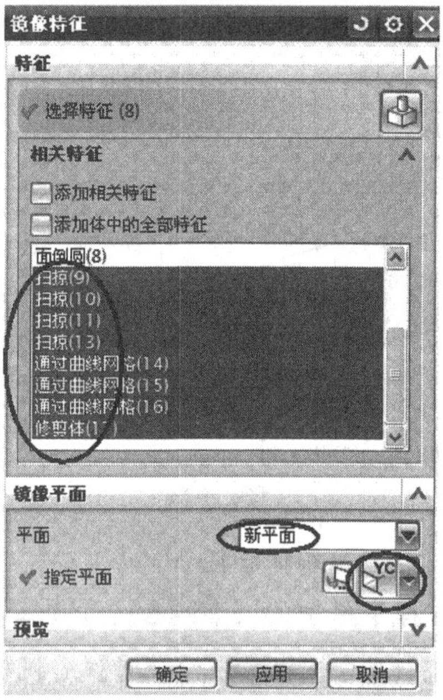

图 4-71

8. 创建桥接曲线

选择菜单中的【插入(S)】/【来自曲线集的曲线(F)】/【桥接(B)...】命令，或在【曲线】工具条中选择 （桥接曲线）图标，出现【桥接曲线】对话框，如图 4-73 所示，取消勾选 关联 选项，然后在图形中依次选择曲面边线，如图 4-74 所示，最后在【桥接曲线】对话框中单击 <确定> 按钮，创建桥接曲线，如图 4-75 所示。

按照上述方法，桥接另一侧的曲面边线，完成后如图 4-76 所示。

继续桥接曲线。在两张面之间分别创建桥接曲线，完成后如图 4-77 所示。

9. 创建通过曲线网格曲面

选择菜单中的【插入(S)】/【网格曲面(M)】/【通过曲线网格(M)...】命令，或在【曲面】工具条中选择 （通过曲线网格曲面）图标，出现【通过曲线网格】曲面对话框，如图 4-78

所示，根据系统提示，首先关闭点捕捉工具按钮，在图形中依次选择如图 4-79 所示的两条片体边缘为主要曲线（注意：选择每条主要曲线后，按下鼠标中键确认）。

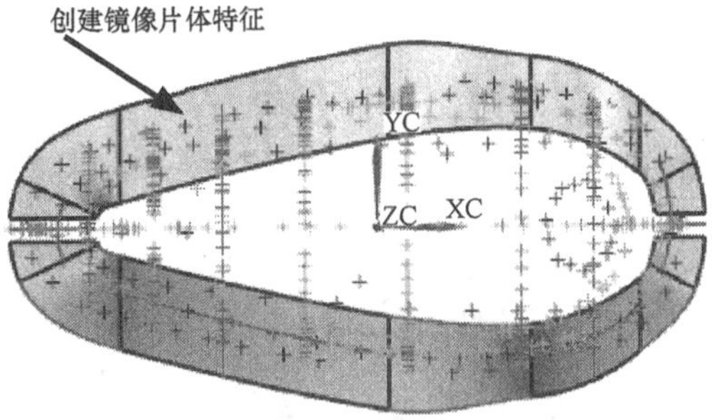

图 4-72

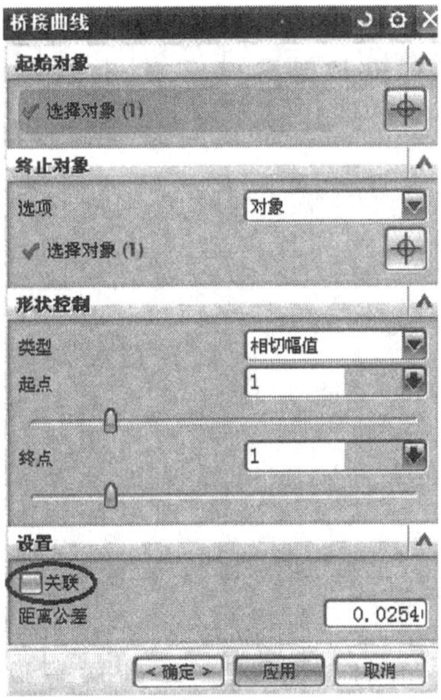

图 4-73

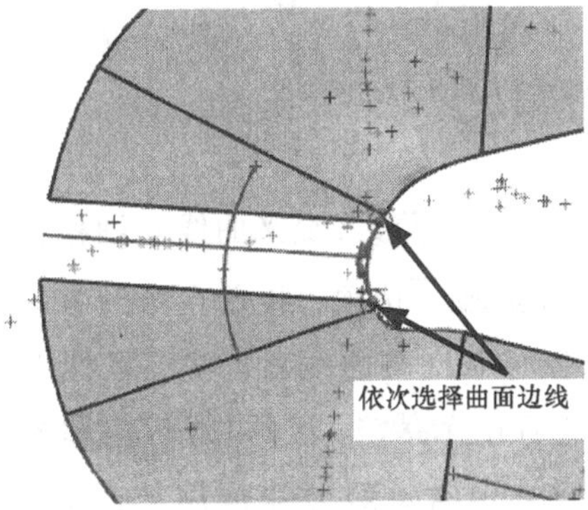

图 4-74

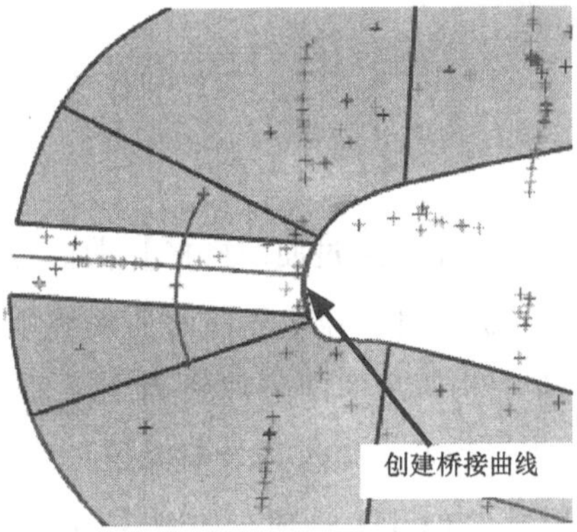

图 4-75

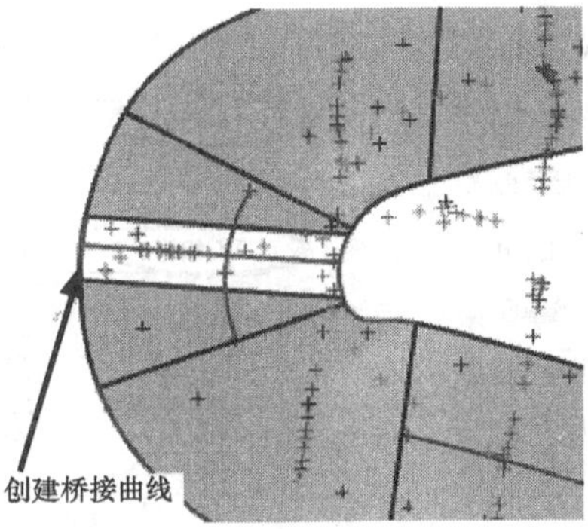

图 4-76

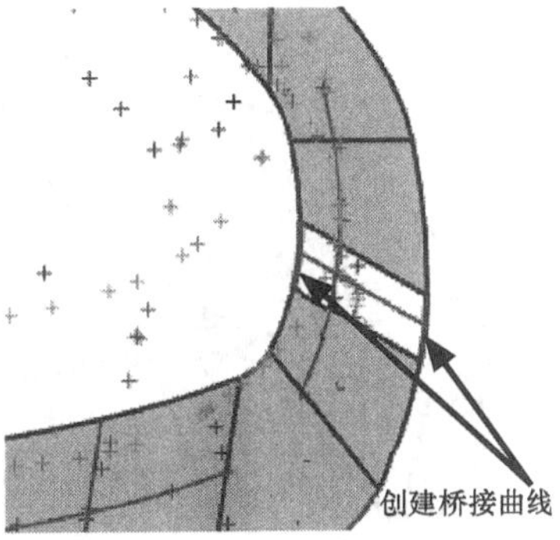

图 4-77

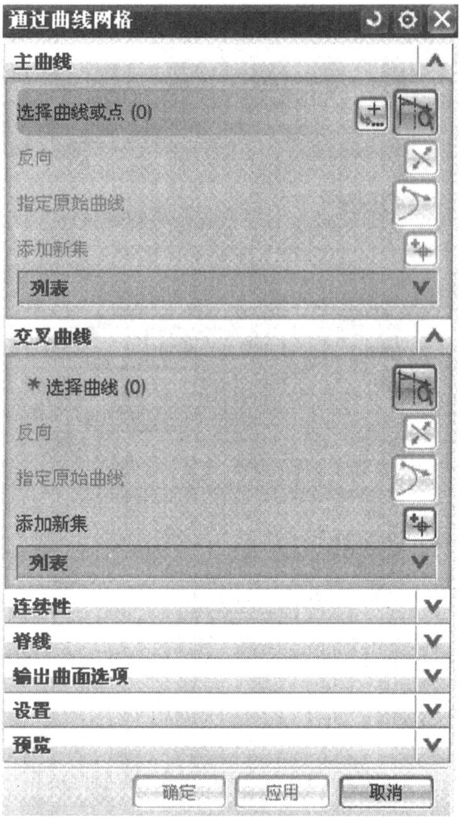

图 4-78

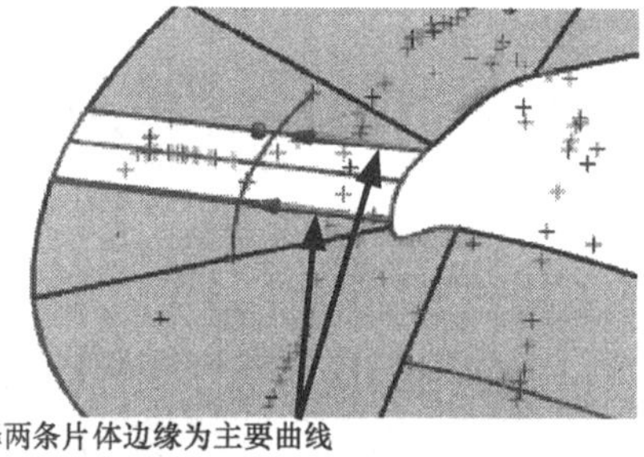

图 4-79

然后，在【通过曲线网格】曲面对话框的交叉曲线区选择（交叉曲线）图标，或直接按下鼠标中键，在主界面的曲线规则下拉框中选择 单条曲线 选项，接着在图形中依次选择如图 4-80 所示的两条曲线为交叉曲线（注意：选择每条交叉曲线后，按下鼠标中键确认）。当选择好第 2 条交叉曲线后，按下鼠标中键，然后在 连续性 区的 第一主线串 下拉框中选择 G1（相切）选项，如图 4-81 所示。在图形中选择如图 4-82 所示的面，使创建的网

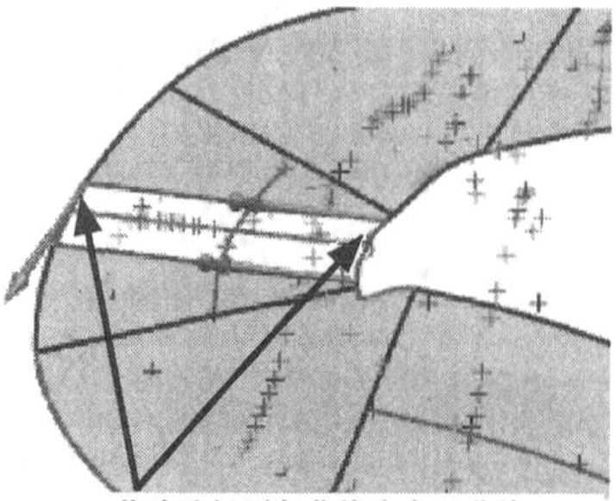

图 4-80

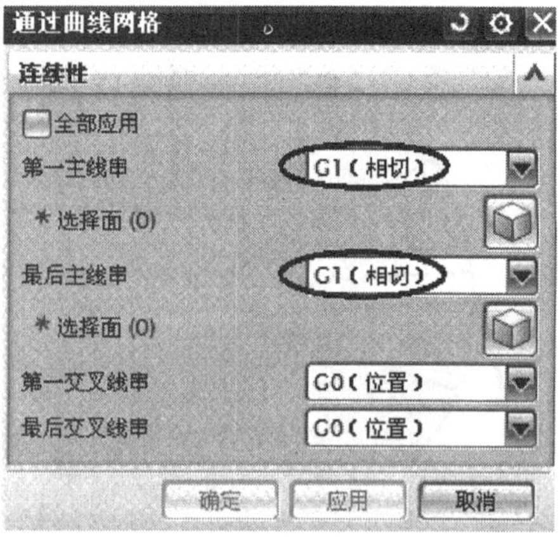

图 4-81

格曲面与之相切，同样，在 最后主线串 下拉框中也选择 G1（相切） 选项，如图 4-81 所示，在图形中选择如图 4-83 所示的面，使创建的网格曲面与之相切，最后在【通过曲线网格】曲面对话框中单击 确定 按钮，完成创建通过曲线网格曲面，如图 4-84 所示。

按照上述方法，创建右侧的通过曲线网格曲面，完成后如图 4-85 所示。

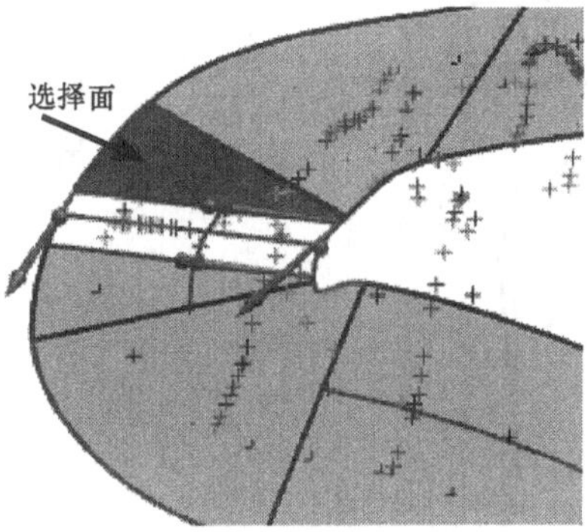

图 4-82

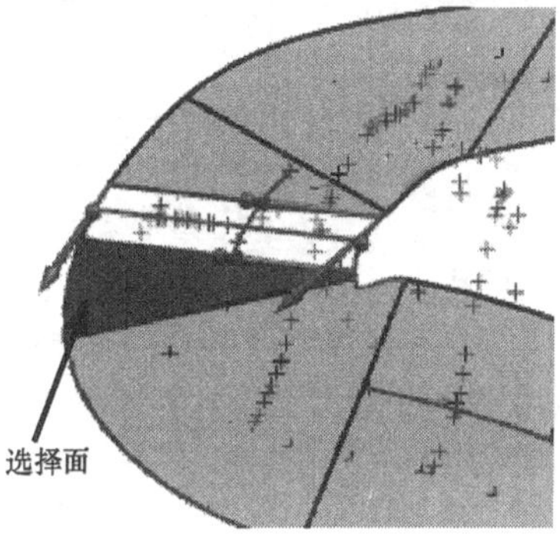

图 4-83

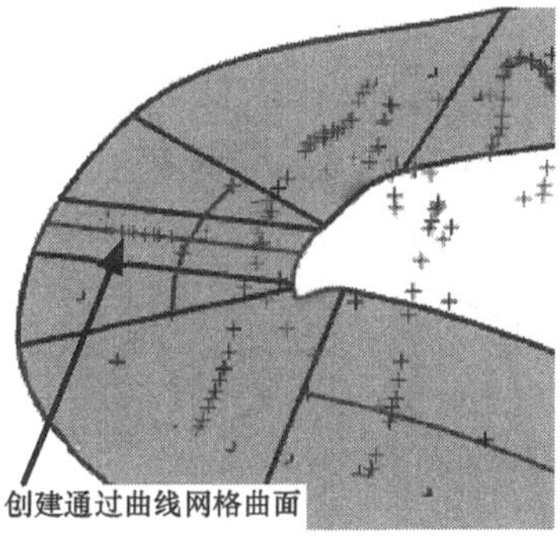

图 4-84

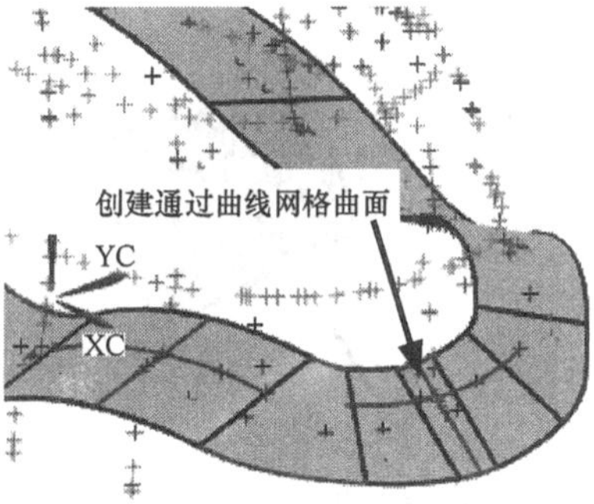

图 4-85

10. 隐藏片体

选择菜单中的【编辑(E)】/【显示和隐藏(H)】/【隐藏(H)...】命令，或在【实用】工具栏中选择（隐藏）图标，隐藏片体（略）。

11. 将辅助曲线移动至 255 图层

选择菜单中的【格式(R)】/【移动至图层(M)...】命令，出现【类选择】对话框，选择曲线并将其移动至 255 层（步骤略），然后设置 255 层为不可见。

4.4 绘制农用车灯顶面部分

1. 绘制直线

选择菜单中的【插入(S)】/【曲线(C)】/【直线(L)...】命令，或在【曲线】工具条中选择（直线）图标，出现【直线】对话框，如图 4-86 所示，然后在捕捉点工具条中选择 + （现有点）选项，在图形中选择如图 4-87 所示的两个绿色点，按下鼠标左键，出现直线，向左拖曳如图 4-88 所示的圆点至适当位置，单击【应用】按钮，完成直线的绘制，如图4-89所示。

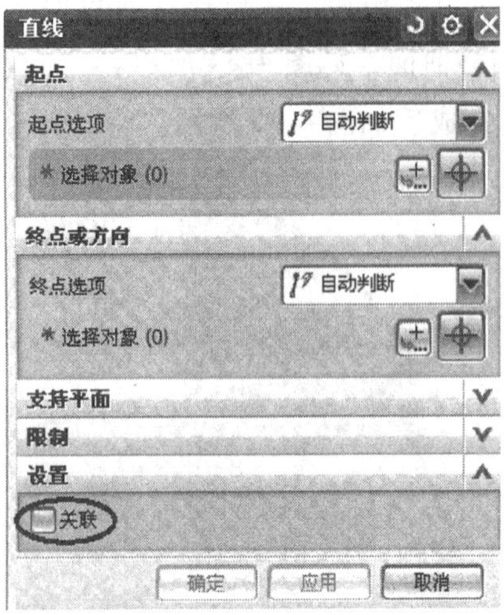

图 4-86

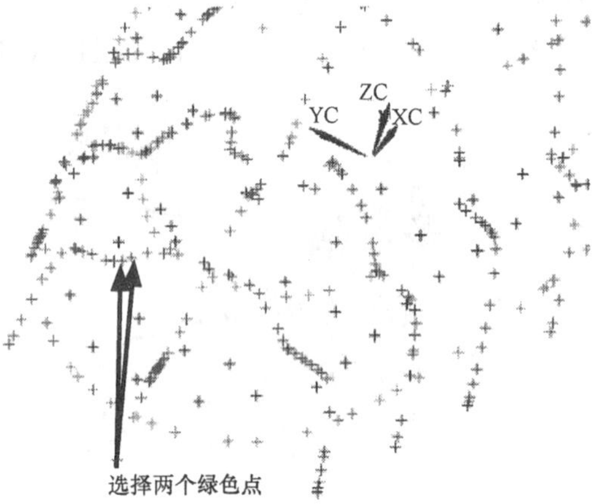

图 4-87

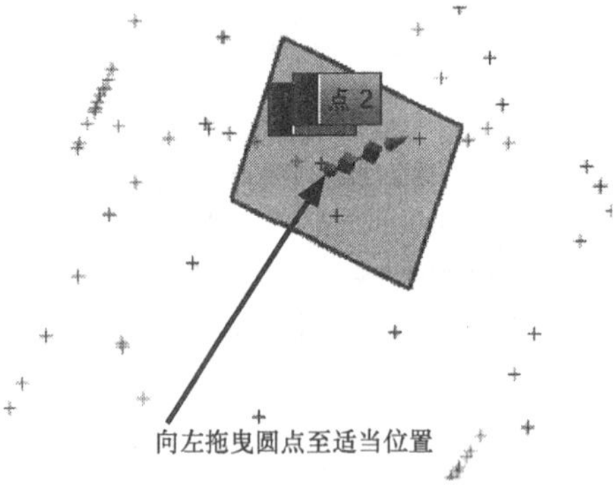

图 4-88

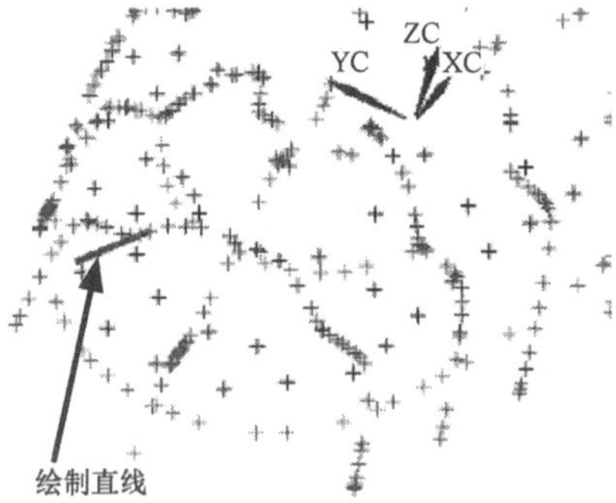

图 4-89

按照上述方法，依次创建另外 6 条直线，完成后如图 4-90 所示。

2. 绘制圆弧

选择菜单中的【插入(S)】/【曲线(C)】/【圆弧/圆(C)...】命令，或在【曲线】工具条中选择（圆弧/圆）图标，出现【圆弧/圆】对话框，如图 4-91 所示，然后在捕捉点工具条中选择（现有点）选项，在图形中依次选择如图 4-92 所示的 3 个绿色点，单击【应用】按钮，完成圆弧的绘制，如图 4-93 所示。

按照上述方法，依次创建另外 6 条圆弧，完成后如图 4-94 所示。

3. 创建桥接曲线

选择菜单中的【插入(S)】/【来自曲线集的曲线(F)】/【桥接(B)...】命令，或在【曲线】工具条中选择（桥接曲线）图标，出现【桥接曲线】对话框，如图 4-95 所示，取消勾选【关联】选项，然后在图形中依次选择曲线 1 与曲线 2，如图 4-96 所示，最后在【桥接曲线】对话框中单击【<确定>】按钮，创建桥接曲线，如图 4-97 所示。

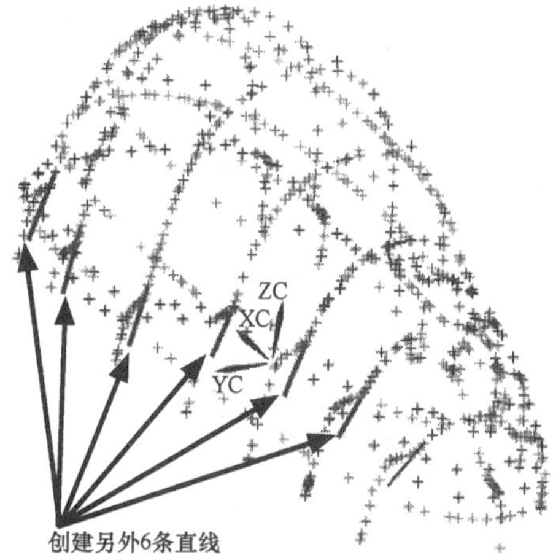

图 4-90

图 4-91

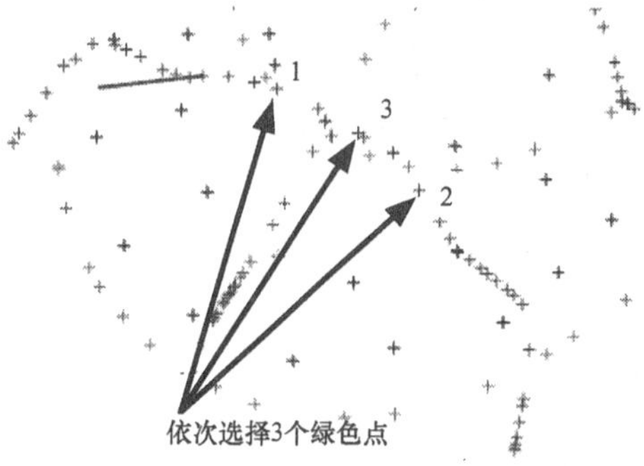

图 4-92

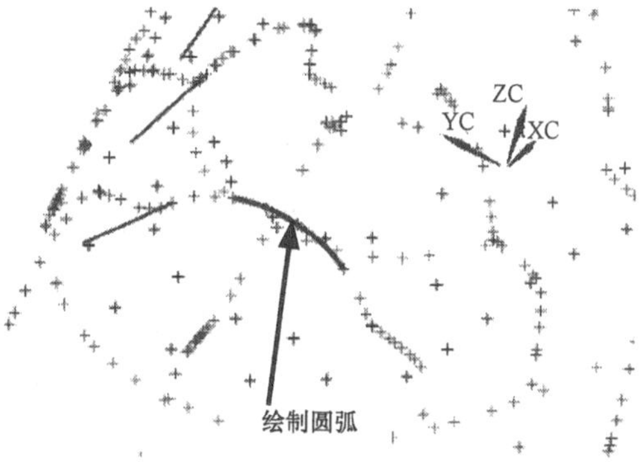

图 4-93

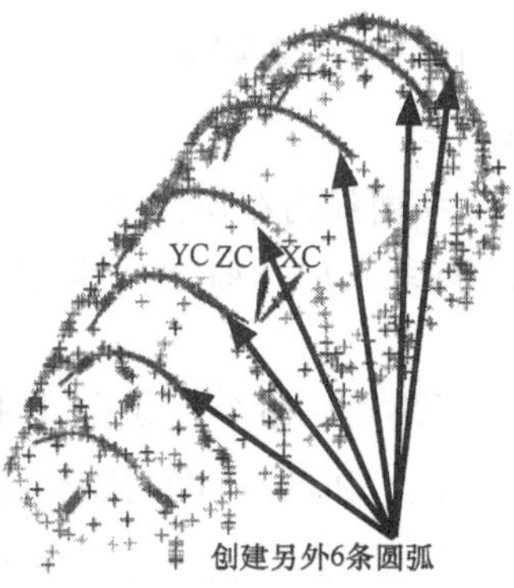

图 4-94

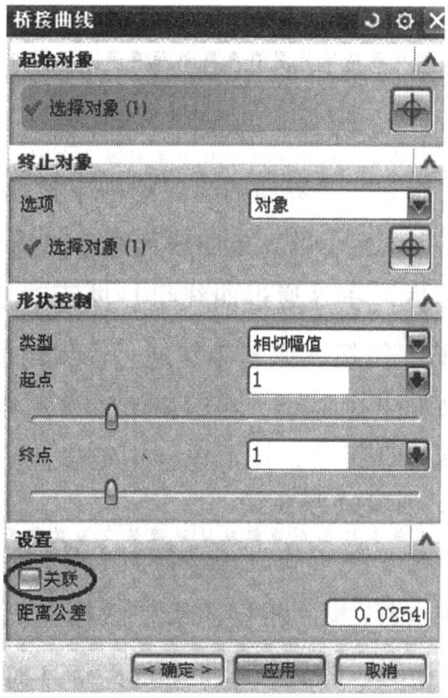

图 4-95

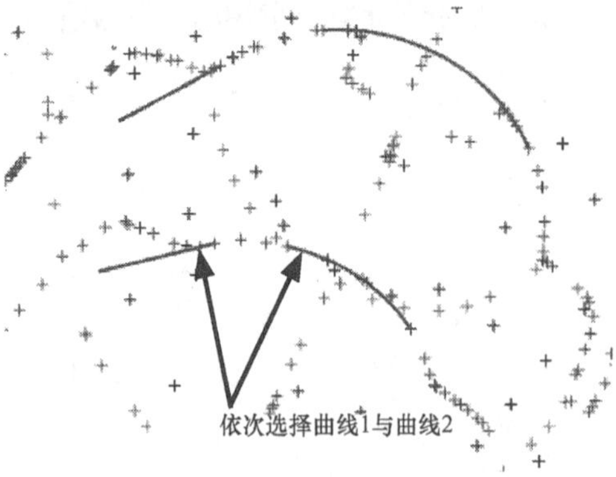

图 4-96

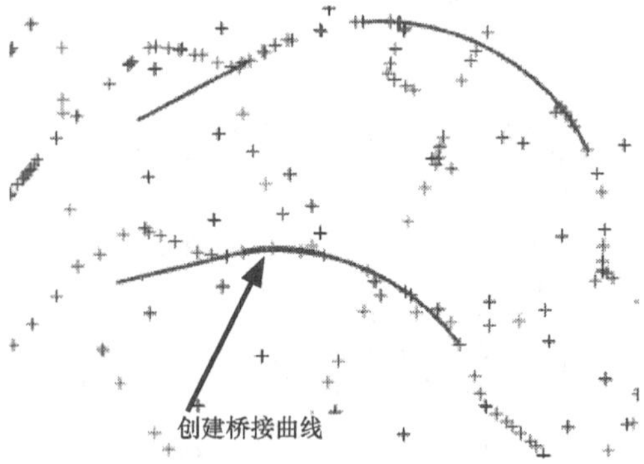

图 4-97

按照上述方法，桥接另外 6 组曲线，完成后如图 4-98 所示。

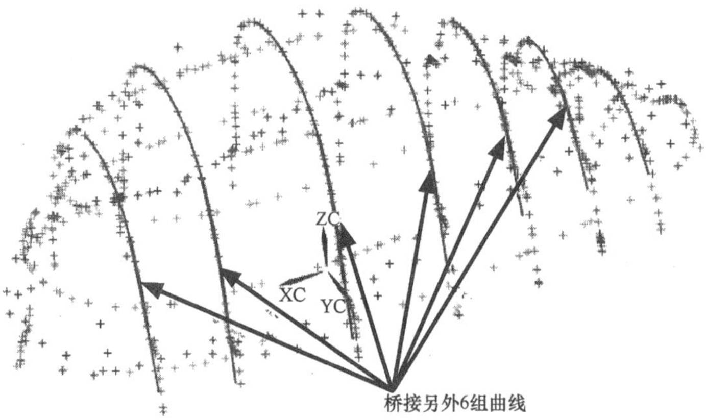

图 4-98

4. 创建通过曲线组曲面

选择菜单中的【插入(S)】/【网格曲面(M)】/【通过曲线组(T)...】曲面命令，或在【曲面】工具条中选择（通过曲线组）图标，出现【通过曲线组】曲面对话框，如图4-99所示，首先在主界面的曲线规则下拉框中选择相切曲线选项，然后在图形中依次选择如图 4-100 所示的 3 条曲线为截面曲线（注意：选择每条截面曲线后，按下鼠标中键确认）。

然后，在【通过曲线组】曲面对话框的设置区域，取消勾选保留形状复选框，然后单击确定按钮，完成创建通过曲线组曲面，如图 4-101 所示。

按照上述方法，在图形中依次选择如图 4-102 所示的 4 条曲线为截面曲线（注意：每条截面曲线选择后，按下鼠标中键确认），创建下方的通过曲线组曲面，如图 4-103 所示。

5. 创建桥接曲线

选择菜单中的【插入(S)】/【来自曲线集的曲线(F)】/【桥接(B)...】命令，或在【曲线】工具条中选择（桥接曲线）图标，出现【桥接曲线】对话框，如图 4-104 所示，取消勾选关联选项，然后在图形中依次选择曲面边线，如图 4-105 所示，最后在【桥接曲线】对话框中单击< 确定 >按钮，创建桥接曲线，如图 4-106 所示。

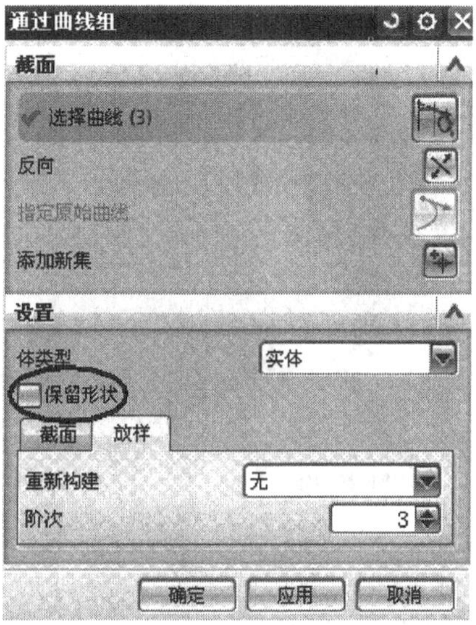

图 4-99

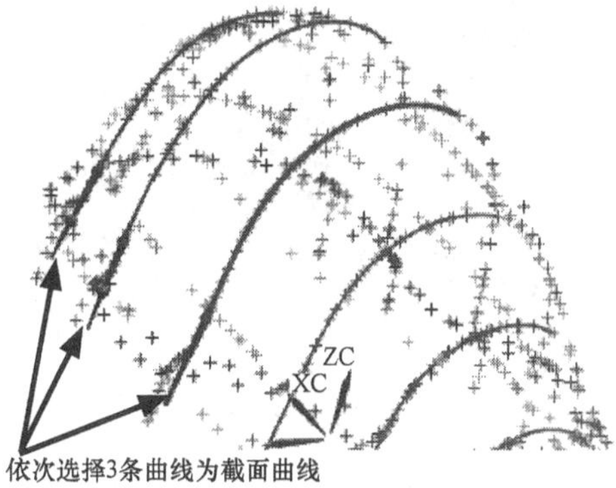

图 4-100

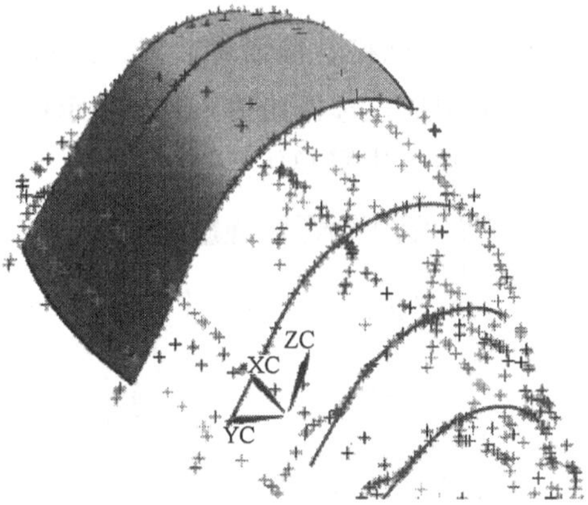

图 4-101

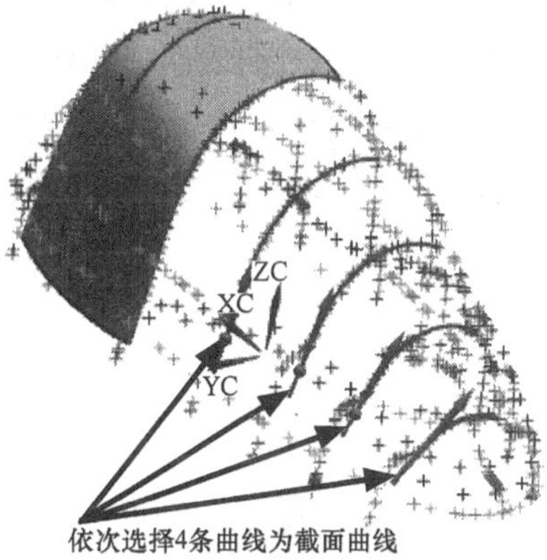

图 4-102

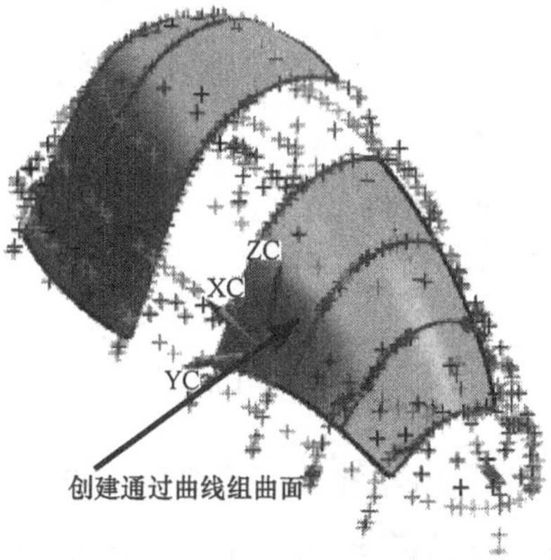

图 4-103

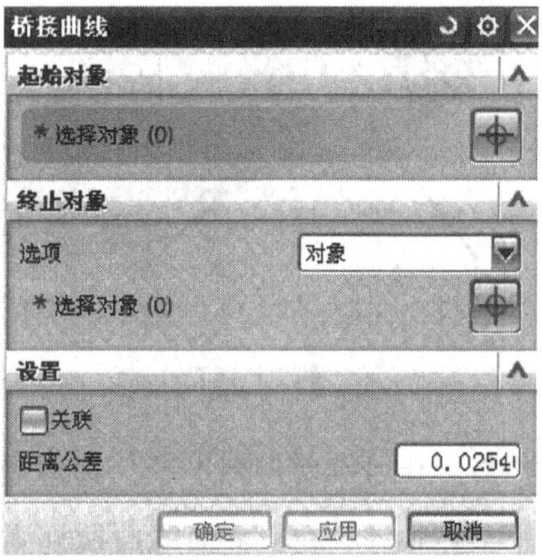

图 4-104

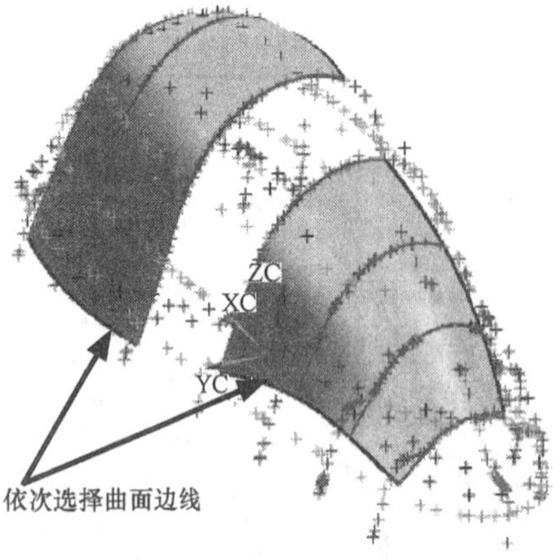

图 4-105

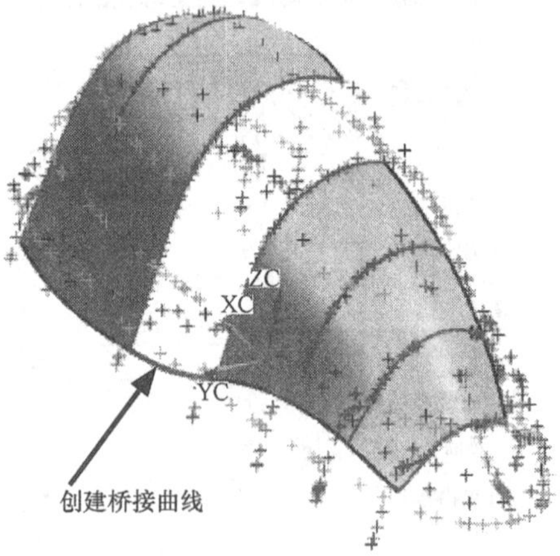

图 4-106

按照上述方法，桥接另一侧的曲面边线，完成后如图 4-107 所示。

6. 创建通过曲线网格曲面

选择菜单中的【插入(S)】/【网格曲面(M)】/【通过曲线网格(M)...】命令，或在【曲面】工具条中选择（通过曲线网格曲面）图标，出现【通过曲线网格】曲面对话框，如图4-108所示，根据系统提示，首先关闭点捕捉工具按钮，在图形中依次选择如图 4-109 所示的两条片体边缘为主要曲线（注意：选择每条主要曲线后，按下鼠标中键确认）。

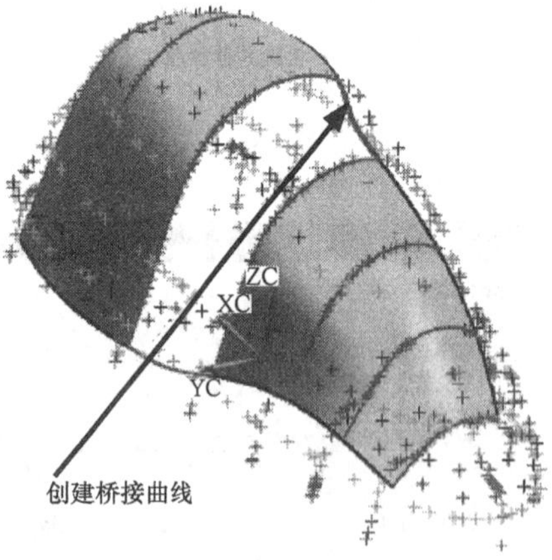

图 4-107

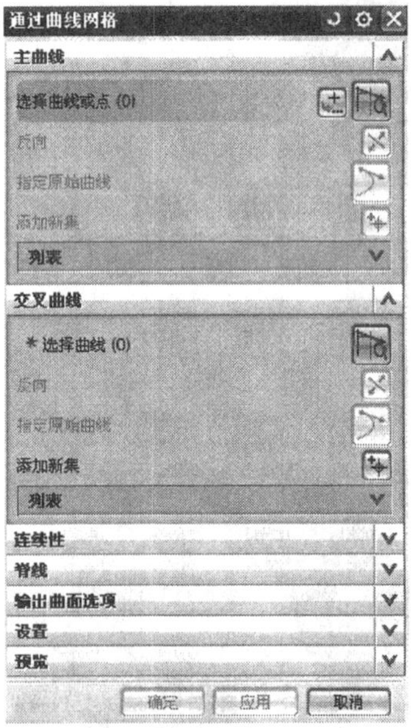

图 4-108

然后，在【通过曲线网格】曲面对话框的交叉曲线区选择（交叉曲线）图标，或直接按下鼠标中键，在主界面的曲线规则下拉框中选择 单条曲线 选项，接着在图形中依次选择如图 4-110 所示的两条曲线为交叉曲线（注意：选择每条交叉曲线后，按下鼠标中键确认）。当选择好第 2 条交叉曲线后，按下鼠标中键，然后在 **连续性** 区的 **第一主线串** 下拉框中选择 G1（相切）选项，如图 4-111 所示，在图形中选择如图 4-112 所示的面，使创建的网格曲面与之相切。同样，在 **最后主线串** 下拉框中也选择 G1（相切）选项，如图 4-111 所示，在图形中选择如图 4-113 所示的面，使创建的网格曲面与之相切，最后在【通过曲线网格】曲面对话框中单击 确定 按钮，完成创建通过曲线网格曲面，如图 4-114 所示。

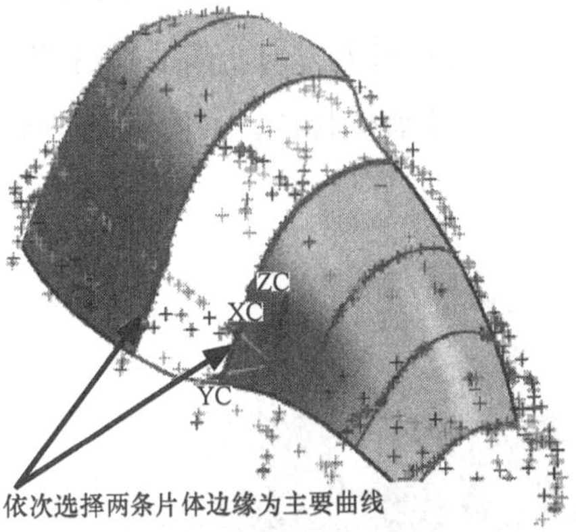

图 4-109

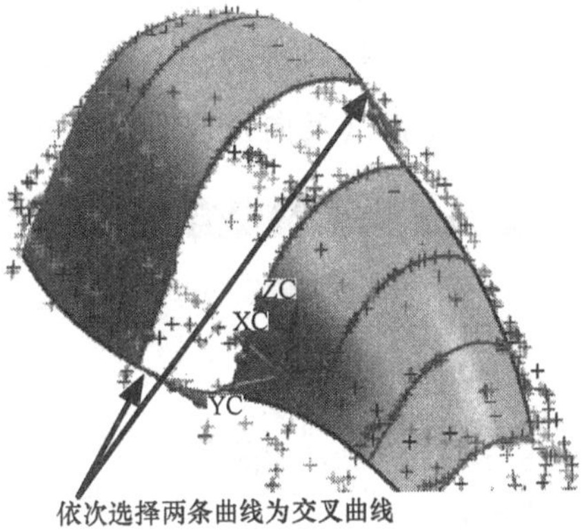

图 4-110

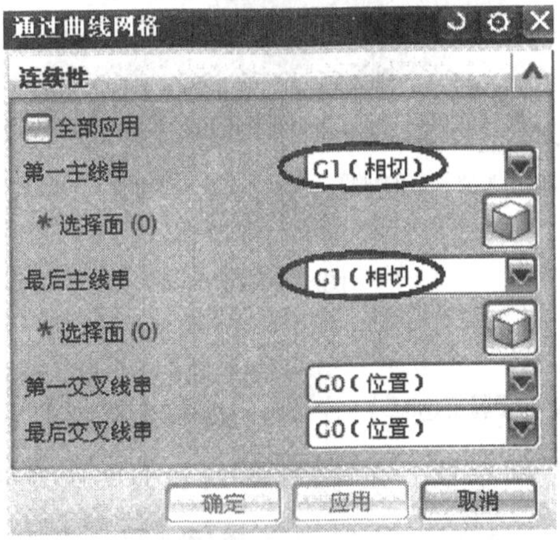

图 4-111

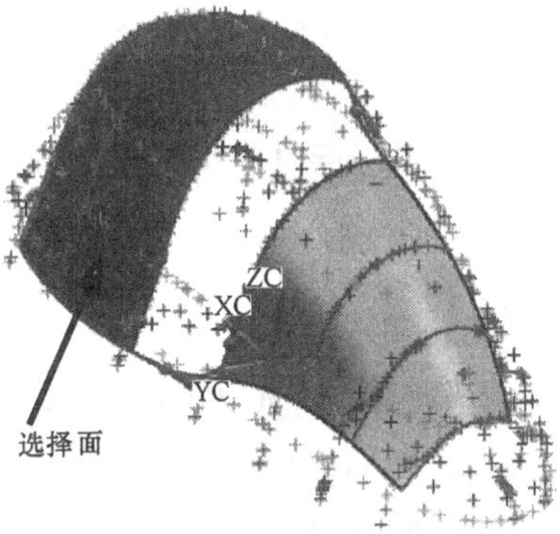

图 4-112

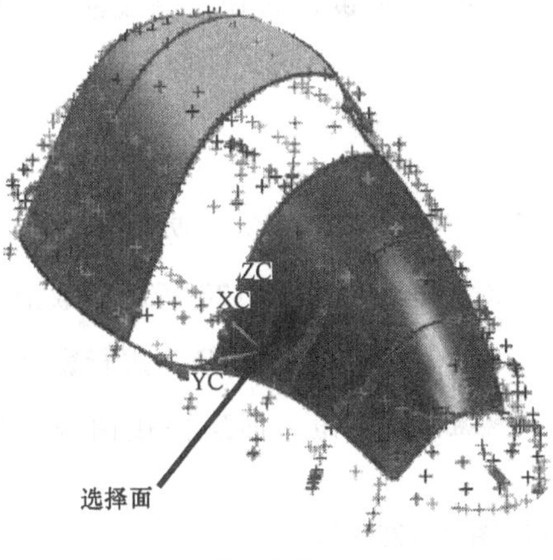

图 4-113

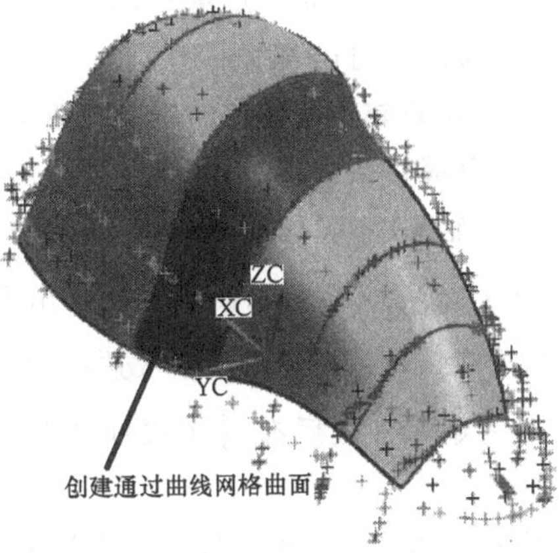

图 4-114

7. 创建修剪体特征

选择菜单中的【插入(S)】/【修剪(T)】/【修剪体(T)...】命令，或在【特征】工具条中选择（修剪体）图标，出现【修剪体】对话框，如图4-115所示，在图形中选择如图4-116所示的曲面为要修剪的对象，然后在【修剪体】对话框的工具选项下拉框中选择新建平面选项，在指定平面下拉框中选择（XC-ZC平面）选项，接着在图形中的距离栏中输入4，如图4-116所示，图形中出现平面预览及修剪方向，然后在【修剪体】对话框中单击（反向）按钮，再单击确定按钮，完成修剪体特征，如图4-117所示。

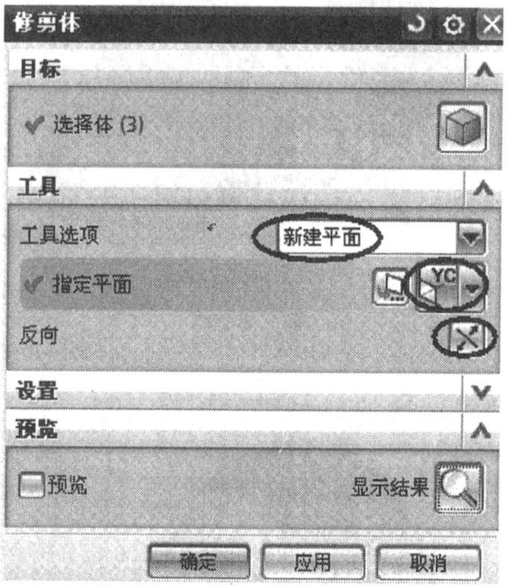

图 4-115

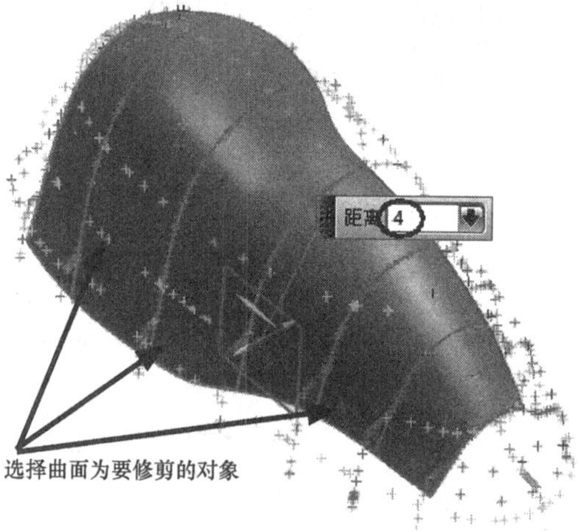

图 4-116

8. 创建镜像片体特征

选择菜单中的【插入(S)】/【关联复制(A)】/【镜像特征(M)...】命令，或在【特征】工具栏中选择（镜像特征）图标，出现【镜像特征】对话框，在相关特征列表框中选择如图4-118所示的通过曲线组(29)特征后的所有特征，在平面下拉框中选择新平面选项，在指定平面下拉框中选择（XC-ZC平面）选项，然后单击确定按钮，完成创建镜像片体特征，如图4-119所示。

9. 将所有辅助曲线移动至255图层（步骤略）

10. 创建桥接曲线

选择菜单中的【插入(S)】/【来自曲线集的曲线(F)】/【桥接(B)...】命令，或在【曲线】工具条中选择（桥接曲线）图标，出现【桥接曲线】对话框，如图4-120所示，取消勾选关联选项，然后在图形中依次选择曲面边线，如图4-121所示，并选择箭头进行微调，使曲线尽量贴点，最后在【桥接曲线】对话框中单击< 确定 >按钮，创建桥接曲线，如图4-122所示。

按照上述方法，桥接另一侧的曲面边线，完成后如图4-123所示。

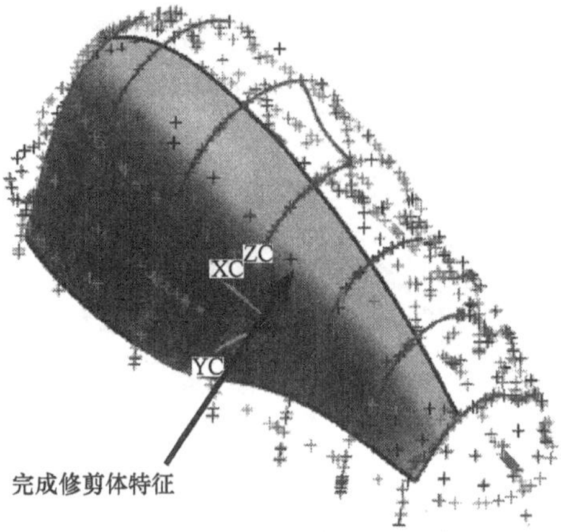

图 4-117

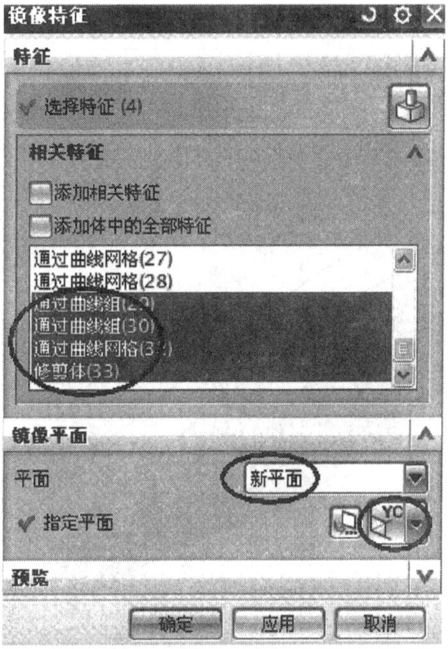

图 4-118

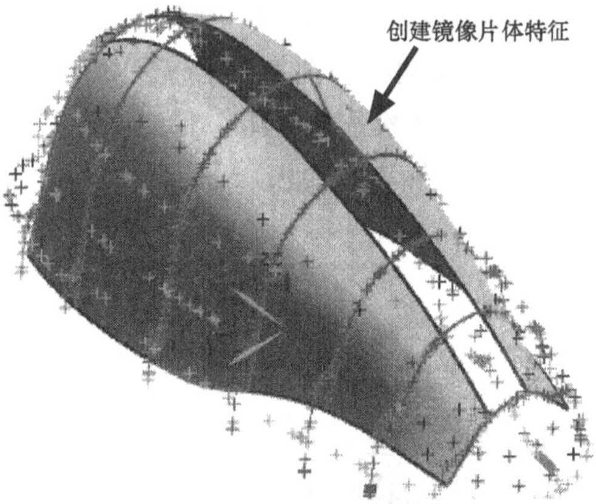

图 4-119

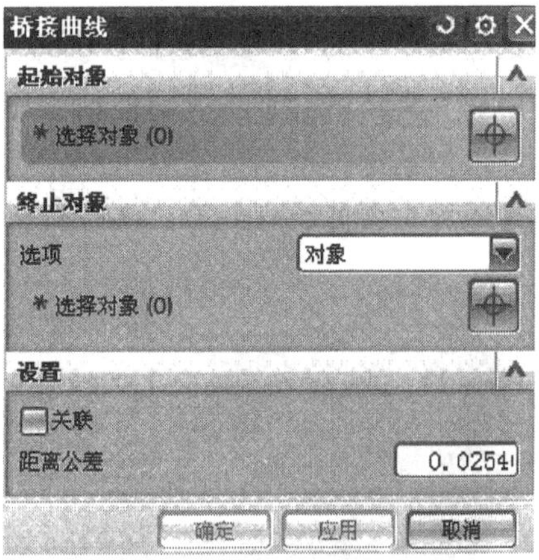

图 4-120

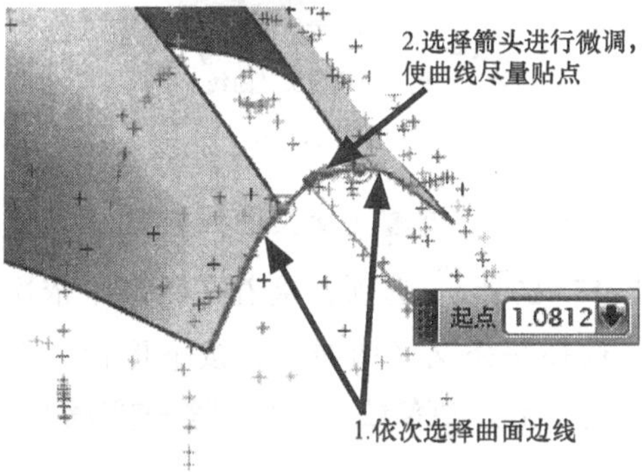

图 4-121

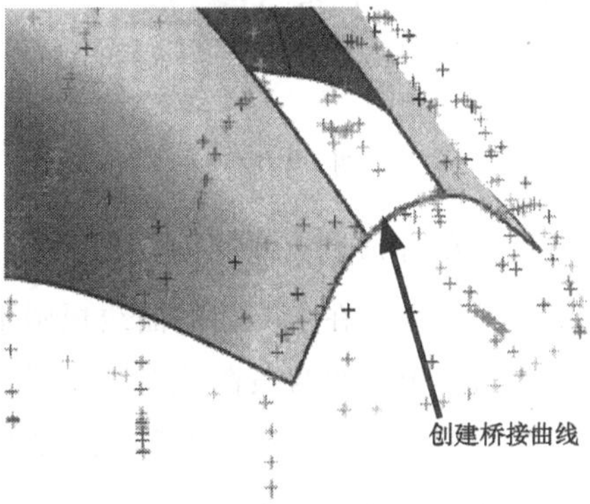

图 4-122

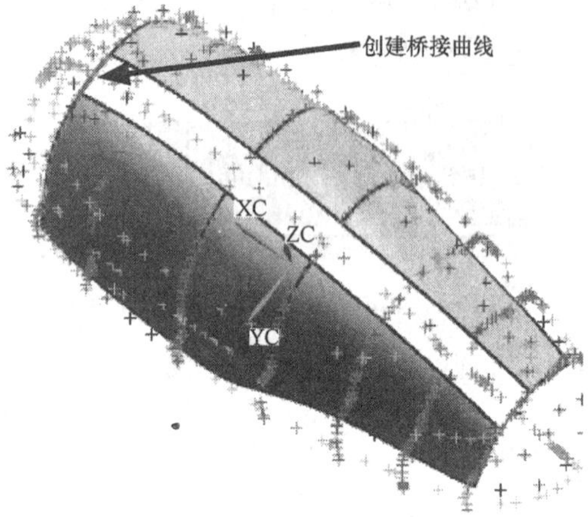

图 4-123

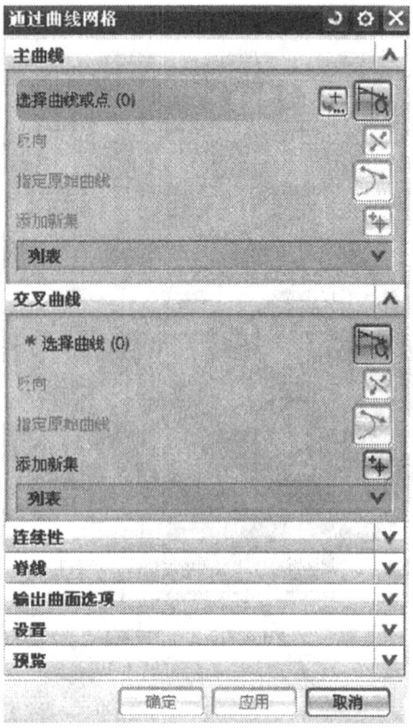

图 4-124

11. 创建通过曲线网格曲面

选择菜单中的【插入(S)】/【网格曲面(M)】/【通过曲线网格(M)...】命令，或在【曲面】工具条中选择（通过曲线网格曲面）图标，出现【通过曲线网格】曲面对话框，如图 4-124 所示，根据系统提示，首先关闭点捕捉工具按钮，在图形中依次选择如图 4-125 所示的两条片体边缘为主要曲线（注意：选择每条主要曲线后，按下鼠标中键确认）。

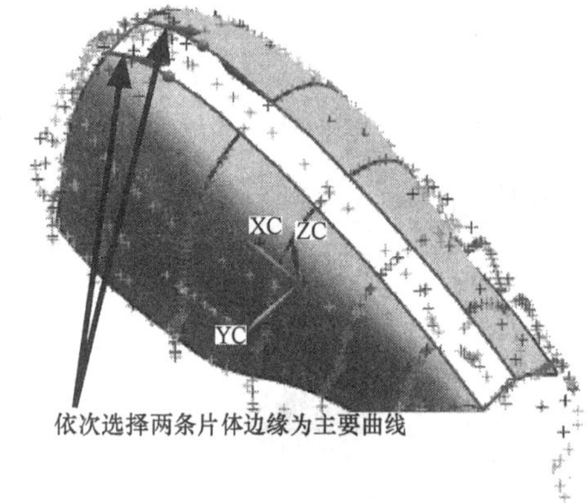

图 4-125

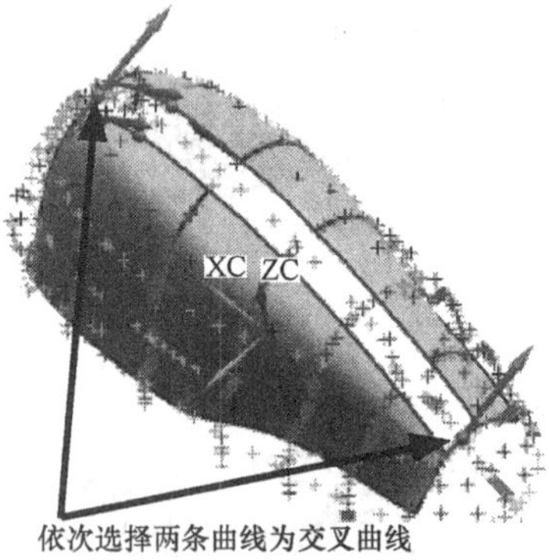

图 4-126

然后，在【通过曲线网格】曲面对话框的交叉曲线区选择（交叉曲线）图标，或直接按下鼠标中键，在主界面的曲线规则下拉框中选择 单条曲线 选项，接着在图形中依次选择如图 4-126 所示的两条曲线为交叉曲线（注意：选择每条交叉曲线后，按下鼠标中键确认）。当选择好第 2 条交叉曲线后，按下鼠标中键，然后在 连续性 区的 第一主线串 下拉框中选择 G1（相切） 选项，如图 4-127 所示。在图形中选择如图 4-128 所示的面，使创建

4 CHAPTER

的网格曲面与之相切。同样，在 最后主线串 下拉框中也选择 G1（相切） 选项，如图4-127所示，在图形中选择如图4-129所示的面，使创建的网格曲面与之相切，最后在【通过曲线网格】曲面对话框中单击 确定 按钮，完成创建通过曲线网格曲面，如图4-130所示。

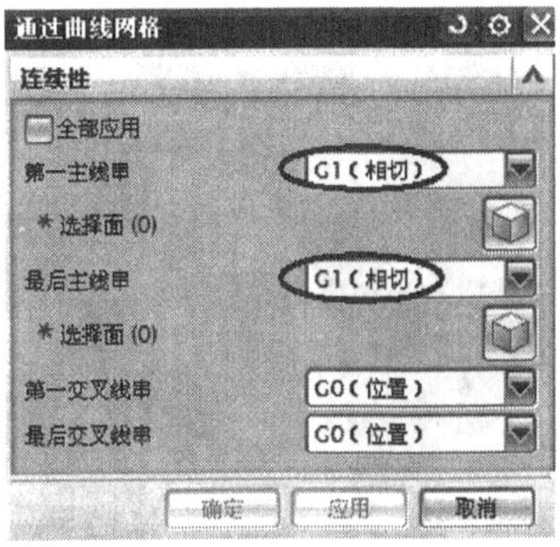

图 4-127

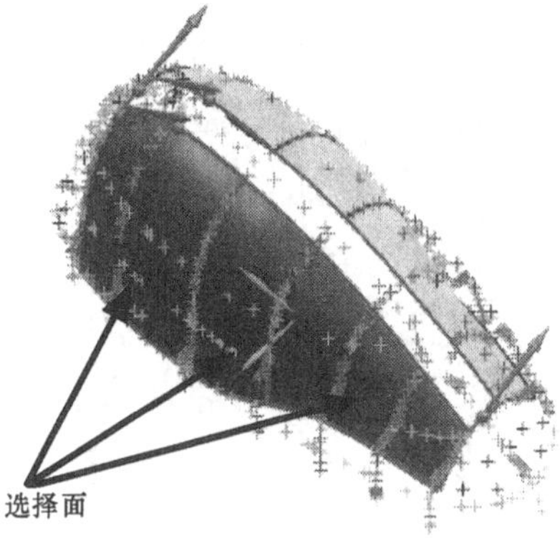

图 4-128

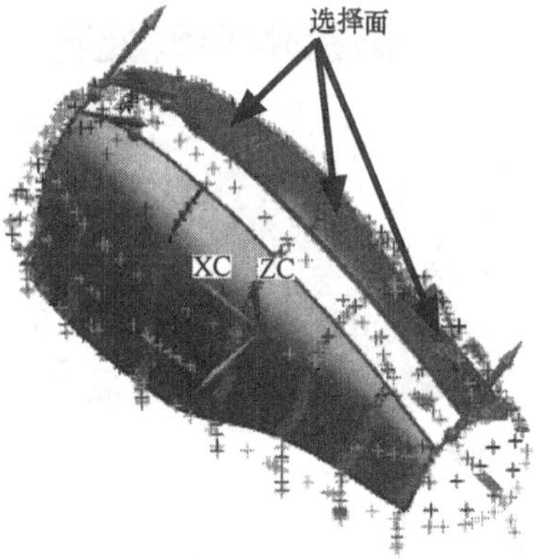

图 4-129

图 4-130

12. 绘制圆弧

选择菜单中的【插入(S)】/【曲线(C)】/【圆弧/圆(C)...】命令，或在【曲线】工具条中选择（圆弧/圆）图标，出现【圆弧/圆】对话框，如图4-131所示，然后在捕捉点工具条中选择+（现有点）选项，在图形中依次选择如图4-132所示的3个黄色点，单击 应用 按钮，完成圆弧的绘制，如图4-133所示。

13. 绘制直线

选择菜单中的【插入(S)】/【曲线(C)】/【直线(L)...】命令，或在【曲线】工具条中选择（直线）图标，出现【直线】对话框，如图4-134所示，然后在捕捉点工具条中选择+（现有点）选项，在图形中选择如图4-135所示的两个淡蓝色点，按下鼠标左键，出现直线，向右拖曳如图4-136所示的圆点至适当位置，单击 应用 按钮，完成直线的绘制，如图4-137所示。

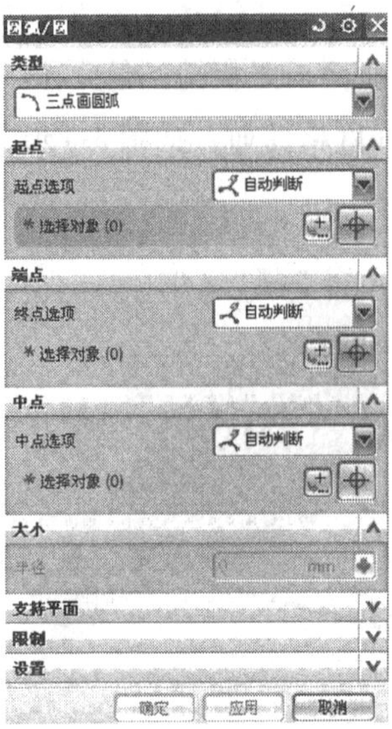

图 4-131

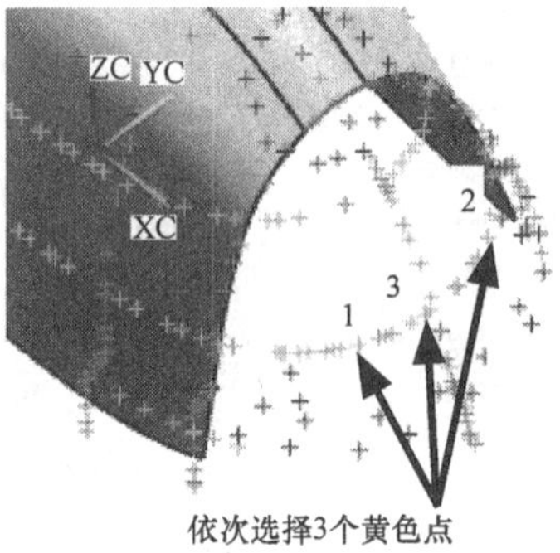

图 4-132

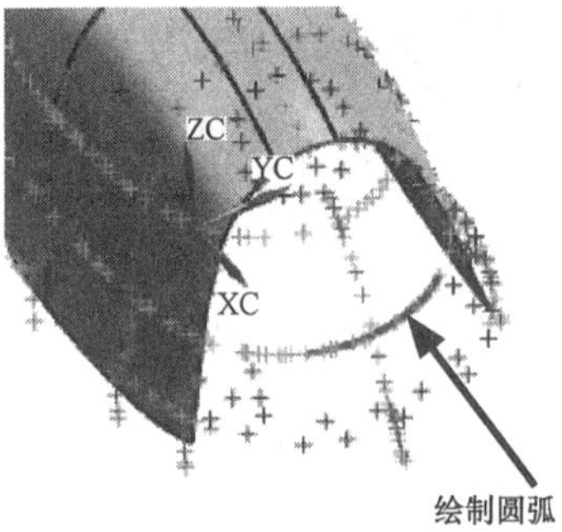

图 4-133

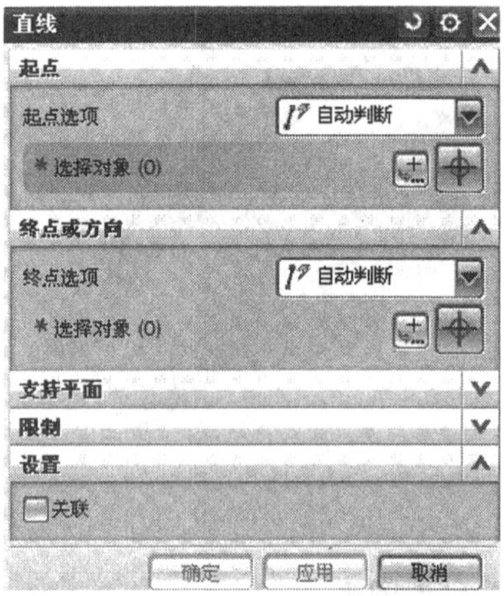

图 4-134

图 4-135

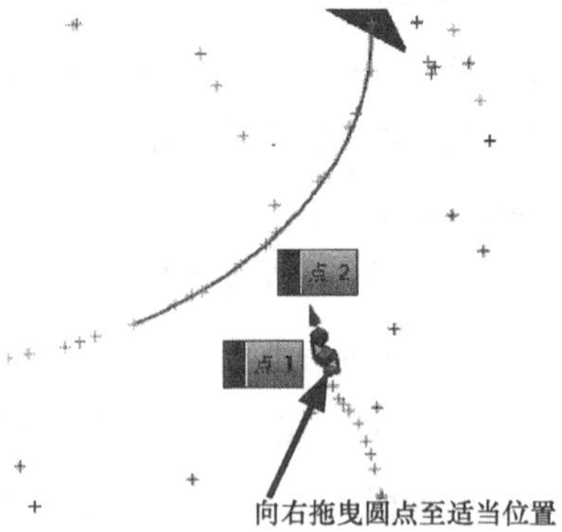

图 4-136

4 CHAPTER

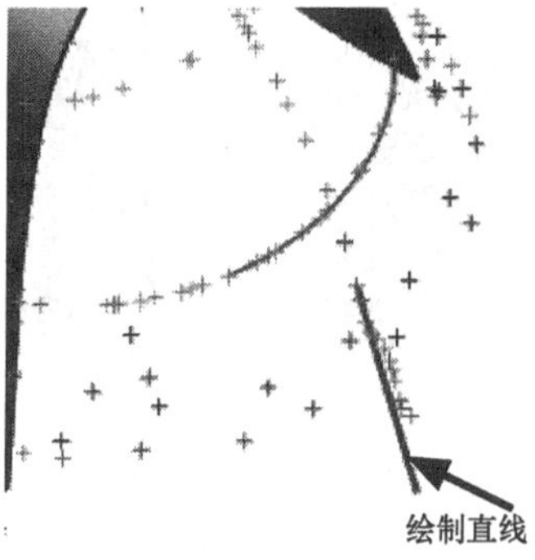

图 4-137

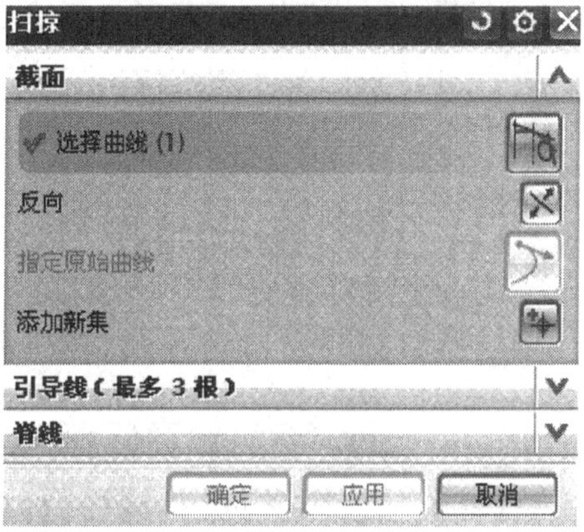

图 4-138

14. 创建扫掠曲面

选择菜单中的【插入(S)】/【扫掠(W)】/【扫掠(S)...】命令，或在【特征】工具条中选择（扫掠）图标，出现【扫掠】对话框，如图 4-138 所示，系统提示选择截面曲线，在图形中选择如图 4-139 所示的圆弧为截面线，然后在对话框中选择（引导线）图标，再在图形中选择如图 4-139 所示的直线为引导线，在【扫掠】对话框中单击确定按钮，完成创建扫掠特征，如图 4-140 所示。

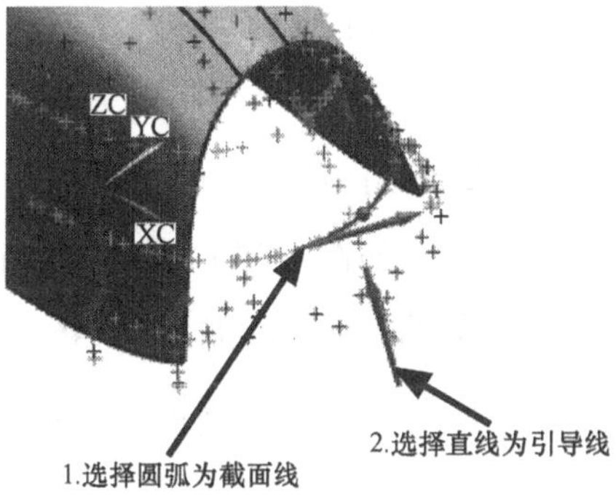

图 4-139

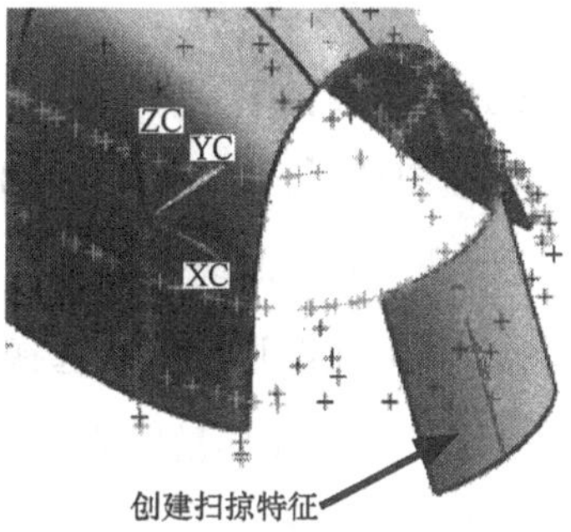

图 4-140

15. 创建修剪体特征

选择菜单中的【插入(S)】/【修剪(T)】/【修剪体(T)...】命令，或在【特征】工具条中选择（修剪体）图标，出现【修剪体】对话框，如图 4-141 所示，在图形中选择如图4-142所示的曲面为要修剪的对象，然后在【修剪体】对话框的工具选项下拉框中选择新建平面选项，在指定平面下拉框中选择（XC-ZC 平面）选项，接着在图形中的距离栏中输入 4，如图 4-142 所示，图形中出现平面预览及修剪方向，单击确定按钮，完成修剪体特征，如图 4-143 所示。

按照上述方法，再用距离 XC-ZC 主平面 -4 的平面去修剪，注意修剪方向，完成后如图 4-144 所示。

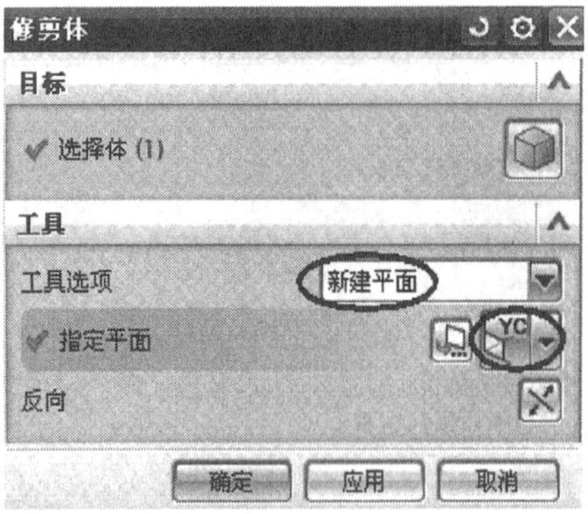

图 4-141

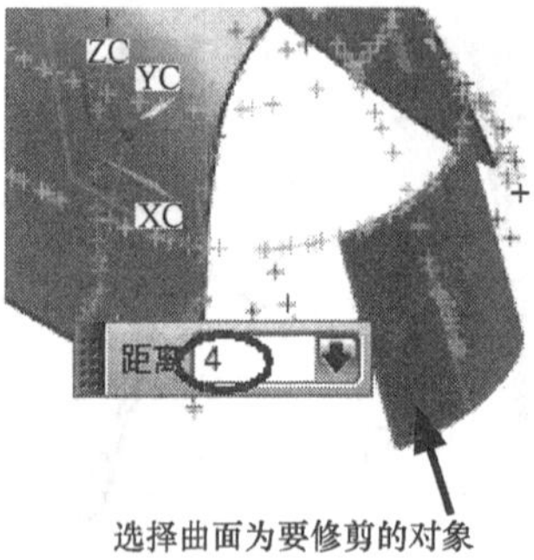

图 4-142

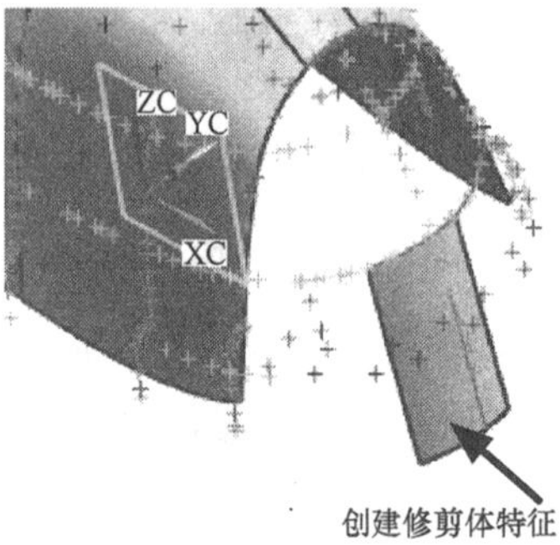

图 4-143

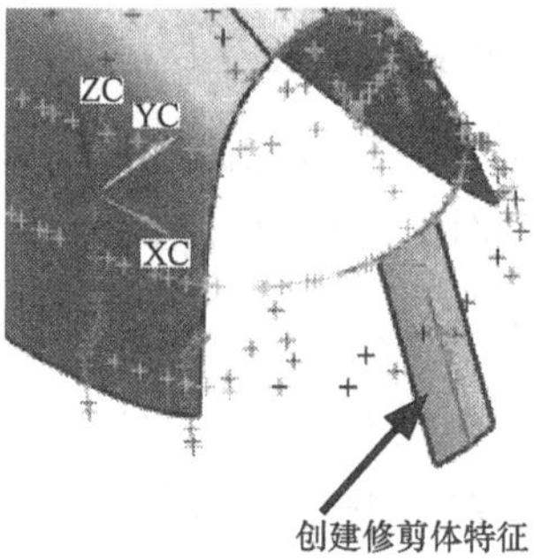

图 4-144

16. 创建桥接曲线

选择菜单中的【插入(S)】/【来自曲线集的曲线(F)】/【桥接(B)...】命令，或在【曲线】工具条中选择（桥接曲线）图标，出现【桥接曲线】对话框，如图 4-145 所示，取消勾选关联选项，然后在图形中依次选择曲面边线，如图 4-146 所示，再选择如图 4-146 所示的箭头进行微调，使曲线尽量贴点，最后在【桥接曲线】对话框中单击< 确定 >按钮，创建桥接曲线，如图 4-147 所示。

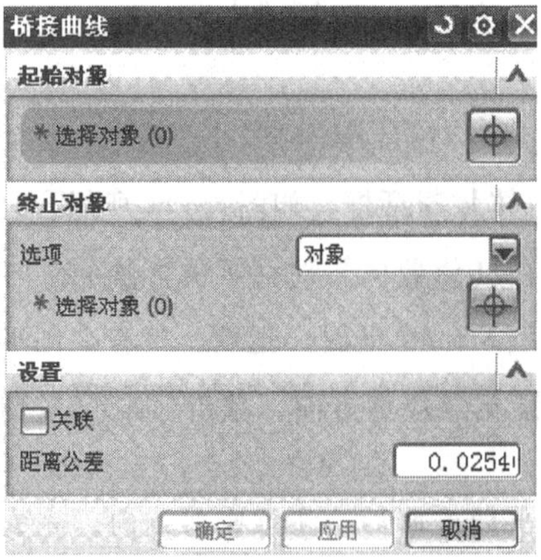

图 4-145

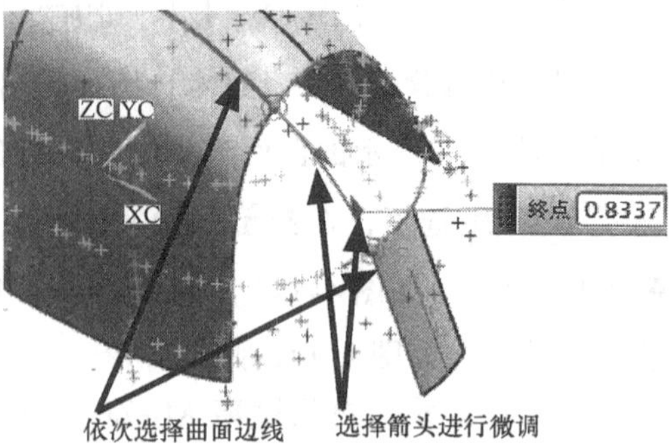

图 4-146

按照上述方法，桥接另一侧的曲面边线，完成后如图 4-148 所示。

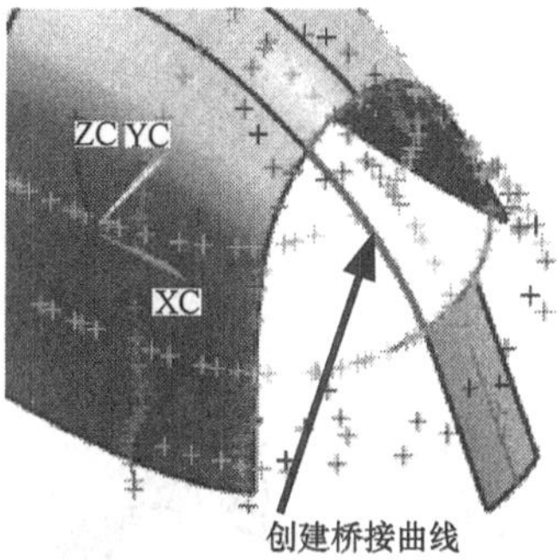

图 4-147

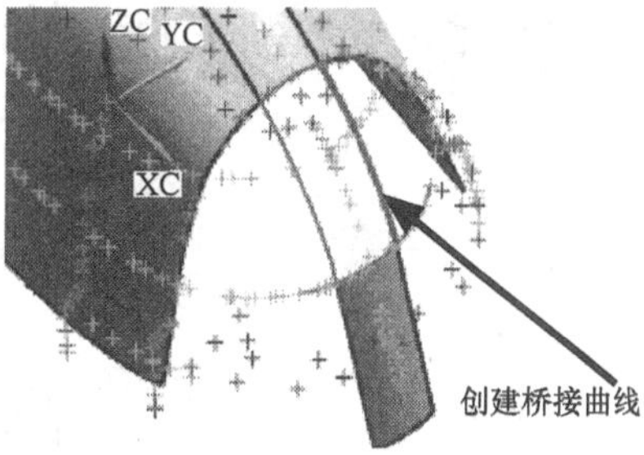

图 4-148

继续桥接曲线。在图形中选择如图 4-149 所示的曲面边线，然后在【桥接曲线】对话框中单击 确定 按钮，完成创建桥接曲线，如图 4-150 所示。

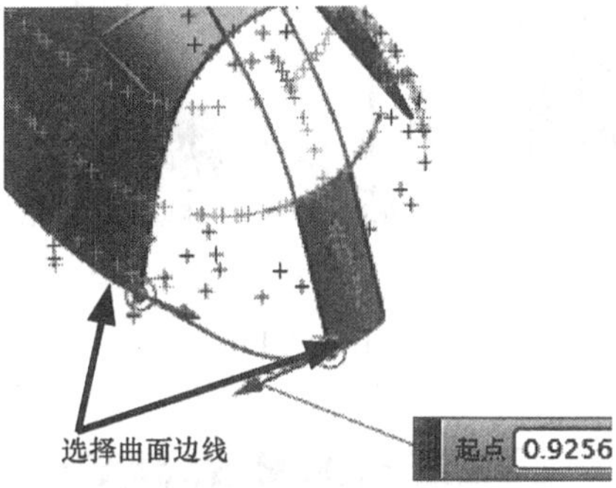

图 4-149

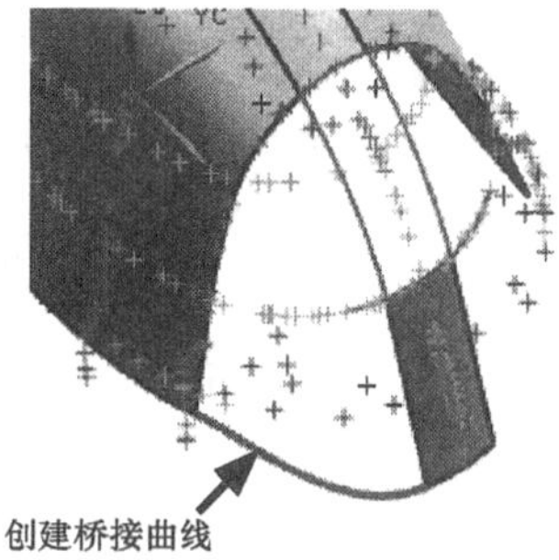

图 4-150

17. 创建通过曲线网格曲面

选择菜单中的【插入(S)】/【网格曲面(M)】/【通过曲线网格(M)...】命令，或在【曲面】工具条中选择 (通过曲线网格曲面) 图标，出现【通过曲线网格】曲面对话框，如图4-151 所示，在主界面的曲线规则下拉框中选择 单条曲线 选项，首先关闭点捕捉工具按钮，在图形中依次选择如图 4-152 所示的两条片体边缘为主要曲线（注意：选择每条主要曲线后，按下鼠标中键确认）。

然后，在【通过曲线网格】曲面对话框的交叉曲线区选择 (交叉曲线) 图标，或直接按下鼠标中键，在主界面的曲线规则下拉框中选择 单条曲线 选项，接着在图形中依次选择如图 4-153 所示的两条曲线为交叉曲线（注意：选择每条交叉曲线后，按下鼠标中键确认）。当选择好第 2 条交叉曲线后，按下鼠标中键，然后在 连续性 区的 第一主线串 下拉框中选择 G1（相切）选项，如图 4-154 所示，并在图形中选择如图 4-155 所示的面，使创建的网格曲面与之相切。同样，在 最后主线串 下拉框中选择 G1（相切）选项，如图 4-154 所示，在图形中选择如图 4-156 所示的面，使创建的网格曲面与之相切，最后在【通过曲线网格】曲面对话框中单击 确定 按钮，完成创建通过曲线网格曲面，如图 4-157 所示。

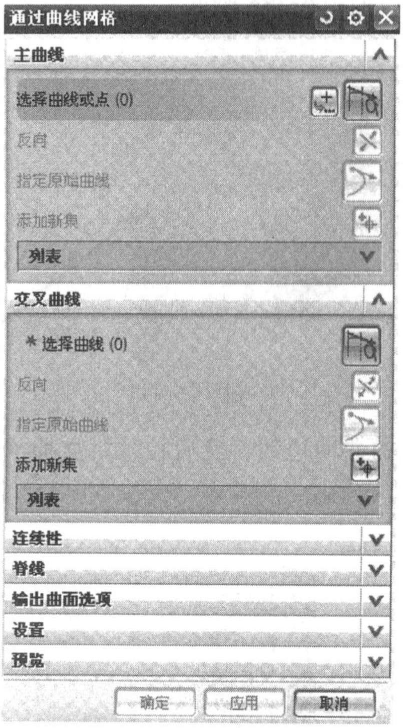

图 4-151

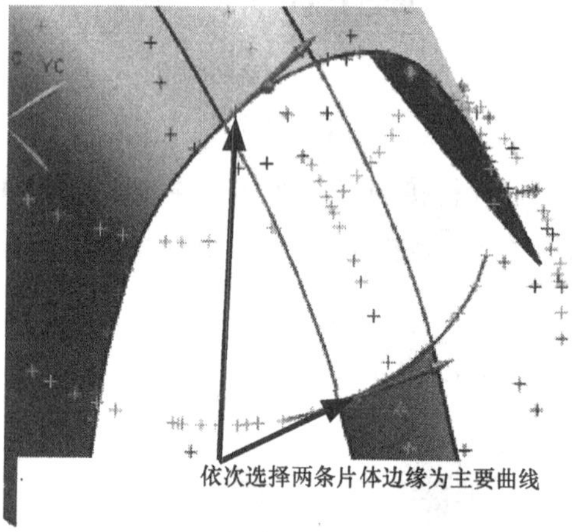

图 4-152

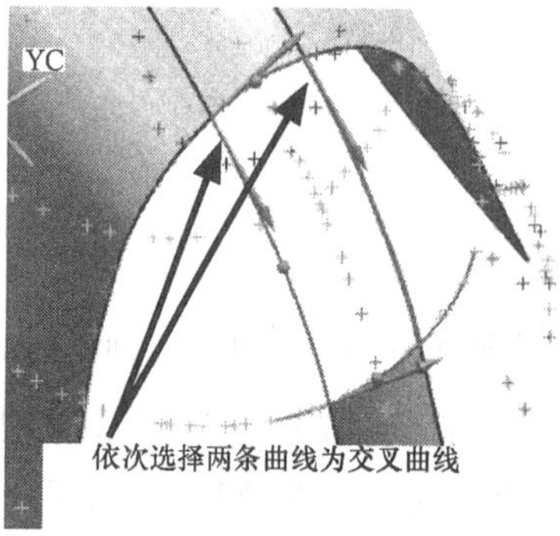

图 4-153

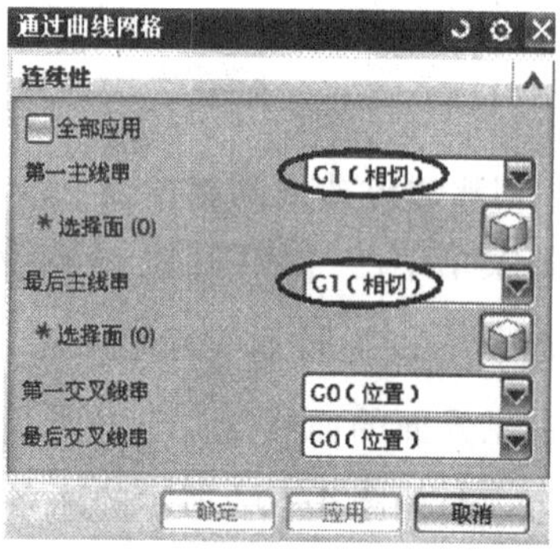

图 4-154

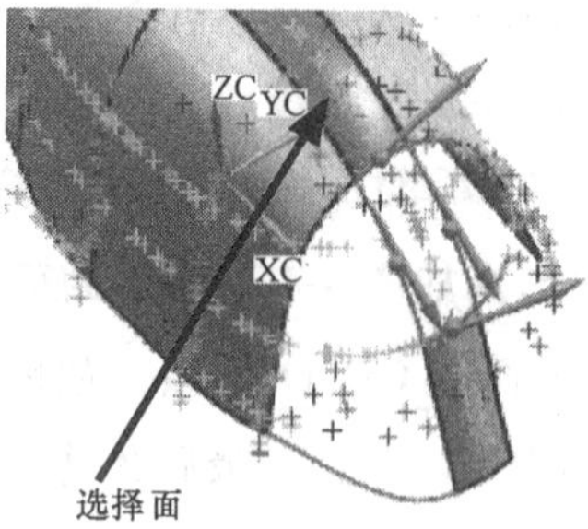

图 4-155

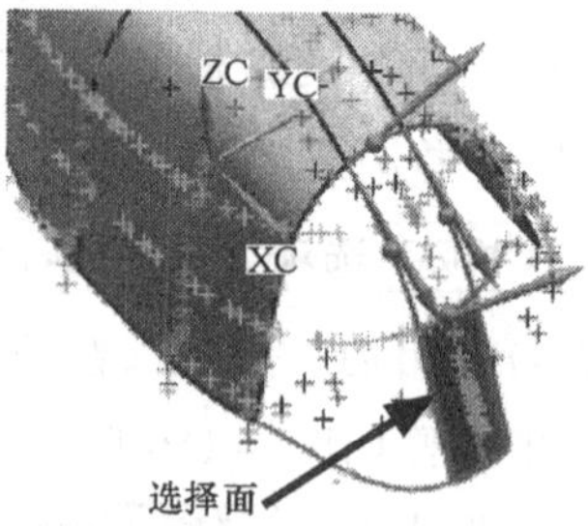

图 4-156

继续创建通过曲线网格曲面。在主界面的捕捉点工具条中选择（端点）选项，在图形中选择如图 4-158 所示的端点为主要曲线一，按下鼠标中键确认；在主界面的曲线规则下拉框中选择 单条曲线 选项，然后在图形中选择如图 4-158 所示的曲线为主要曲线二（注意：选择每条主要曲线后，按下鼠标中键确认）。

在【通过曲线网格】曲面对话框的交叉曲线区选择（交叉曲线）图标，或直接按下鼠标中键，接着在图形中依次选择如图 4-159 所示的两条曲面边线为交叉曲线（注意：选择每条交叉曲线后，按下鼠标中键确认）。当选择好第 2 条交叉曲线后，按下鼠标中键，然后在 连续性 区的 第一交叉线串 下拉框中选择 G1（相切）选项，如图 4-160 所示。在图形中选择如图 4-161 所示的面，使创建的网格曲面与之相切。同样，在 最后交叉线串 下拉框中也选择 G1（相切）选项，如图 4-160 所示，在图形中选择如图 4-162 所示的面，使创建的网格曲面与之相切，最后在【通过曲线网格】曲面对话框中单击 确定 按钮，完成创建通过曲线网格曲面，如图 4-163 所示。

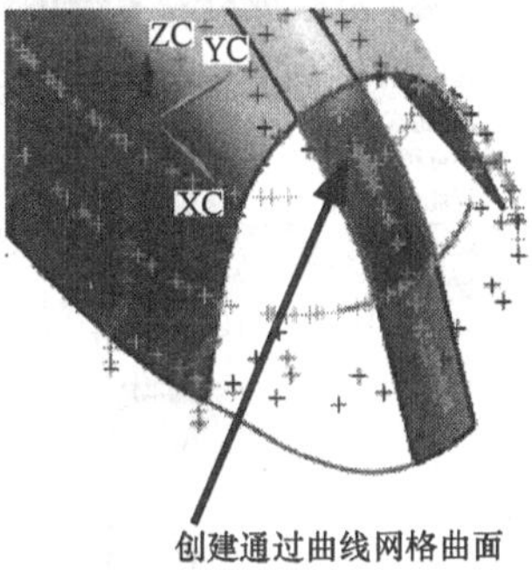

图 4-157

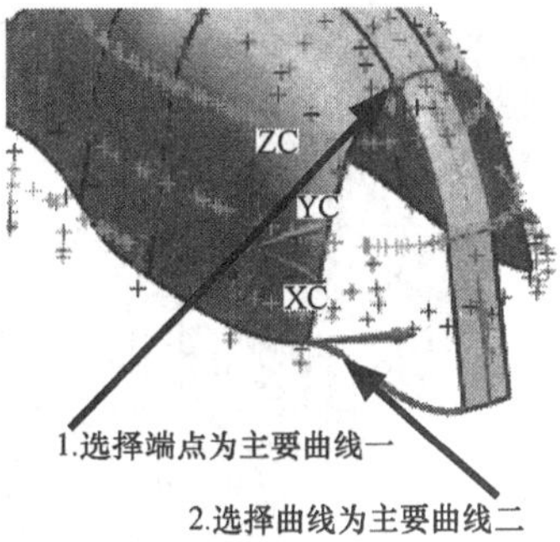

图 4-158

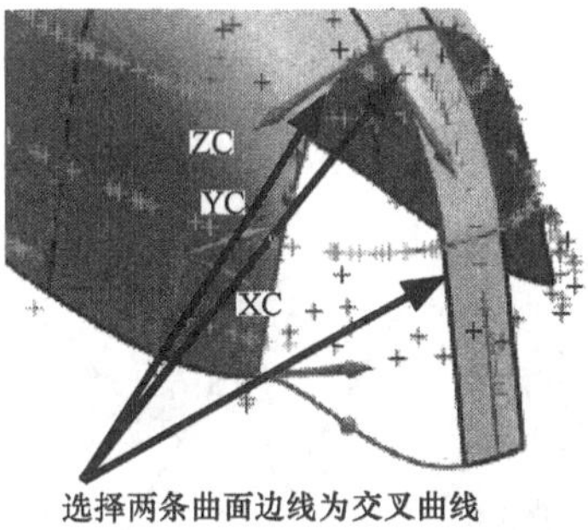

图 4-159

图 4-160

18. 创建修剪和延伸特征

选择菜单中的【插入(S)】/【修剪(T)】/【修剪与延伸(N)...】命令，或在【特征】工具条中选择（修剪和延伸）图标，出现【修剪和延伸】对话框，如图 4-164

所示，在主界面的曲线规则下拉框中选择 单条曲线 选项，在图形中选择如图 4-165 所示的片体边缘，在 类型 下拉框中选择 按距离 选项，在 距离 栏中输入 15，在 延伸方法 下拉框中选择 自然曲率 选项，单击 确定 按钮，完成创建修剪和延伸曲面，如图 4-166 所示。

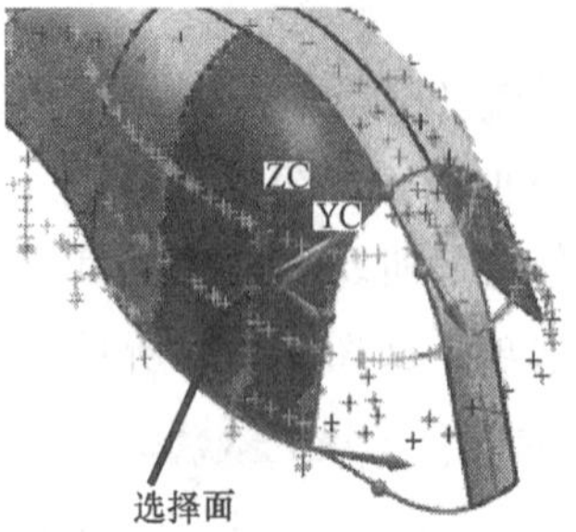

图 4-161

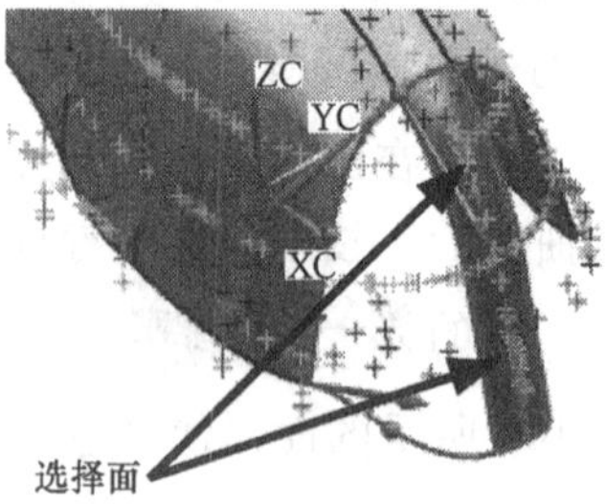

图 4-162

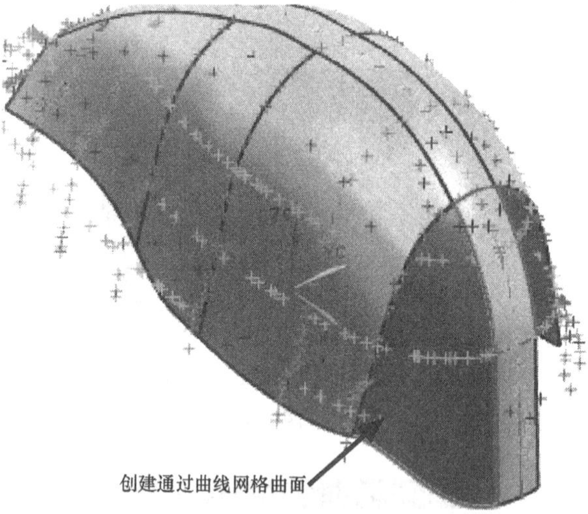

图 4-163

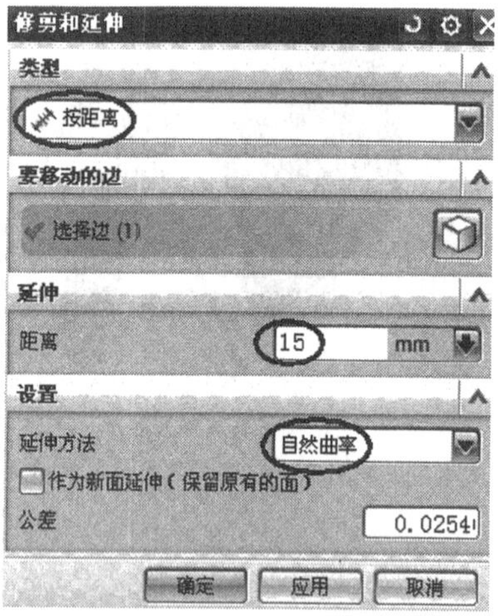

图 4-164

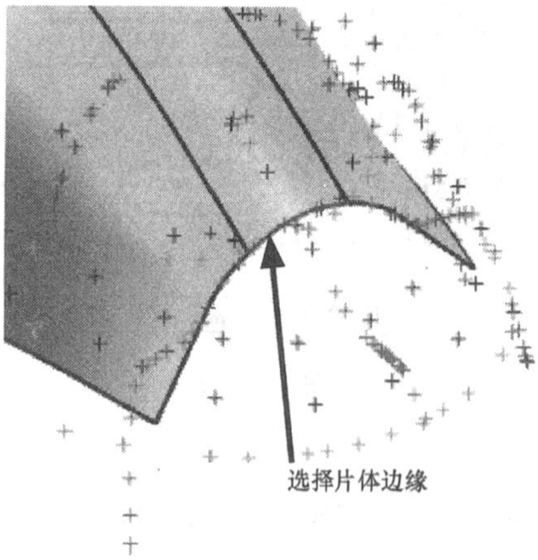

图 4-165

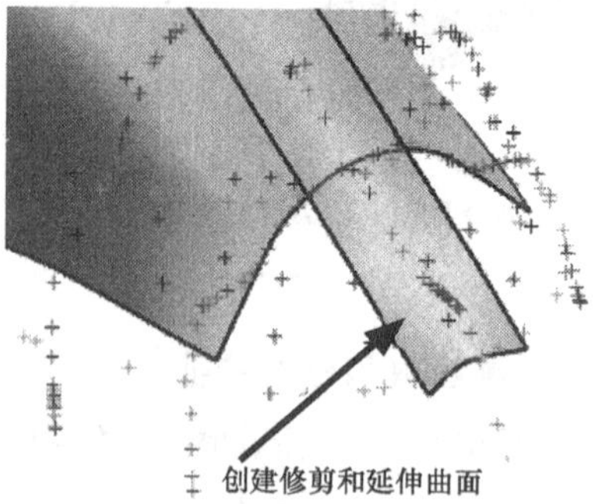

图 4-166

4 CHAPTER

19. 创建桥接曲线

选择菜单中的【插入(S)】/【来自曲线集的曲线(F)】/【桥接(B)...】命令，或在【曲线】工具条中选择（桥接曲线）图标，出现【桥接曲线】对话框，如图4-167所示，取消勾选 关联 选项，然后在图形中依次选择曲面边线，如图4-168所示，在【桥接曲线】对话框中单击 <确定> 按钮，创建桥接曲线，如图4-169所示。

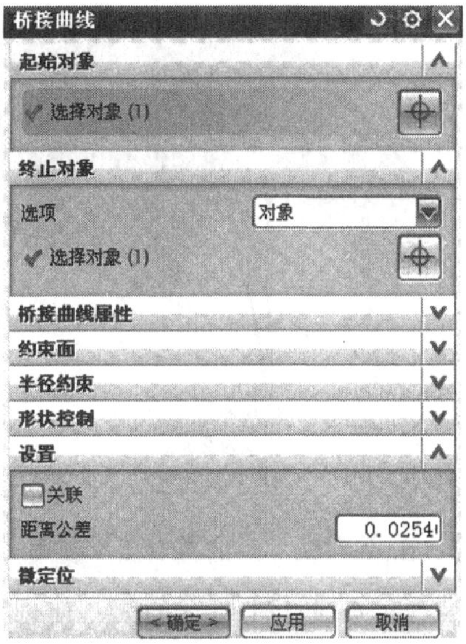

图 4-167

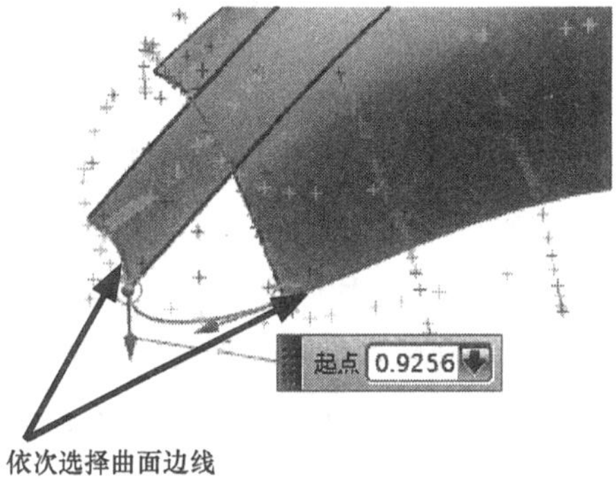

图 4-168

20. 创建通过曲线网格曲面

选择菜单中的【插入(S)】/【网格曲面(M)】/【通过曲线网格(M)...】命令，或在【曲面】工具条中选择（通过曲线网格曲面）图标，出现【通过曲线网格】曲面对话框，如图4-170所示，在主界面的捕捉点工具条中选择（端点）选项，在图形中选择如图4-171所示的

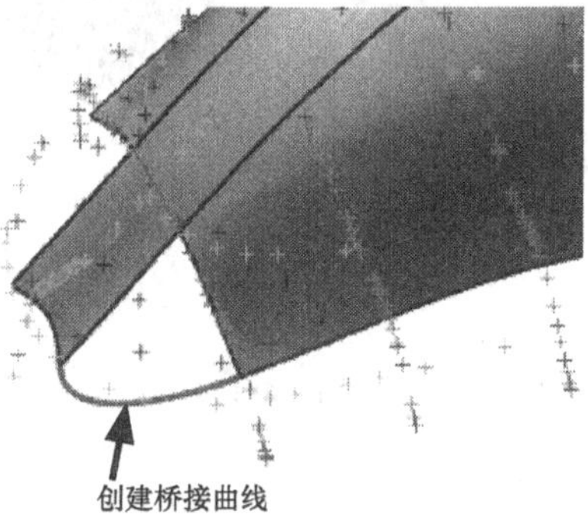

图 4-169

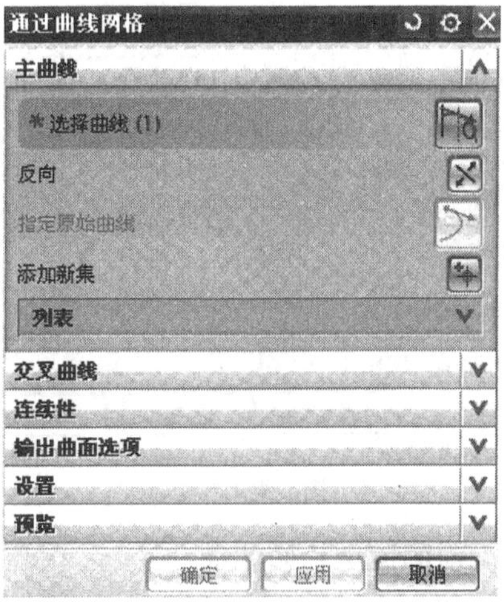

图 4-170

端点为主要曲线一，按下鼠标中键确认，在主界面的曲线规则下拉框中选择 单条曲线 选项，然后在图形中选择如图 4-171 所示的曲线为主要曲线二（注意：选择每条主要曲线后，按下鼠标中键确认）。

在【通过曲线网格】曲面对话框的交叉曲线区选择 （交叉曲线）图标，或直接按下鼠标中键，接着在图形中依次选择如图 4-172 所示的两条曲面边线为交叉曲线（注意：选择每条交叉曲线后，按下鼠标中键确认）。

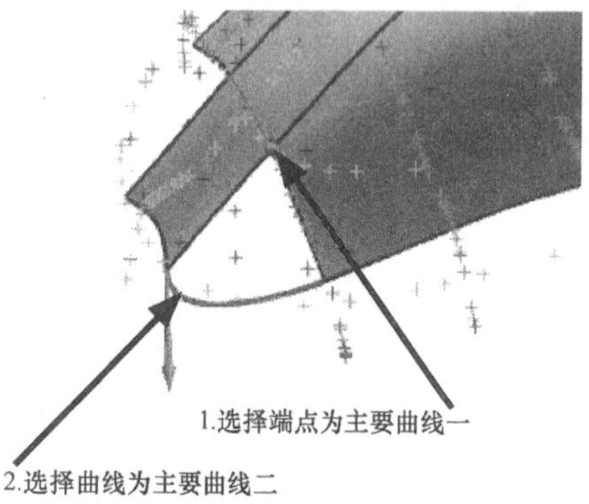

图 4-171

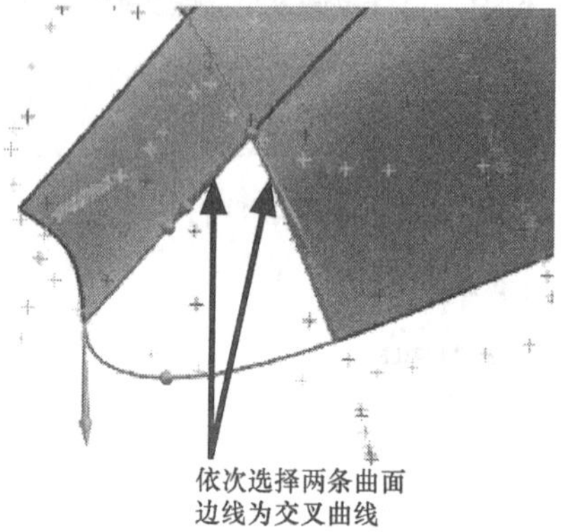

图 4-172

当选择好第 2 条交叉曲线后，按下鼠标中键，然后在 连续性 区的 第一交叉线串 下拉框中选择 G1（相切） 选项，如图 4-173 所示，在图形中选择如图 4-174 所示的面，使创建的网格曲面与之相切。同样，在 最后交叉线串 下拉框中选择 G1（相切） 选项，如图 4-173 所示，在图形中选择如图 4-175 所示的面，使创建的网格曲面与之相切，最后在【通过曲线网格】曲面对话框中单击 确定 按钮，完成创建通过曲线网格曲面，如图 4-176 所示。

图 4-173

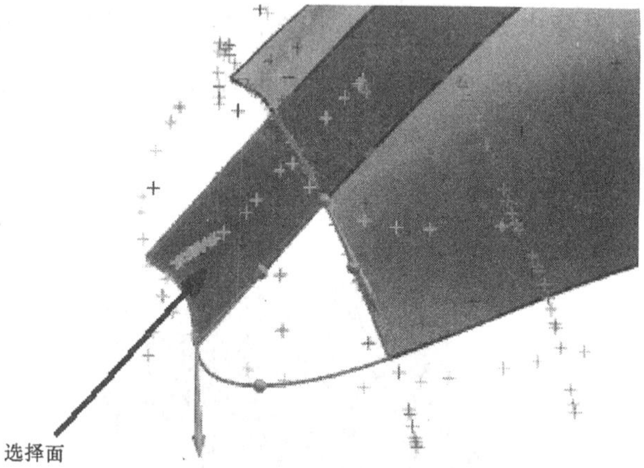

图 4-174

21. 创建镜像片体特征

选择菜单中的【插入(S)】/【关联复制(A)】/【镜像特征(M)...】命令，或在【特征】工具

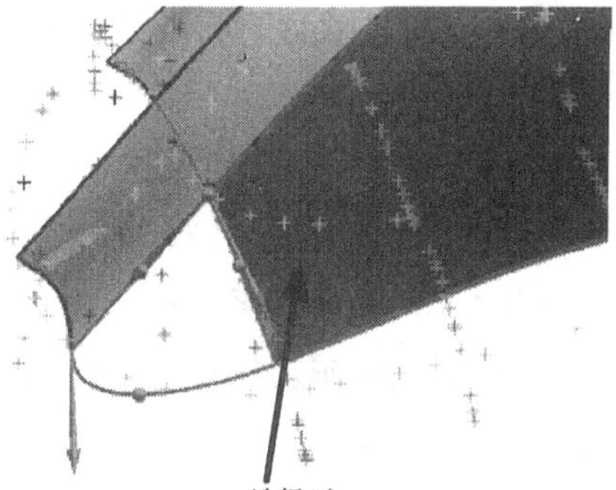

图 4-175

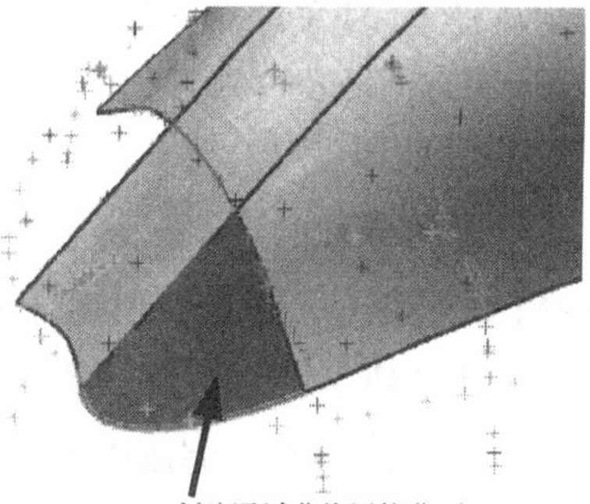

图 4-176

栏中选择（镜像特征）图标，出现【镜像特征】对话框，在相关特征列表框中选择如图4-177所示的通过曲线网格(44)和通过曲线网格(46)最后两个通过曲线网格曲面特征，在【镜像特征】对话框的平面下拉框中选择新平面选项，在指定平面下拉框中选择（XC-ZC平面）选项，单击确定按钮，完成创建镜像片体特征，如图4-178所示。

22. 将所有辅助曲线移动至255图层（步骤略）

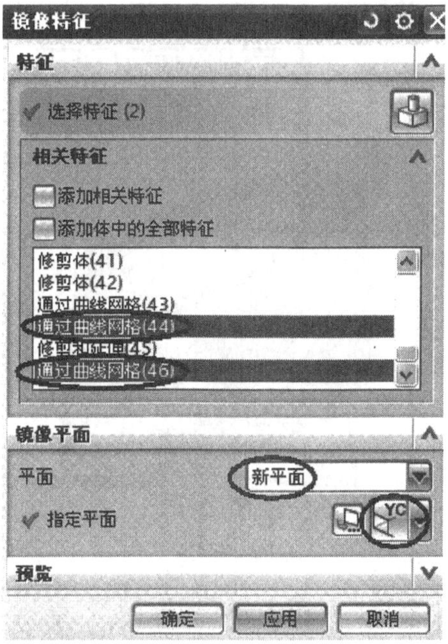

图 4-177

图 4-178

4.5 创建农用车灯实体

1. 恢复隐藏的对象

选择菜单中的【编辑(E)】/【显示和隐藏(H)】/【全部显示(A)】命令，或在【实用】工具栏中选择（全部显示）图标，恢复被隐藏的片体（略），然后再将曲线移动至255图层，图形更新后如图4-179所示。

2. 缝合曲面

选择菜单中的【插入(S)】/【组合(B)】/【缝合(W)...】命令，或在【特征】操作工具栏中选择（缝合）图标，出现【缝合】对话框，如图4-180所示，系统提示选择缝合的目标片体，按照图4-181所示选择目标片体，然后选择如图4-182所示的农用车灯侧面为工具面，单击确定按钮，完成创建缝合曲面特征，如图4-183所示。

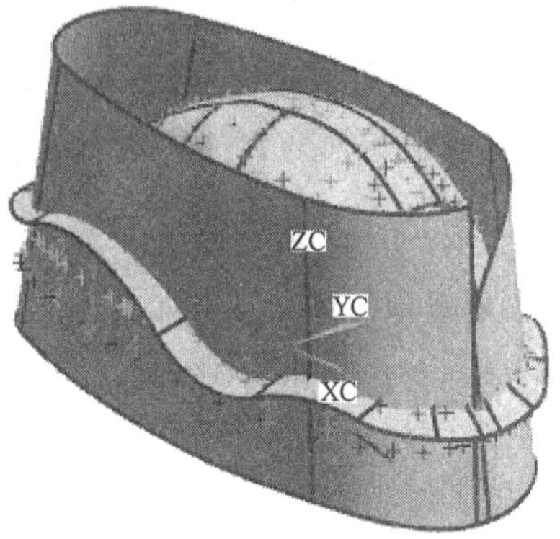

图 4-179

图 4-180

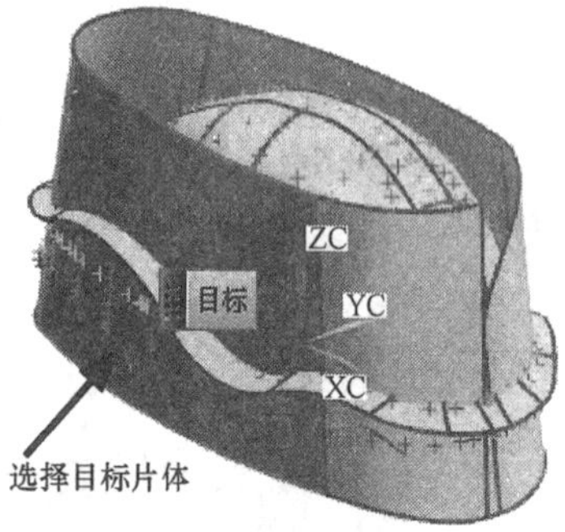

图 4-181

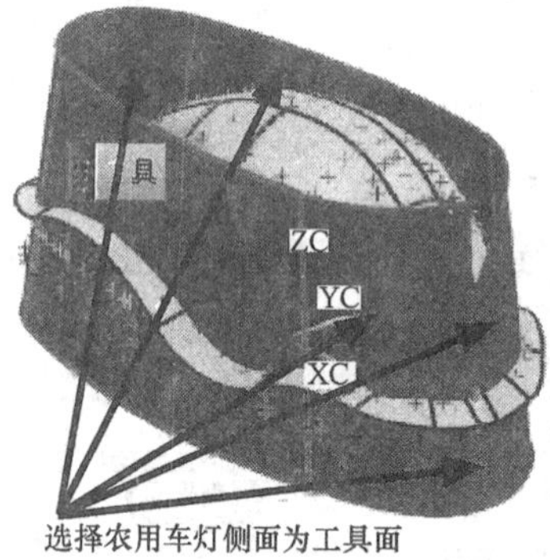

图 4-182

按照上述方法，缝合农用车灯的阶梯面及顶面，完成后如图4-184所示。

注意：缝合农用车灯顶面的时候，如不能缝合成一体，则将【缝合】对话框设置区域公差栏的值扩大10倍，即可完成缝合特征。

3. 修剪片体

选择菜单中的【插入(S)】/【修剪(T)】/【修剪片体(R)...】命令，或在【曲面】工具栏中选择（修剪片体）图标，出现【修剪片体】对话框，如图4-185所示，在对话框的投影方向下拉框中选择垂直于面选项，在区域项中选择保持单选选项，在图形中选择如

图 4-186 所示的曲面为要修剪的对象，然后在【修剪片体】对话框的 **边界对象** 区域选择 (对象) 图标，选择如图 4-187 所示的侧面和顶面为修剪边界，接着在【修剪片体】对话框的 **设置** 区域的 **公差** 栏中输入 0.254，单击 **确定** 按钮，完成修剪片体，如图 4-188 所示。

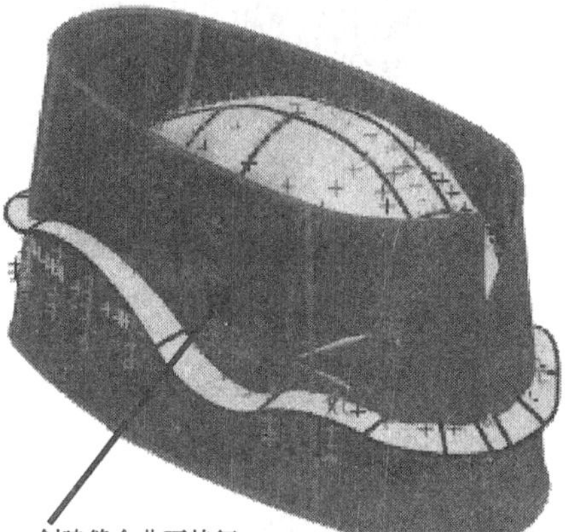

图 4-183

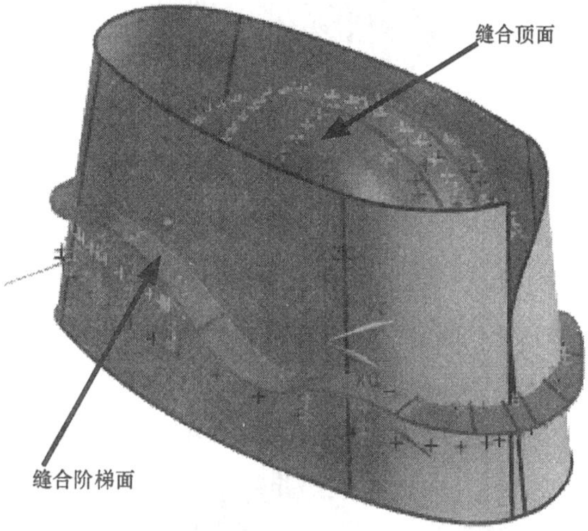

图 4-184

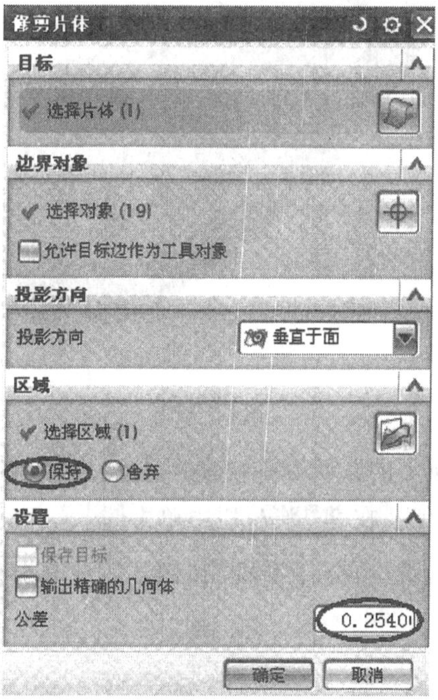

图 4-185

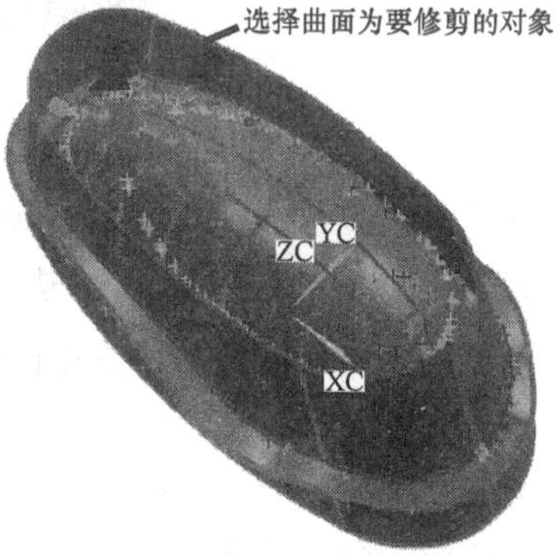

图 4-186

继续进行修剪片体。在图形中选择如图 4-189 所示的曲面为要修剪的对象，然后在【修剪片体】对话框的 *选择区域 (0) 中选中 保持 单选按钮，在 **边界对象** 栏中单击 (对象) 按钮，在图形中选择如图 4-189 所示的阶梯面为修剪边界，单击 **确定** 按钮，完成修剪片体，如图 4-190 所示。

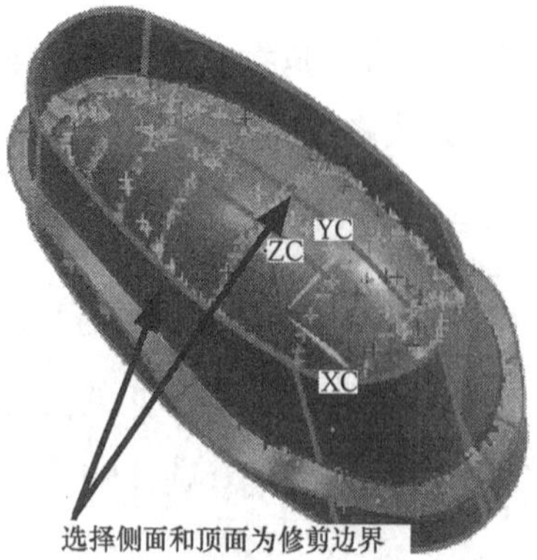

图 4-187

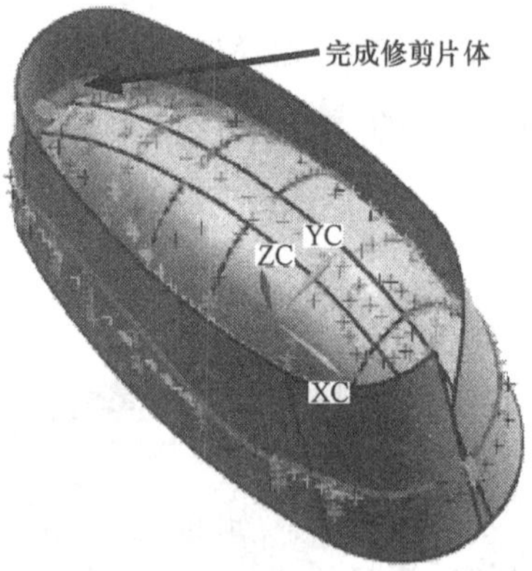

图 4-188

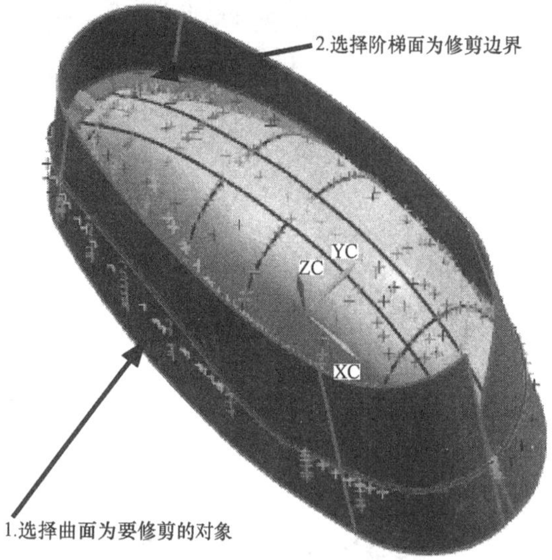

图 4-189

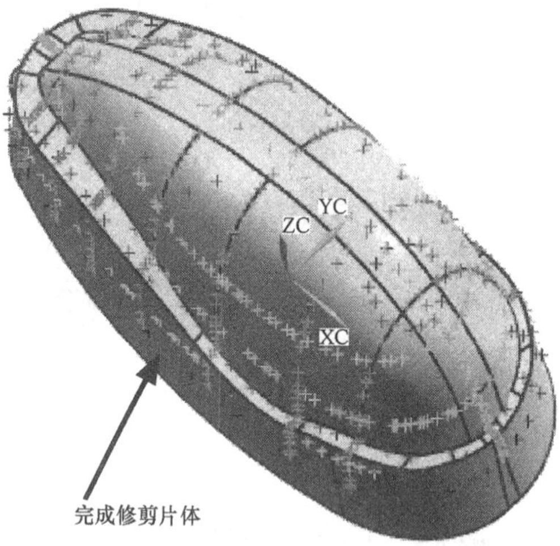

图 4-190

继续进行修剪片体。在图形中选择如图 4-191 所示的曲面为要修剪的对象，然后在【修剪片体】对话框的 * 选择区域 (0) 中选中 ◉保持单选按钮，在 边界对象 栏中单击 ⊕（对象）按钮，在图形中选择如图 4-191 所示的阶梯面为修剪边界，单击 确定 按钮，完成修剪片体，如图 4-192 所示。

4. 绘制直线

选择菜单中的【插入(S)】/【曲线(C)】/【直线(L)...】命令，或在【曲线】工具条中选择 ／（直线）图标，出现【直线】对话框，如图 4-193 所示，然后在捕捉点工具条中选择 ＋（现有点）选项，在图形中选择如图 4-194 所示的点，横向拖出一条直线，出现 X 标记时，按下鼠标左键，出现直线，向左拖曳如图 4-195 所示的圆点至适当位置，单击 应用 按钮，完成直线的绘制，如图 4-196 所示。

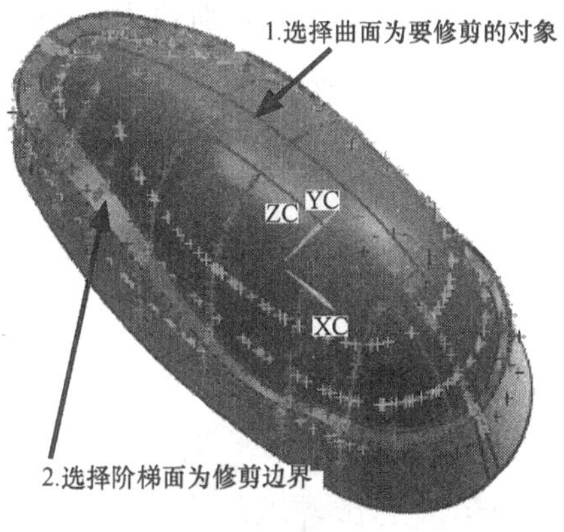

图 4-191

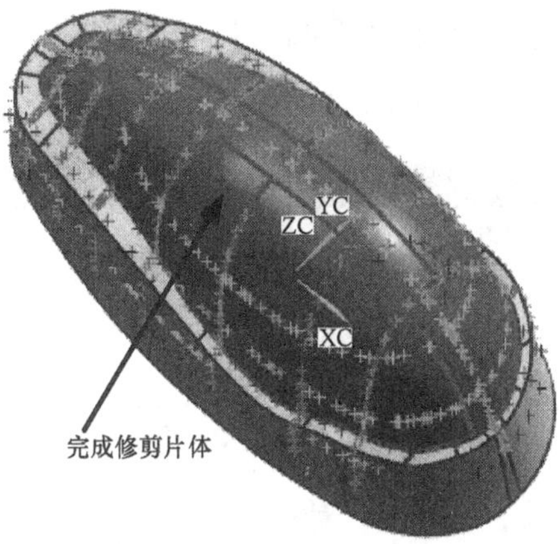

图 4-192

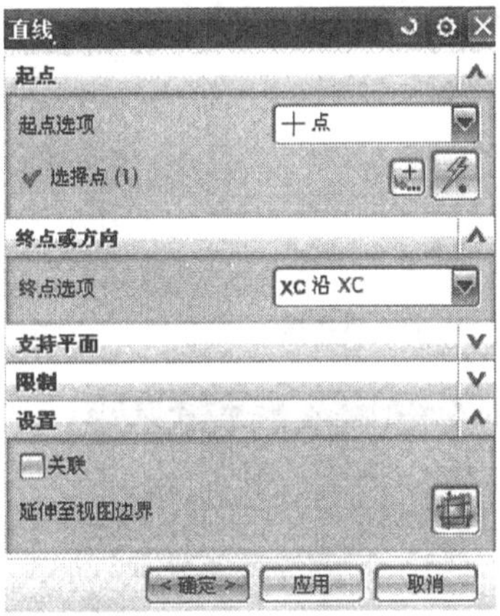

图 4-193

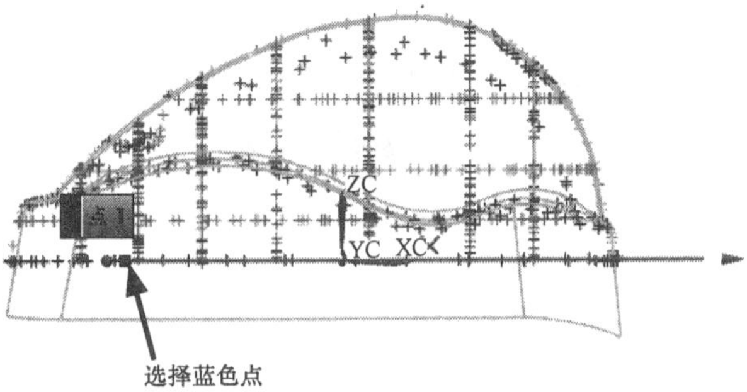

图 4-194

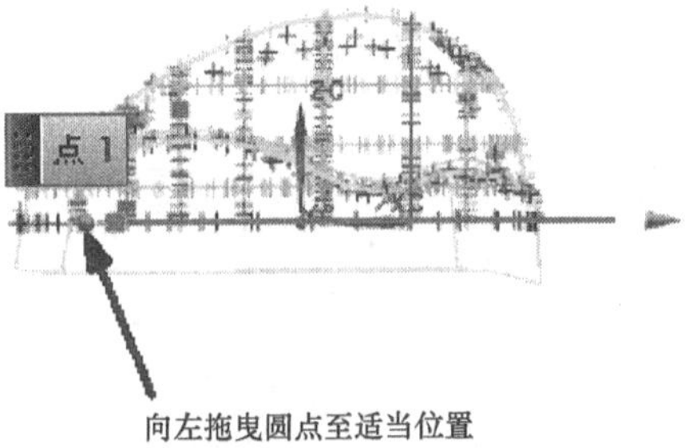

图 4-195

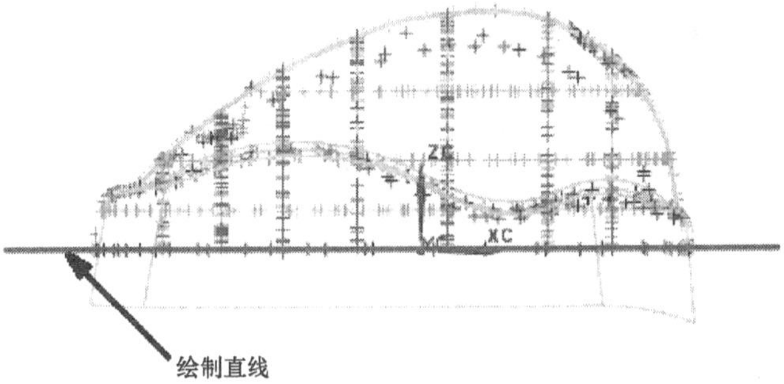

图 4-196

5. 创建拉伸片体特征

选择菜单中的【插入(S)】/【设计特征(E)】/【拉伸(E)...】命令，或在【特征】工具条中选择（拉伸）图标，出现【拉伸】对话框，如图 4-197 所示，在主界面的曲线规则下拉框中选择 单条曲线 选项，选择如图 4-198 所示的直线为拉伸对象，在【拉伸】对话框的指定矢量下拉框中选择 YC 选项，图形中出现如图 4-198 所示的拉伸方向，然后在【拉伸】对话框的【开始】\【距离】栏和【结束】\【距离】栏中分别输入 -25 和 75，如图 4-197 所示，单击 应用 按钮，创建拉伸片体，如图 4-199 所示。

图 4-197

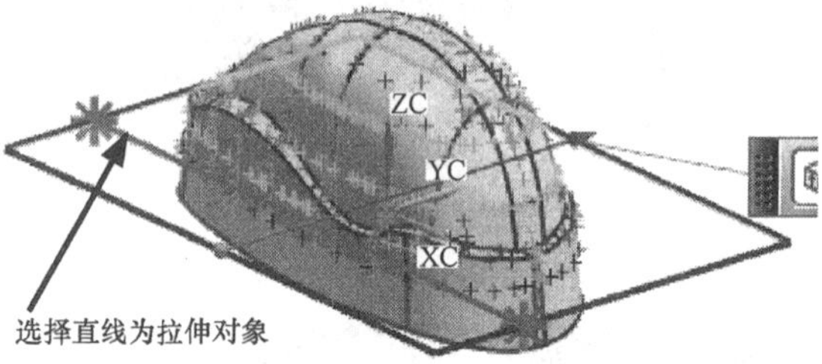

图 4-198

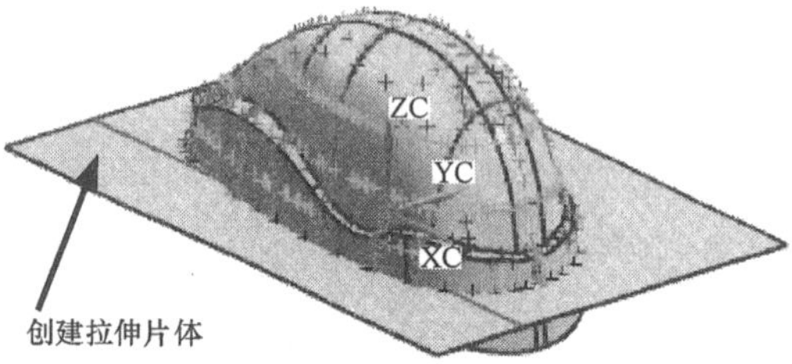

图 4-199

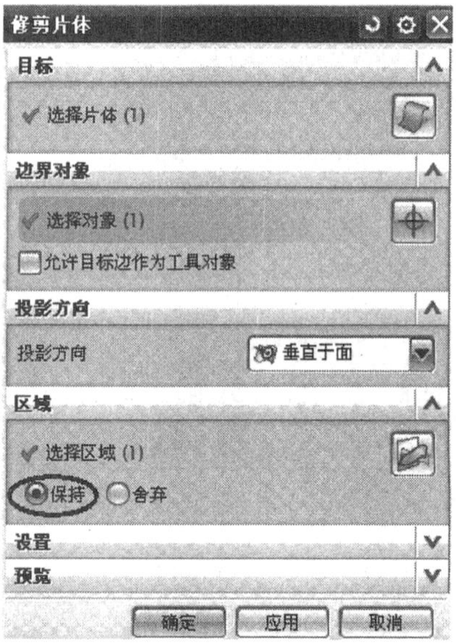

图 4-200

6. 修剪片体

选择菜单中的【插入(S)】/【修剪(T)】/【修剪片体(R)...】命令，或在【曲面】工具栏中选择（修剪片体）图标，出现【修剪片体】对话框，如图 4-200 所示，在投影方向下拉框中选择 垂直于面 选项，在 区域 项中选择 保持 单选选项，在图形中选择如图 4-201 所示的曲面为要修剪的对象，然后在【修剪片体】对话框的 边界对象 区域选择（对象）图标，选择如图 4-201 所示的拉伸片体为修剪边界，接着在对话框中单击 应用 按钮，完成修剪片体，如图 4-202 所示。

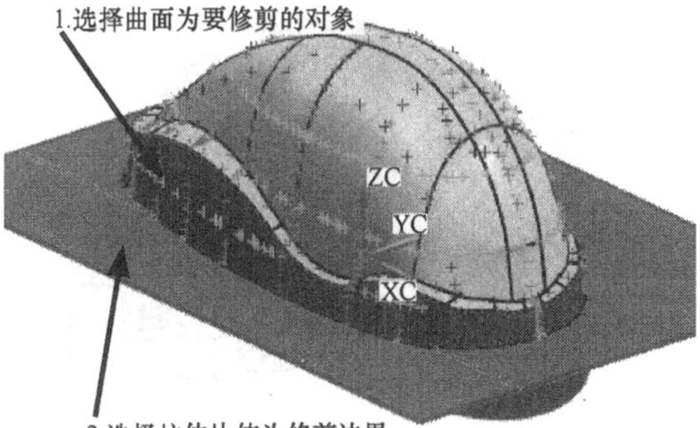

图 4-201

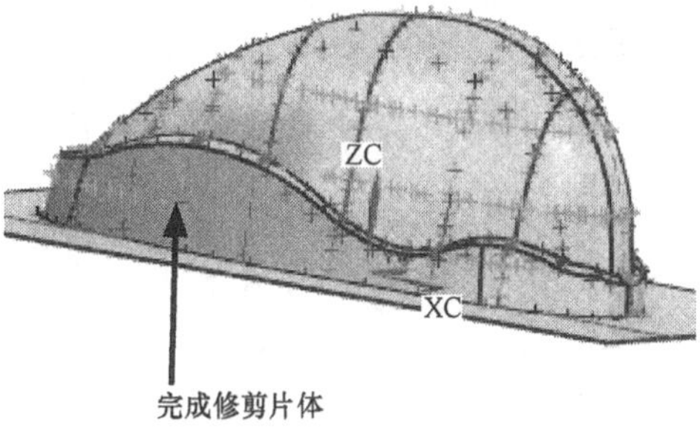

图 4-202

继续进行修剪片体。在图形中选择如图 4-203 所示的曲面为要修剪的对象，然后在【修剪片体】对话框的 * 选择区域 (0) 中选中 保持 单选按钮，在 边界对象 栏单击 (对象) 按钮，在图形中选择如图 4-203 所示的侧面为修剪边界，单击 应用 按钮，完成修剪片体，如图 4-204 所示。

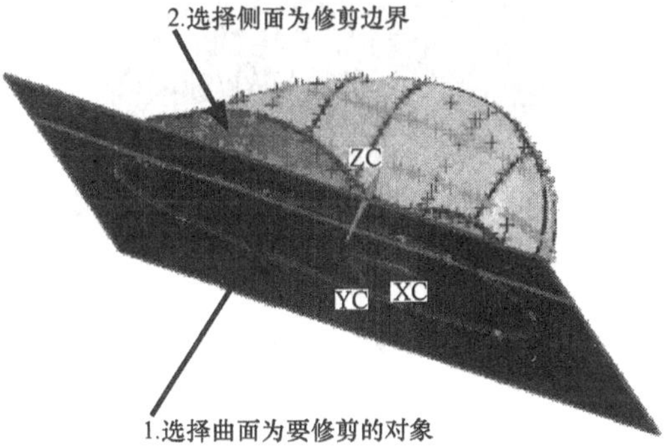

图 4-203

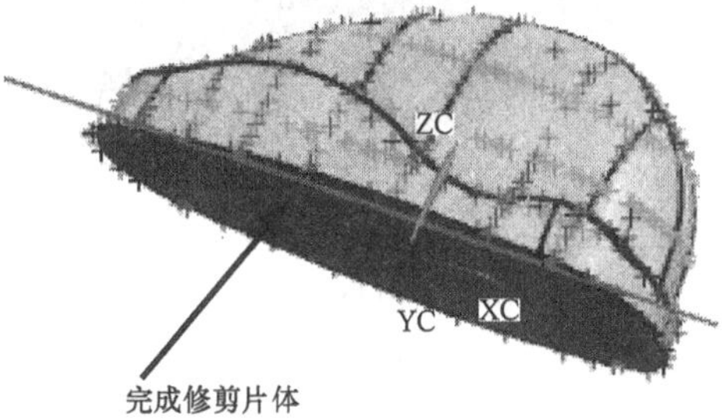

图 4-204

7. 将所有辅助曲线移动至 255 图层（步骤略）

8. 创建缝合曲面特征

选择菜单中的【插入(S)】/【组合(B)】/【缝合(W)...】命令，或在【特征】操作工具栏中选择 (缝合) 图标，出现【缝合】对话框，如图 4-205 所示，系统提示选择缝合的目标片体，按照图 4-206 所示选择目标片体，然后框选如图 4-207 所示的工具片体，将【缝合】对话框 设置 区域 公差 栏的值扩大 10 倍，最后单击 应用 按钮，此时片体经缝合后已经成了实体，结果如图 4-208 所示。

9. 创建边倒圆特征

选择菜单中的【插入(S)】/【细节特征(L)】/【边倒圆(E)...】命令，或在【特征】工具栏中选择 (边倒圆) 图标，出现【边倒圆】对话框，如图 4-209 所示，在软件主界面的【曲线过滤器】下拉框中选择 相切曲线 选项，然后在图形中选择如图 4-210 所示的实体边，在 半径 1 栏输入 1，单击 确定 按钮，完成边倒圆特征，如图 4-211 所示。

图 4-205

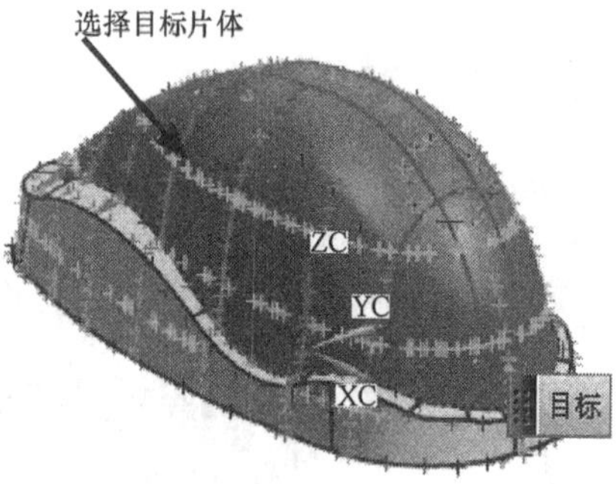

图 4-206

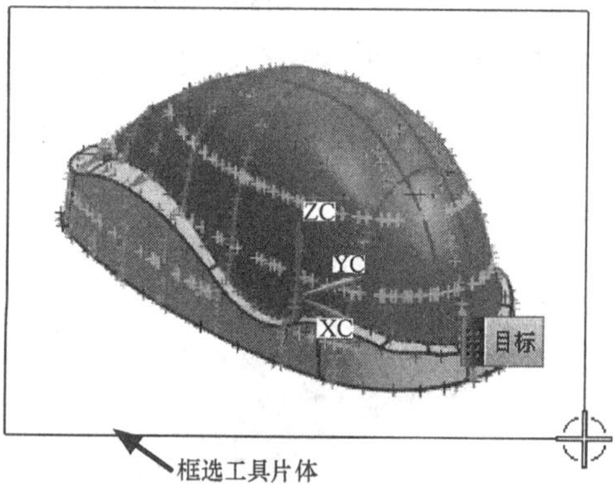

图 4-207

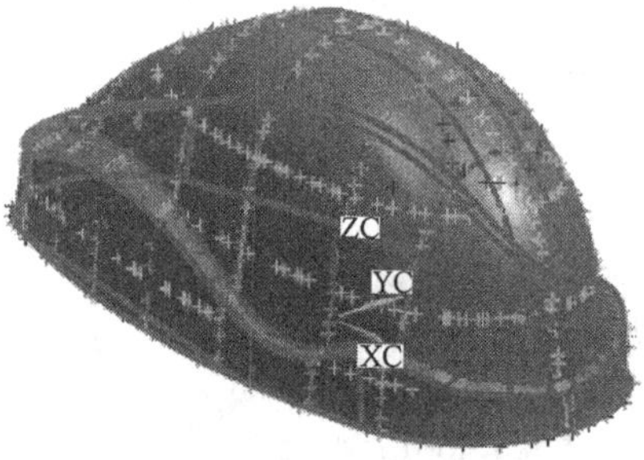

图 4-208

图 4-209

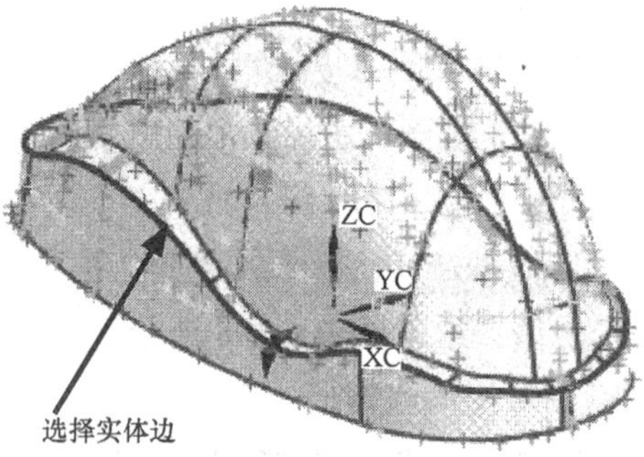

图 4-210

10. 创建抽壳特征

选择菜单中的【插入(S)】/【偏置/缩放(O)】/【抽壳(H)...】命令，或在【特征】操作工具栏中选择（抽壳）图标，出现【抽壳】对话框，如图 4-212 所示，在图形中选择如图 4-213 所示面为抽壳面，然后在【抽壳】对话框的厚度栏中输入 2，单击确定按钮，创建抽壳特征，如图 4-214 所示。

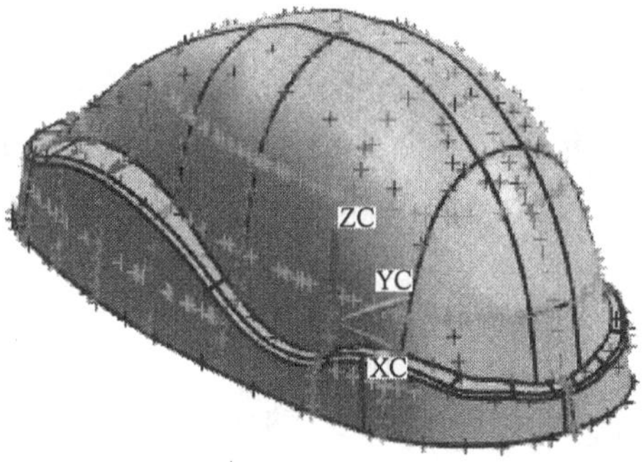

图 4-211

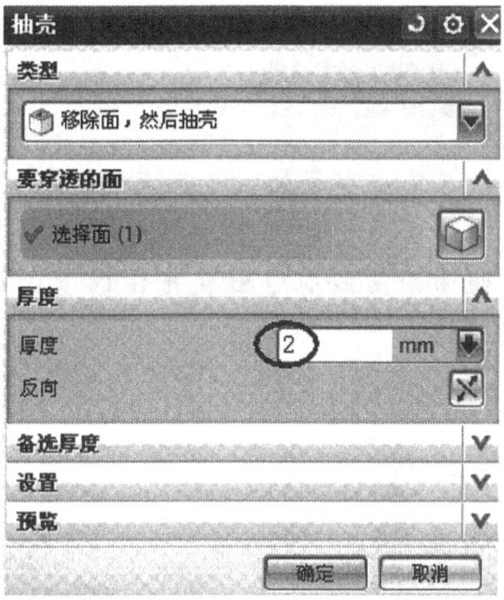

图 4-212

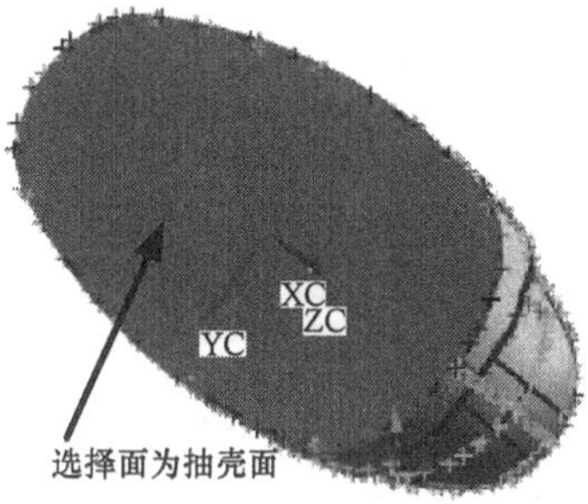

图 4-213

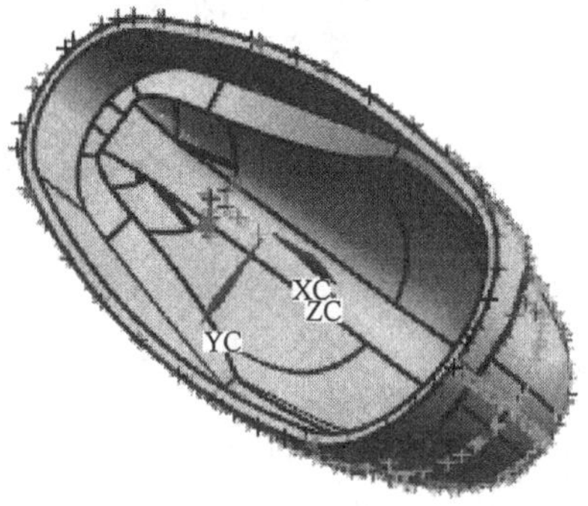

图 4-214

第5章　汽车反光镜逆向造型

实例说明

本章主要讲述汽车反光镜的构建。其构建思路为：首先分析点的组成，投影外形的点，绘制外形曲线，拉伸生成曲面；其次连接顶面的几条主要曲线，然后采用通过曲线组曲面功能创建出反光镜的顶面；最后创建反光镜的细节部分，完成效果如图 5-1 所示。

图　5-1

学习目标

通过该实例的练习，使读者能熟练掌握逆向造型的基本方法，开拓创建思路，提高修剪片体和编辑片体的能力，熟练掌握偏置曲面、拉伸曲面、直纹曲面、曲面倒圆角和剖切曲面等基本技巧。

5.1　打开练习文件

选择菜单中的【文件】/【打开】命令或选择 （打开文件）图标，出现【打开】部件对话框，在本书附的光盘文件夹中选择 dzx/nx5. prt，单击 OK 按钮，打开文件名为 nx5. prt 的文件，如图 5-2 所示。

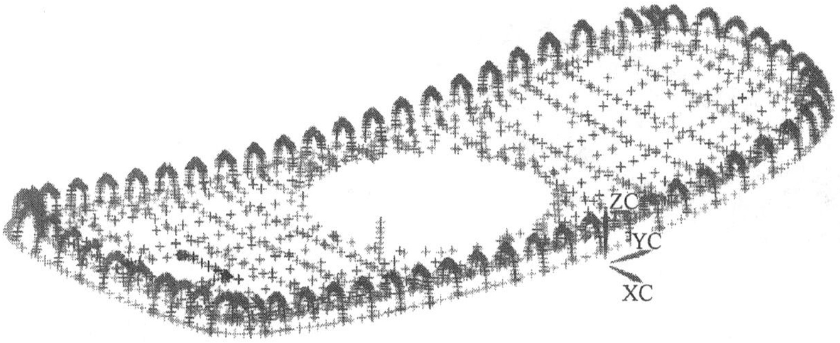

图 5-2

5.2 绘制反光镜四周轮廓曲面

1. 隐藏黄色点

选择菜单中的【编辑(E)】/【显示和隐藏(H)】/【隐藏(H)...】命令，或在【实用】工具条中选择（隐藏）图标，出现【类选择】对话框，在【颜色过滤器】区选择（颜色过滤）图标，如图5-3所示，系统出现【颜色】过滤选择对话框，如图5-4所示，单击（从对象继承）按钮，然后在图形中选择如图5-5所示的黄色点，再在【颜色】过滤选择对话框中单击确定按钮。

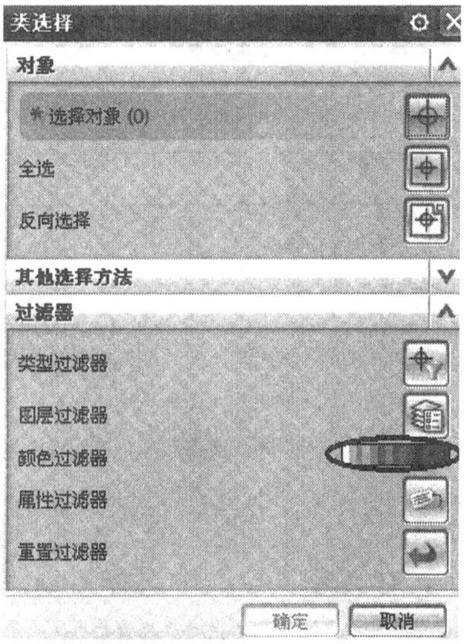

图 5-3

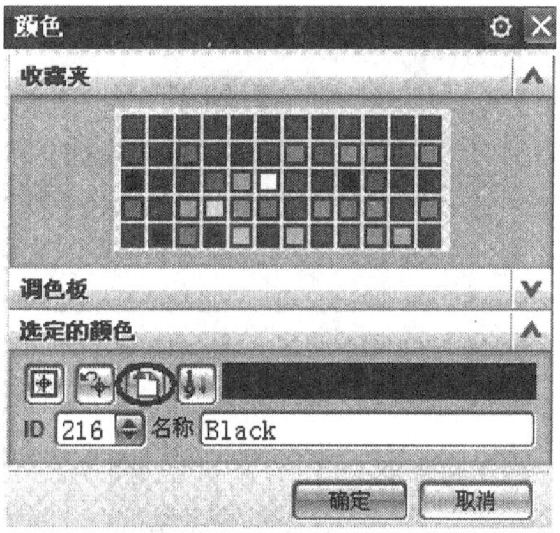

图 5-4

系统返回【类选择】对话框，选择（全选）图标，单击确定按钮完成操作。

2. 反转显示和隐藏

选择菜单中的【编辑(E)】/【显示和隐藏(H)】/【反转显示和隐藏(I)】命令，或在【实用】工具条中选择（反转显示和隐藏）图标，图形更新后如图5-6所示。

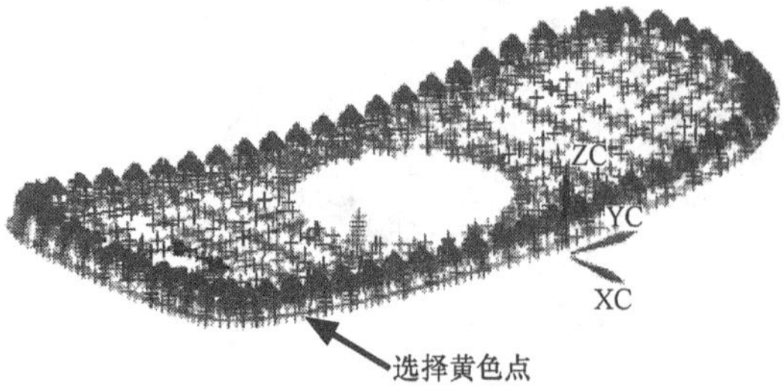

图 5-5

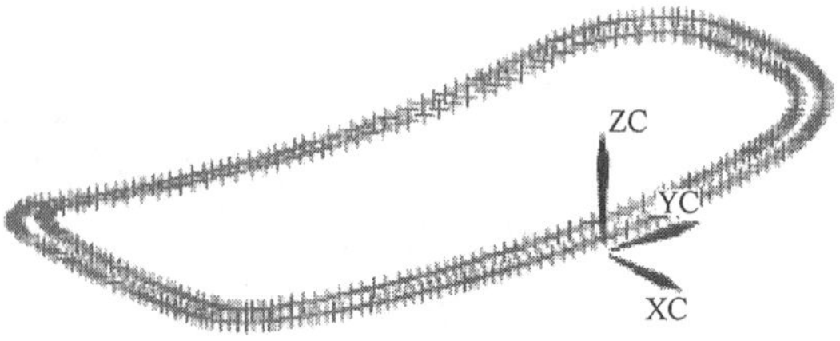

图 5-6

3. 投影点

选择菜单中的【插入(S)】/【来自曲线集的曲线(F)】/【投影(P)...】命令，或在【曲线】工具条中选择（投影曲线）图标，出现【投影曲线】对话框，如图 5-7 所示，在图形中框选所有的点，如图 5-8 所示。

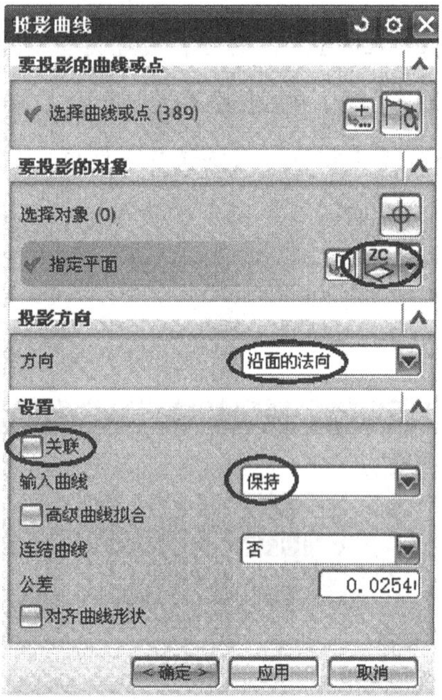

图 5-7

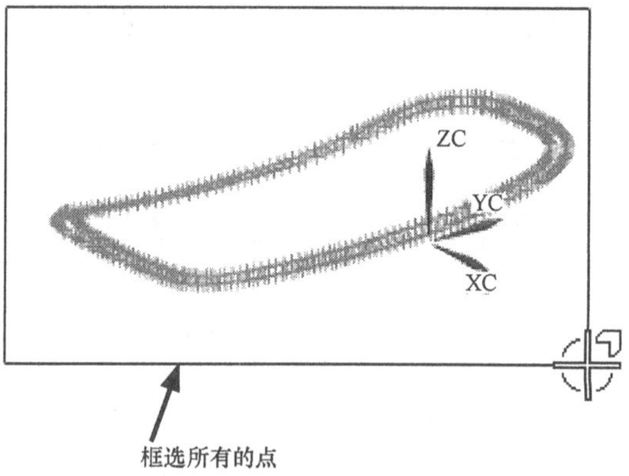

图 5-8

在【投影曲线】对话框的指定平面下拉框中选择（XC-YC 平面）选项，然后在图形中的距离栏输入 -200，出现预览平面，如图 5-9 所示；在方向下拉框中选择沿面的法向选项，取消勾选关联选项；在输入曲线下拉框中选择保持选项，最后单击< 确定 >按钮，创建投影点，如图 5-10 所示。

4. 对象预设置

选择菜单中的【首选项(P)】/【对象(O)... Ctrl+Shift+J】命令，出现【对象首选项】对话框，如图 5-11 所示，在【类型】下拉框中选择【默认】，在【颜色】栏单击颜色区，出现【颜色】选择框，如图 5-12 所示，选择如图 5-12 所示的蓝色，然后单击确定按钮，系统返回

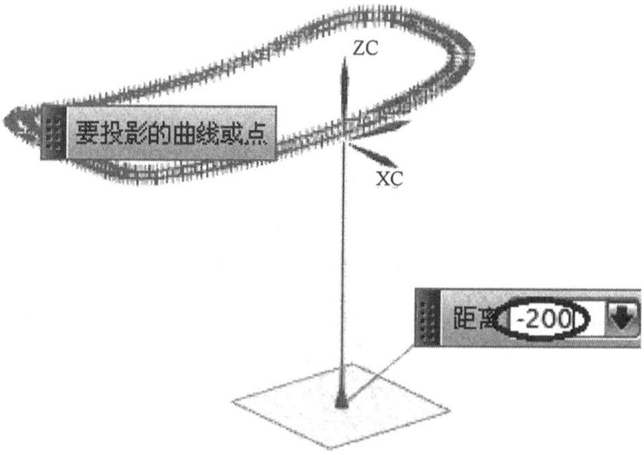

图 5-9

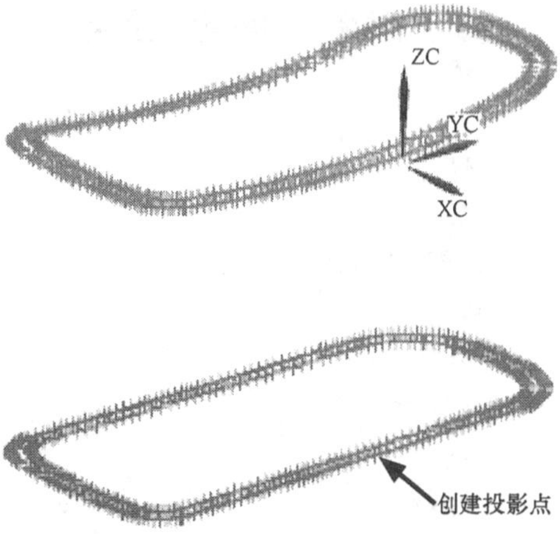

图 5-10

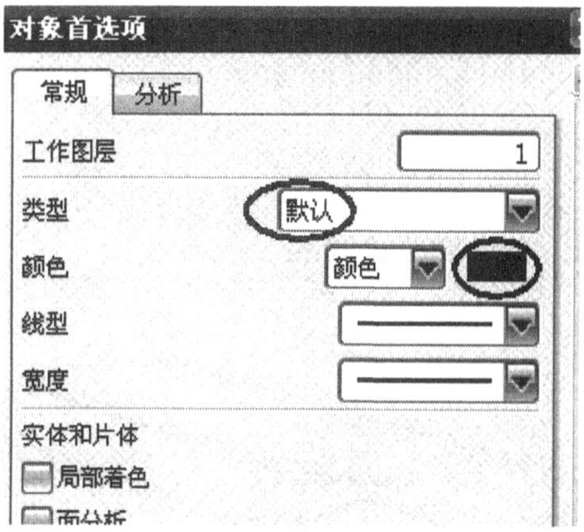

图 5-11

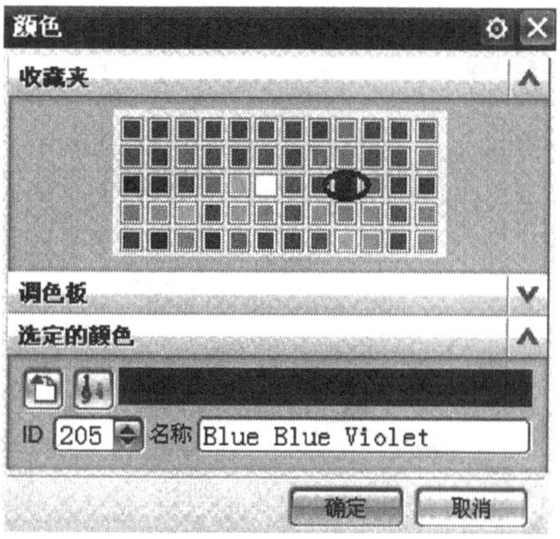

图 5-12

【对象首选项】对话框，最后单击【确定】按钮，完成对象预设置。

5. 绘制外形轮廓线

选择菜单中的【插入(S)】/【曲线(C)】/【圆弧/圆(C)...】命令，或在【曲线】工具条中选择（圆弧/圆）图标，出现【圆弧/圆】对话框，如图5-13所示，然后在捕捉点工具条中选择（现有点）选项，在图形中依次选择如图5-14所示的3个绿色点，单击【应用】按钮，完成圆弧的绘制，如图5-15所示。

按照上述方法再分别绘制其他3段圆弧，如图5-16所示。

绘制完成后，分析是否贴点，误差控制在0.2～0.3mm范围内。

接着，按照上述步骤以同样的方法绘制内圈的4段圆弧，完成后如图5-17所示。

6. 创建曲线倒圆角

选择菜单中的【插入(S)】/【曲线(C)】/【基本曲线(B)...】命令，或在【曲线】工具条中选择（基本曲线）图标，出现【基本曲线】对话框，选择（圆角）图标，如图5-18所示，系统出现【曲线倒圆】对话框，如图5-19所示，在【方法】栏中选择（2曲线圆

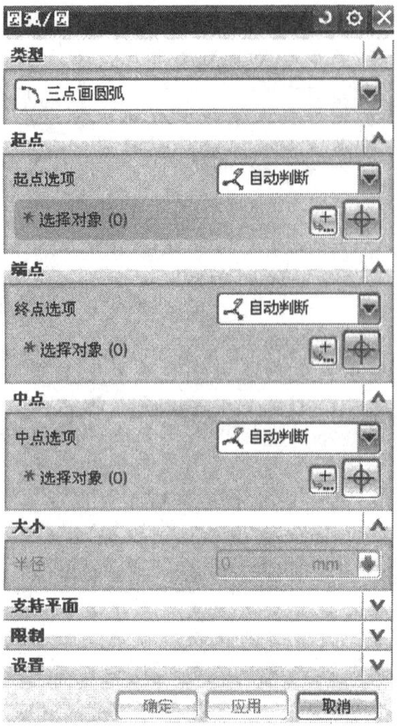

图 5-13

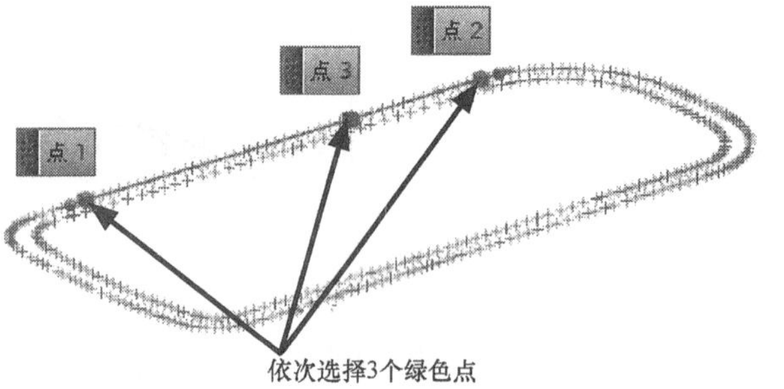

图 5-14

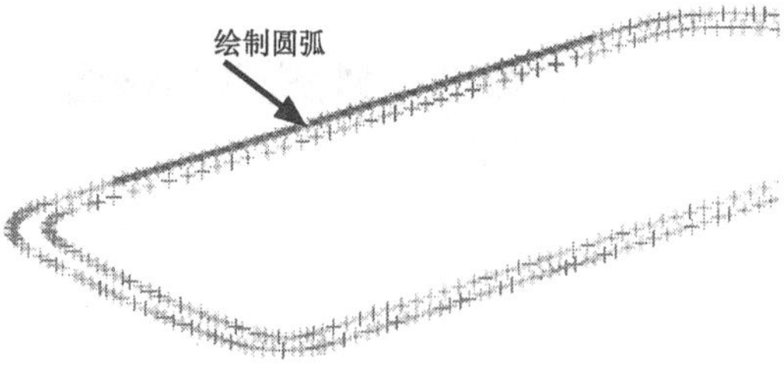

图 5-15

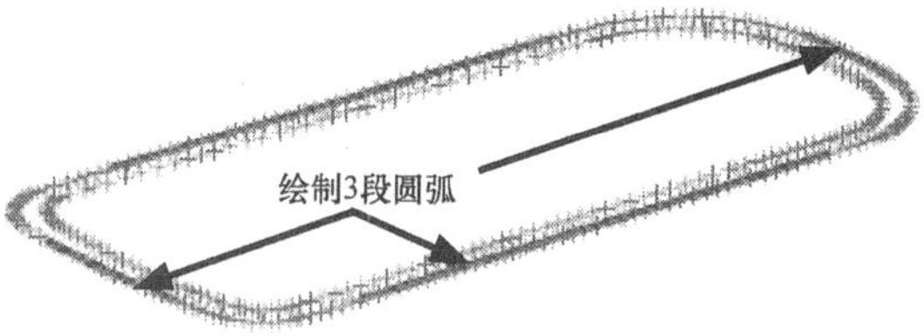

图 5-16

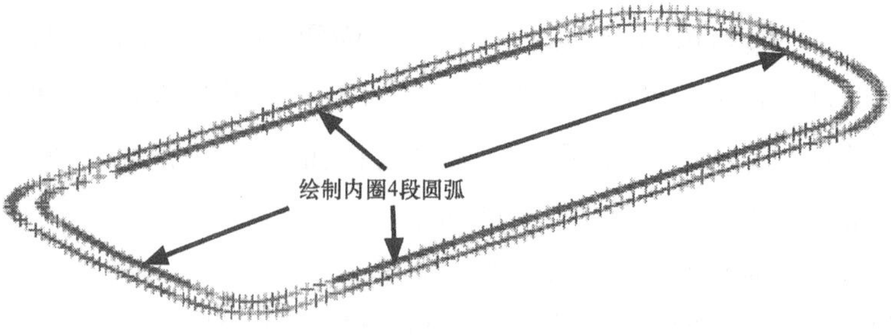

图 5-17

角）图标，在半径 栏中输入60（由于逆向造型没有图样尺寸，在有实物的情况下，可以用游标卡尺和圆弧规测量，如没有实物，则用数值去试，试到绘制出的曲线能够最大限度地贴点为止），并选中 修剪第一条曲线 和 修剪第二条曲线 选项，然后在图形中依次选择两条圆弧及圆心，如图5-20所示，创建曲线倒圆角，如图5-21所示。

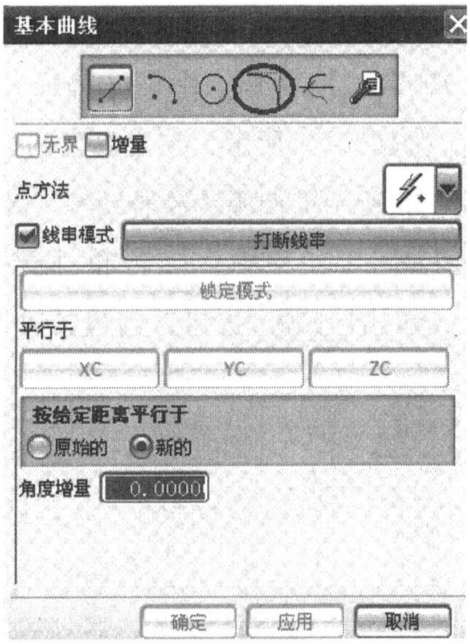

图 5-18

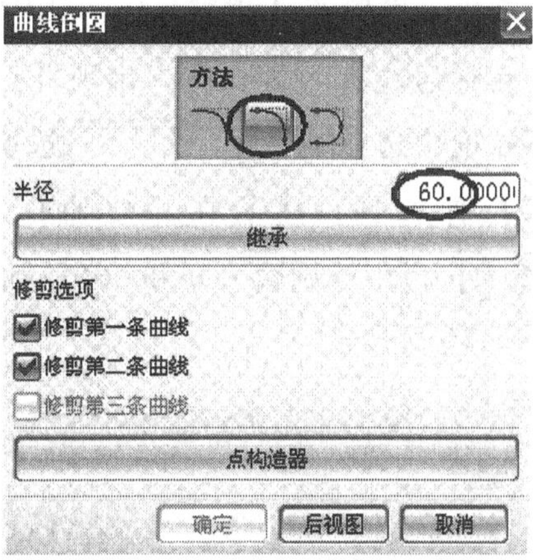

图 5-19

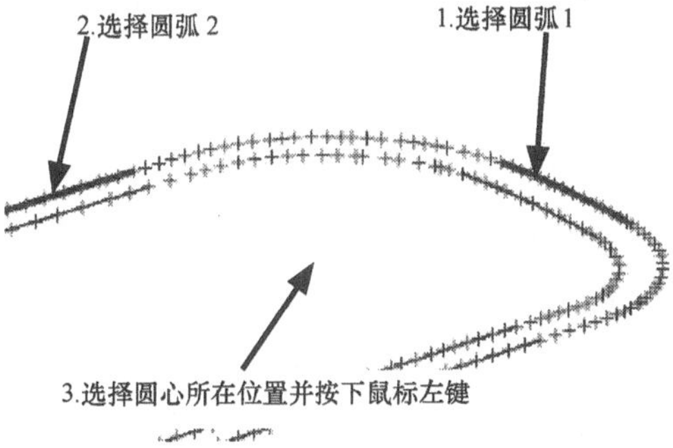

图 5-20

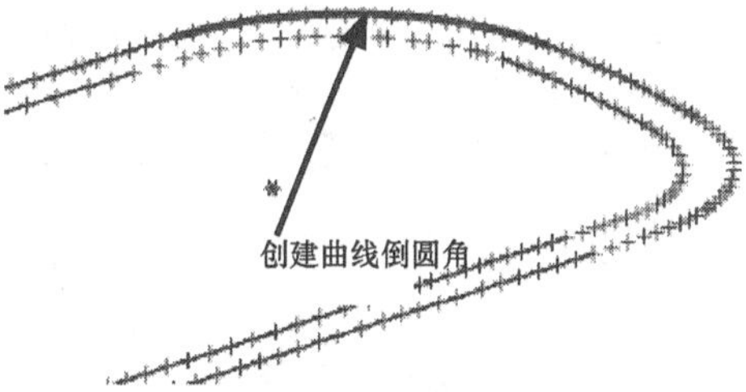

图 5-21

注意：选择曲线顺序以及选择曲线时，在出现的如图 5-22 所示的“【编辑曲线】是否移除参数”警告对话框中单击 是(Y) 按钮。

按照上述方法，依次创建其他 7 个圆角，半径如图 5-23 所示。

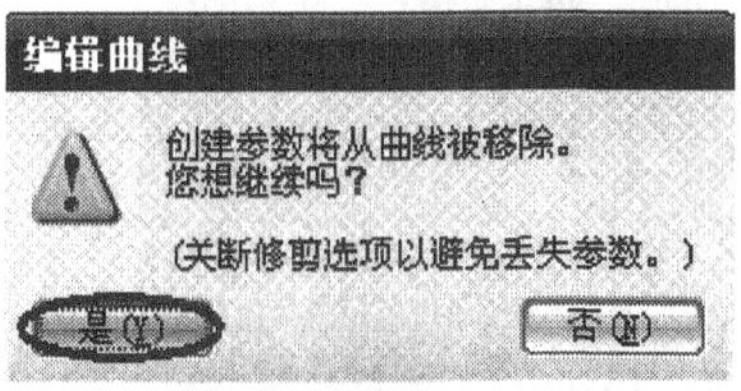

图 5-22

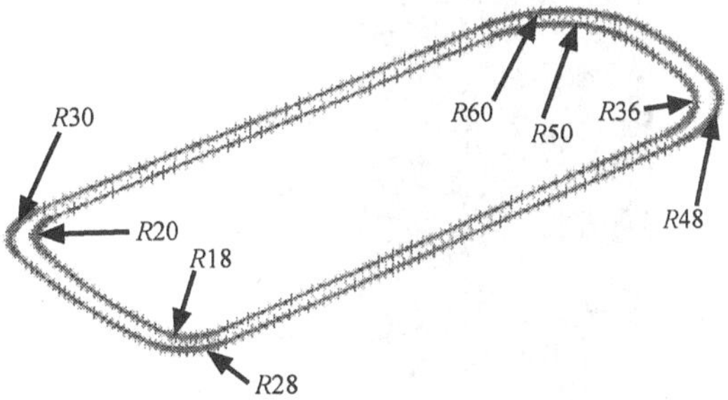

图 5-23

7. 对象预设置

选择菜单中的【首选项(P)】/【对象(O)... Ctrl+Shift+J】命令，将片体颜色设置为黄色。

8. 创建外圈拉伸片体

选择菜单中的【插入(S)】/【设计特征(E)】/【拉伸(E)...】命令，或在【特征】工具条中选择（拉伸）图标，出现【拉伸】对话框，如图5-24所示，在主界面的曲线规则下拉框中选择单条曲线选项，选择如图5-25所示的圆弧为拉伸对象，图形中出现拉伸方向，然后在【拉伸】对话框的【开始】\【距离】栏和【结束】\【距离】栏中分别输入0和300，如图5-24所示，单击应用按钮，创建拉伸片体，如图5-26所示。

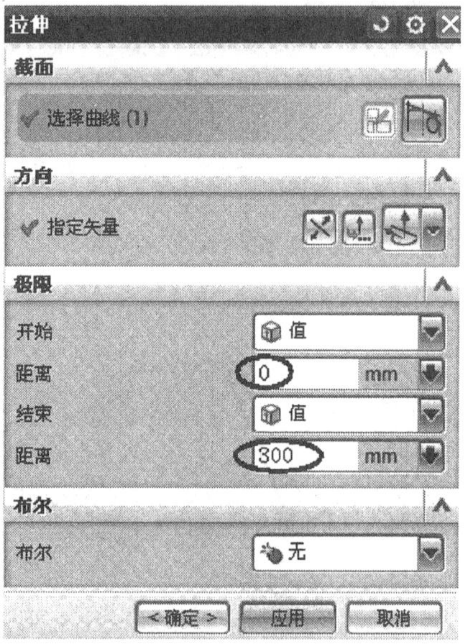

图 5-24

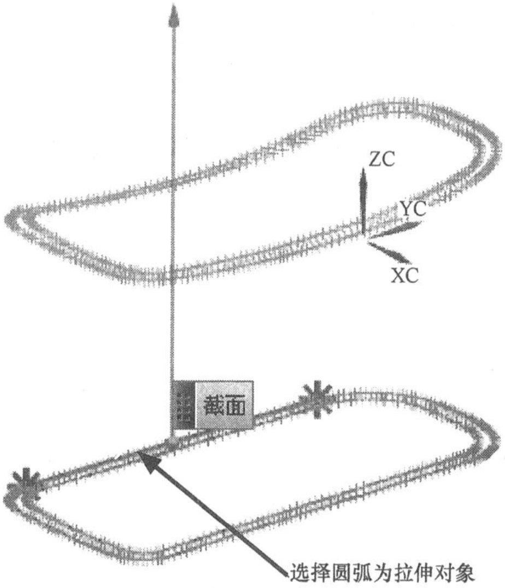

图 5-25

按照上述方法，拉伸其他7条圆弧边，完成拉伸片体，结果如图5-27所示。

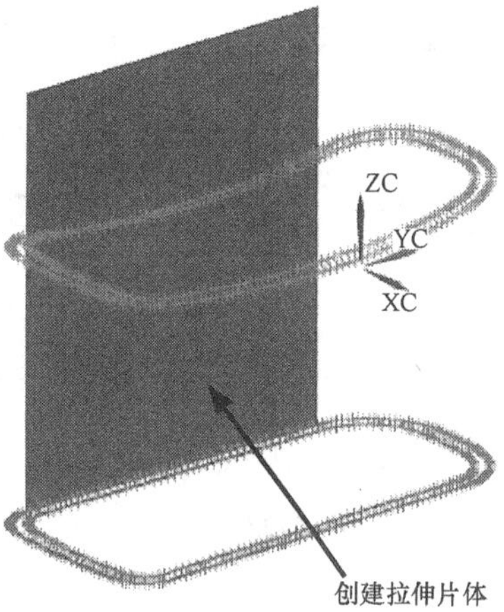

图 5-26

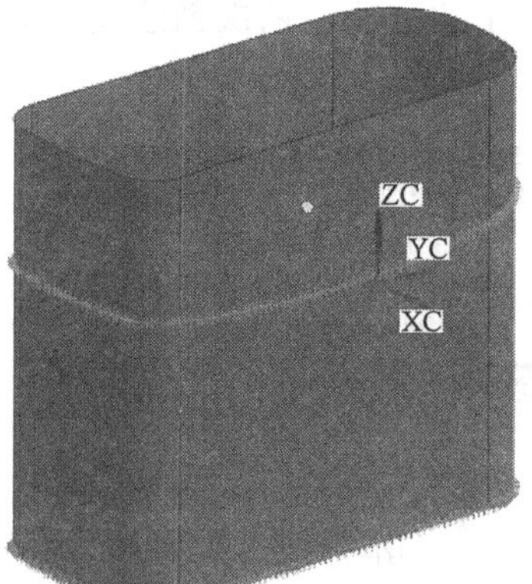

图 5-27

9. 将片体移动至 80 层

选择菜单中的【格式(R)】/【移动至图层(M)...】命令，出现【类选择】对话框，选择片体并将其移动至 80 层（步骤略），然后设置 80 层为不可见，图形更新后如图 5-28 所示。

10. 创建内圈拉伸片体

按照步骤 8 的方法依次拉伸 8 条圆弧，参数相同，创建拉伸片体，如图 5-29 所示。

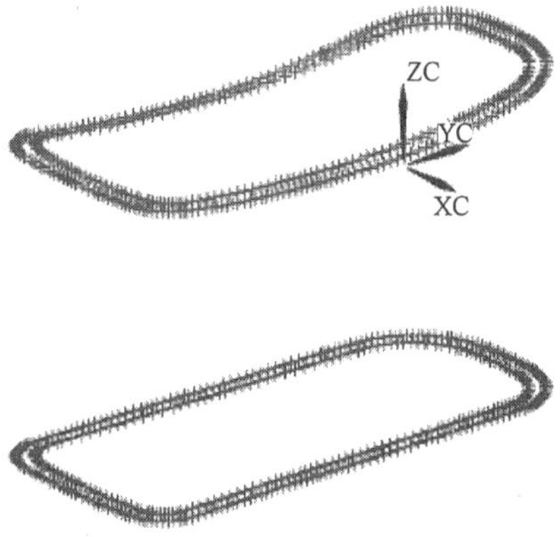

图 5-28

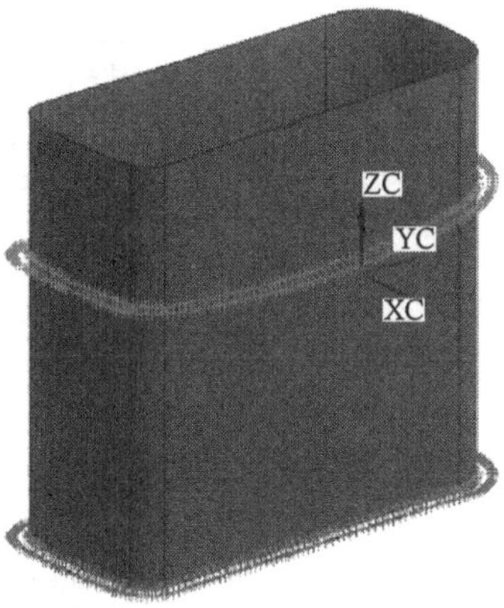

图 5-29

11. 将片体移至 81 层，并设置该层不可见

选择菜单中的【格式(R)】/【移动至图层(M)...】命令，将上面创建的内圈片体移至 81 层，并设置不可见。

12. 将点和曲线移至 255 层，并设置该层不可见

选择菜单中的【格式(R)】/【移动至图层(M)...】命令，出现【类选择】对话框，如图 5-30 所示，框选如图 5-31 所示的点和曲线，单击 确定 按钮，系统出现【图层移动】对话框，如图 5-32 所示，在对话框的【目标图层或类别】栏输入 255，然后单击 确定 按钮，完成图层设置操作，接着将 255 层设置为不可见。

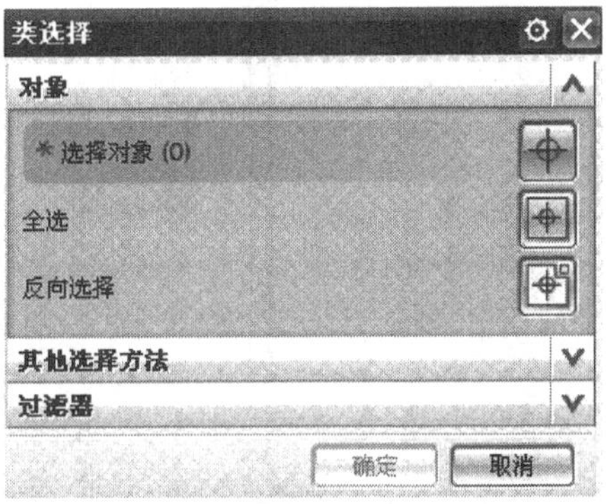

图 5-30

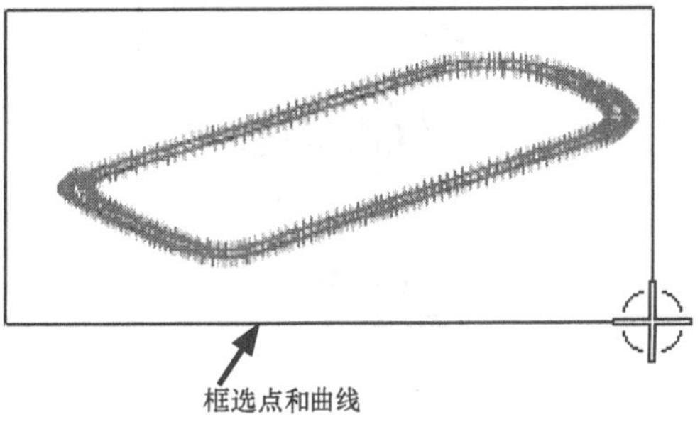

图 5-31

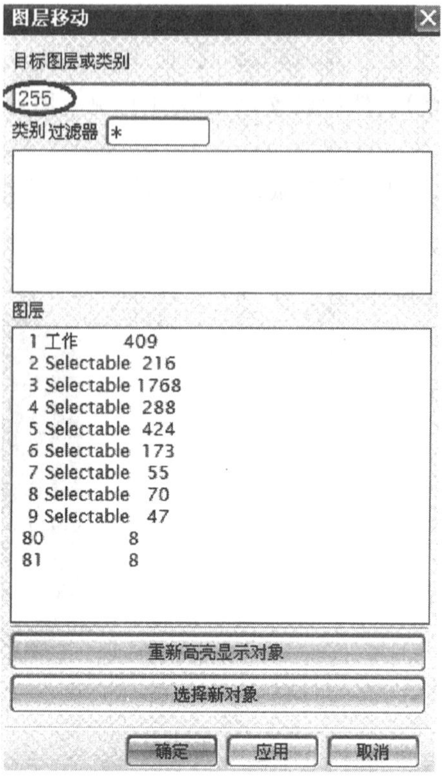

图 5-32

5.3 绘制反光镜顶面

1. 将视图转到俯视图

在视图工具条中选择（俯视图）图标，如图 5-33 所示，将图形转换成俯视图，如图 5-34 所示。

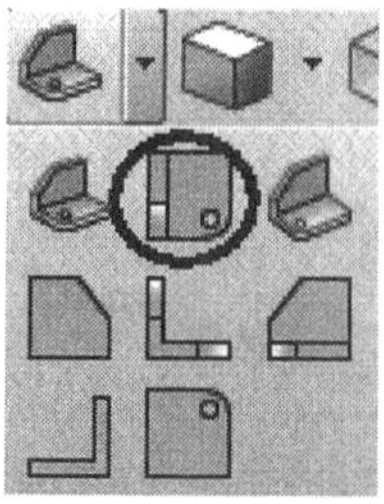

图 5-33

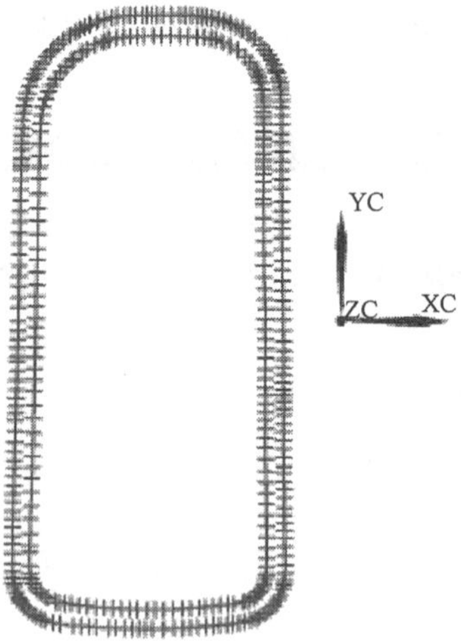

图 5-34

2. 投影点

选择菜单中的【插入(S)】/【来自曲线集的曲线(F)】/【投影(P)...】命令，或在【曲线】工具条中选择（投影曲线）图标，出现【投影曲线】对话框，如图 5-35 所示，在图形中选择从外圈点 1 至点 2 之间所有的点，使点变红，如图 5-36 所示。

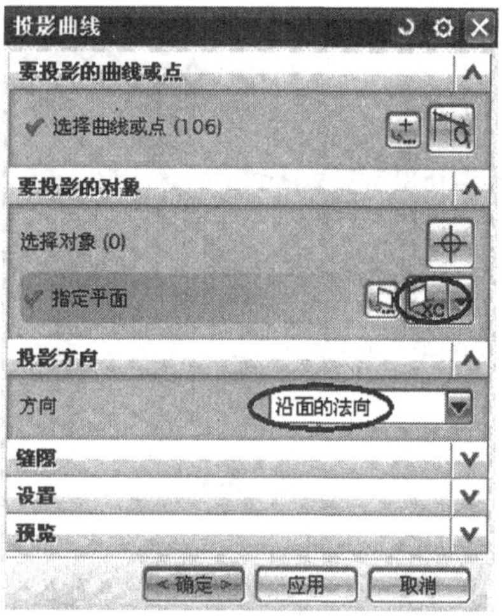

图 5-35

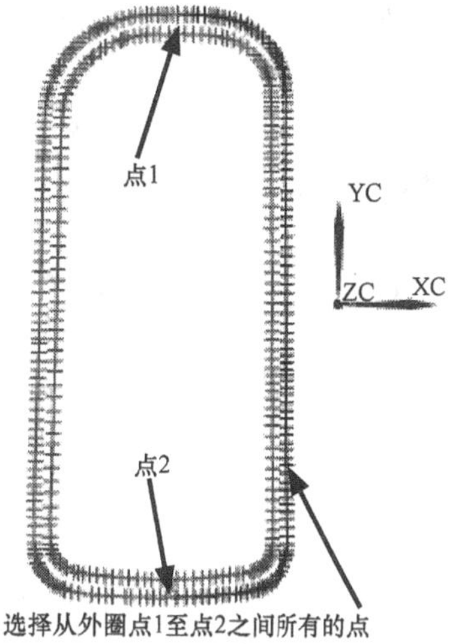

图 5-36

在【投影曲线】对话框的指定平面下拉框中选择（YC-ZC 平面）选项，在方向下拉框中选择沿面的法向选项，然后单击< 确定 >按钮，创建投影点，如图 5-37 所示。

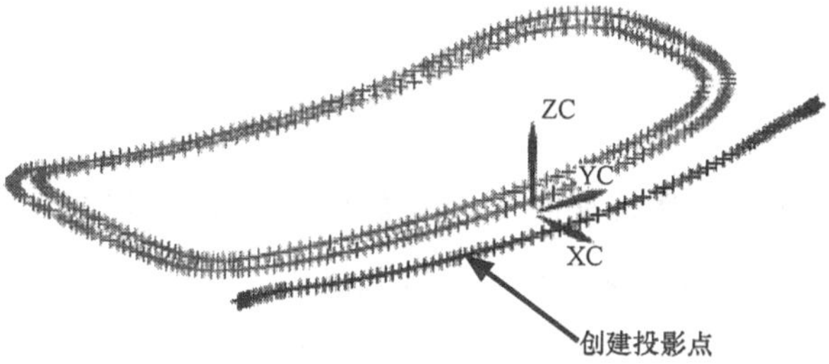

图 5-37

3. 绘制截面线

首先放大投影的点区域，选择菜单中的【插入(S)】/【曲线(C)】/【圆弧/圆(C)...】命令，或在【曲线】工具条中选择（圆弧/圆）图标，出现【圆弧/圆】对话框，如图 5-38 所示，然后在捕捉点工具条中仅选择（现有点）选项，在图形中依次选择如图 5-39 所示的 3 个蓝色点，单击应用按钮，完成圆弧的绘制，如图 5-40 所示。

按照上述方法，分别绘制左、右两段圆弧，并向外侧延伸，如图 5-41 所示。

4. 创建桥接曲线

选择菜单中的【插入(S)】/【来自曲线集的曲线(F)】/【桥接(B)...】命令，或在【曲线】工具条中选择（桥接曲线）图标，出现【桥接曲线】对话框，如图 5-42 所示，取消勾选

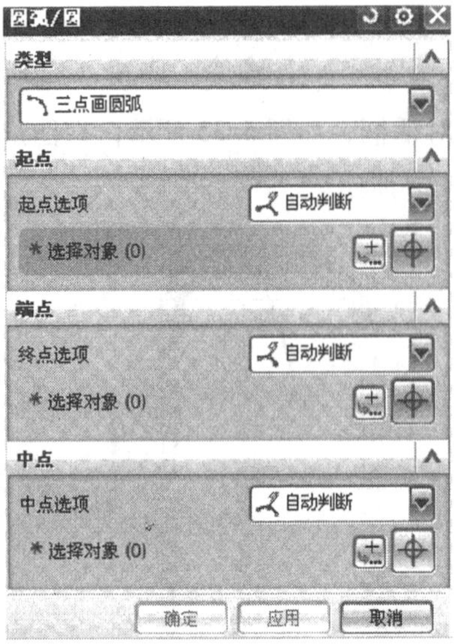

图 5-38

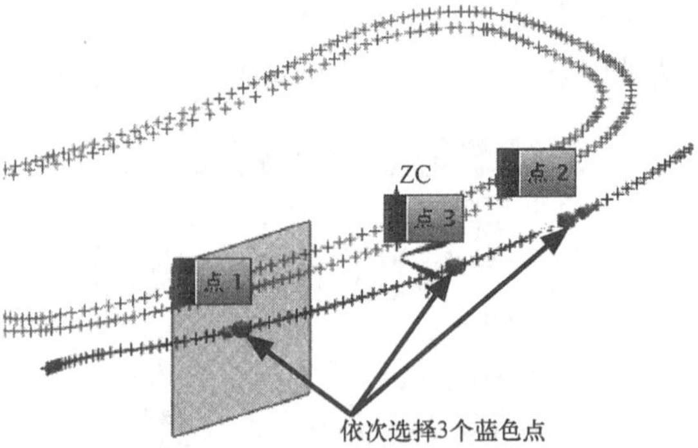

图 5-39

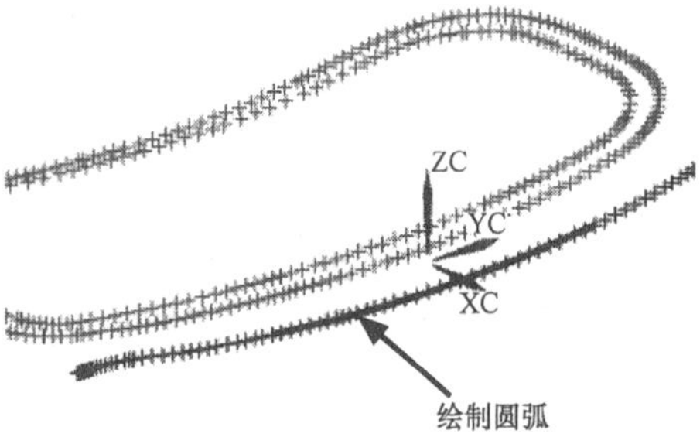

图 5-40

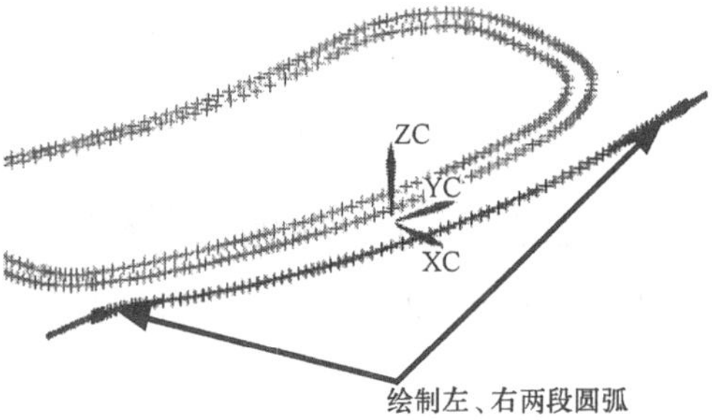

图 5-41

□关联选项，然后在图形中依次选择曲线，如图 5-43 所示，最后在【桥接曲线】对话框中单击< 确定 >按钮，创建桥接曲线，如图 5-44 所示。

接下来，按照上述方法对右边的两条曲线进行桥接，选择箭头进行微调，使曲线尽量贴点，完成后如图 5-45 所示。

5. 创建连接曲线

选择菜单中的【插入(S)】/【来自曲线集的曲线(F)】/【连结(J)...】命令，或在【曲线】工具条中选择（连接曲线）图标，出现【连结曲线】对话框，如图 5-46 所示，取消勾选□关联选项，在输入曲线下拉框中选择替换选项，在主界面的曲线规则下拉框中选择相切曲线选项，在图形中选择如图 5-47 所示的曲线，然后在【连结曲线】对话框中单击确定按钮，完成创建连接曲线。

6. 创建拉伸片体特征

选择菜单中的【插入(S)】/【设计特征(E)】/【拉伸(E)...】命令，或在【特征】工具条中选择（拉伸）图标，出现【拉伸】对话框，如图 5-48 所示，在主界面的曲线规则下

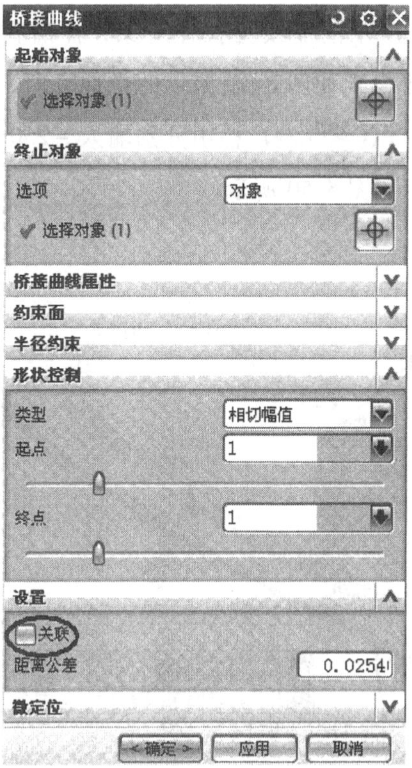

图　5-42

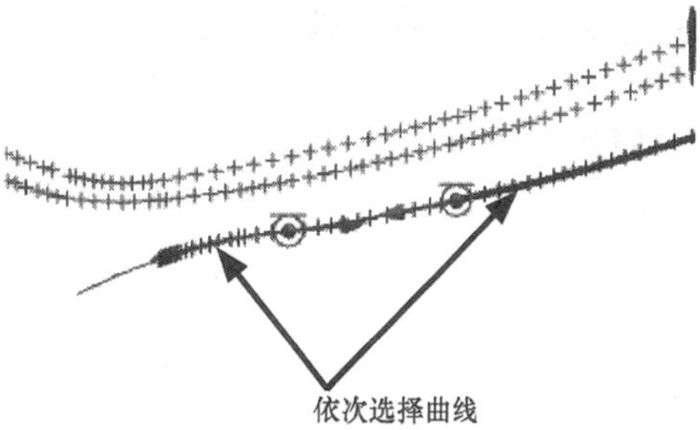

图　5-43

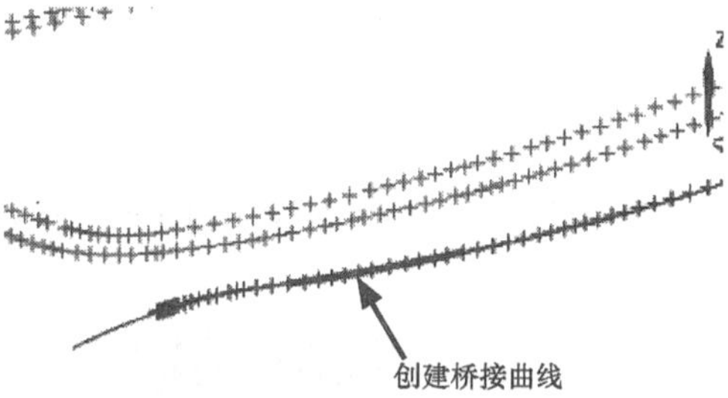

图　5-44

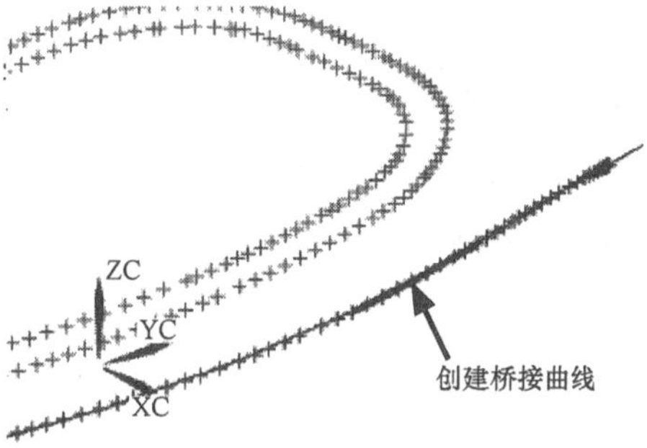

图　5-45

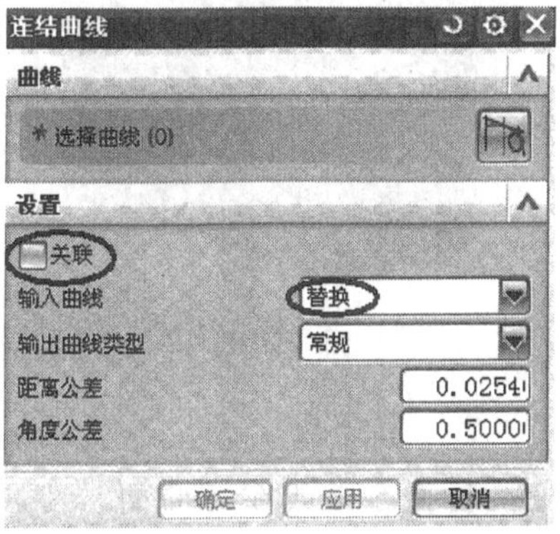

图　5-46

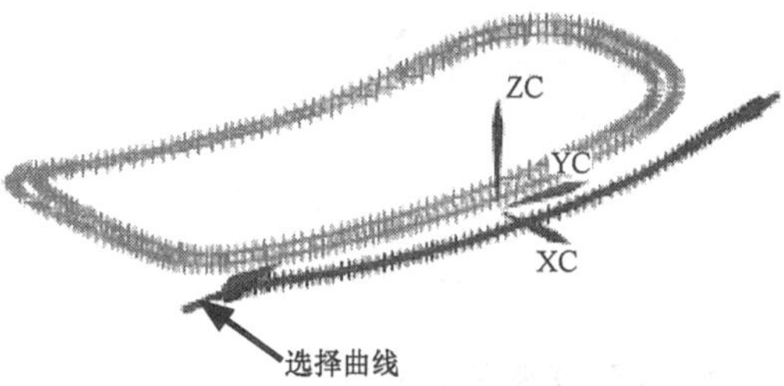

图　5-47

拉框中选择 单条曲线 选项，选择如图 5-49 所示的曲线为拉伸对象，然后在【拉伸】对话框的 指定矢量 下拉框中选择 XC 选项，图形中出现如图 5-49 所示的拉伸方向，再在【拉伸】对话框的【开始】\【距离】栏和【结束】\【距离】栏中分别输入 -250 和 0，如图 5-48 所示，单击 应用 按钮，创建拉伸片体，如图 5-50 所示。

图 5-48

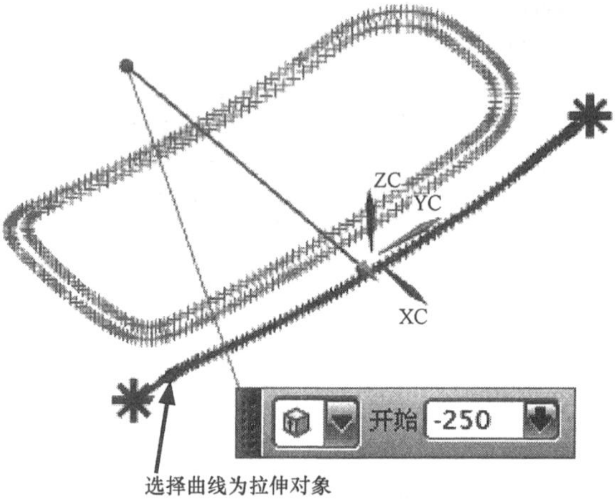

图 5-49

7. 打开 80 层

选择菜单中的【格式(R)】/【图层设置(S)...】命令，出现【图层设置】对话框，在图层列表框中勾选第 80 层，然后单击 关闭 按钮，完成图层设置操作，图形更新为如图 5-51 所示。

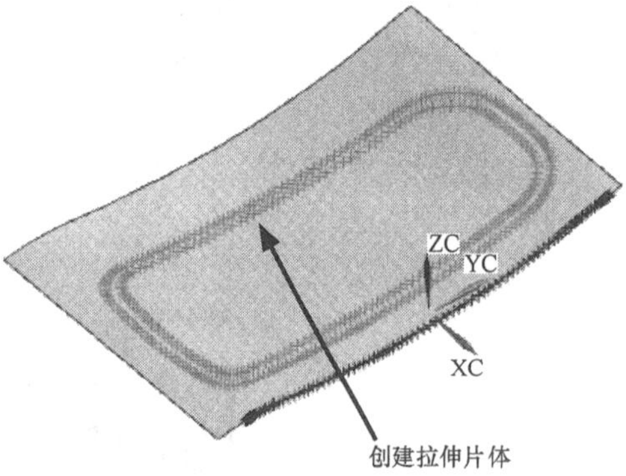

图 5-50

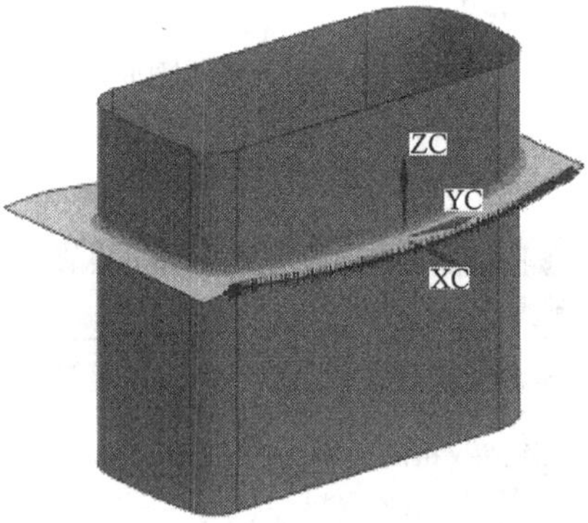

图 5-51

8. 创建修剪片体特征

选择菜单中的【插入(S)】/【修剪(T)】/【修剪片体(R)...】命令，或在【曲面】工具栏中选择 （修剪片体）图标，出现【修剪片体】对话框，如图 5-52 所示，在 投影方向 下拉

框中选择 垂直于面 选项，在**区域**项中选择 保持 单选选项，在图形中选择如图 5-53 所示的曲面为要修剪的对象。

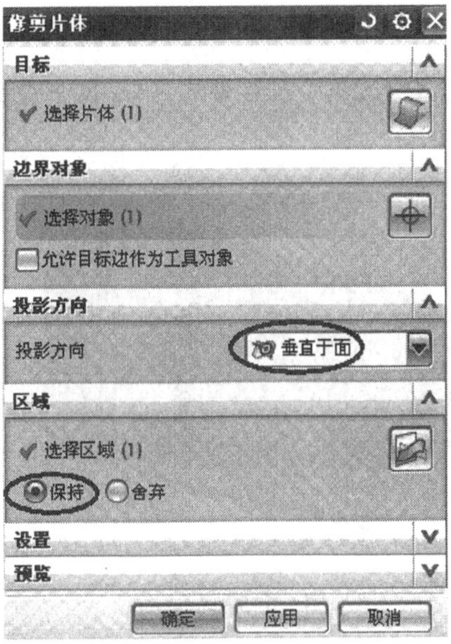

图 5-52

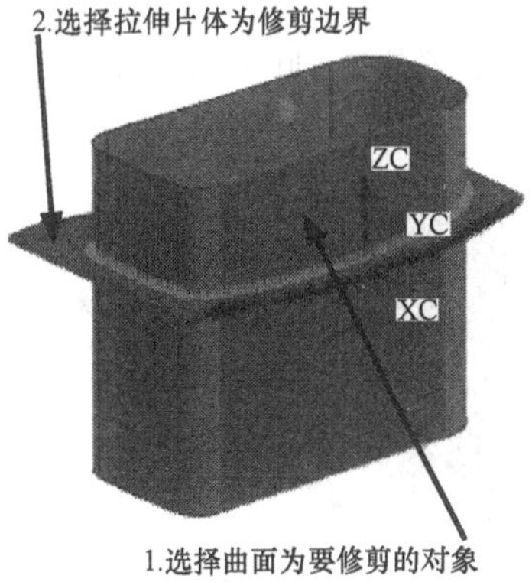

图 5-53

然后，在【修剪片体】对话框的**边界对象**区域选择 （对象）图标，选择如图 5-53 所示的拉伸片体为修剪边界，接着在对话框中单击 应用 按钮，完成修剪片体，如图 5-54 所示。

继续修剪片体。系统提示选择目标片体，在图形中选择如图 5-55 所示的曲面为要修剪的对象，然后选择如图 5-55 所示的拉伸片体为修剪边界，接着在对话框中单击 应用 按钮，完成修剪片体，如图 5-56 所示。

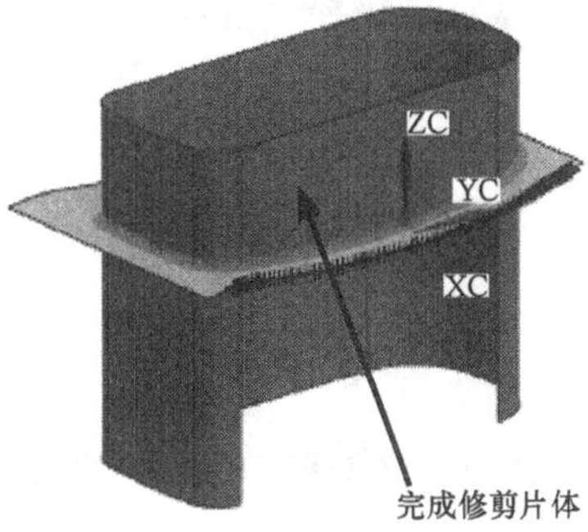

图 5-54

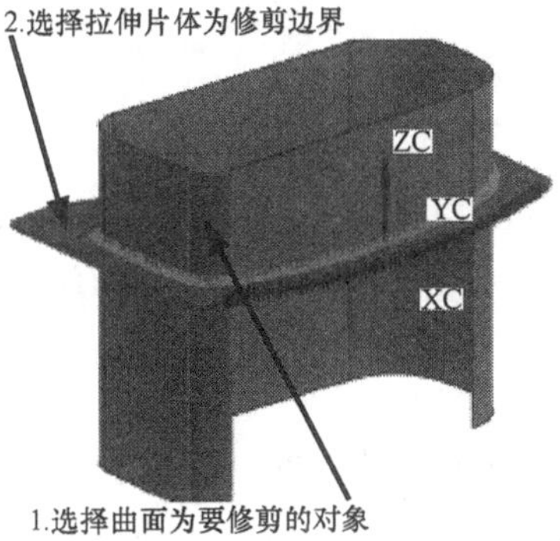

图 5-55

按照上述方法继续对其他 6 张面进行相同的修剪，完成后如图 5-57 所示。

9. 创建拔模特征

选择菜单中的【插入(S)】/【细节特征(L)】/【拔模(T)...】命令，或在【特征】工具栏中选择 （拔模）图标，出现【拔模】对话框，如图 5-58 所示，在**类型**下拉框中选择

从边 选项，在指定矢量 下拉框中选择ZC↑选项，在选择边 (0) 区域选择（边）图标，然后在图形中选择如图 5-59 所示的片体边为拔模固定边，在角度 1 栏中输入 2，单击 应用 按钮，创建拔模特征，如图 5-60 所示。

注：如读者练习时【角度 1】箭头方向向外，则在【角度 1】栏输入 -2，以下各面拔模【角度 1】栏的输入值参考此规律。

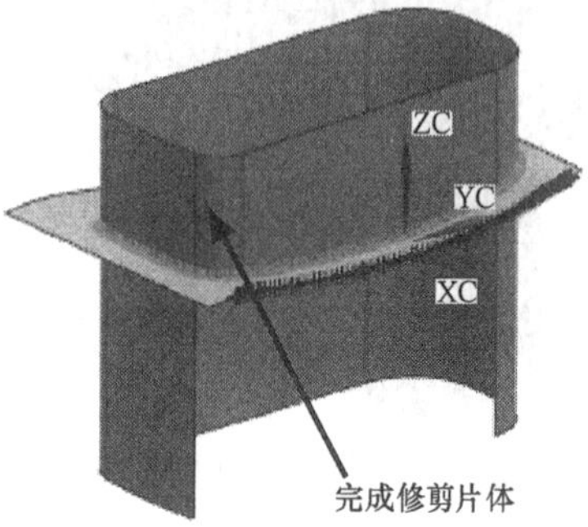

图 5-56

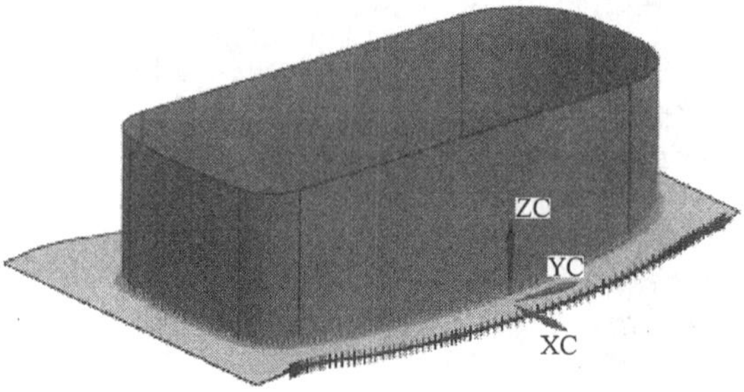

图 5-57

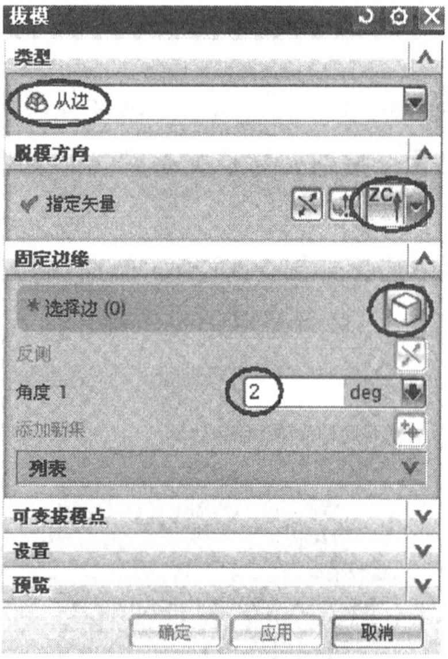

图 5-58

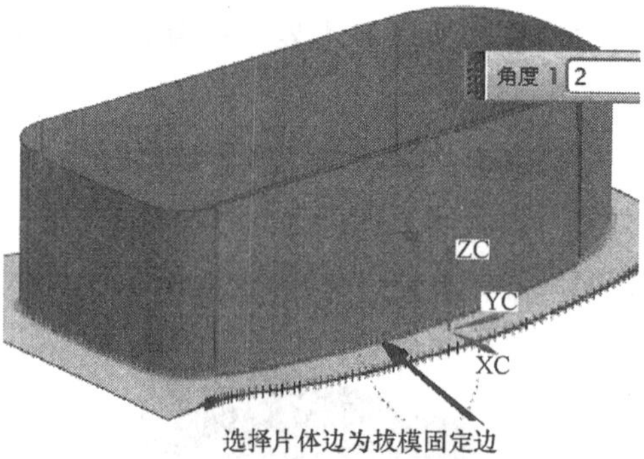

图 5-59

继续进行拔模。在【拔模】对话框的指定矢量 下拉框中选择ZC↑选项，在选择边 (0) 区域选择（边）图标，然后在图形中选择如图 5-61 所示的片体边为拔模固定边，在角度 1 栏输入 2，单击 应用 按钮，创建拔模特征，如图 5-62 所示。

按照上述方法，继续创建其他 6 张面的拔模，拔成上面小、下面大的形状，完成后如图 5-63所示。

注意：如某张片体不能进行拔模，可以将【拔模】对话框的设置 /距离公差 值扩大 10 倍，即可拔模。

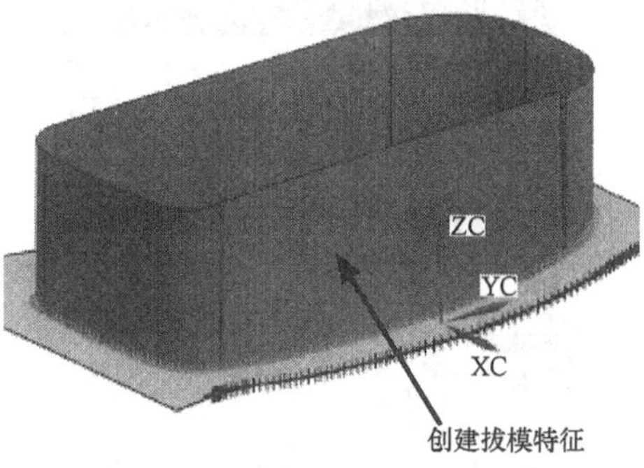

图 5-60

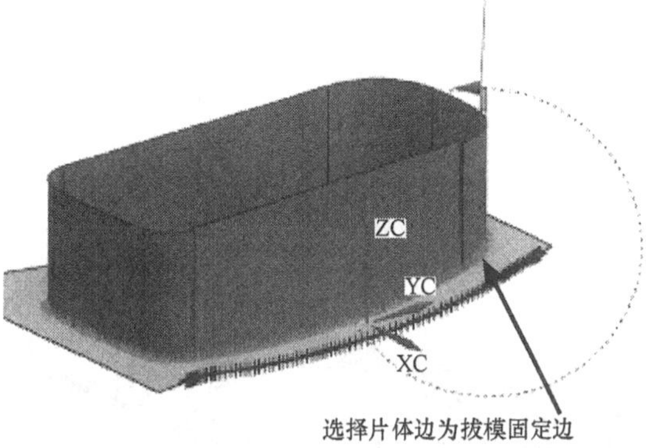

图 5-61

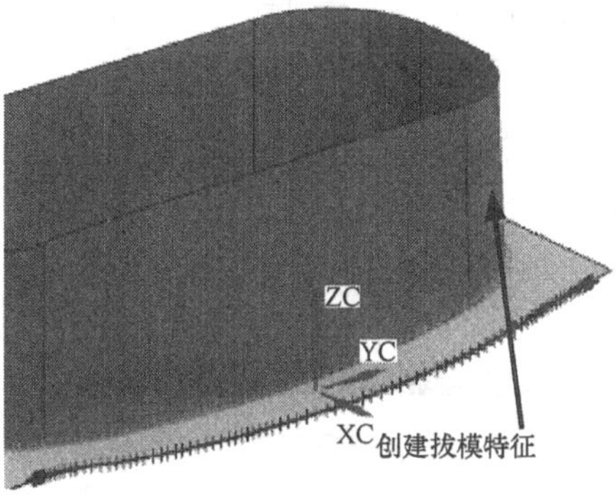

图 5-62

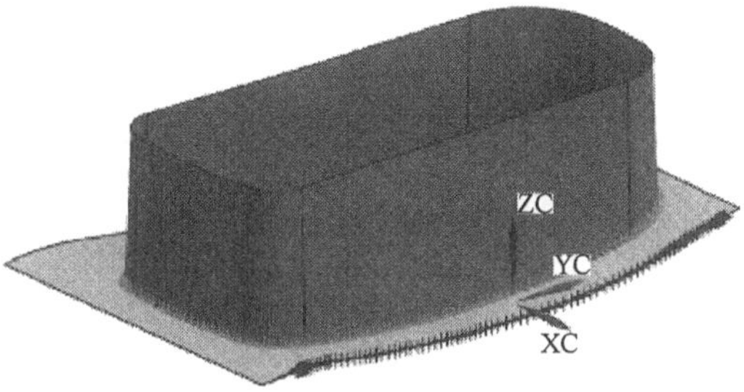

图 5-63

5.4 绘制汽车反光镜拱形面

1. 显示隐藏点

选择菜单中的【编辑(E)】/【显示和隐藏(H)】/【反转显示和隐藏(I)】命令，或在【实用】工具条中选择（反转显示和隐藏）图标，图形更新后如图 5-64 所示。

2. 设置图层

选择菜单中的【格式(R)】/【图层设置(S)...】命令，出现【图层设置】对话框，如图 5-65所示，在图层列表框中取消勾选第 3、5、7、8、9 层，然后单击 关闭 按钮，完成图层设置操作，图形更新后如图 5-66 所示。

3. 绘制圆弧

选择菜单中的【插入(S)】/【曲线(C)】/【圆弧/圆(C)...】命令，或在【曲线】工具条中选择（圆弧/圆）图标，出现【圆弧/圆】对话框，如图 5-67 所示，然后在捕捉点工具条中选择（现有点）选项，在图形中依次选择如图 5-68 所示的三个绿色点，出现圆弧，拖曳如图 5-69 所示的圆点及箭头至适当位置，单击 应用 按钮，完成圆弧的绘制，如图 5-70所示。

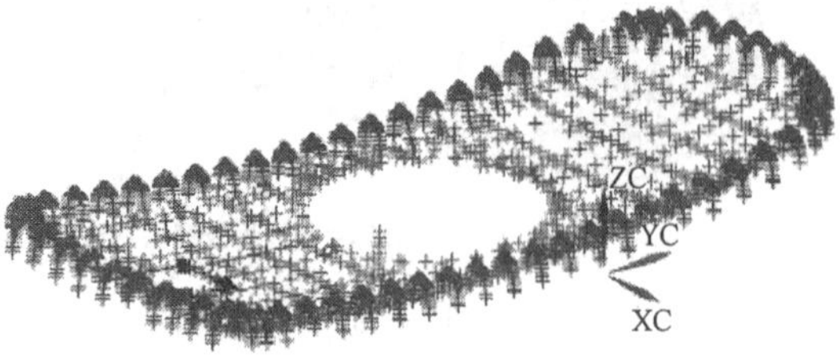

图 5-64

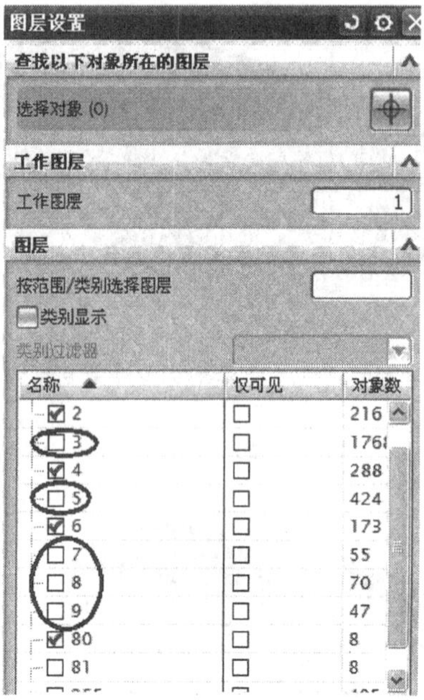

图 5-65

图 5-66

图 5-67

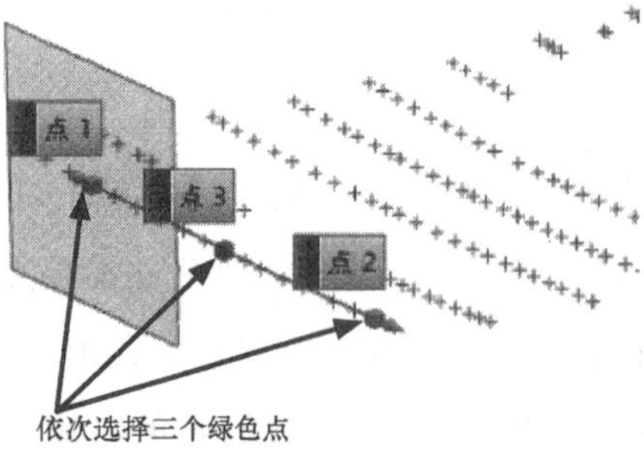

图 5-68

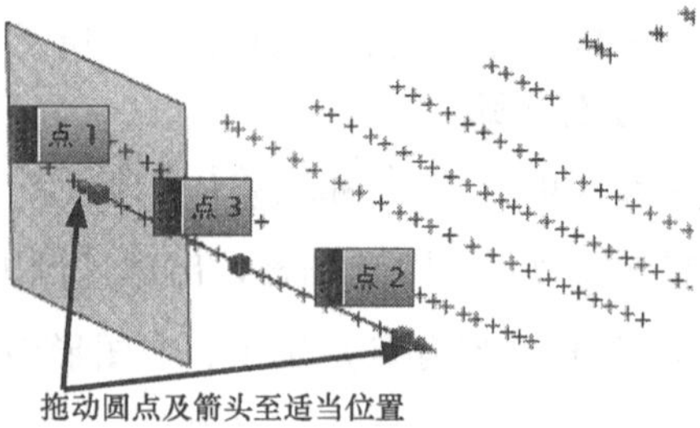

图 5-69

按照上述方法再分别绘制其余三段圆弧（左起第 5、10、14 排绿色点），如图 5-71 所示。

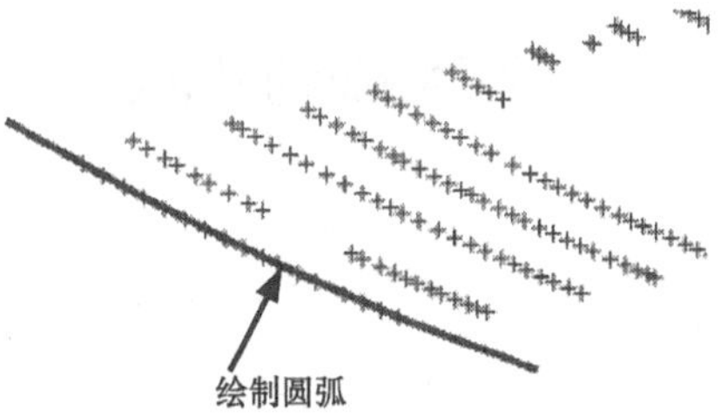

图 5-70

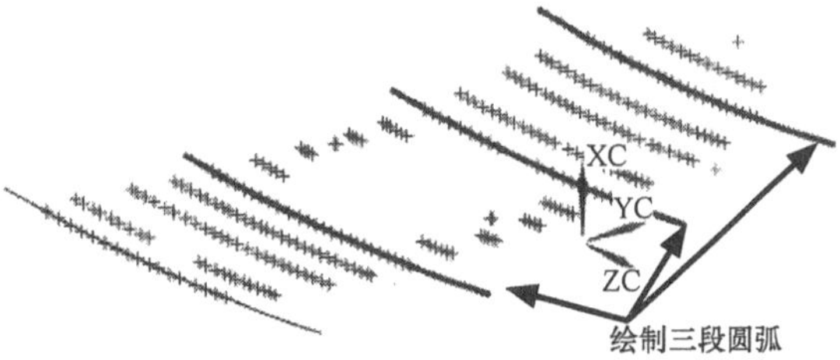

图 5-71

注意：圆弧起始位置和长度应基本一致。

4. 创建通过曲线组曲面

选择菜单中的【插入(S)】/【网格曲面(M)】/【通过曲线组(T)...】曲面命令，或在【曲面】工具条中选择（通过曲线组）图标，出现【通过曲线组】曲面对话框，如图 5-72 所示，首先在主界面的曲线规则下拉框中选择 相切曲线 选项，然后在图形中依次选择如图 5-73 所示的 4 条曲线为截面曲线（注意：选择每条截面曲线后，按下鼠标中键确认）。

然后，在【通过曲线组】曲面对话框的设置区域取消勾选 保留形状，再单击 确定 按钮，完成创建通过曲线组曲面，如图 5-74 所示。

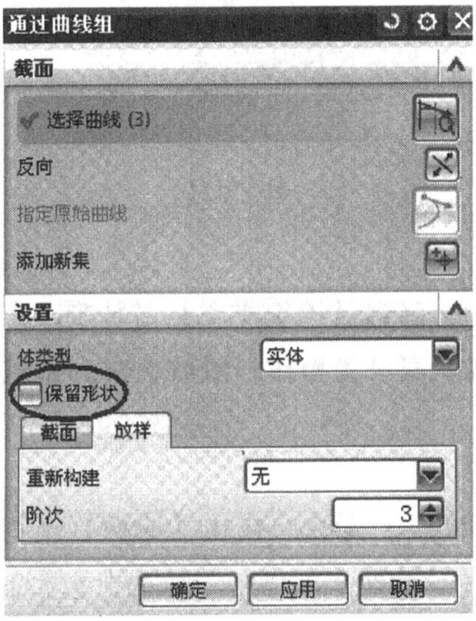

图 5-72

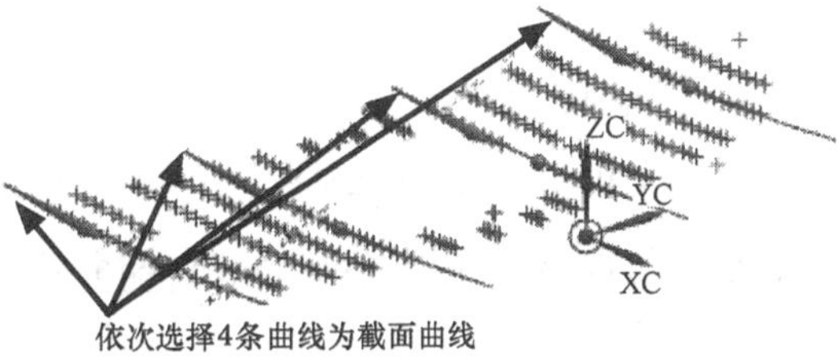

图 5-73

5. 创建扩大面特征

选择菜单中的【编辑(E)】/【曲面(R)】/【扩大(L)...】命令，或在【编辑曲面】工具栏中选择（扩大）图标，出现【扩大】面对话框，如图 5-75 所示，系统提示选择要扩大的面，在图形中选择如图 5-76 所示的曲面，然后在【扩大】面对话框的 %V起点 和 %V终点 栏输入 25 和 25，单击 确定 按钮，完成创建扩大面特征，如图 5-77 所示。

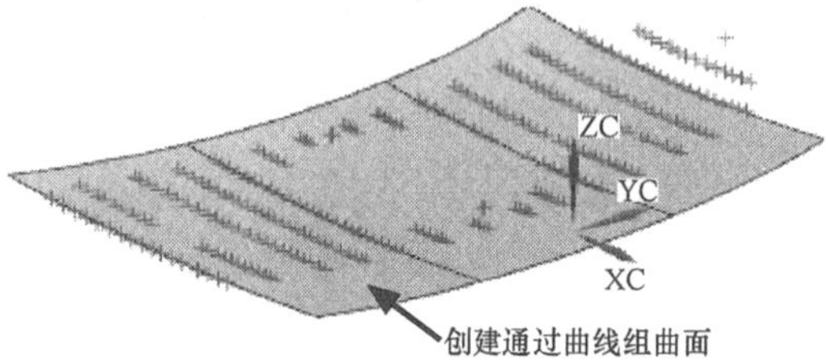

图 5-74

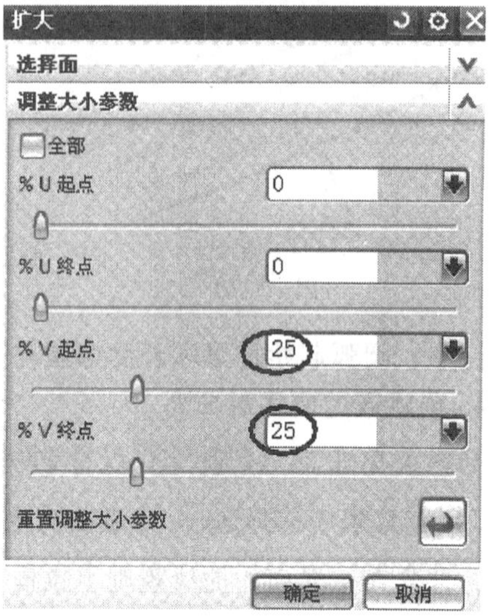

图 5-75

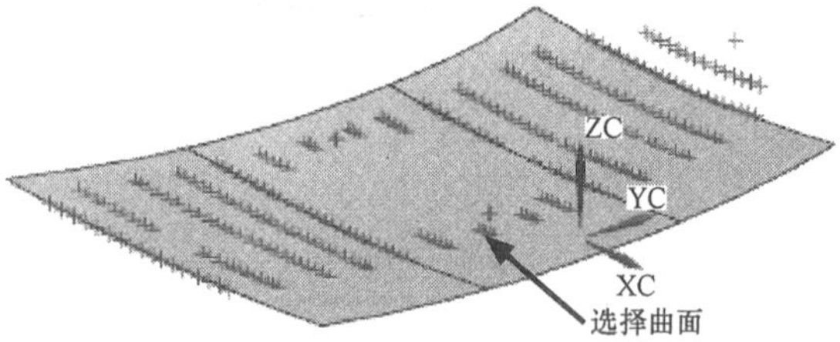

图 5-76

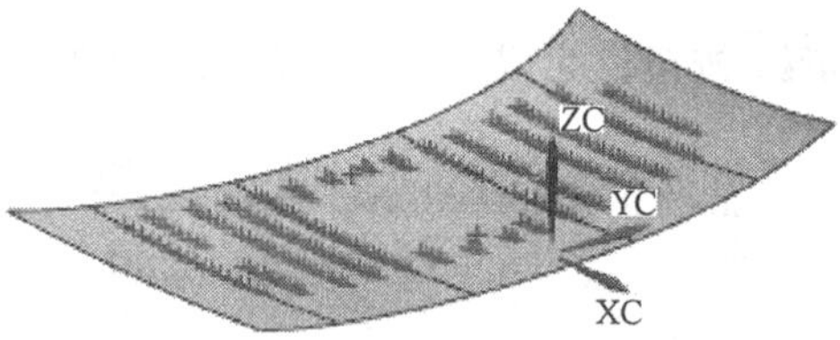

图 5-77

6. 打开 81 层

选择菜单中的【格式(R)】/【图层设置(S)...】命令，出现【图层设置】对话框，在图层列表框中勾选第 81 层，然后单击 关闭 按钮，完成图层设置操作，图形更新后如图 5-78 所示。

7. 创建修剪片体特征

选择菜单中的【插入(S)】/【修剪(T)】/【修剪片体(R)...】命令，或在【曲面】工具栏中选择 （修剪片体）图标，出现【修剪片体】对话框，如图 5-79 所示，在 投影方向 下拉框中选择 垂直于面 选项，在 **区域** 项中选择 保持 单选选项，在图形中选择如图 5-80 所示的曲面为要修剪的对象。

然后在【修剪片体】对话框的 **边界对象** 区域选择 （对象）图标，选择如图 5-80 所示的片体为修剪边界，接着在对话框中单击 应用 按钮，完成修剪片体，如图 5-81 所示。

按照上述方法继续对其他 7 张面进行相同的修剪，完成后如图 5-82 所示。

5 CHAPTER

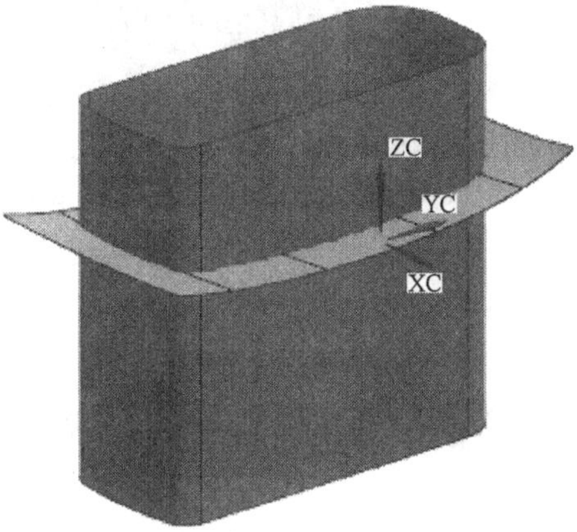

图 5-78

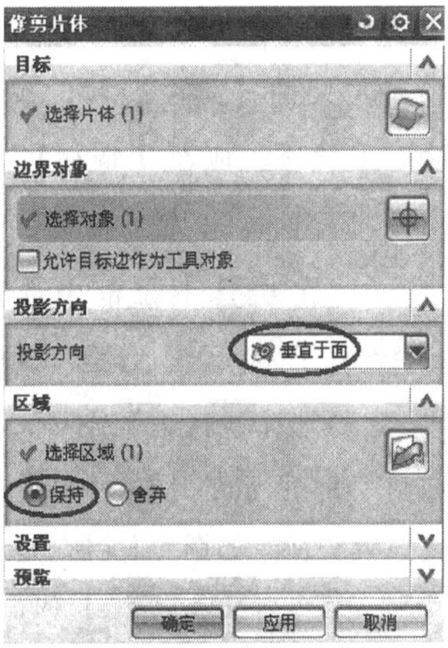

图 5-79

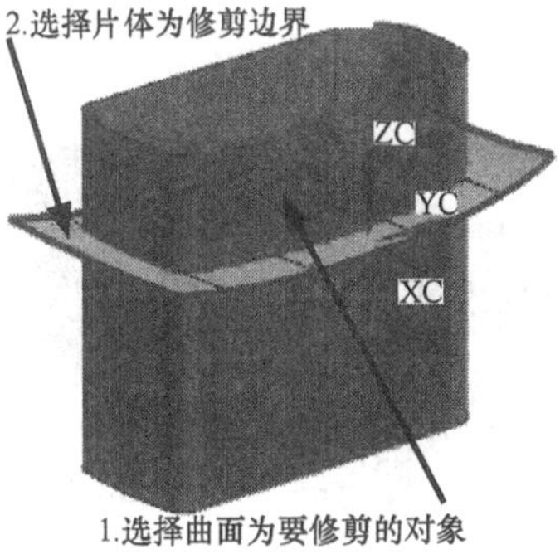

图 5-80

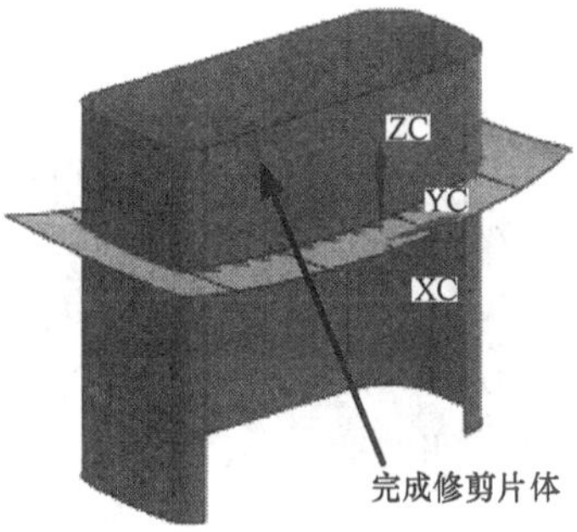

图 5-81

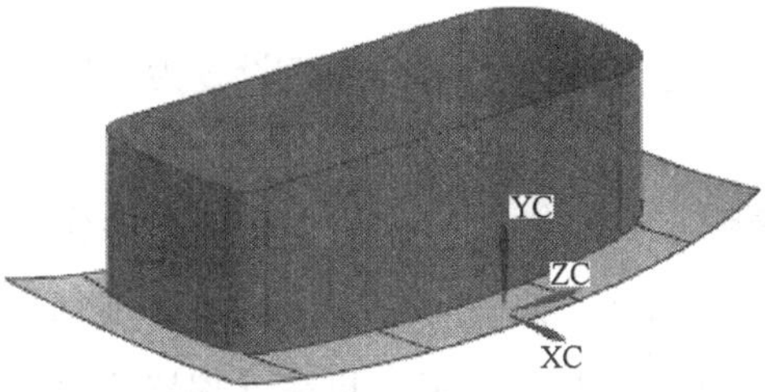

图 5-82

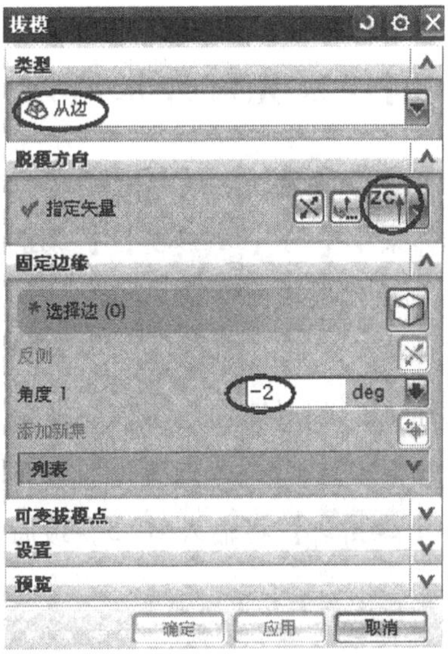

图 5-83

8. 创建拔模特征

选择菜单中的【插入(S)】/【细节特征(L)】/【拔模(T)...】命令，或在【特征】工具栏中选择（拔模）图标，出现【拔模】对话框，如图 5-83 所示，在类型下拉框中选择从边选项，在指定矢量下拉框中选择ZC选项，在选择边 (0)区域选择（边）图标，然后在图形中选择如图 5-84 所示的片体边为拔模固定边，再在角度 1栏输入 -2，单击应用按钮，创建拔模特征，如图 5-85 所示。

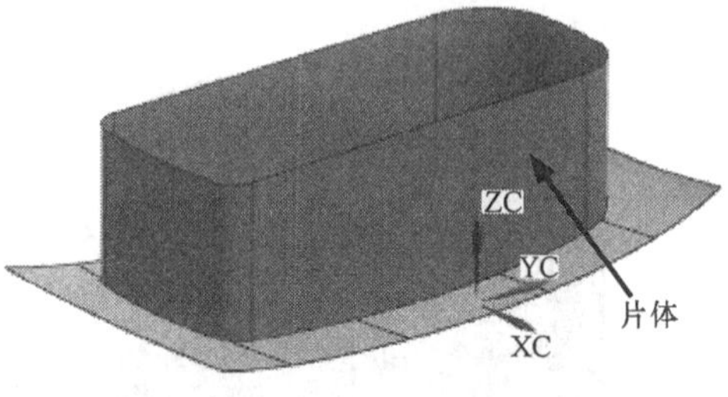

图 5-84

注：如读者练习时【角度 1】的箭头方向向外，则在【角度 1】栏输入 2，以下各面拔模【角度 1】栏的输入值参考此规律。

按照上述方法，继续创建其他 6 张面的拔模，拔成上面大、下面小的形状，完成后如图 5-86所示。

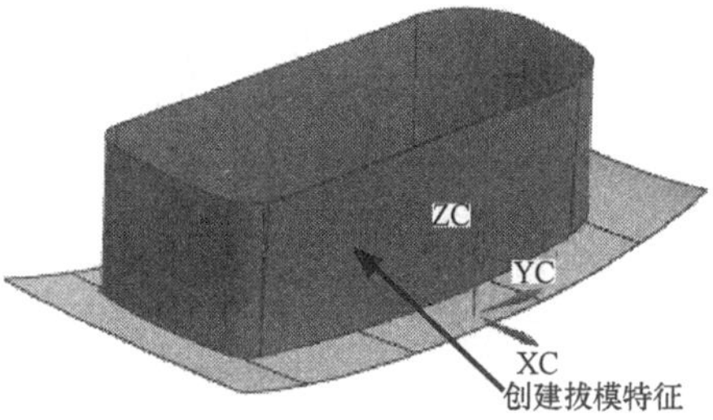

图 5-85

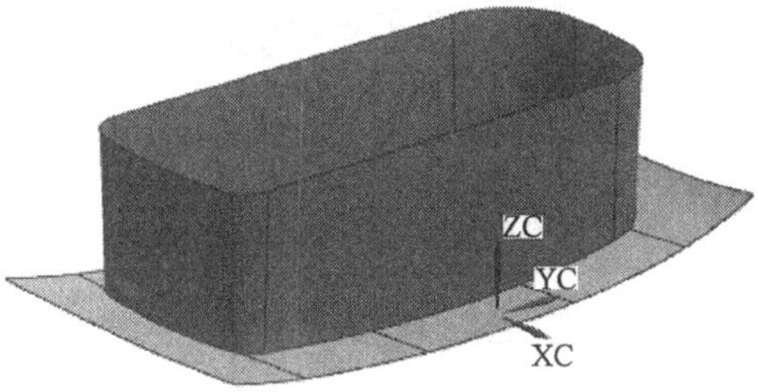

图 5-86

5.5 创建反光镜外形轮廓

1. 对象预设置

选择菜单中的【首选项(P)】/【对象(O)... Ctrl+Shift+J】命令，将片体颜色设置为粉红色。

2. 创建偏置曲面特征

选择菜单中的【插入(S)】/【偏置/缩放(O)】/【偏置曲面(O)...】命令，或在【特征】操作工具条中选择（偏置曲面）图标，出现【偏置曲面】对话框，如图 5-87 所示，在主界面的面规则下拉框中选择体的面选项，然后在图形中选择如图 5-88 所示的面，再在【偏置曲面】对话框的【偏置 1】栏输入 10.5，最后单击< 确定 >按钮，完成创建偏置曲面，如图 5-89 所示。

3. 将曲线移至 255 层

选择菜单中的【格式(R)】/【移动至图层(M)...】命令，将曲线移至 255 层（略）。

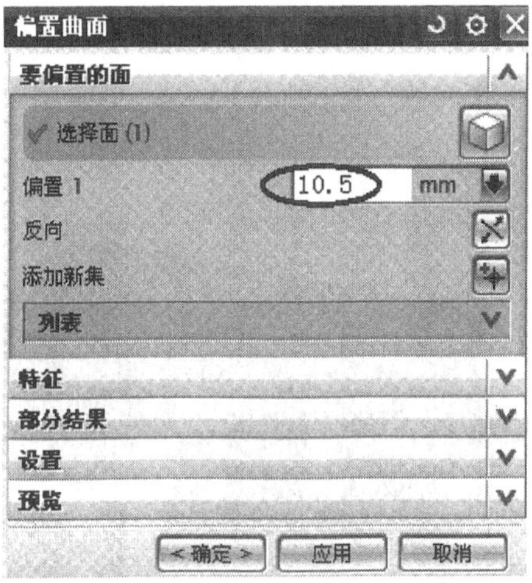

图 5-87

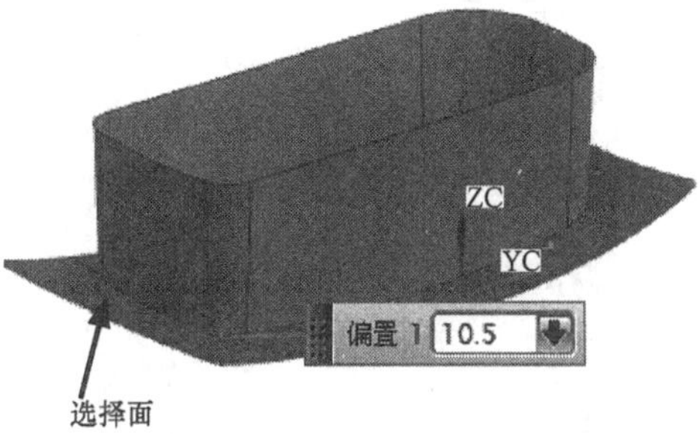

图 5-88

4. 将底面移至 82 层

选择菜单中的【格式(R)】/【移动至图层(M)...】命令，将底面移至 82 层（略）。

5. 显示隐藏的外圈片体

选择菜单中的【编辑(E)】/【显示和隐藏(H)】/【显示(S)...】命令，或在【实用】工具栏中选择（显示）图标，恢复被隐藏的片体（略），完成后如图 5-90 所示。

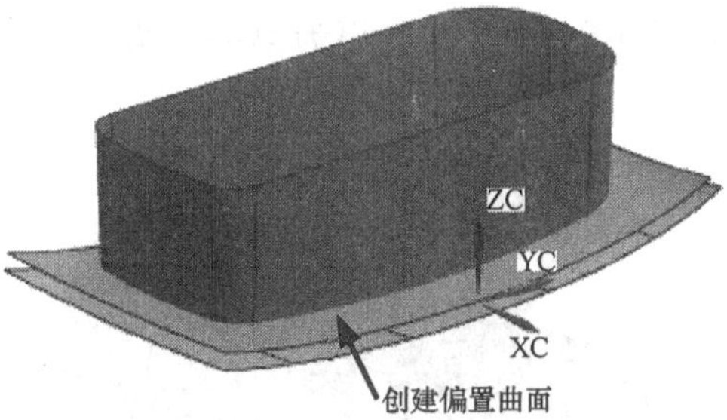

图 5-89

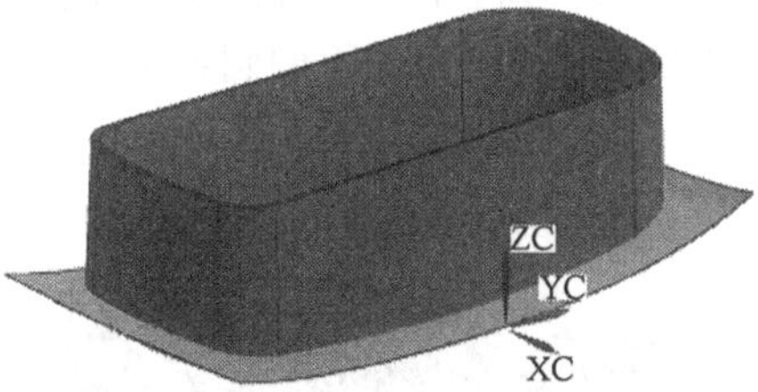

图 5-90

6. 创建面倒圆特征

选择菜单中的【插入(S)】/【细节特征(L)】/【面圆角(F)...】命令，或在【特征】操作工具条中选择（面倒圆）图标，出现【面倒圆】对话框，如图 5-91 所示，在 类型 下拉框中选择 两个定义面链 选项，在 圆角面 下拉框中选择 修剪至所有输入面 选项，勾选 修剪输入面至倒圆面 和 缝合所有面 选项，在图形中选择如图 5-92 所示的曲面为第一组面，图形中出现圆心向量，然后在【面倒圆】对话框的 选择面链 2 (0) 区域选择（面）图标，再在图形中选择如图 5-92 所示的侧壁面为第二组面，图形中出现圆心向量，再在【半径】栏输入 4，最后单击 应用 按钮，完成面倒圆特征，如图 5-93 所示。

注：如读者图形中出现相反的圆心向量，可以在【面倒圆】对话框中单击（反向）图标，使其出现正确的向量方向。

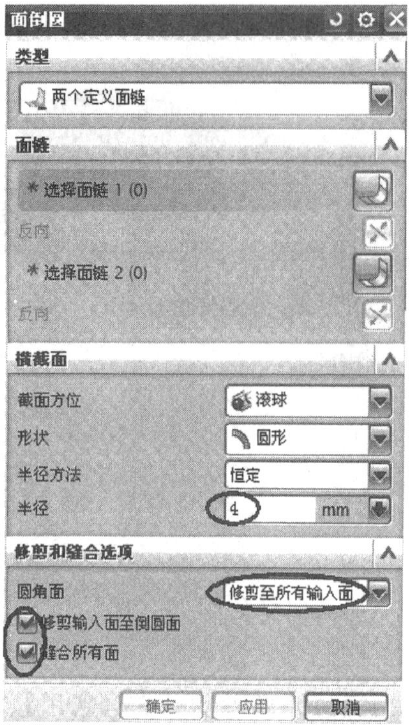

图 5-91

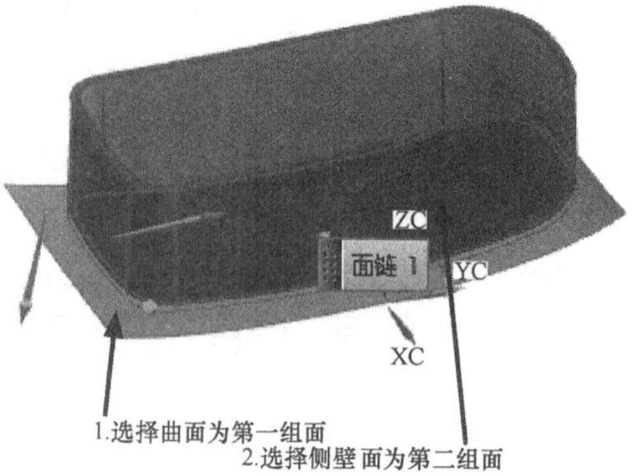

图 5-92

继续进行面倒圆。按照上述方法，依次选择如图 5-94 所示的曲面为第一、第二组倒圆面，半径输入 4，完成面倒圆特征，如图 5-95 所示。

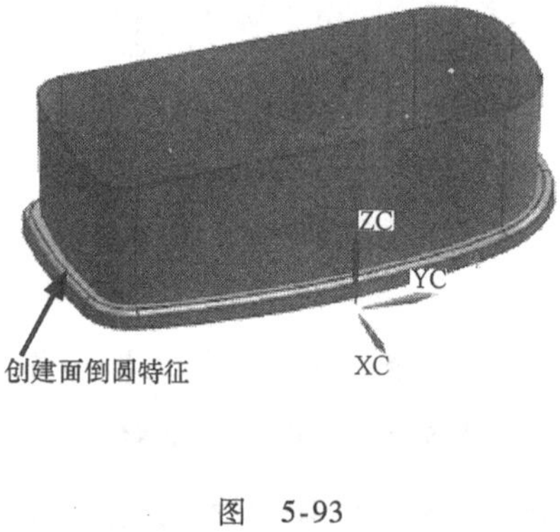

图 5-93

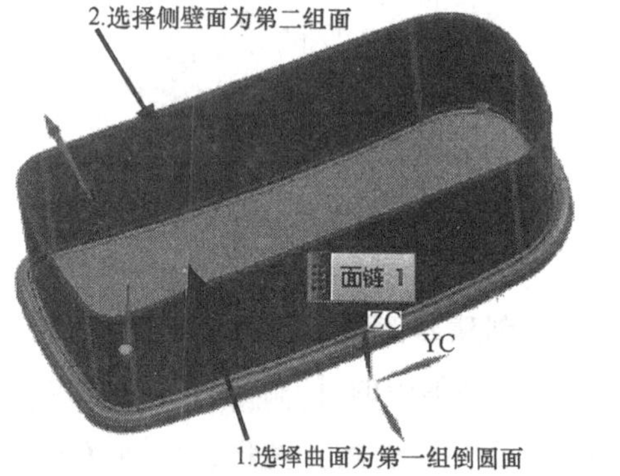

图 5-94

7. 打开 82 层

选择菜单中的【格式(R)】/【图层设置(S)...】命令，出现【图层设置】对话框，在图层列表框中勾选第 82 层，然后单击 关闭 按钮，完成图层设置操作，图形更新后如图 5-96 所示。

8. 创建修剪片体特征

选择菜单中的【插入(S)】/【修剪(T)】/【修剪片体(R)...】命令，或在【曲面】工具栏中

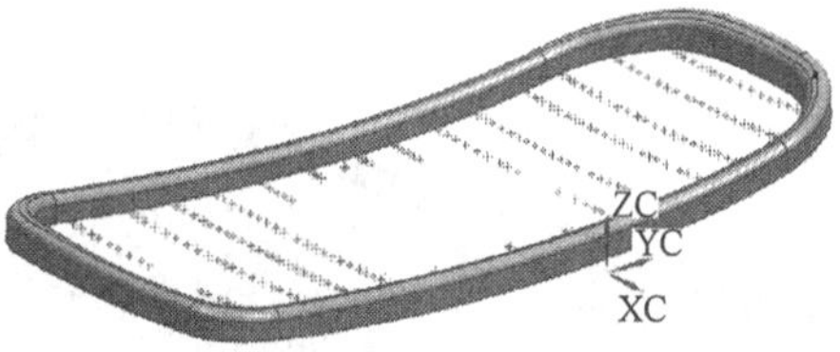

图 5-95

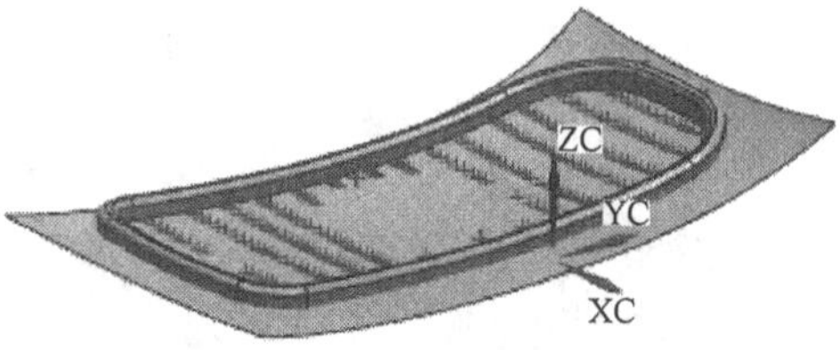

图 5-96

选择（修剪片体）图标，出现【修剪片体】对话框，如图 5-97 所示，在投影方向下拉框中选择垂直于面选项，在区域项中选择保持单选选项，在图形中选择如图 5-98 所示的曲面为要修剪的对象，然后在【修剪片体】对话框的边界对象区域选择（对象）图标，在主界面的曲线规则下拉框中选择相切曲线选项，再选择如图 5-98 所示的内侧面边线为修剪边界，单击应用按钮，完成修剪片体，如图 5-99 所示。

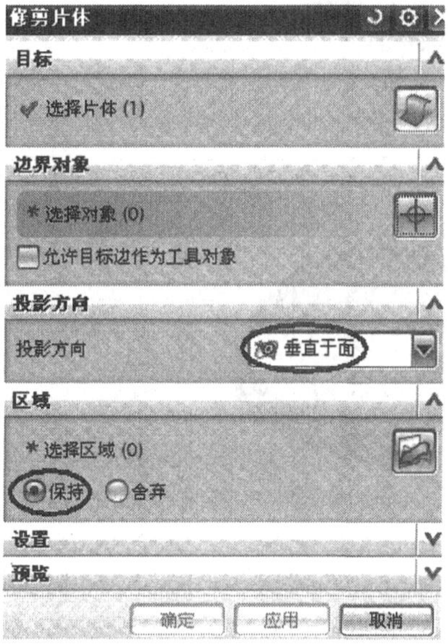

图 5-97

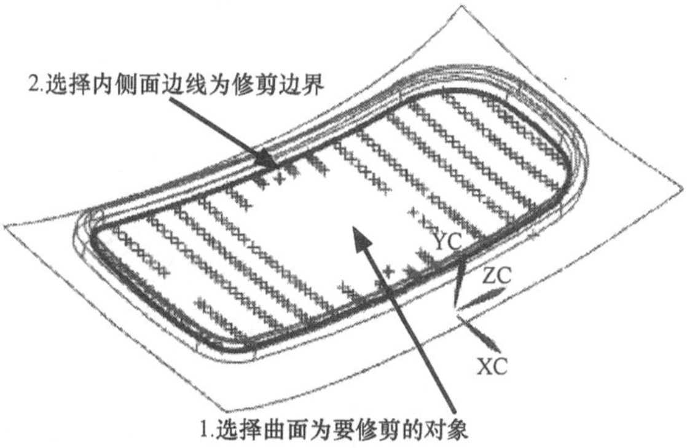

图 5-98

9. 图层设置

选择菜单中的【格式(R)】/【图层设置(S)...】命令，出现【图层设置】对话框，在图层列表框中勾选第 3、5、7、8、9 层，然后单击关闭按钮，完成图层设置操作，图形更新后如图 5-100 所示。

10. 观察是否贴点

旋转模型，观察是否贴点，正面如图 5-101 所示，反面如图 5-102 所示。

11. 图层设置

选择菜单中的【格式(R)】/【图层设置(S)...】命令，出现【图层设置】对话框，在图层列表框中取消勾选第 2、3、4、5、6、7、8、9 层，然后单击关闭按钮，完成图层设置操作，并隐藏辅助点（步骤略）。

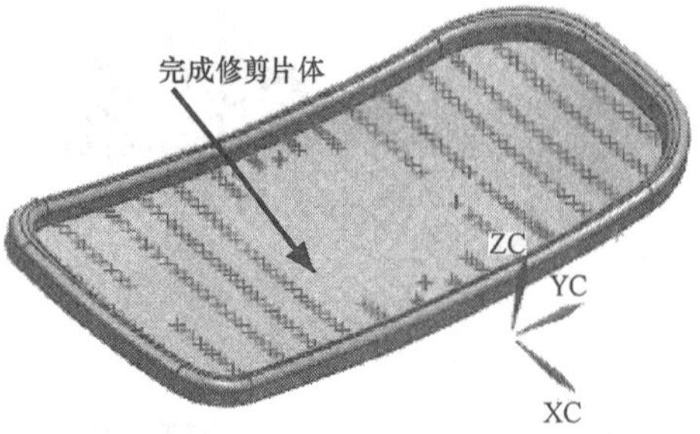

图 5-99

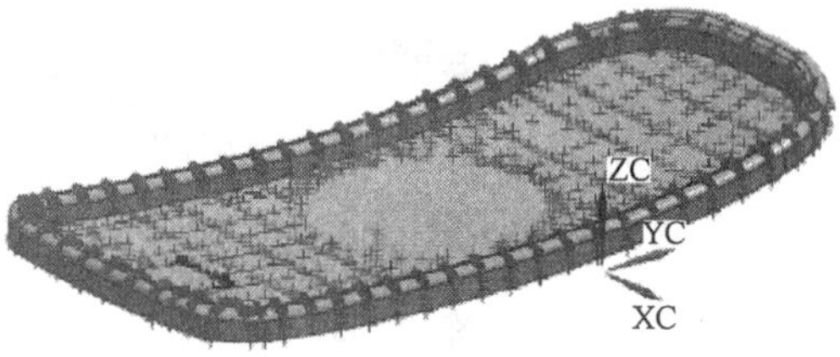

图 5-100

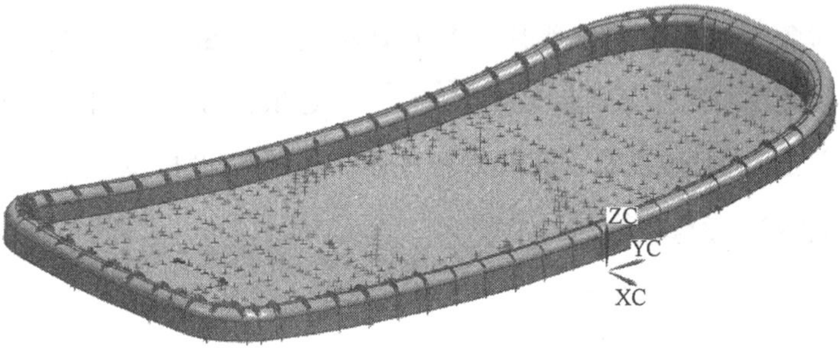

图 5-101

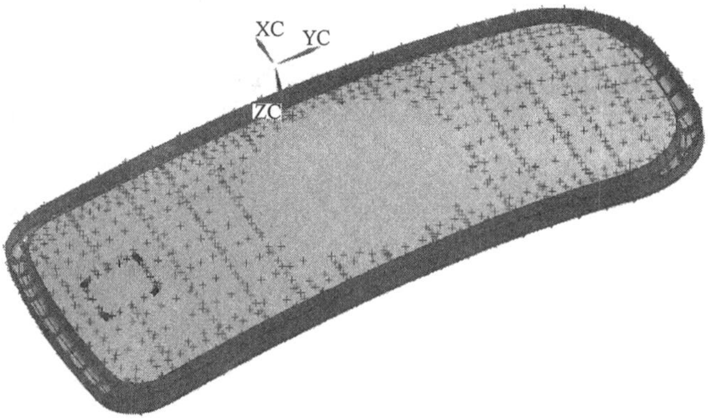

图 5-102

12. 对象预设置

选择菜单中的【首选项(P)】/【对象(O)... Ctrl+Shift+J】命令，将片体颜色设置为绿色（步骤略）。

13. 创建偏置曲面特征

选择菜单中的【插入(S)】/【偏置/缩放(O)】/【偏置曲面(O)...】命令，或在【特征】操作工具条中选择（偏置曲面）图标，出现【偏置曲面】对话框，如图5-103所示，在主界面的面规则下拉框中选择体的面选项，然后在图形中选择如图5-104所示的面，出现偏置方向箭头，再在【偏置曲面】对话框的【偏置 1】栏输入 -2.4，最后单击 应用 按钮，完成创建偏置曲面，如图5-105所示（已经翻转模型）。

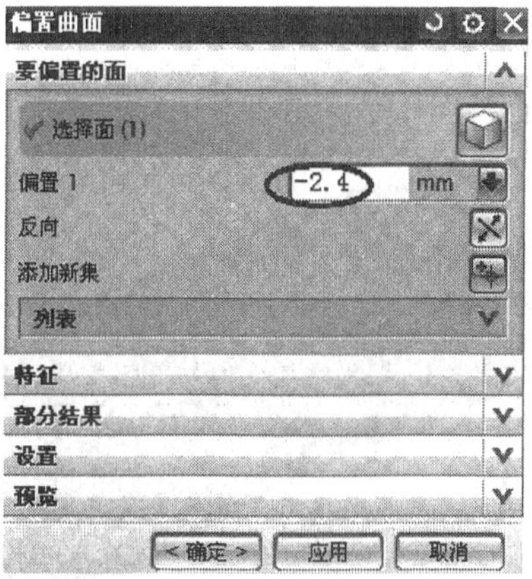

图 5-103

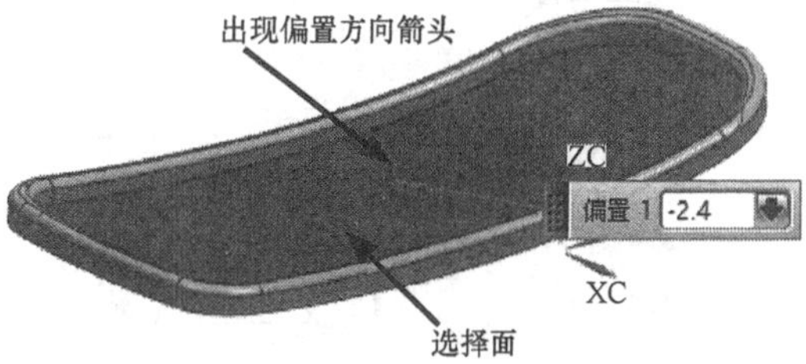

图 5-104

按照同样的方法对外轮廓面进行向内偏置，完成后如图 5-106 所示。

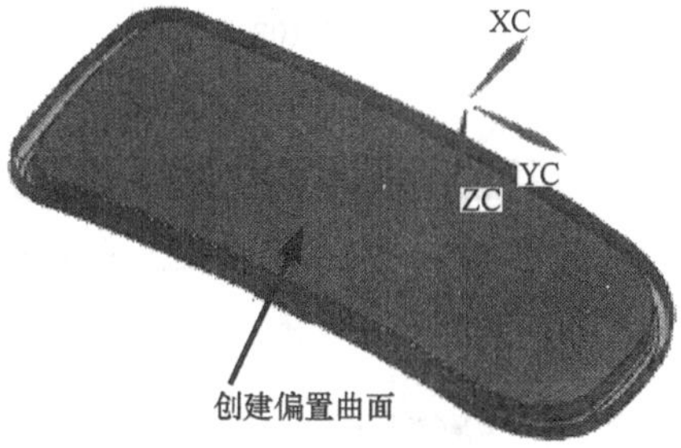

图 5-105

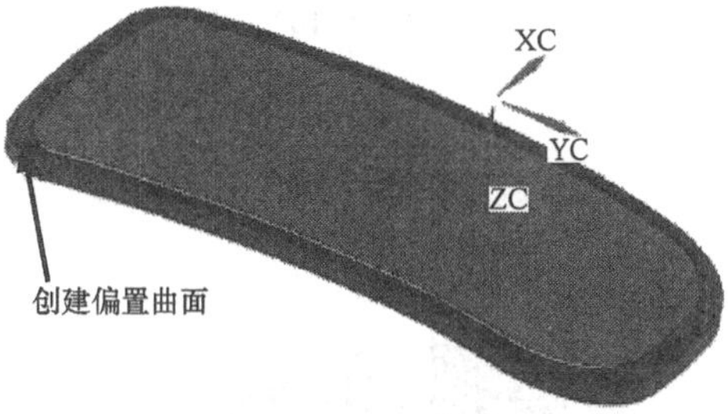

图 5-106

14. 创建修剪和延伸特征

选择菜单中的【插入(S)】/【修剪(T)】/【修剪与延伸(N)...】命令，或在【特征】工具条中选择（修剪和延伸）图标，出现【修剪和延伸】对话框，如图 5-107 所示，在主界面的曲线规则下拉框中选择相切曲线选项，在图形中选择如图 5-108 所示的内圈片体边缘，再在类型下拉框中选择按距离选项，在距离栏输入 5，在延伸方法下拉框中选择自然曲率选项，单击确定按钮，完成创建修剪和延伸曲面，如图 5-109 所示。

15. 对象预设置

选择菜单中的【首选项(P)】/【对象(O)... Ctrl+Shift+J】命令，将片体颜色设置为黄色（步骤略）。

16. 创建剖切曲面特征

选择菜单中的【插入(S)】/【网格曲面(M)】/【截面(S)...】命令，或在【曲面】工具条中选择（剖切曲面）图标，出现【剖切曲面】对话框，如图 5-110 所示，在类型下拉框中选择二点-半径选项，在主界面的曲线规则下拉框中选择单条曲线选项，然后在图形中选择如图 5-111 所示的外圈边为起始引导线，再在【剖切曲面】对话框的选择终止引导线 (0) 区域选择（曲线）图标，在图形中选择如图 5-112 所示的内圈三条片体边为终止引导线。

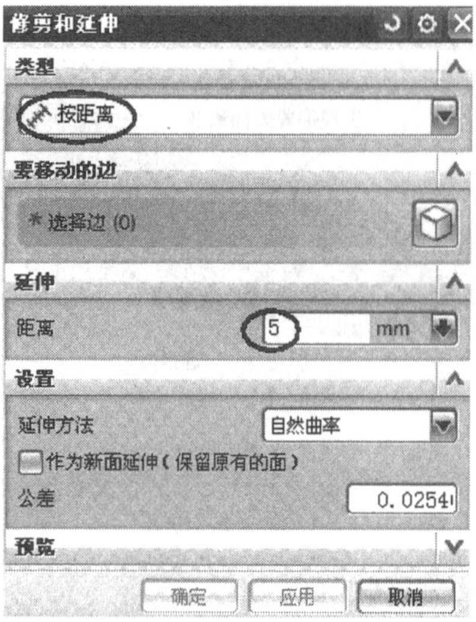

图 5-107

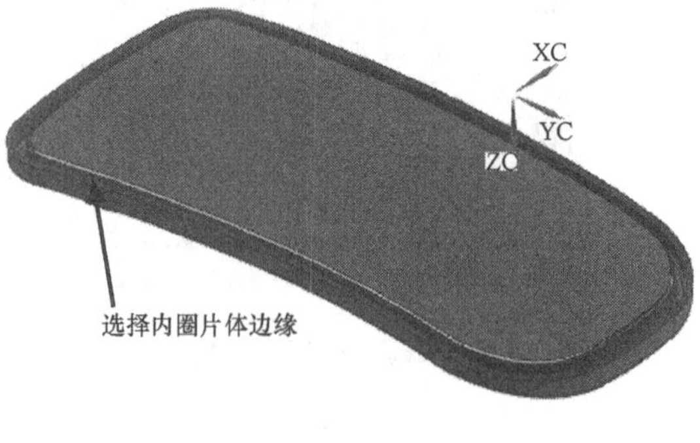

图 5-108

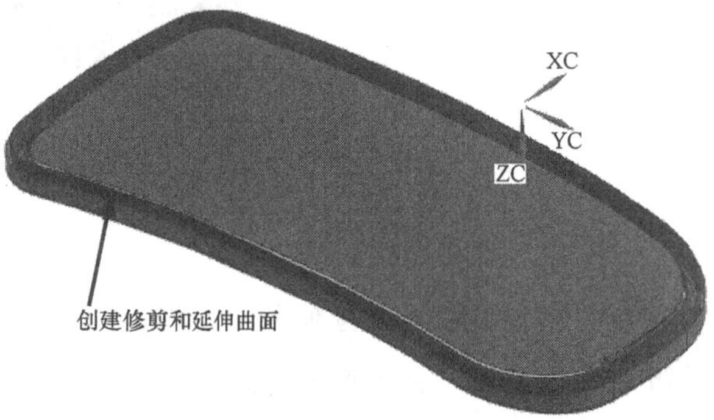

图 5-109

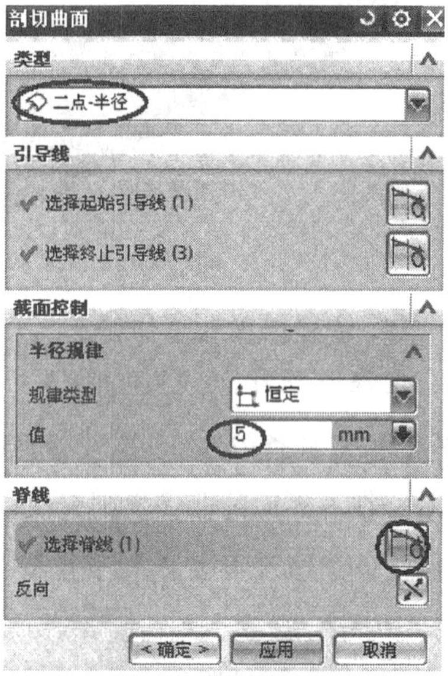

图 5-110

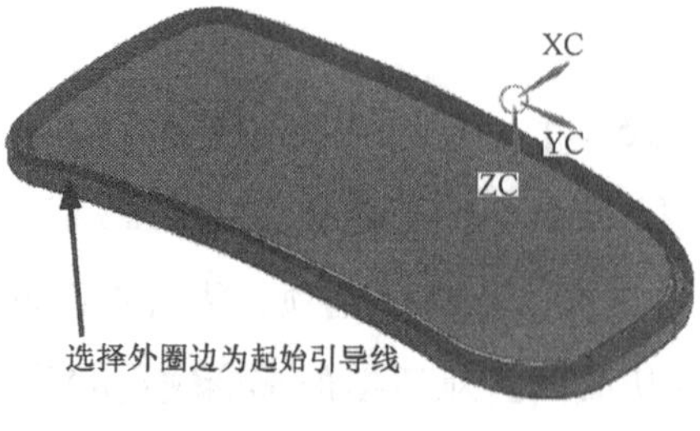

图 5-111

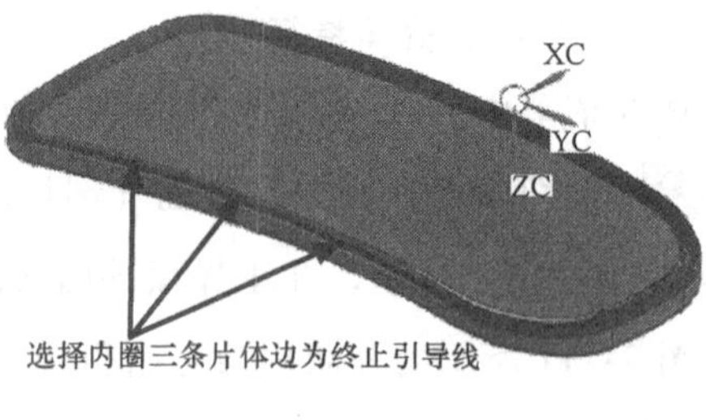

图 5-112

然后在【剖切曲面】对话框的选择脊线 (1)区域选择（曲线）图标，再在图形中选择如图 5-112 所示的内圈三条片体边为脊线，在【剖切曲面】对话框的截面控制/规律类型下拉框中选择恒定选项，在值栏输入 5，单击应用按钮，完成创建剖切曲面特征，如图 5-113 所示。

按照上述方法，依次分段创建 7 张剖切曲面，完成后如图 5-114 所示。

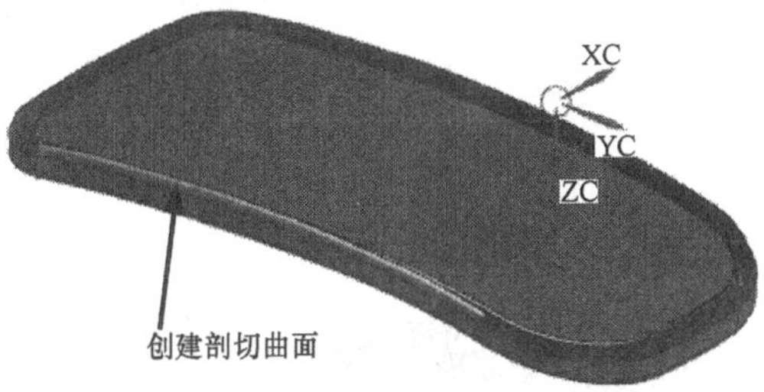

图 5-113

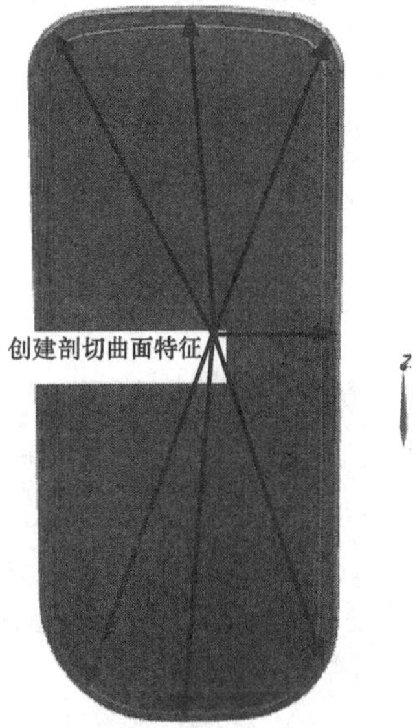

图 5-114

17. 创建直纹曲面特征

选择菜单中的【插入(S)】/【网格曲面(M)】/【直纹(R)...】命令，或在【曲面】工具栏中选择（直纹面）图标，出现【直纹】面对话框，如图 5-115 所示，在图形中选择如图5-116所示的片体边，然后在【直纹】面对话框的截面线串 2 区域选择（截面 2）图标，接着在图形中选择如图 5-116 所示的片体边（注意使起始位置和矢量方向一致），最后在【直纹】面对话框中单击应用按钮，完成创建直纹曲面，如图 5-117 所示。

按照上述方法，依次在两张剖切曲面之间创建其他 7 张直纹曲面，完成后如图 5-118 所示。

18. 创建面倒圆特征

选择菜单中的【插入(S)】/【细节特征(L)】/【面圆角(F)...】命令，或在【特征】操作工具条中选择（面倒圆）图标，出现【面倒圆】对话框，如图 5-119 所示，在类型下拉框中选择两个定义面链选项，在圆角面下拉框中选择修剪至所有输入面选项，勾选修剪输入面至倒圆面选项，取消勾选缝合所有面选项，然后在图形中选择如图 5-120 所示的曲面为第一组面，图形中出现圆心向量，再在【面倒圆】对话框的选择面链 2 (0)区域选择（面）图标，然后在图形中选择如图 5-121 所示的曲面为第二组面，图形中出现圆心向

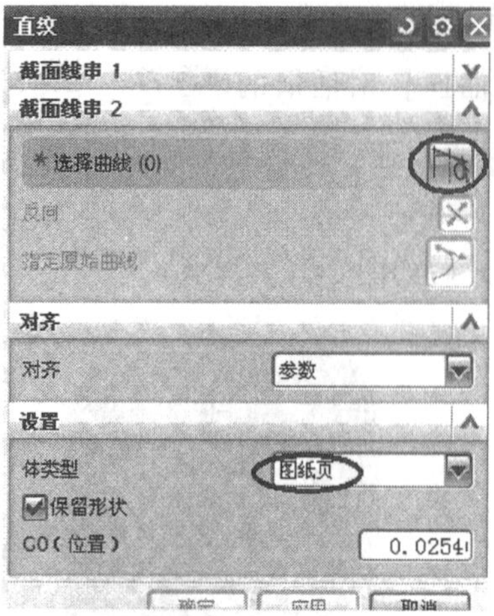

图 5-115

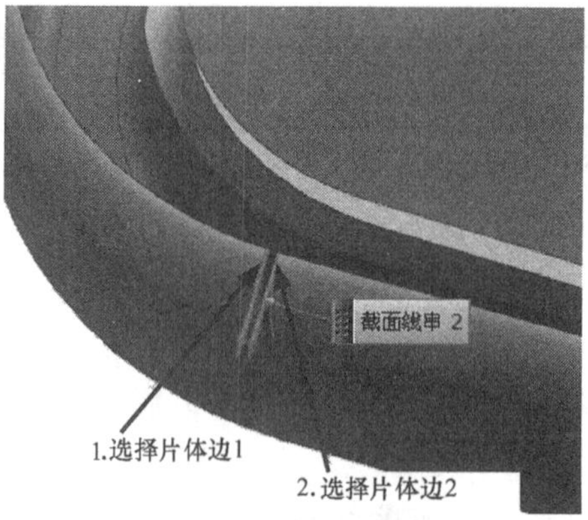

图 5-116

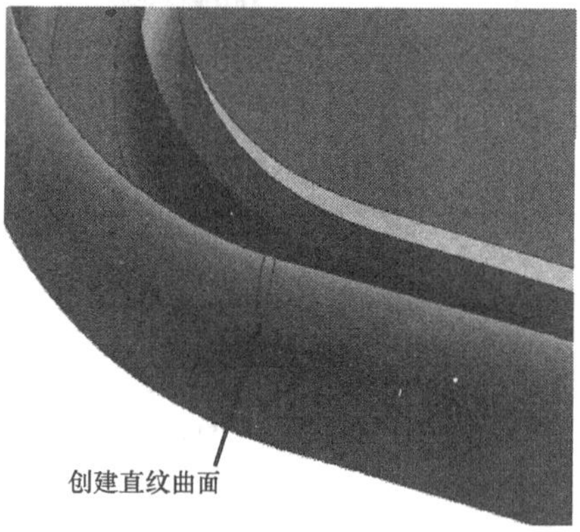

图 5-117

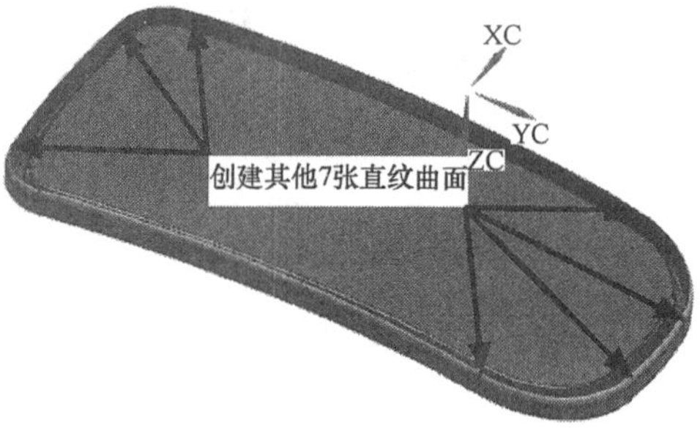

图 5-118

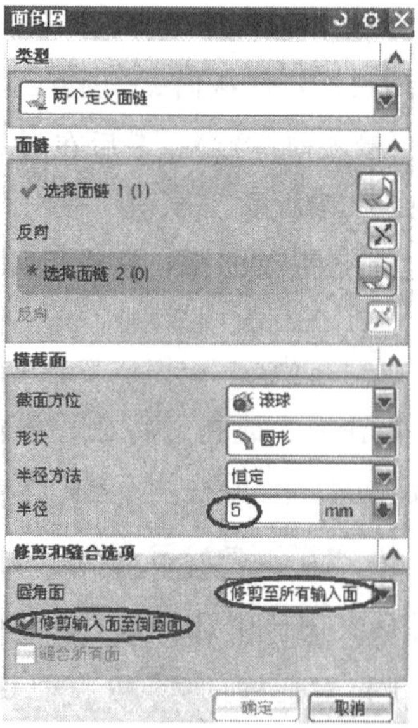

图 5-119

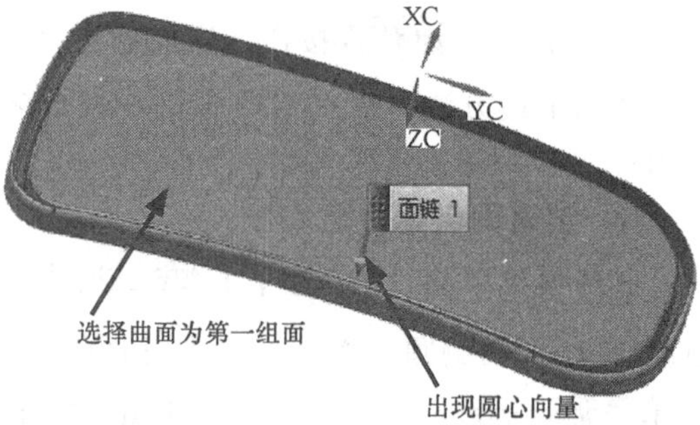

图 5-120

5 CHAPTER

量，再在【 半径 】栏输入5，最后单击 确定 按钮，完成面倒圆特征，圆角倒在两个相交面的内侧，如图5-122所示。

注：如读者图形中出现相反的圆心向量，可以在【面倒圆】对话框中单击 （反向）图标，使其出现正确的向量方向。

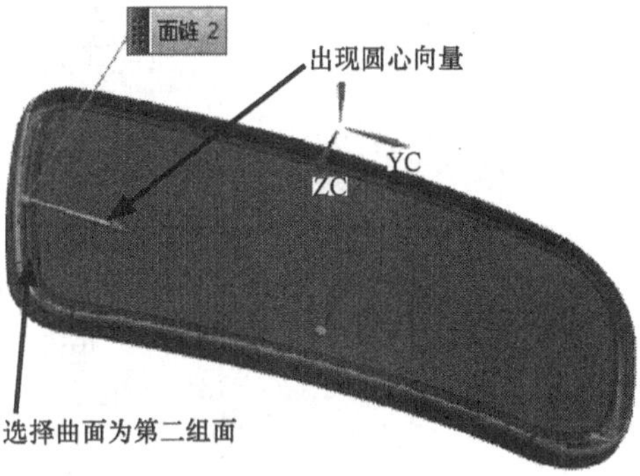

图 5-121

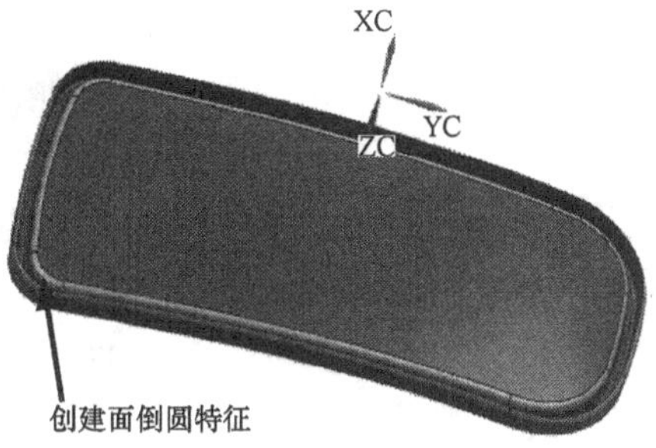

图 5-122

5.6 创建反光镜细节部分

1. 打开第7层

选择菜单中的【格式(R)】/【图层设置(S)...】命令，出现【图层设置】对话框，在图层列表框中勾选第7层，然后单击 关闭 按钮，完成图层设置操作，图形更新后如图5-123所示。

2. 绘制整圆

选择菜单中的【插入(S)】/【曲线(C)】/【圆弧/圆(C)...】命令，或在【曲线】工具条中选择 （圆弧/圆）图标，出现【圆弧/圆】对话框，在**限制**区域勾选 整圆 选项，如图5-124所示，然后在捕捉点工具条中选择 （现有点）选项，在图形中依次选择如图5-125所示的三个点，单击 应用 按钮，完成绘制整圆，如图5-126所示。

继续绘制圆。在图形中依次选择如图5-127所示的三个点，单击 应用 按钮，完成绘制整圆，如图5-128所示。

3. 对象预设置

选择菜单中的【首选项(P)】/【对象(O)...　Ctrl+Shift+J】命令，将片体颜色设置为淡蓝色。

4. 创建拉伸片体特征

选择菜单中的【插入(S)】/【设计特征(E)】/【拉伸(E)...】命令，或在【特征】工具条中选择 （拉伸）图标，出现【拉伸】对话框，如图5-129所示，然后在主界面的曲线规则下拉框中选择 单条曲线 选项，选择如图5-130所示的圆为拉伸对象，再在【拉伸】对话框的 指定矢量 下拉框中选择 ZC 选项，图形中出现拉伸方向，再在【 开始 】\【 距离 】栏输入0，在【 结束 】下拉框中选择 直至延伸部分 选项，然后在图形中选择如图5-130

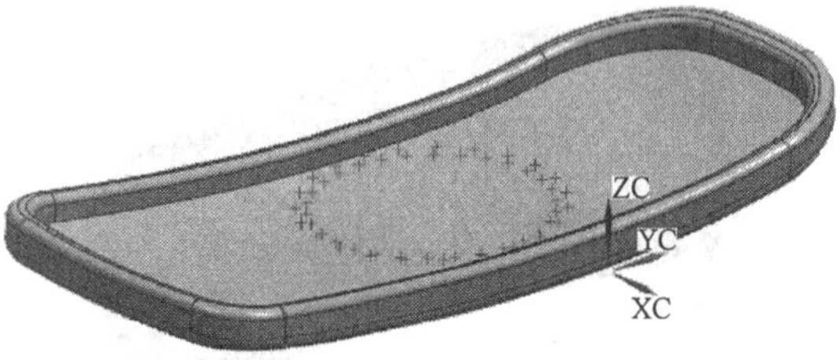

图 5-123

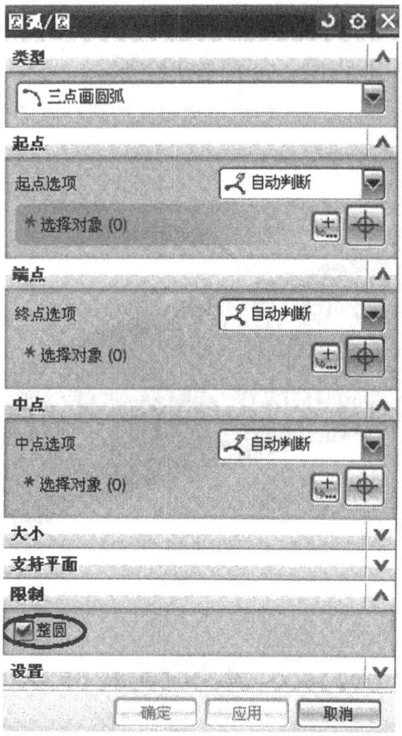

图 5-124

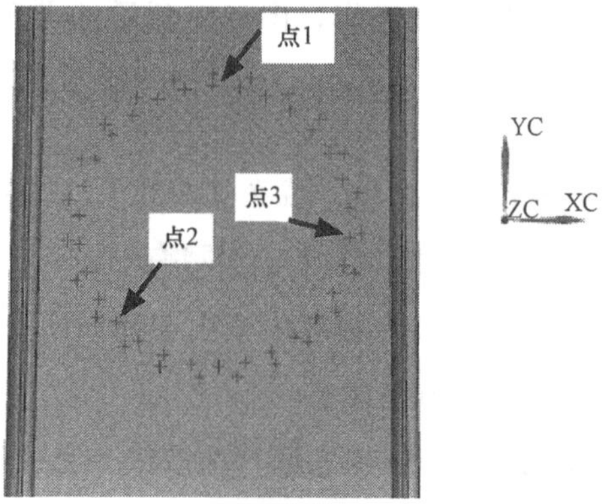

图 5-125

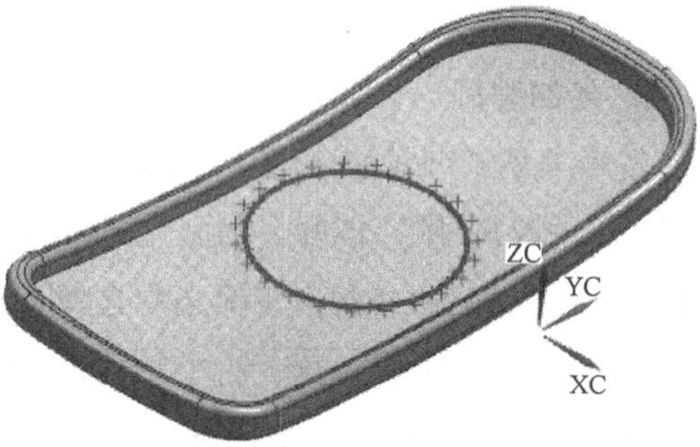

图 5-126

所示的曲面，在 体类型 下拉框中选择 图纸页 选项，单击 应用 按钮，创建拉伸片体特征，如图 5-131 所示。

按照上述方法继续创建拉伸片体，选择如图 5-132 所示的圆为拉伸对象，然后在【拉伸】对话框的 指定矢量 下拉框中选择 ZC 选项，图形中出现拉伸方向，再在【开始】\【距离】栏输入 0，在【结束】下拉框中选择 直至延伸部分 选项，然后在图形中选择如图 5-133 所示的曲面，在 体类型 下拉框中选择 图纸页 选项，单击 应用 按钮，创建拉伸片体，如图 5-134 所示。

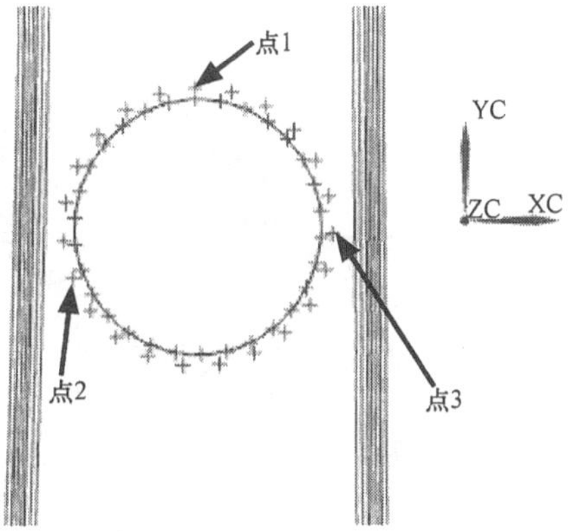

图 5-127

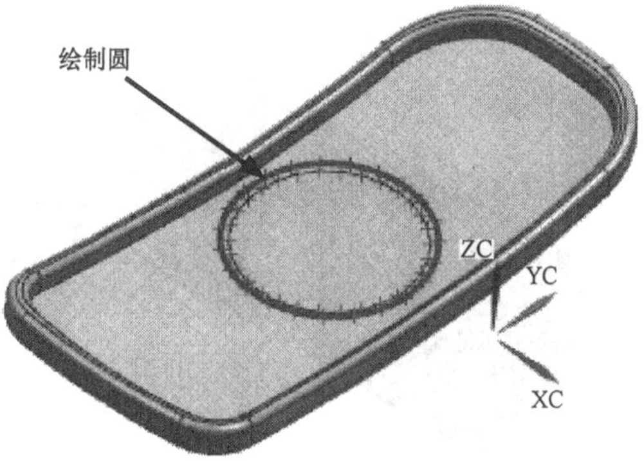

图 5-128

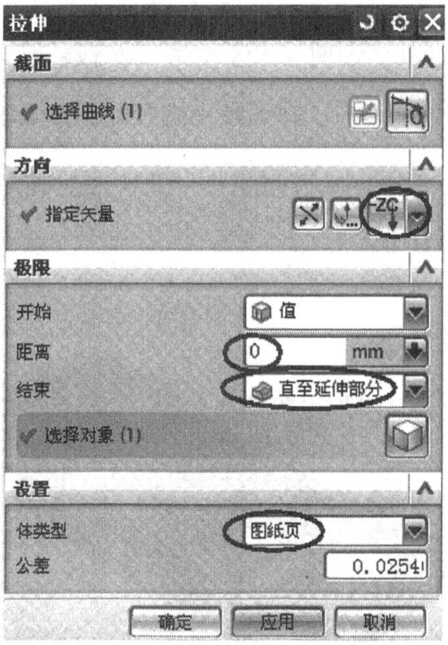

图 5-129

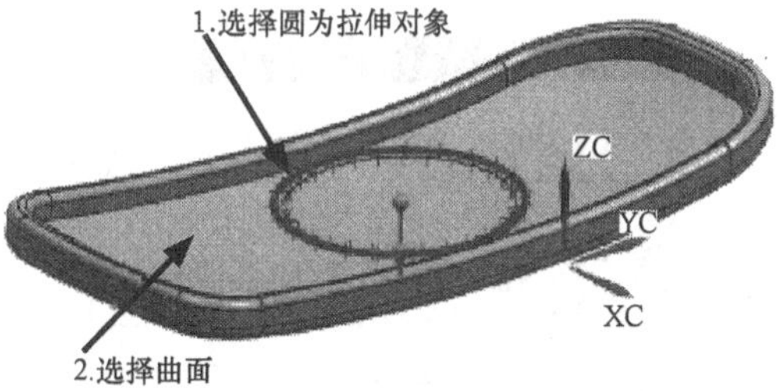

图 5-130

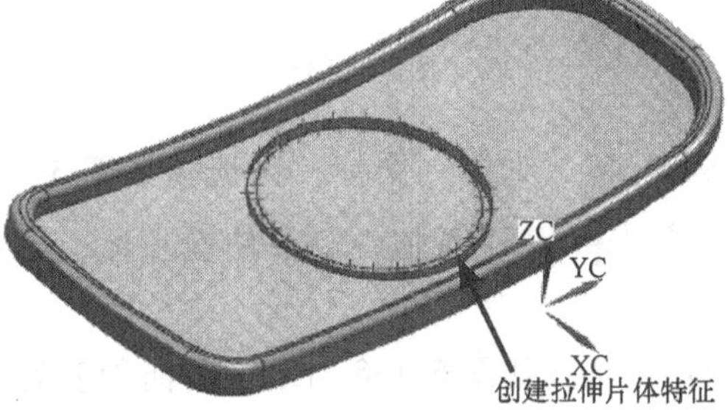

图 5-131

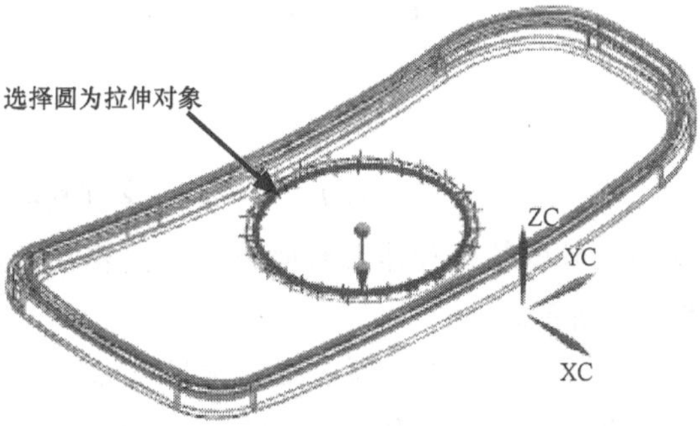

图 5-132

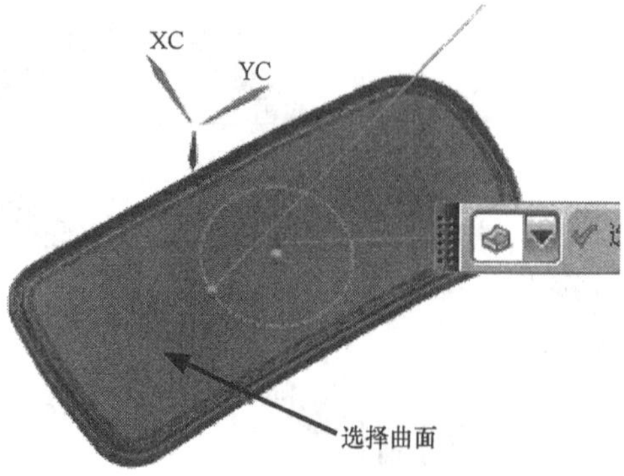

图 5-133

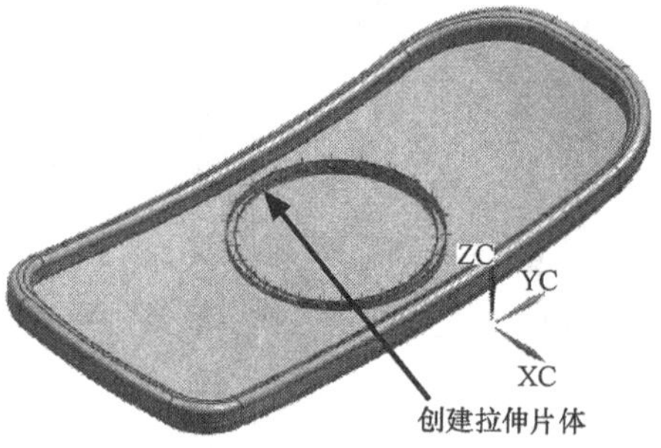

图 5-134

5. 修剪出中孔

选择菜单中的【插入(S)】/【修剪(T)】/【修剪片体(R)...】命令，或在【曲面】工具栏中选择 （修剪片体）图标，出现【修剪片体】对话框，如图5-135所示，在**投影方向**下拉框中选择 垂直于面 选项，在**区域**项中选择 保持 单选选项，在图形中选择如图5-136所示的曲面为要修剪的对象。

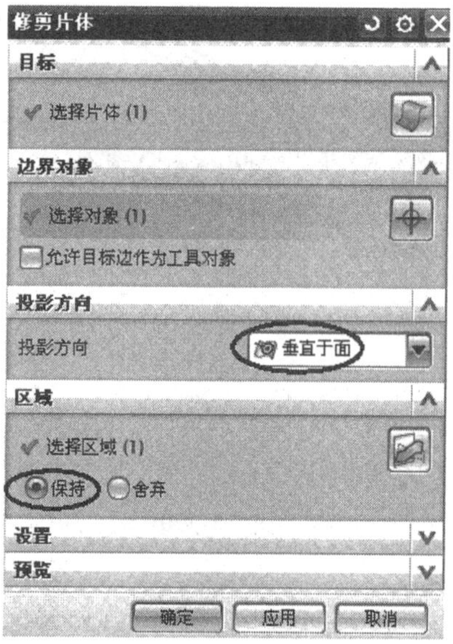

图 5-135

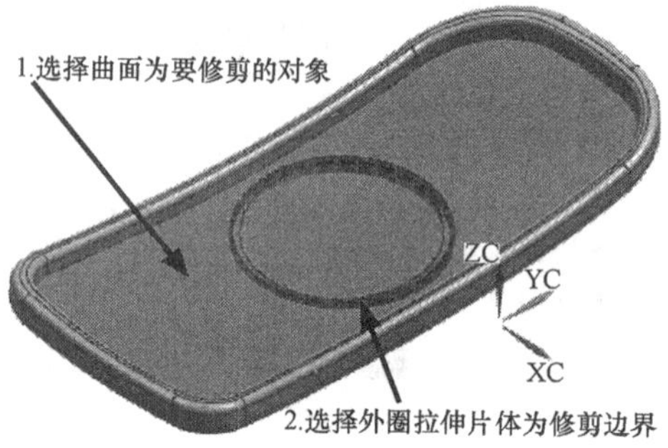

图 5-136

然后在【修剪片体】对话框的**边界对象**区域选择 （对象）图标，再选择如图5-136所示的外圈拉伸片体为修剪边界，接着在对话框中单击 应用 按钮，完成修剪片体，如图5-137所示。

继续修剪片体。系统提示选择目标片体，在图形中选择如图5-138所示的曲面为要修剪的对象，然后选择如图5-138所示的曲面为修剪边界，接着在对话框中单击 应用 按钮，完成修剪片体，如图5-139所示。

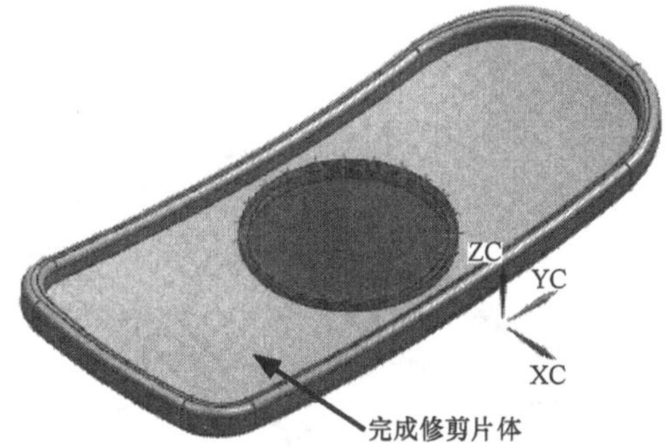

图 5-137

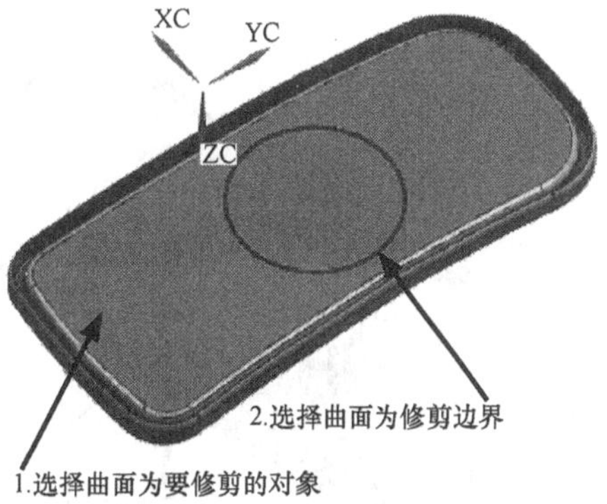

图 5-138

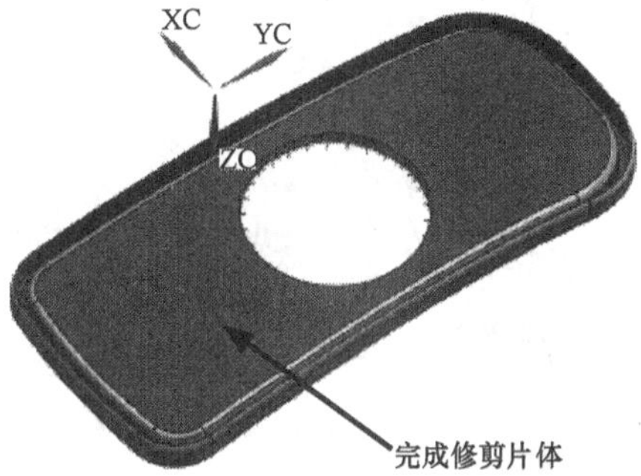

图 5-139

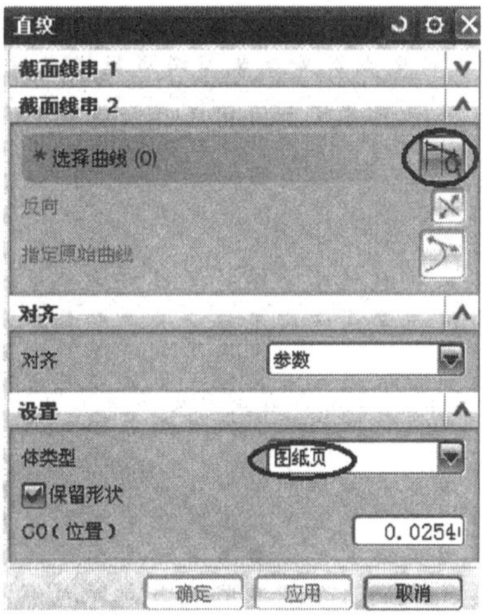

图 5-140

6. 创建直纹曲面特征

选择菜单中的【插入(S)】/【网格曲面(M)】/【直纹(R)...】命令，或在【曲面】工具栏中选择（直纹面）图标，出现【直纹】面对话框，如图 5-140 所示，在图形中选择如图5-141所示的片体边，然后在【直纹】面对话框的**截面线串 2**区域选择（截面 2）图标，接着在图形中选择如图 5-141 所示的片体边（注意：起始位置和矢量方向一致），最后在【直纹】面对话框中单击 应用 按钮，完成创建直纹曲面，如图 5-142 所示。

7. 图层设置

选择菜单中的【格式(R)】/【图层设置(S)...】命令，出现【图层设置】对话框，在图层列表框中取消勾选第 7 层，勾选第 9 层，然后单击 关闭 按钮，完成图层设置操作，图形更新后如图 5-143 所示。

8. 投影点

选择菜单中的【插入(S)】/【来自曲线集的曲线(F)】/【投影(P)...】命令，或在【曲线】工具条中选择（投影曲线）图标，出现【投影曲线】对话框，如图 5-144 所示，在图形中框选

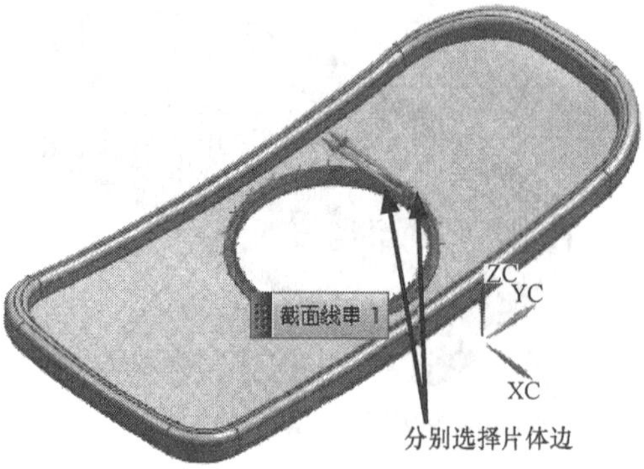

图 5-141

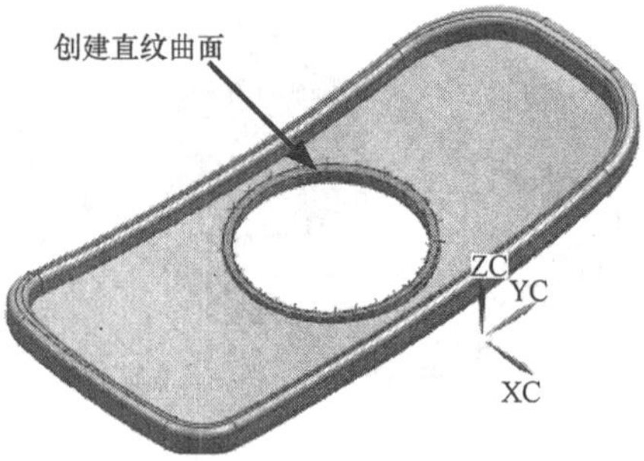

图 5-142

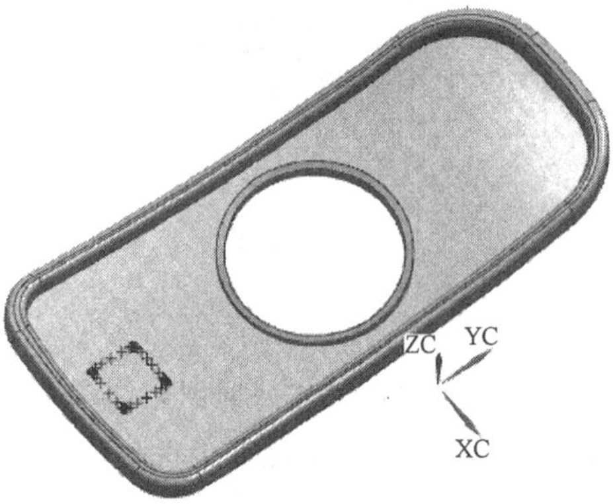

图 5-143

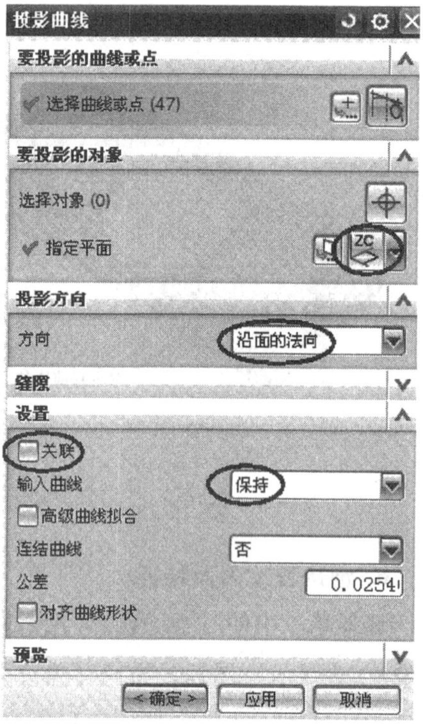

图 5-144

所有的点，如图 5-145 所示。

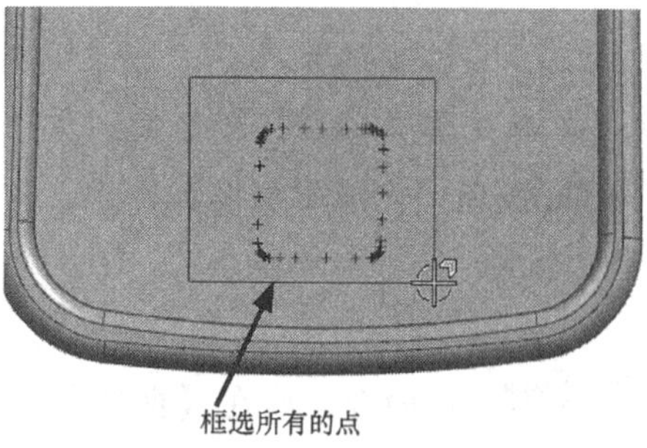

图 5-145

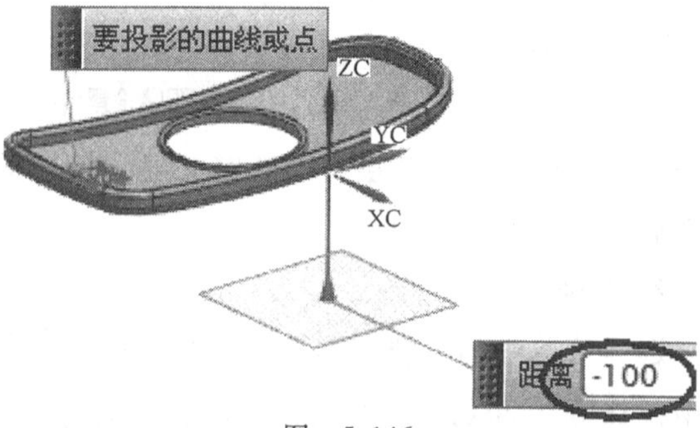

图 5-146

在【投影曲线】对话框的指定平面下拉框中选择ZC（XC-YC 平面）选项，然后在图形中的距离栏输入 -100，出现预览平面，如图 5-146 所示，在对话框的方向下拉框中选择沿面的法向选项，取消勾选关联选项，再在输入曲线下拉框中选择保持选项，最后单击< 确定 >按钮，创建投影点，如图 5-147 所示。

9. 绘制矩形孔外形

选择菜单中的【插入(S)】/【曲线(C)】/【直线(L)...】命令，或在【曲线】工具条中选择（直线）图标，出现【直线】对话框，如图 5-148所示，然后在捕捉点工具条中仅选择（现有点）选项，首先放大投影的点区域，然后在图形中选择如图 5-149 所示的两个蓝色点，再单击应用按钮，完成直线的绘制，如图 5-150 所示。

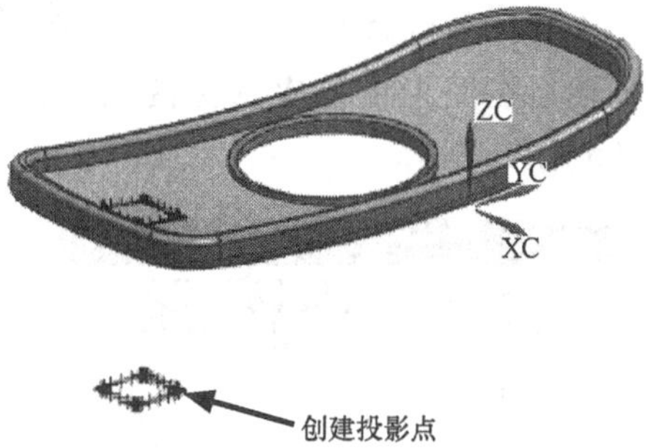

图 5-147

按照上述方法继续绘制其他三边的直线，完成后如图 5-151 所示。

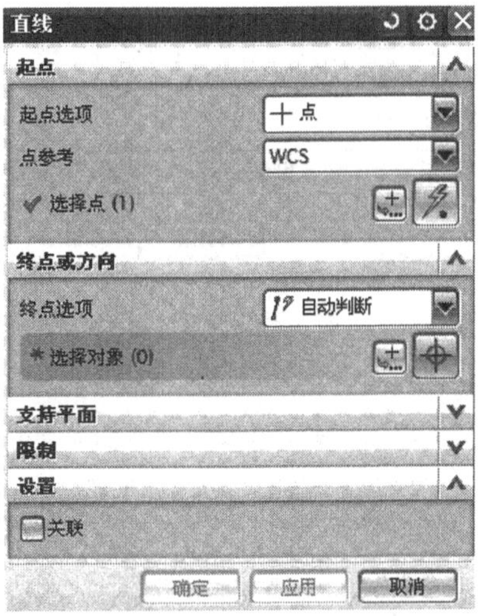

图 5-148

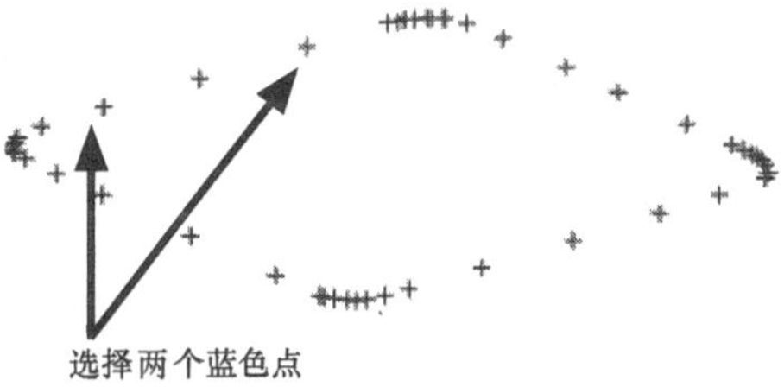

图 5-149

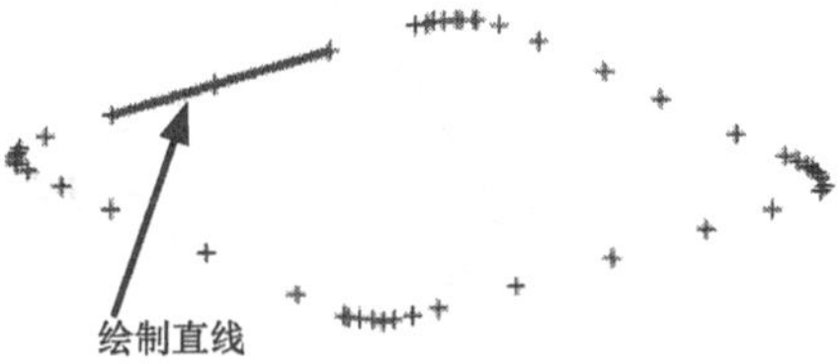

图 5-150

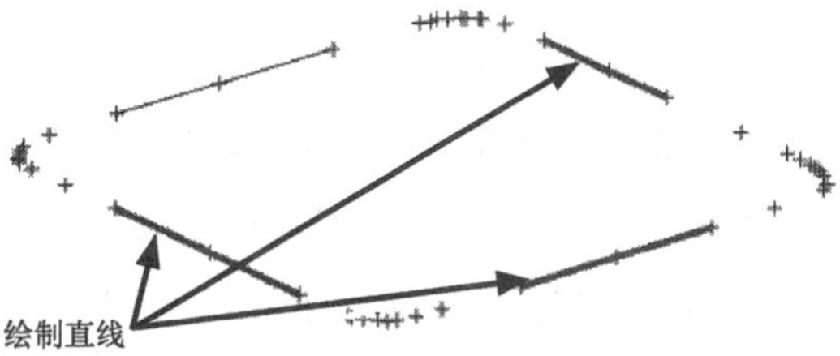

图 5-151

10. 创建曲线倒圆角

选择菜单中的【插入(S)】/【曲线(C)】/【基本曲线(B)...】命令，或在【曲线】工具条中选择（基本曲线）图标，出现【基本曲线】对话框，选择（圆角）图标，如图5-152所示，系统出现【曲线倒圆】对话框，在【方法】栏选择（2曲线圆角）图标，在半径栏输入3.5，并选中修剪第一条曲线和修剪第二条曲线选项，如图5-153所示，然后在图形中依次选择两条曲线及圆心，如图5-154所示，创建曲线倒圆角，如图5-155所示。

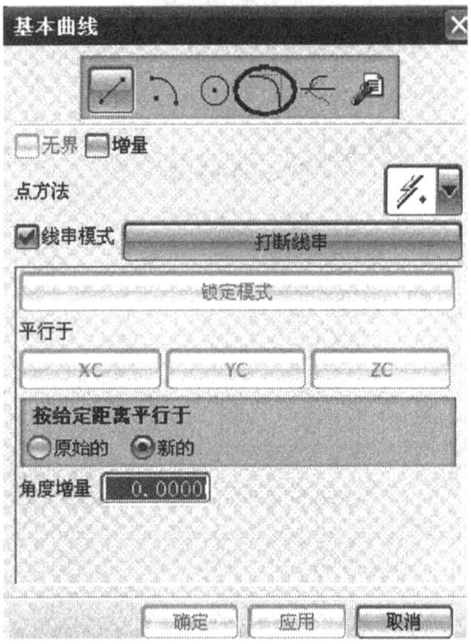

图 5-152

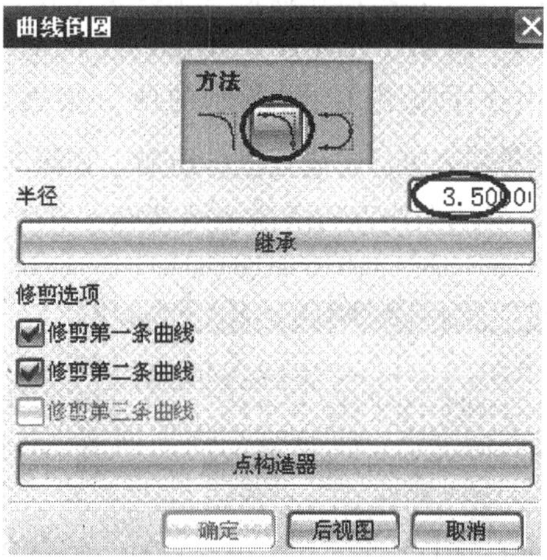

图 5-153

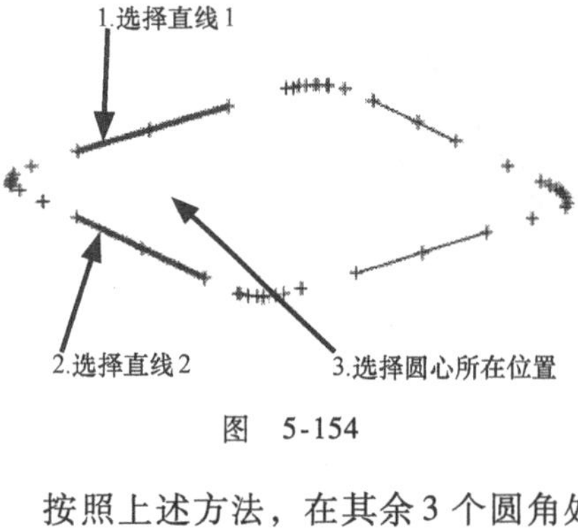

图 5-154

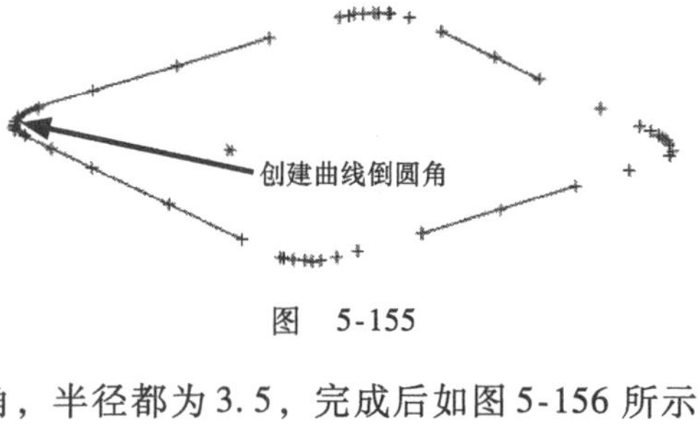

图 5-155

按照上述方法，在其余3个圆角处分别倒圆角，半径都为3.5，完成后如图5-156所示。

11. 创建拉伸片体特征

选择菜单中的【插入(S)】/【设计特征(E)】/【拉伸(E)...】命令，或在【特征】工具条中选择（拉伸）图标，出现【拉伸】对话框，如图5-157所示，在主界面的曲线规则下拉框中选择

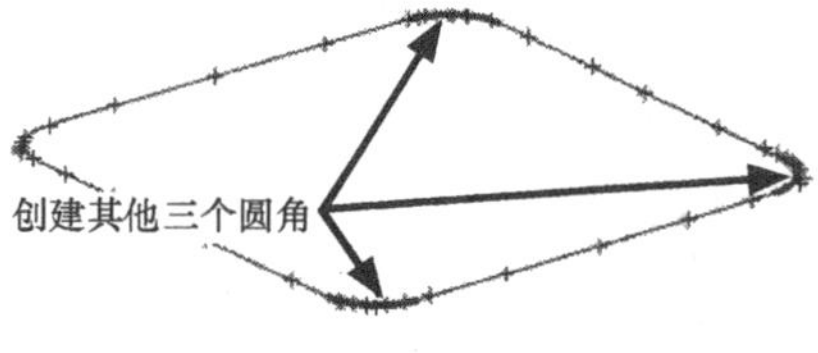

图 5-156

相切曲线选项，再选择如图 5-158 所示的截面为拉伸对象，图形中出现拉伸方向，然后在对话框的【开始】\【距离】栏输入 0，在【结束】下拉框中选择直至延伸部分选项，再在图形中选择如图 5-159 所示的曲面，在体类型下拉框中选择图纸页选项，单击应用按钮，创建拉伸片体，如图 5-160 所示。

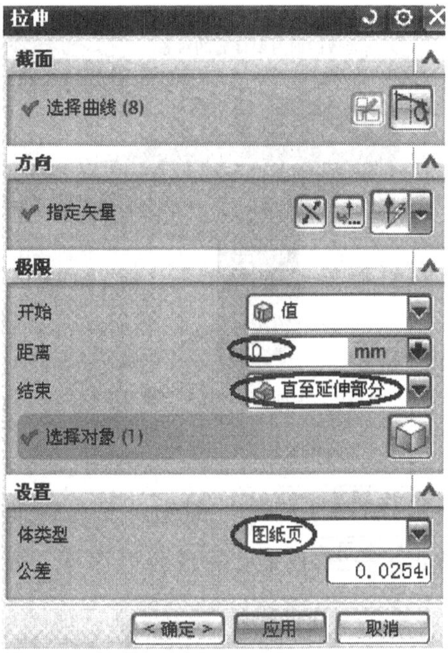

图 5-157

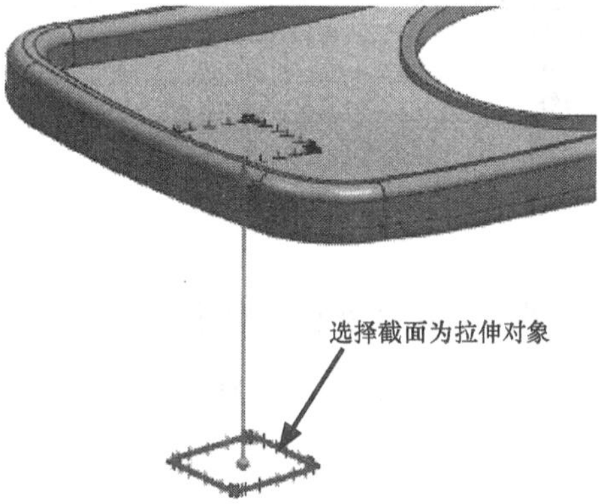

图 5-158

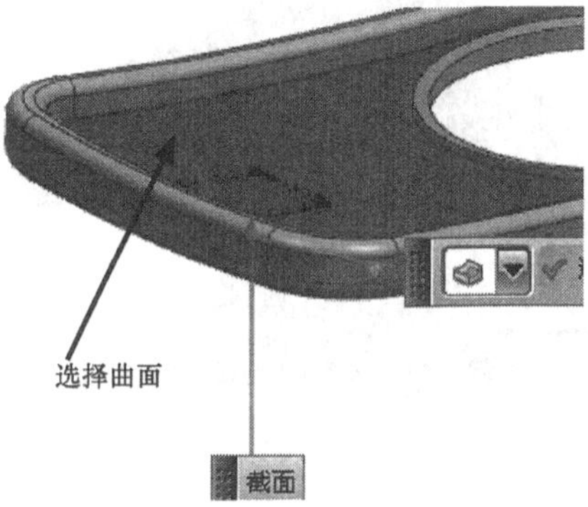

图 5-159

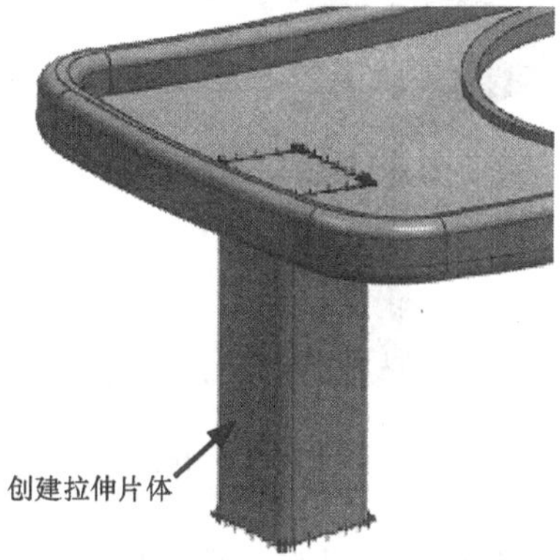

图 5-160

12. 修剪出矩形孔

选择菜单中的【插入(S)】/【修剪(T)】/【修剪片体(R)...】命令，或在【曲面】工具栏中选择（修剪片体）图标，出现【修剪片体】对话框，如图 5-161 所示，在投影方向下拉框中选择垂直于面选项，在区域项中选择保持单选选项，在图形中选择如图 5-162 所示的曲面为要修剪的对象。

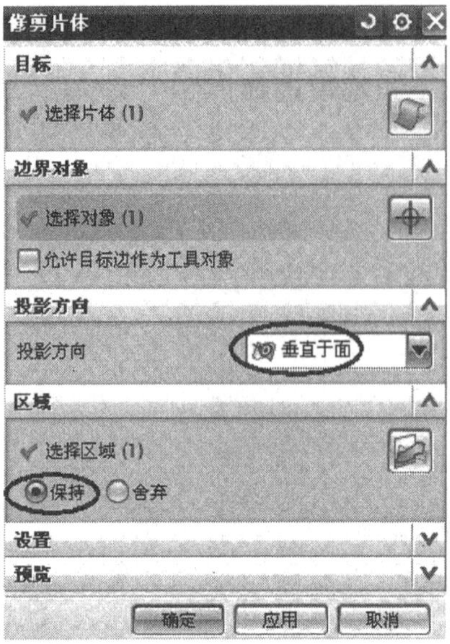

图 5-161

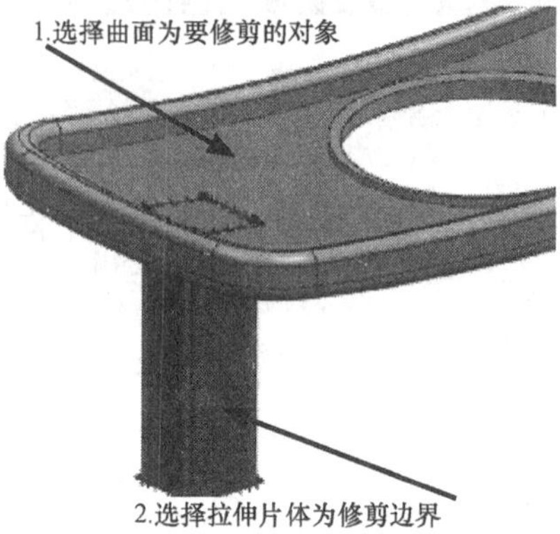

图 5-162

然后，在【修剪片体】对话框的**边界对象**区域选择（对象）图标，并选择如图5-162所示的拉伸片体为修剪边界，接着在对话框中单击应用按钮，完成修剪片体，如图5-163所示。

图 5-163

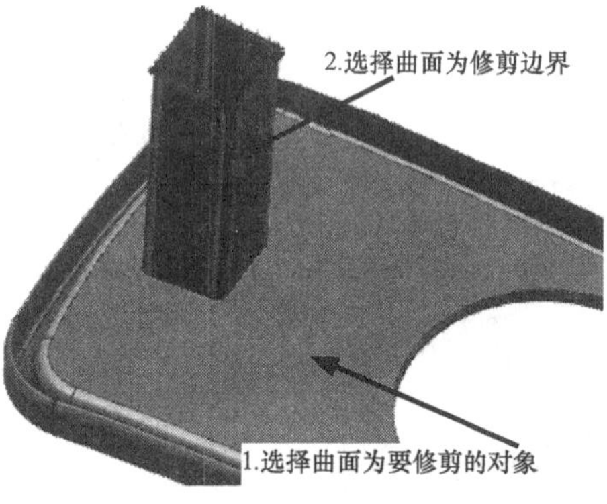

图 5-164

继续修剪片体。系统提示选择目标片体，在图形中选择如图5-164所示的曲面为要修剪的对象，然后选择如图5-164所示的曲面为修剪边界，接着在对话框中单击应用按钮，完成修剪片体，如图5-165所示。

继续修剪片体。在【修剪片体】对话框的**区域**中选择舍弃单选选项，系统提示选择目标片体，在图形中选择如图5-166所示的曲面为要修剪的对象，然后选择如图5-166所示的曲面为修剪边界，接着在对话框中单击应用按钮，完成修剪片体，如图5-167所示。

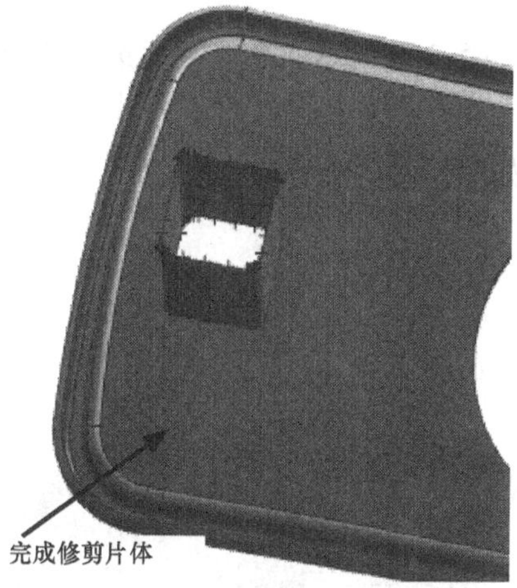

图 5-165

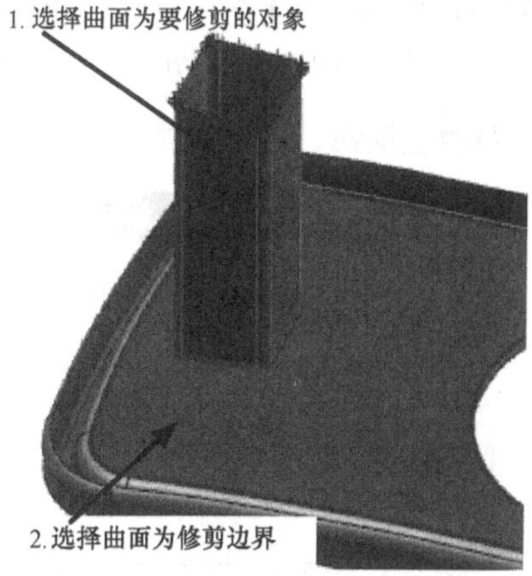

图 5-166

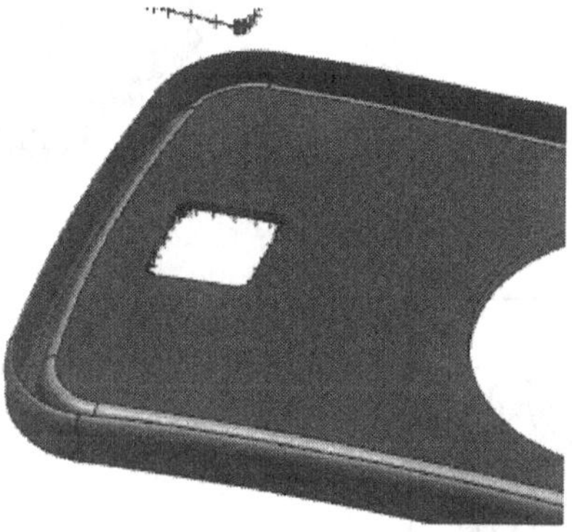

图 5-167

5.7 创建反光镜实体

1. 将蓝色点和曲线移至 255 层

选择菜单中的【格式(R)】/【移动至图层(M)...】命令，出现【类选择】对话框，选择蓝色点和曲线并将其移至 255 层。

2. 图层设置

选择菜单中的【格式(R)】/【图层设置(S)...】命令，出现【图层设置】对话框，在图层列表框中取消勾选第 9 层，然后单击关闭按钮，完成图层设置操作，图形更新为如图5-168所示。

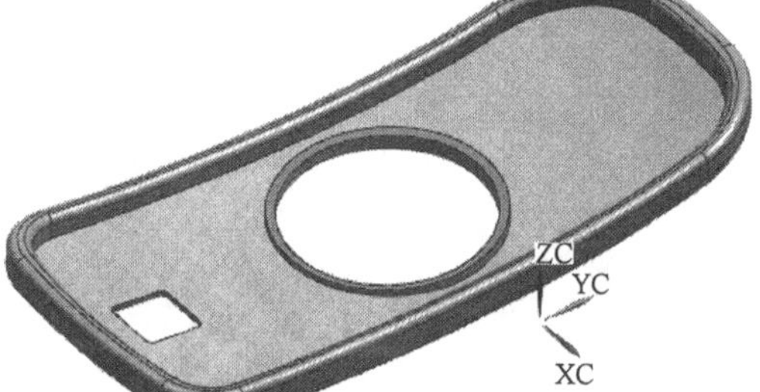

图 5-168

3. 缝合曲面

选择菜单中的【插入(S)】/【组合(B)】/【缝合(W)...】命令，或在【特征】操作工具栏中选择（缝合）图标，出现【缝合】对话框，如图 5-169 所示，系统提示选择缝合的目标片体，按照图 5-170 所示选择目标片体。然后框选如图 5-171 所示的工具片体，单击 应用 按钮，此时片体经缝合后已经成了实体，结果如图 5-172 所示。

图 5-169

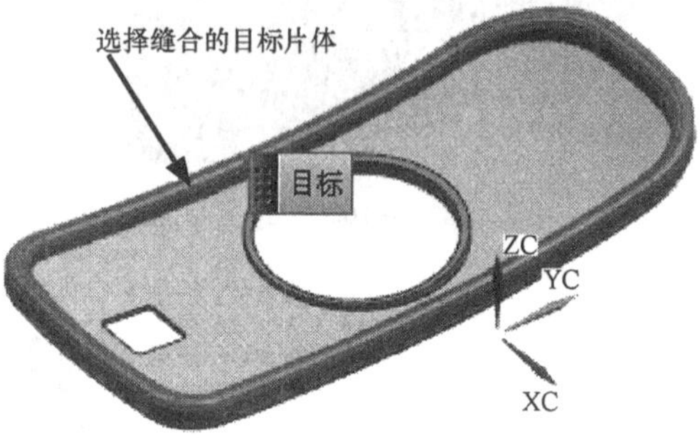

图 5-170

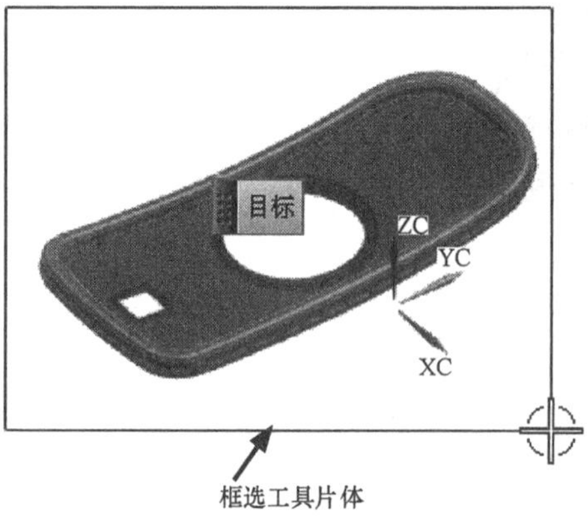

图 5-171

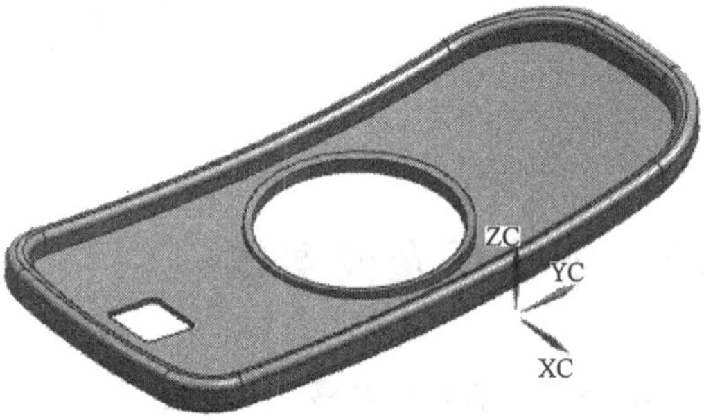

图 5-172

第6章　轮毂盘逆向造型

实例说明

本章主要讲述汽车轮毂盘的构建。其构建思路为：首先分析点的组成，将坐标原点移动至圆心，绘制外形轮廓曲线，回转生成轮毂盘表面，用剖切曲面功能生成半月孔面，然后创建出中间四个小孔的截面线，采用通过曲线组曲面及面倒圆功能，创建出小孔外形，再偏置出外层面，用通过曲线网格曲面、直纹曲面及变半径面倒圆功能，创建出四个小孔特征；最后绘制标志截面线，创建拉伸片体，修剪多余片体，缝合所有曲面，最终创建轮毂盘实体，效果如图 6-1 所示。

图 6-1

学习目标

通过该实例的练习，使读者能熟练掌握逆向造型的基本方法，开拓创建思路，提高修剪片体和编辑片体的能力，熟练掌握投影曲线、桥接曲线、镜像曲线、截面曲线、艺术样条曲线、扩大面、偏置曲面、拉伸曲面、回转曲面、扫掠曲面、直纹曲面、通过曲线组曲面、通过曲线网格曲面、桥接曲面、有界平面、剖切曲面、提取面、缝合曲面、修剪和延伸特征、变半径面倒圆特征等基本技巧。

6.1 打开练习文件

选择菜单中的【文件】/【打开】命令，或选择（打开）图标，出现【打开】部件对话框，在本书附的光盘文件夹中选择 dzx/nx6. prt，单击 OK 按钮，打开文件名为 nx6. prt 的文件，如图 6-2 所示。

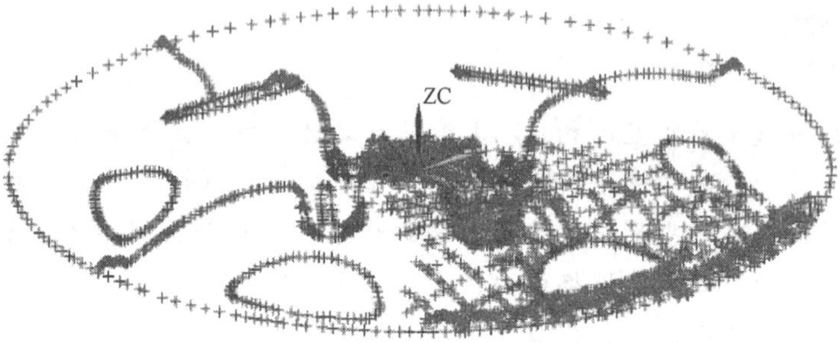

图 6-2

6.2 绘制轮毂盘外形

1. 设置圆弧颜色为黑色

选择菜单中的【首选项(P)】/【对象(O)... Ctrl+Shift+J】命令，出现【对象首选项】对话框，如图 6-3 所示，在【类型】下拉框中选择【圆弧】，在【颜色】栏单击颜色区，出现【颜色】选择框，如图 6-4 所示，选择黑色，然后单击确定按钮，系统返回【对象首选项】对话框，再单击确定按钮，完成预设置。

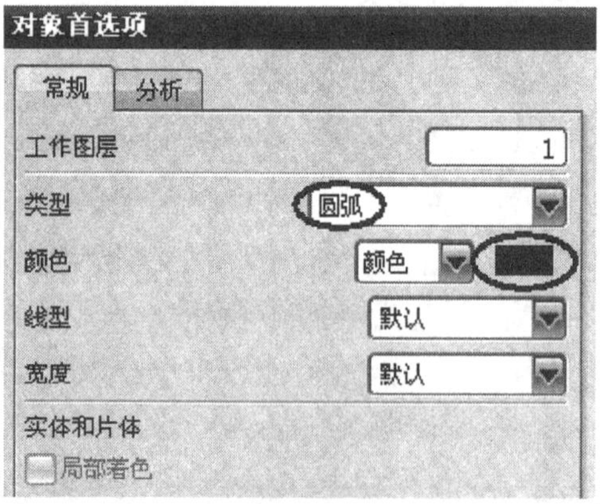

图 6-3

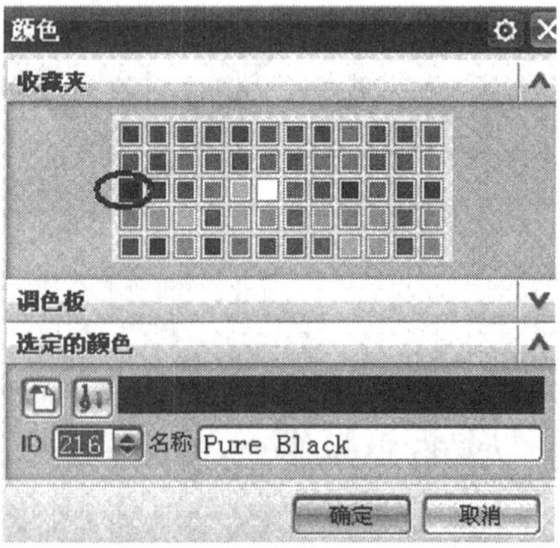

图 6-4

2. 图层设置

选择菜单中的【格式(R)】/【图层设置(S)...】命令，出现【图层设置】对话框，在图层列表框中取消勾选第 3、5、6、7、8 层，如图 6-5 所示，然后单击关闭按钮，完成图层设置操作，图形更新为如图 6-6 所示。

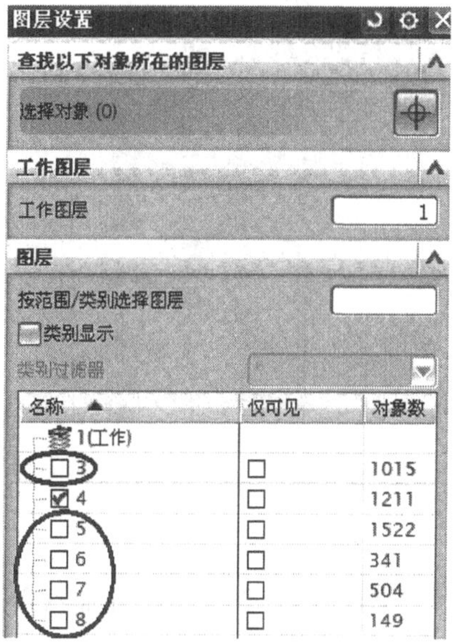

图 6-5

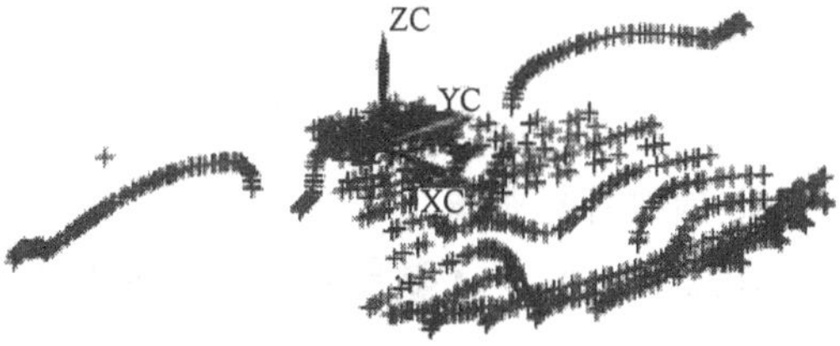

图 6-6

3. 绘制圆弧

选择菜单中的【插入(S)】/【曲线(C)】/【圆弧/圆(C)...】命令，或在【曲线】工具条中选择（圆弧/圆）图标，出现【圆弧/圆】对话框，如图 6-7 所示，然后在捕捉点工具条中选择（现有点）选项，在图形中依次选择如图 6-8 所示的 3 个绿色点，单击应用按钮，完成圆弧的绘制，如图 6-9 所示。

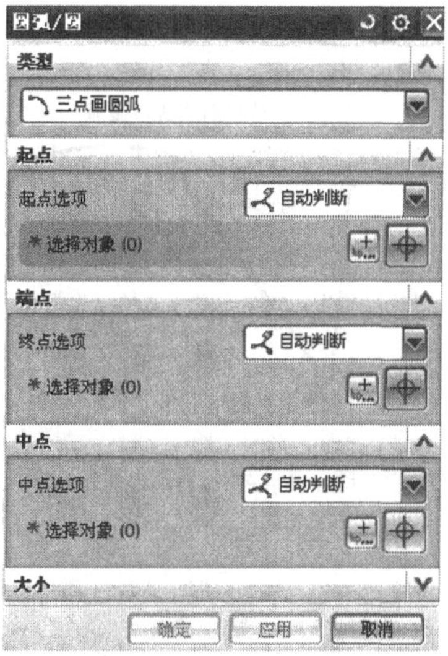

图 6-7

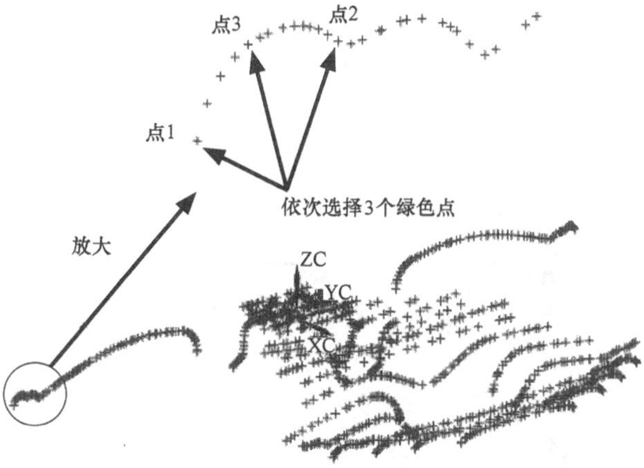

图 6-8

按照上述方法，绘制右边相邻的圆弧，完成后如图 6-10 所示。

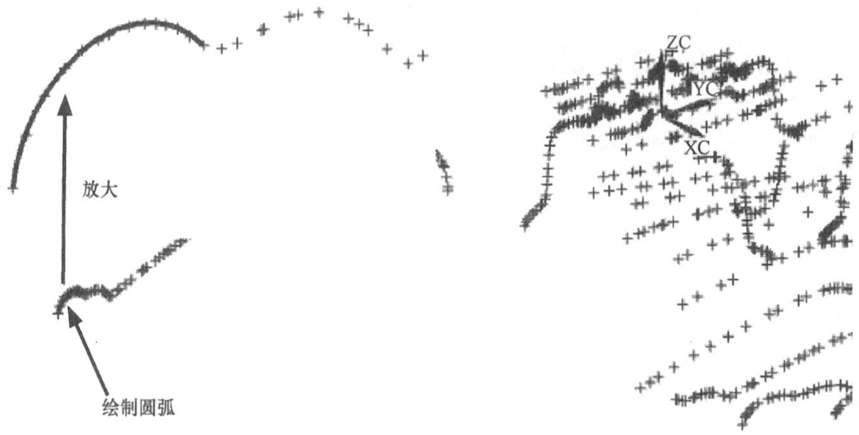

图 6-9

4. 创建桥接曲线

选择菜单中的【插入(S)】/【来自曲线集的曲线(F)】/【桥接(B)...】命令，或在【曲线】工具条中选择（桥接曲线）图标，出现【桥接曲线】对话框，如图 6-11 所示，取消勾选【关联】选项，然后在图形中依次选择曲线，如图 6-12 所示，选择如图 6-12 所示的箭头进行微调，使曲线尽量贴点，最后在【桥接曲线】对话框中单击【<确定>】按钮，创建桥接曲线，如图 6-13 所示。

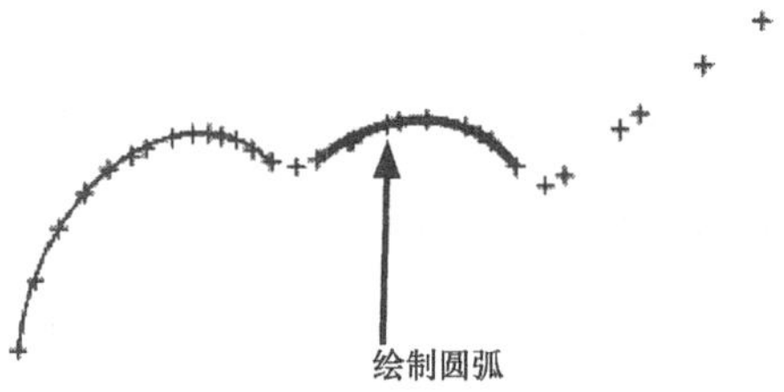

图 6-10

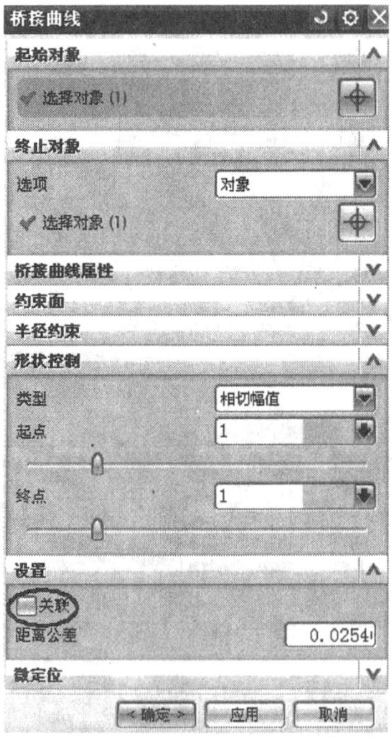

图 6-11

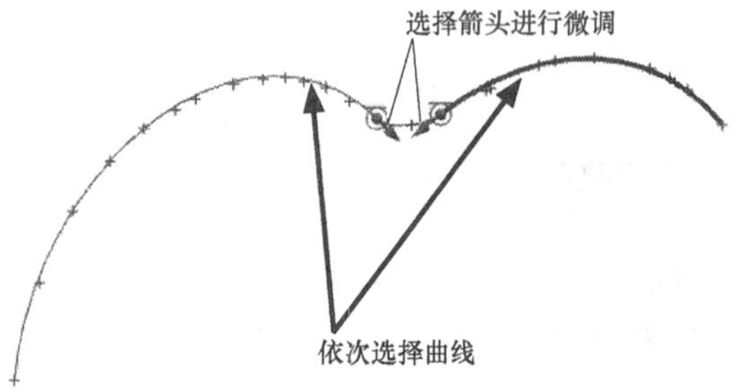

图 6-12

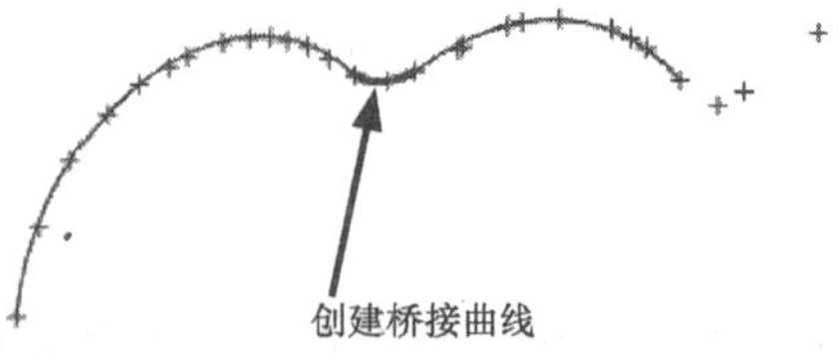

图 6-13

5. 绘制圆弧

选择菜单中的【插入(S)】/【曲线(C)】/【圆弧/圆(C)...】命令，或在【曲线】工具条中选择（圆弧/圆）图标，出现【圆弧/圆】对话框，如图 6-14 所示，然后在捕捉点工具条中选择（现有点）选项，在图形中依次选择如图 6-15 所示的 3 个绿色点，单击应用按钮，完成圆弧的绘制，如图 6-16 所示。

图 6-14

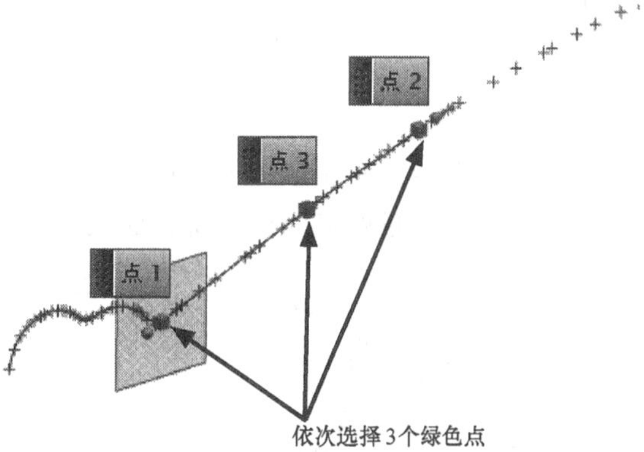

图 6-15

接着按照上述方法，绘制右边相邻的圆弧，完成后如图 6-17 所示。

6. 创建桥接曲线

选择菜单中的【插入(S)】/【来自曲线集的曲线(F)】/【桥接(B)...】命令，或在【曲线】工具条中选择（桥接曲线）图标，出现【桥接曲线】对话框，如图 6-18 所示，取消勾选关联选项，然后在图形中依次选择曲线，如图 6-19 所示，再选择如图 6-19 所示的箭头进行微调，使曲线尽量贴点，最后在【桥接曲线】对话框中单击< 确定 >按钮，创建桥接曲线，如图 6-20 所示。

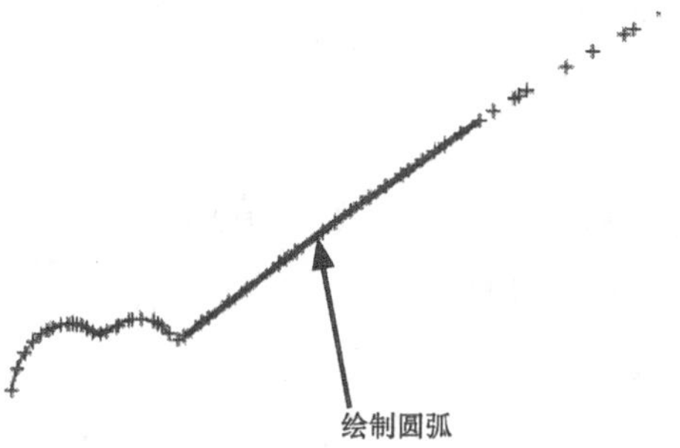

图 6-16

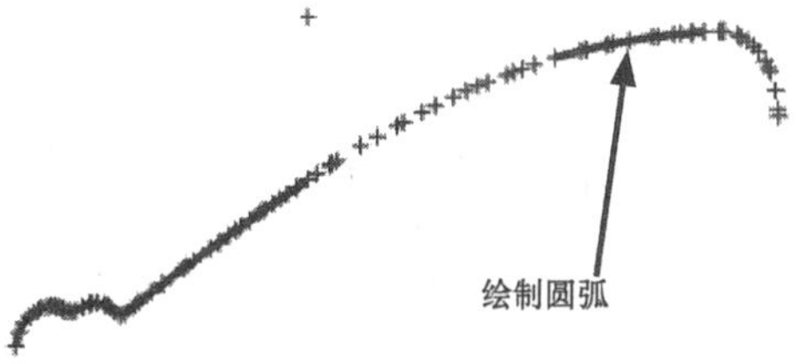

图 6-17

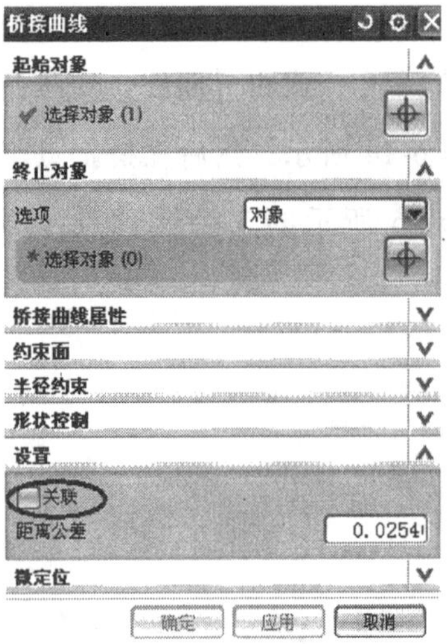

图 6-18

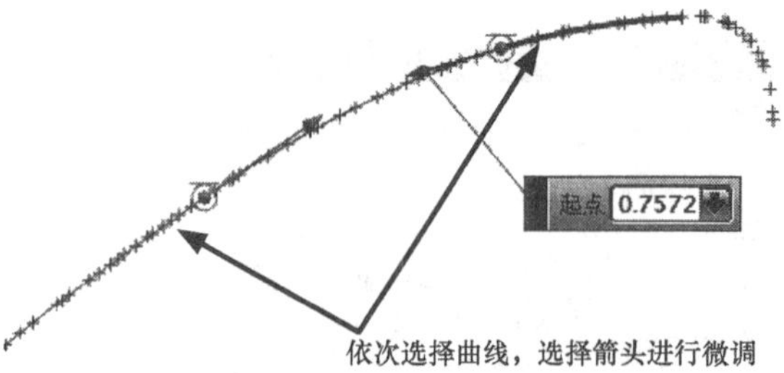

图 6-19

继续桥接曲线。在图形中依次选择曲线，如图 6-21 所示，选择如图 6-21 所示的箭头进行微调，使曲线尽量贴点，创建桥接曲线，完成后如图 6-22 所示。

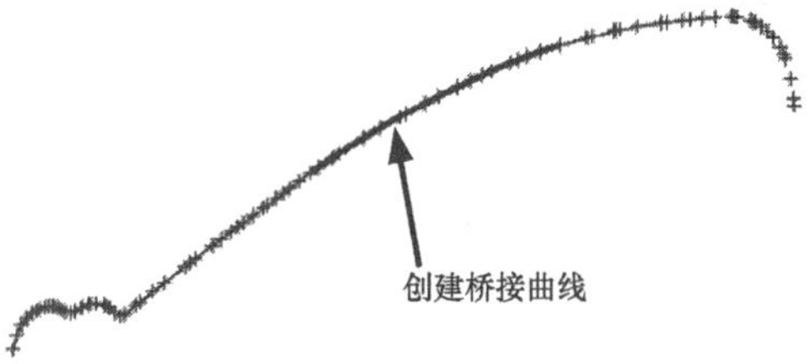

图 6-20

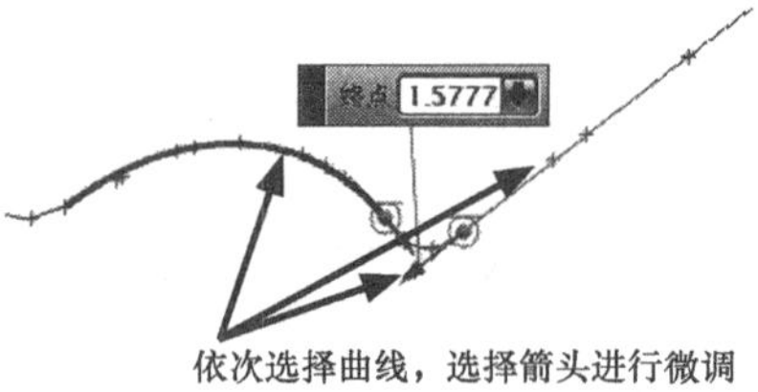

图 6-21

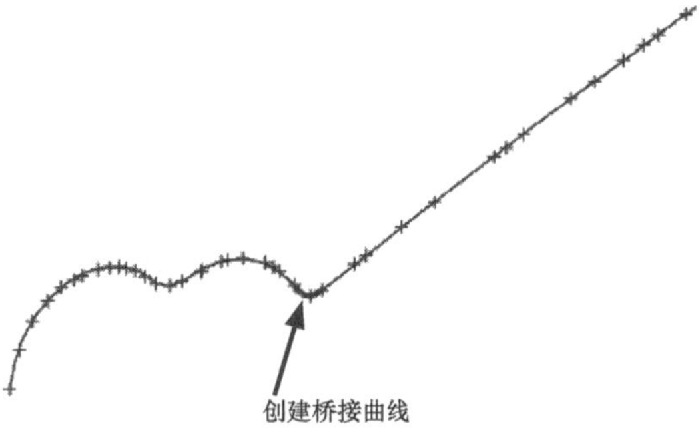

图 6-22

图 6-23

7. 绘制圆弧

选择菜单中的【插入(S)】/【曲线(C)】/【圆弧/圆(C)...】命令，或在【曲线】工具条中选择（圆弧/圆）图标，出现【圆弧/圆】对话框，如图 6-23 所示，然后在捕捉点工具条中选择（现有点）选项，在图形中依次选择如图 6-24 所示的 3 个绿色点，单击 应用 按钮，绘制圆弧，如图 6-25 所示。

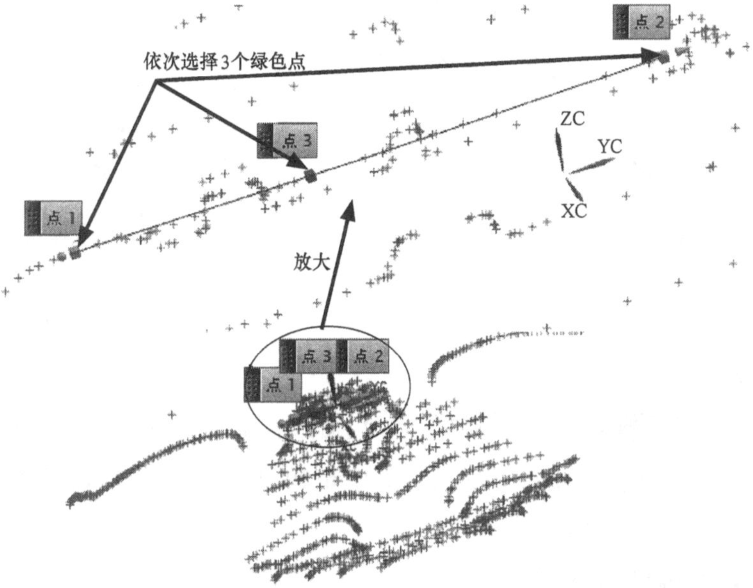

图 6-24

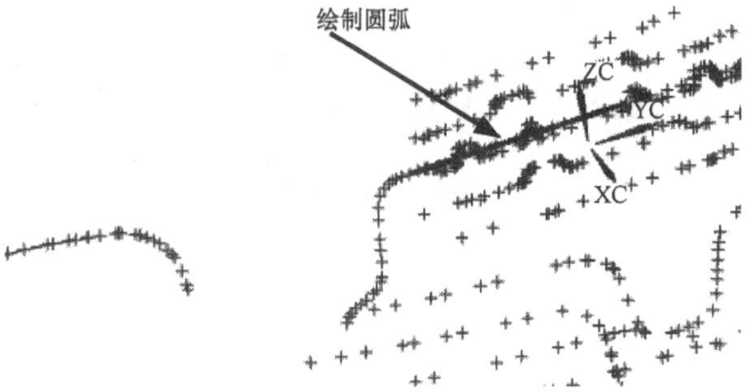

图 6-25

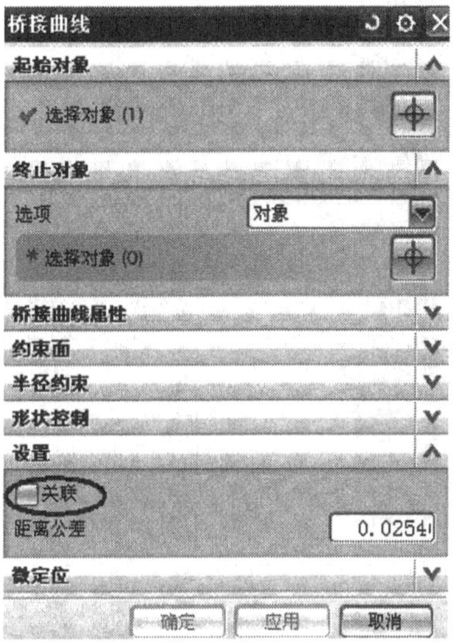

图 6-26

8. 创建桥接曲线

选择菜单中的【插入(S)】/【来自曲线集的曲线(F)】/【桥接(B)...】命令，或在【曲线】工具条中选择（桥接曲线）图标，出现【桥接曲线】对话框，如图 6-26 所示，取消勾选关联选项，然后在图形中依次选择曲线，如图 6-27 所示，选择图中的箭头进行微调，使曲线尽量贴点，最后在【桥接曲线】对话框中单击< 确定 >按钮，创建桥接曲线，如图6-28所示。

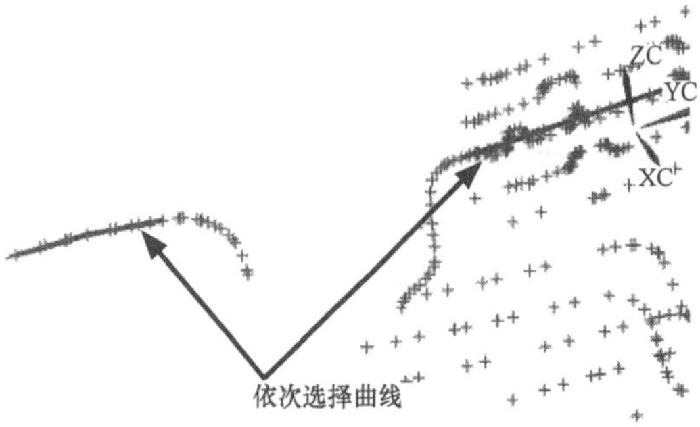

图 6-27

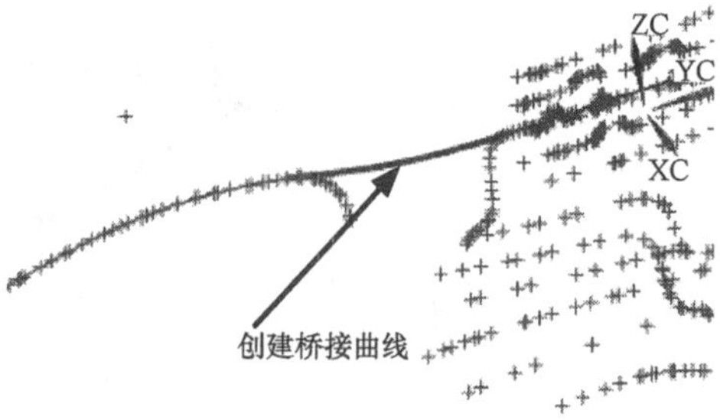

图 6-28

9. 图层设置

选择菜单中的【格式(R)】/【图层设置(S)...】命令，出现【图层设置】对话框，在图层列表框中取消勾选第 4 层，并勾选第 3 层，如图 6-29 所示，然后单击关闭按钮，完成图层设置操作，图形更新后如图 6-30 所示。

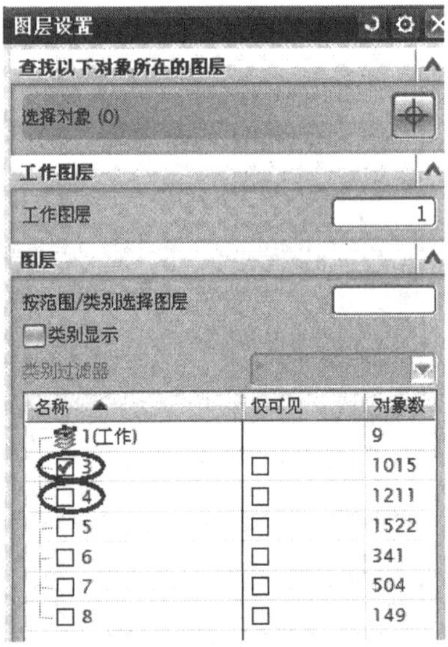

图 6-29

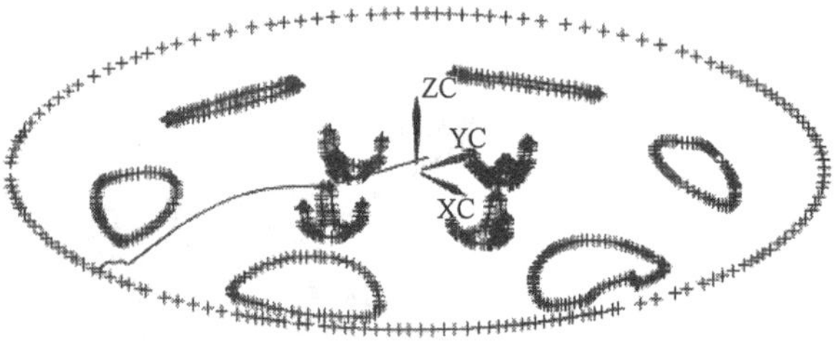

图 6-30

10. 绘制整圆

选择菜单中的【插入(S)】/【曲线(C)】/【圆弧/圆(C)...】命令，或在【曲线】工具条中选择（圆弧/圆）图标，出现【圆弧/圆】对话框，在限制区域勾选整圆选项，如图 6-31 所示，然后在捕捉点工具条中选择（现有点）选项，在图形中依次选择如图 6-32

所示的 3 个蓝色点，并单击【应用】按钮，完成绘制整圆，如图 6-33 所示。

图 6-31

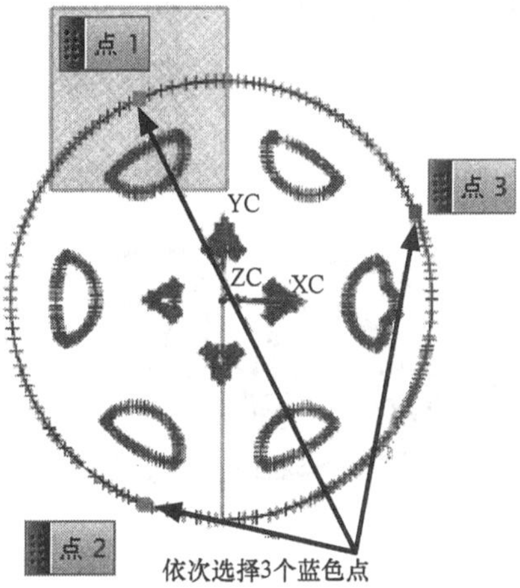

图 6-32

11. 创建点

选择菜单中的【插入(S)】/【基准/点(D)】/【十 点(P)...】命令，或在【特征】工具条中选择十（点）图标，出现【点】构造器对话框，如图 6-34 所示，在【类型】下拉框中选择【⊙ 圆弧中心/椭圆中心/球心】选项，在图形中选择圆，如图 6-35 所示，然后单击【确定】按钮，完成创建点，如图 6-36 所示。

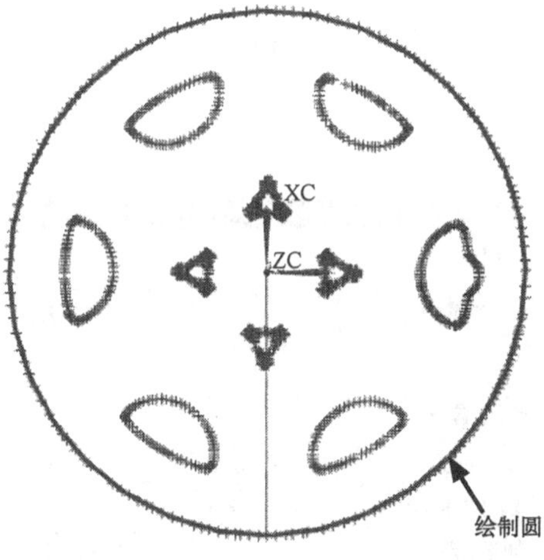

图 6-33

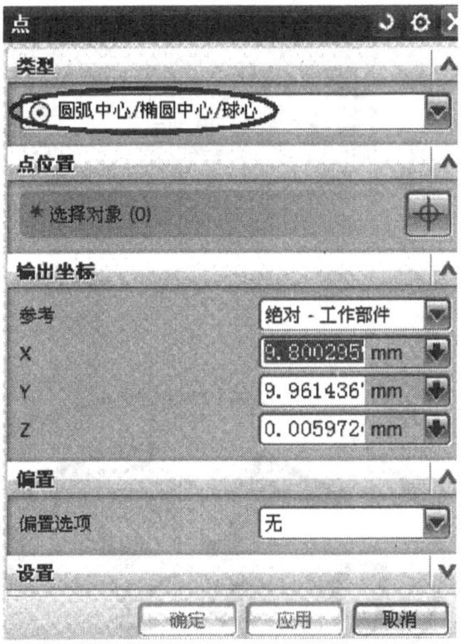

图 6-34

12. 移动工作坐标原点至圆心

选择菜单中的【格式(R)】/【WCS】/【原点(O)...】命令，或在【实用】工具栏中选择

（WCS 原点）图标，出现【点】构造器对话框，如图 6-37 所示，在类型下拉框中选择十现有点选项，在图形中选择如图 6-38 所示的点，然后单击确定按钮，完成移动工作坐标原点至圆心的操作，如图 6-39 所示。

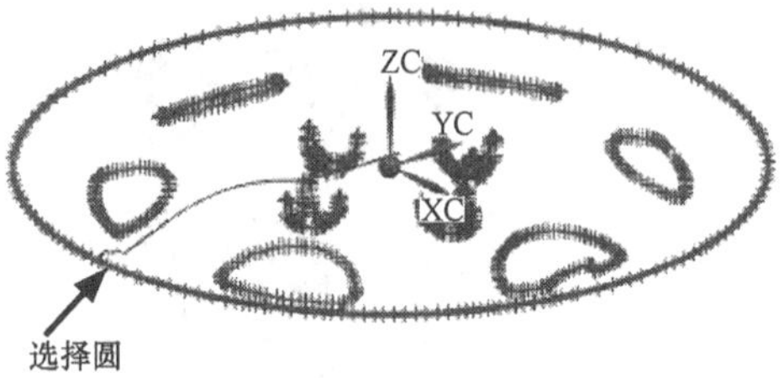

图 6-35

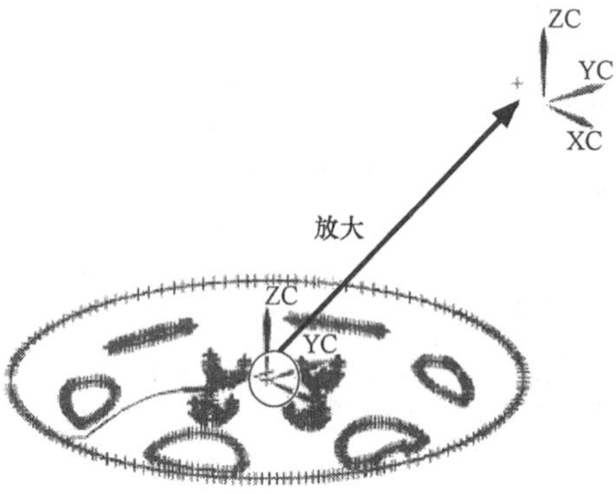

图 6-36

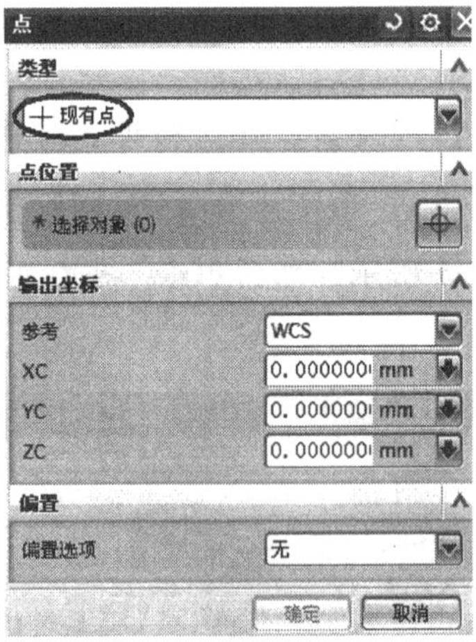

图 6-37

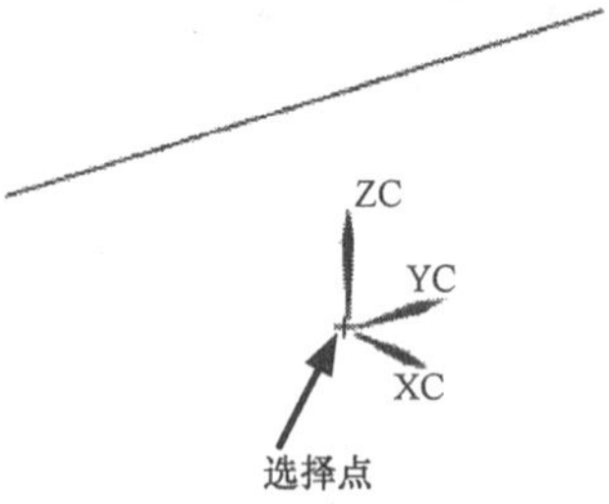

图 6-38

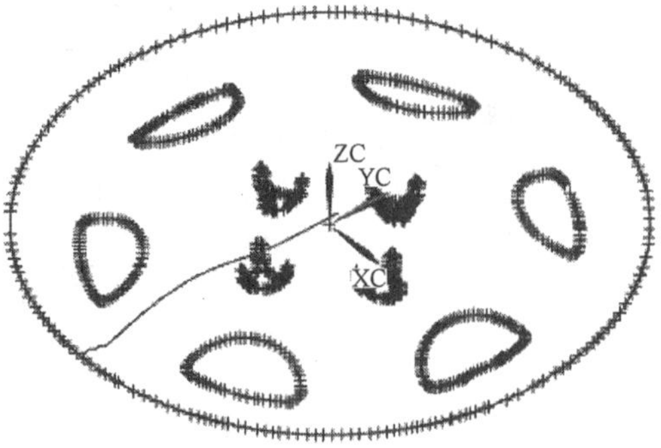

图 6-39

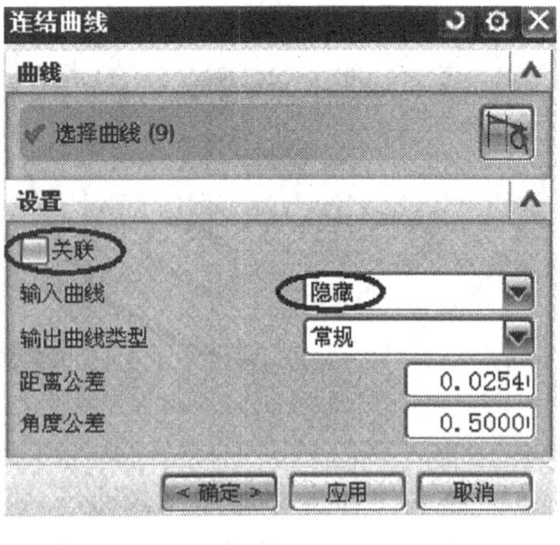

图 6-40

13. 创建连接曲线

选择菜单中的【插入(S)】/【来自曲线集的曲线(F)】/【连结(J)...】命令，或在【曲线】工具条中选择（连接曲线）图标，出现【连结曲线】对话框，如图6-40所示，取消勾选 关联 选项，在 输入曲线 下拉框中选择 隐藏 选项，然后在主界面的曲线规则下拉框中选择 相切曲线 选项，在图形中选择如图6-41所示的曲线，再在【连结曲线】对话框中单击 <确定> 按钮，完成创建连接曲线。

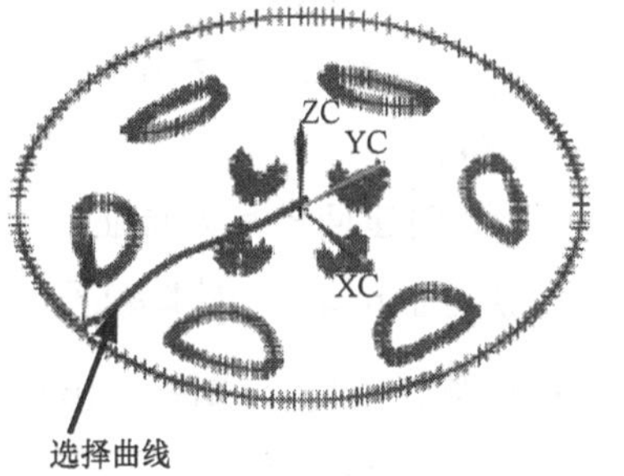

图 6-41

14. 创建修剪曲线

选择菜单中的【编辑(E)】/【曲线(V)】/【修剪(T)...】命令，或在【编辑曲线】工具条中选择（修剪曲线）图标，出现【修剪曲线】对话框，如图6-42所示，取消勾选 关联 选项，在 输入曲线 下拉框中选择 替换 选项，在 曲线延伸段 下拉框中选择 无 选项，在图形中选择如图6-43所示要修剪的曲线，再在主界面的捕捉点工具条中选择（现有点）选项，并选择如图6-43所示的点为修剪边界，然后在【修剪曲线】对话框中单击 确定 按钮，完成创建修剪曲线，如图6-44所示。

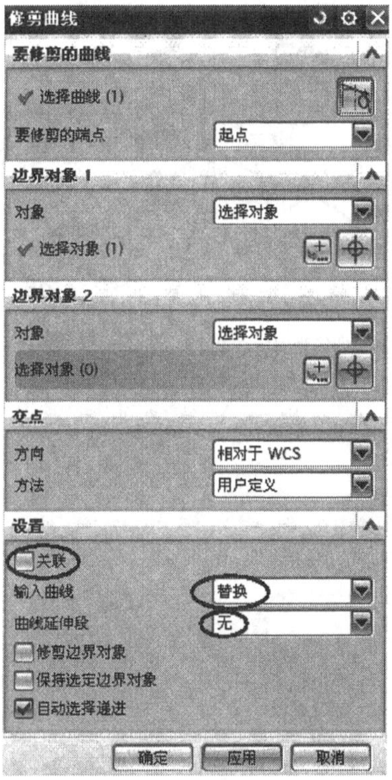

图 6-42

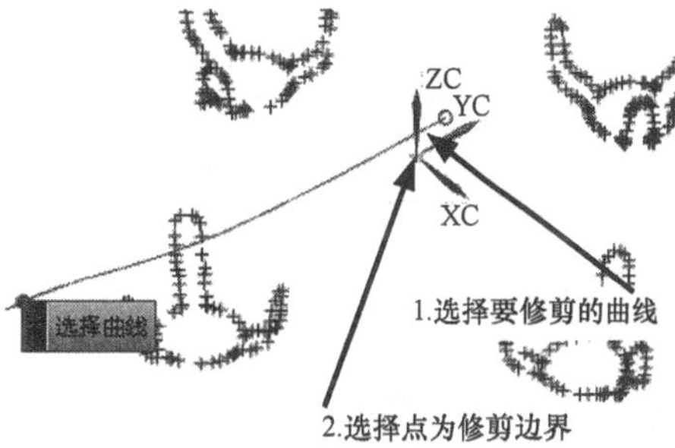

图 6-43

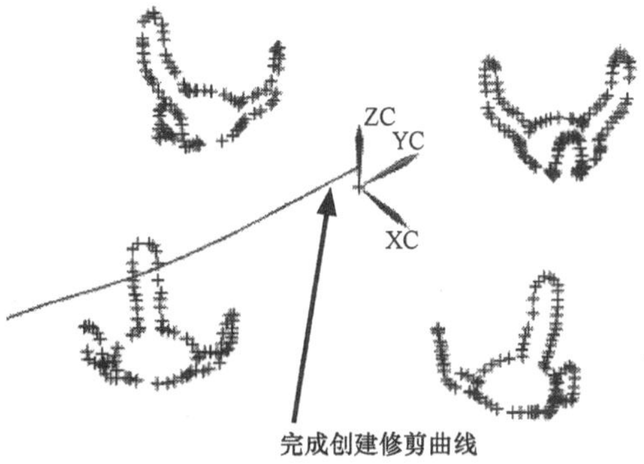

图 6-44

15. 对象预设置

选择菜单中的【首选项(P)】/【对象(O)... Ctrl+Shift+J】命令，将片体颜色设置为黄色（步骤略）。

16. 创建回转片体特征

选择菜单中的【插入(S)】/【设计特征(E)】/【回转(R)...】命令，或在【特征】工具条中选择（回转）图标，出现【回转】对话框，如图 6-45 所示，在主界面的曲线规则下拉框中选择单条曲线选项，并选择如图 6-46 所示的曲线为回转对象，然后在【回转】对话框的指定矢量下拉框中选择ZC选项，在指定点下拉框中选择（终点）选项，在图形中选择如图 6-46 所示的曲线端点，再在【回转】对话框的【开始】\【角度】栏和【结束】\【角度】栏中分别输入 0 和 360，在体类型下拉框中选择图纸页选项，最后单击应用按钮，创建回转片体特征，如图 6-47 所示。

图 6-45

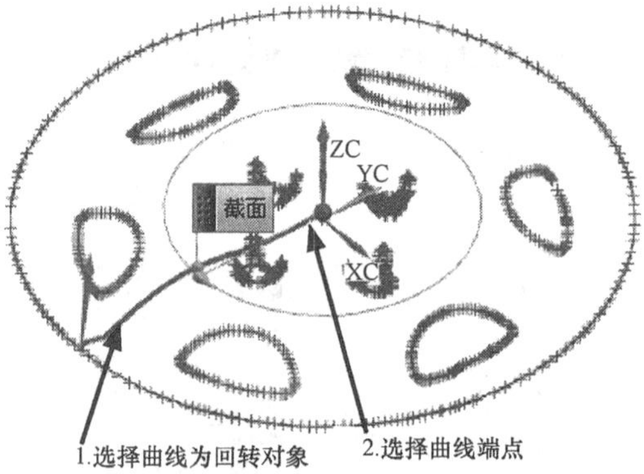

图 6-46

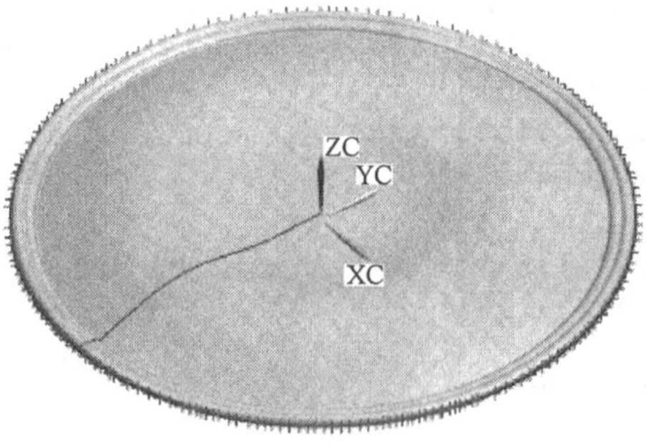

图 6-47

17. 将曲线移至 255 层

选择菜单中的【格式(R)】/【移动至图层(M)...】命令，出现【类选择】对话框，选择曲线并将其移至 255 层（步骤略）。

6.3 创建轮毂盘上的半月孔

1. 绘制圆弧

选择菜单中的【插入(S)】/【曲线(C)】/【圆弧/圆(C)...】命令，或在【曲线】工具条中选择（圆弧/圆）图标，出现【圆弧/圆】对话框，如图 6-48 所示，然后在捕捉点工具条中选择（现有点）选项，并在图形中依次选择如图 6-49 所示的 3 个蓝色点，出现圆弧，拖曳如图 6-49 所示的圆点至适当位置，再单击 应用 按钮，完成圆弧的绘制，如图 6-50 所示。

图 6-48

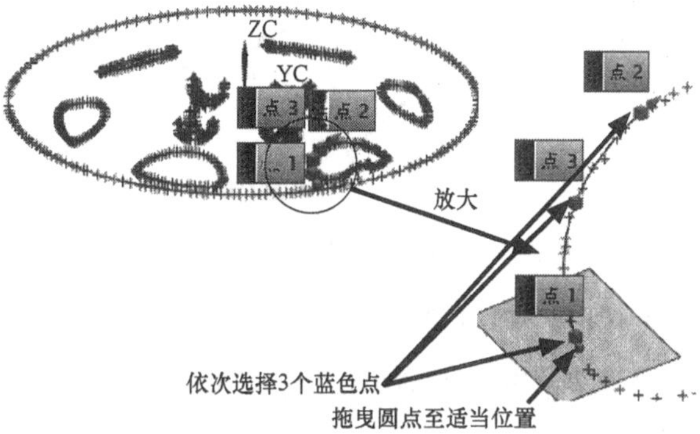

图 6-49

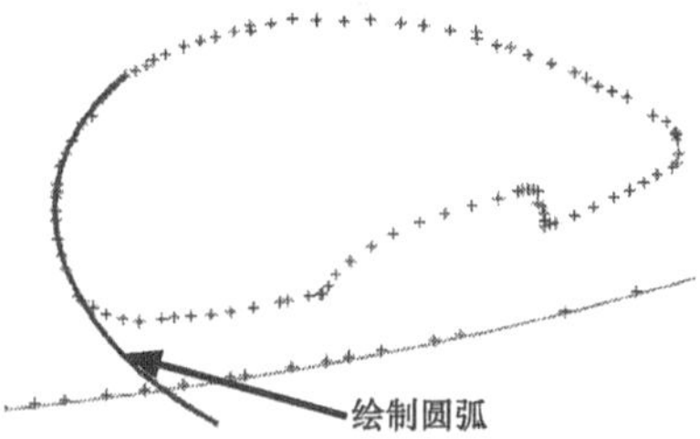

图 6-50

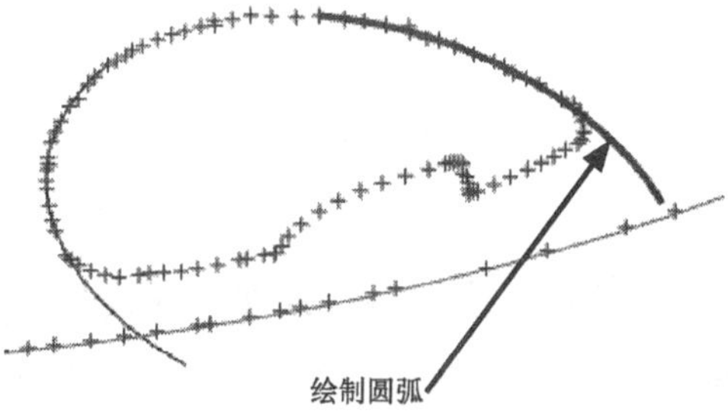

图 6-51

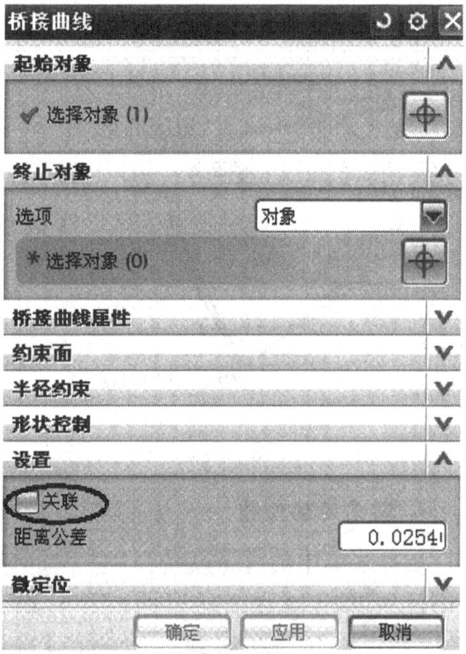

图 6-52

按照上述方法，绘制右边的圆弧，完成后如图 6-51 所示。

2. 创建桥接曲线

选择菜单中的【插入(S)】/【来自曲线集的曲线(F)】/【桥接(B)...】命令，或在【曲线】工具条中选择（桥接曲线）图标，出现【桥接曲线】对话框，如图 6-52 所示，取消勾选关联选项，然后在图形中依次选择曲线，如图 6-53 所示，并拖曳如图 6-53 所示的箭头进行微调，使曲线尽量贴点，最后在【桥接曲线】对话框中单击< 确定 >按钮，创建桥接曲线，如图 6-54 所示。

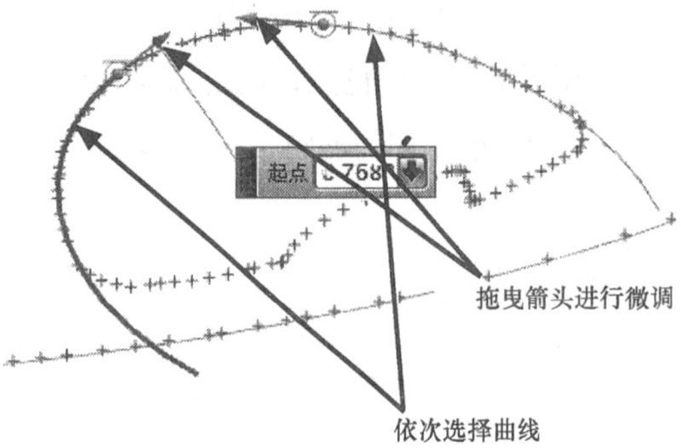

图 6-53

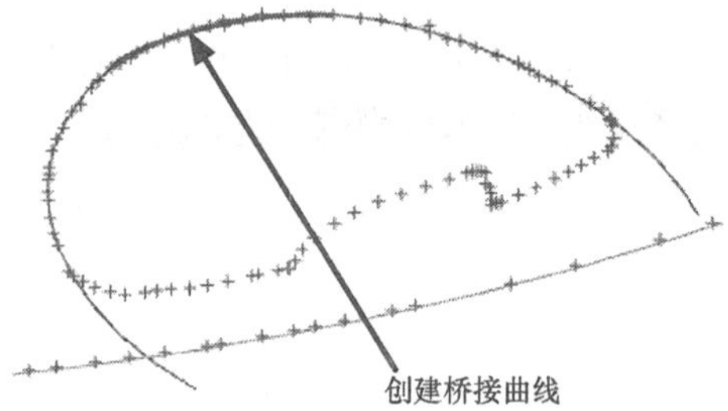

图 6-54

3. 创建下半圆弧

选择菜单中的【插入(S)】/【曲线(C)】/【圆弧/圆(C)...】命令，或在【曲线】工具条中选择（圆弧/圆）图标，出现【圆弧/圆】对话框，然后在捕捉点工具条中选择（现有点）选项，并在图形中依次选择如图 6-55 所示的 3 个蓝色点，出现圆弧，拖曳如图 6-55 所示的圆点及箭头至适当位置，再单击应用按钮，完成圆弧的绘制，如图 6-56 所示。

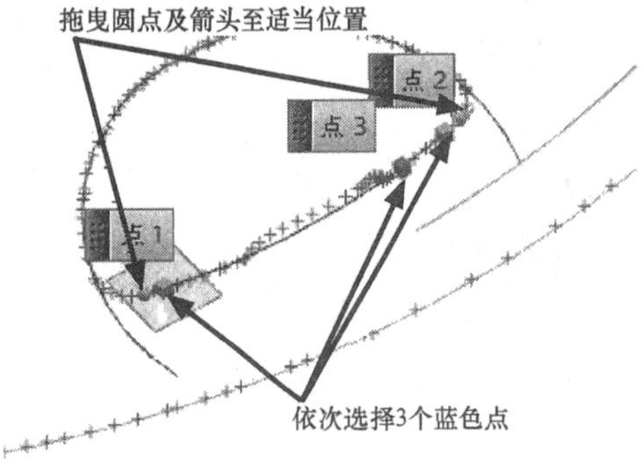

图 6-55

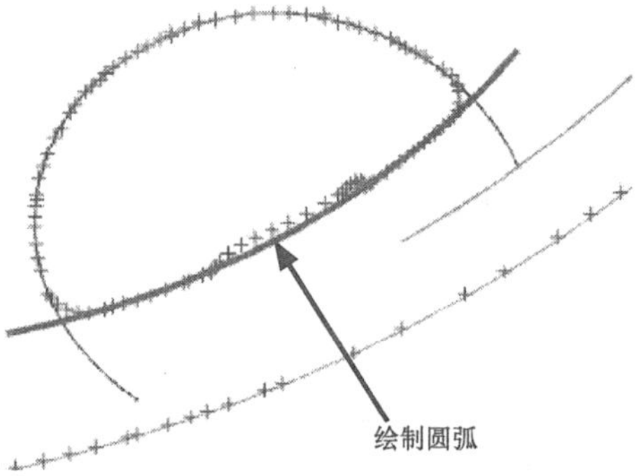

图 6-56

4. 创建连接曲线

选择菜单中的【插入(S)】/【来自曲线集的曲线(F)】/【连结(J)...】命令，或在【曲线】工具条中选择（连接曲线）图标，出现【连结曲线】对话框，如图 6-57 所示，取消勾选关联选项，在输入曲线下拉框中选择隐藏选项，在主界面的曲线规则下拉框中选择相切曲线选项，在图形中选择如图 6-58 所示的曲线，然后在【连结曲线】对话框中单击< 确定 >按钮，完成创建连接曲线。

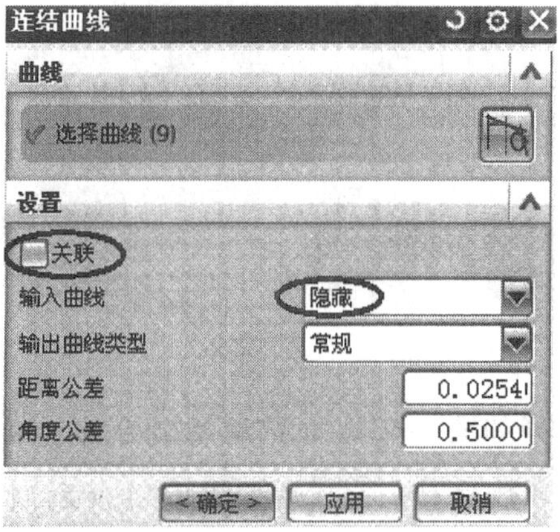

图 6-57

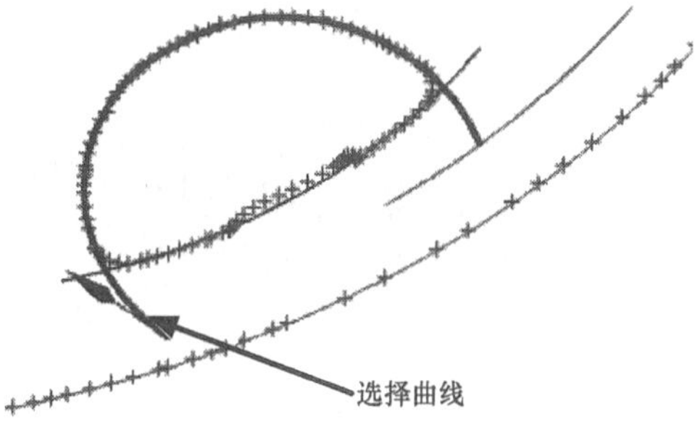

图 6-58

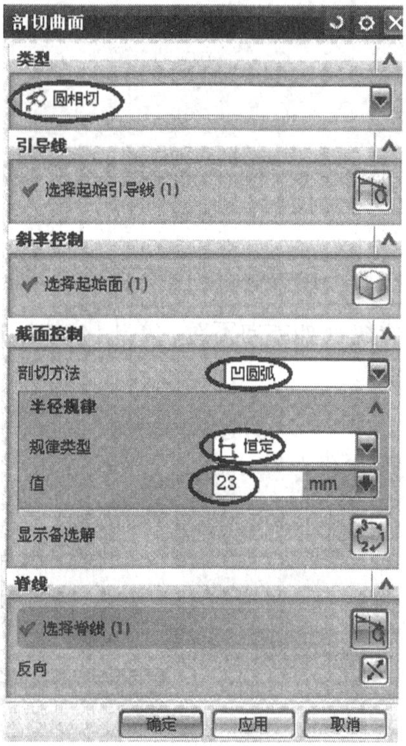

图 6-59

5. 创建剖切曲面特征

选择菜单中的【插入(S)】/【网格曲面(M)】/【截面(S)...】命令，或在【曲面】工具条中选择（剖切曲面）图标，出现【剖切曲面】对话框，如图 6-59 所示，在类型下拉框中选择圆相切选项，在主界面的曲线规则下拉框中选择单条曲线选项，然后在图形中选择如图 6-60 所示的曲线为起始引导线，再在【剖切曲面】对话框的斜率控制区域选择（面）图标，并在图形中选择如图 6-60 所示的曲面。然后在【剖切曲面】对话框的选择脊线 (1)区域选择（曲线）图标，并在图形中选择如图 6-61 所示的曲线为脊线，再在【剖切曲面】对话框的剖切方法下拉框中选择凹圆弧选项，在截面控制/规律类型下拉框中选择恒定选项，在值栏输入 23，单击应用按钮，完成创建剖切曲面特征，如图 6-62 所示。

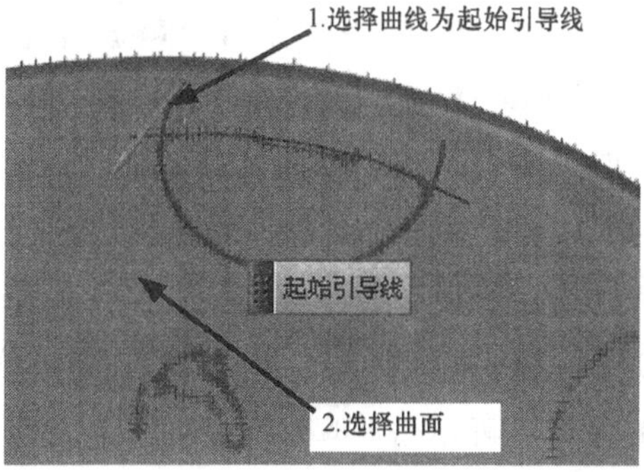

图 6-60

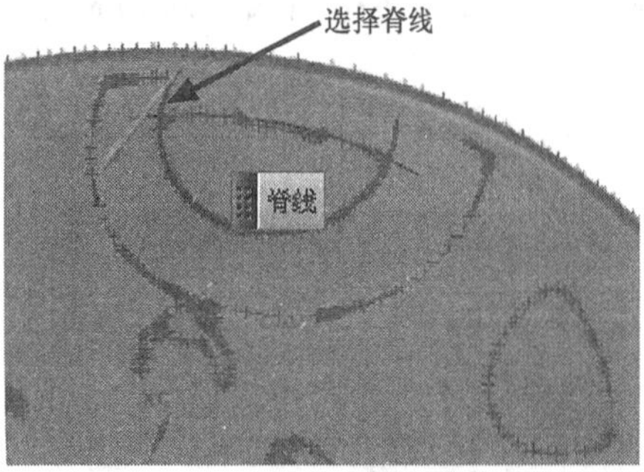

图 6-61

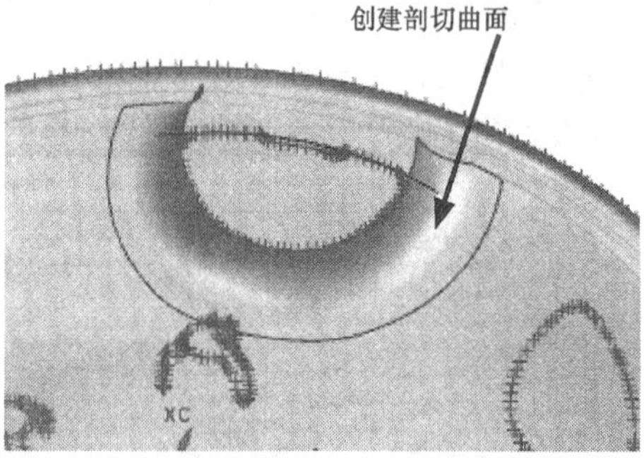

图 6-62

按照上述方法，创建外沿的剖切曲面。依次选择如图 6-63 所示的起始引导线、相切面组和脊线（如方向不对，单击 按钮），输入半径参数为 15，完成后如图 6-64 所示（已经翻转模型）。

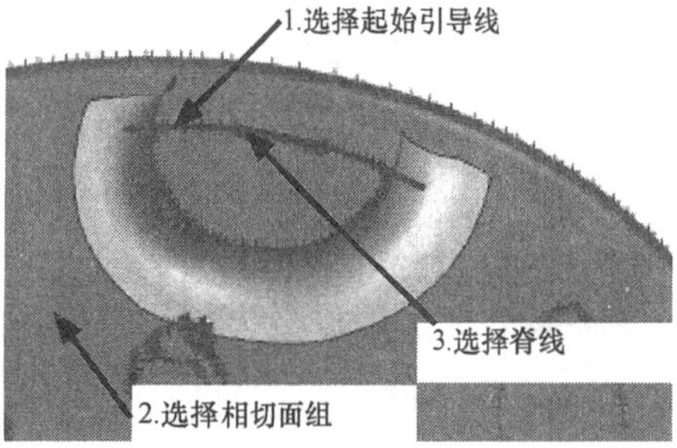

图 6-63

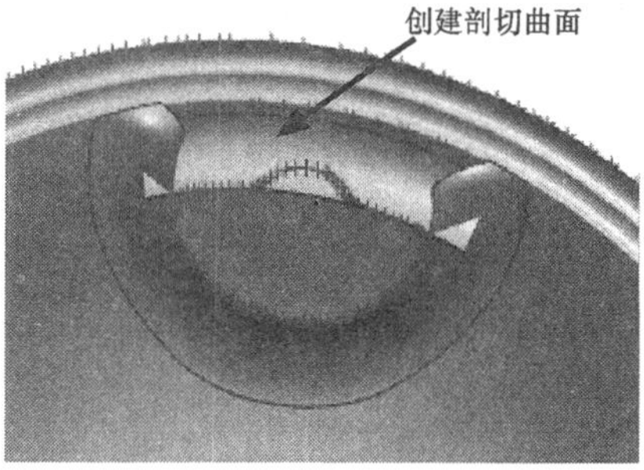

图 6-64

6. 创建扩大面特征

选择菜单中的【编辑(E)】/【曲面(R)】/【扩大(L)...】命令，或在【编辑曲面】工具栏中选择 （扩大）图标，出现【扩大】面对话框，如图 6-65 所示，系统提示选择要扩大的面，在图形中选择如图 6-66 所示的曲面，然后在【扩大】面对话框的 %U 终点、%V 起点和 %V 终点栏分别输入 14、21 和 21，再单击 应用 按钮，完成创建扩大面特征，如图 6-67 所示。

继续创建扩大面特征。在图形中选择如图 6-68 所示的曲面，然后在【扩大】面对话框的 %U 终点栏输入 14，单击 应用 按钮，完成创建扩大面特征，如图 6-69 所示。

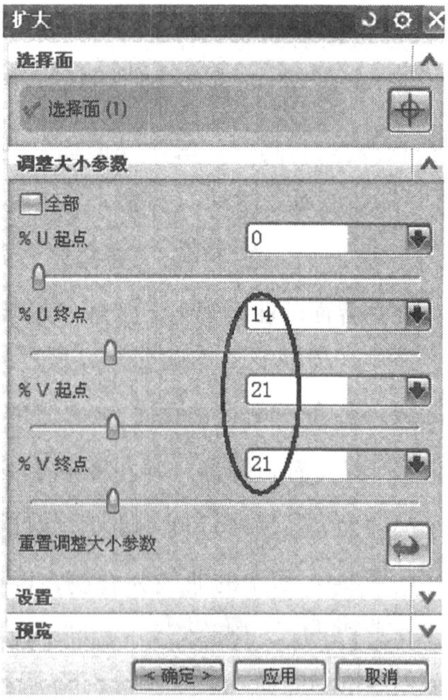

图 6-65

7. 创建修剪片体特征

选择菜单中的【插入(S)】/【修剪(T)】/

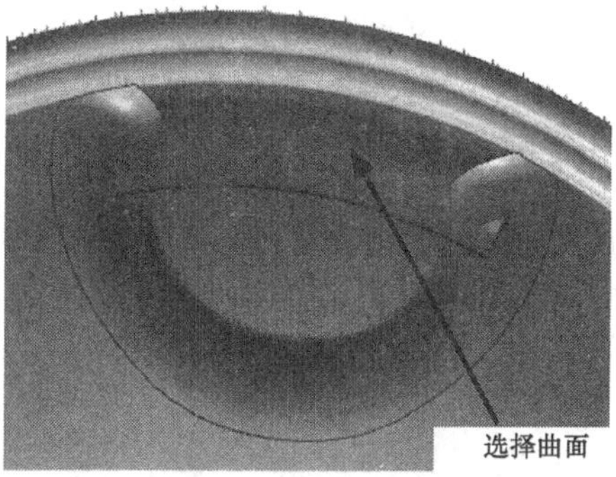

图 6-66

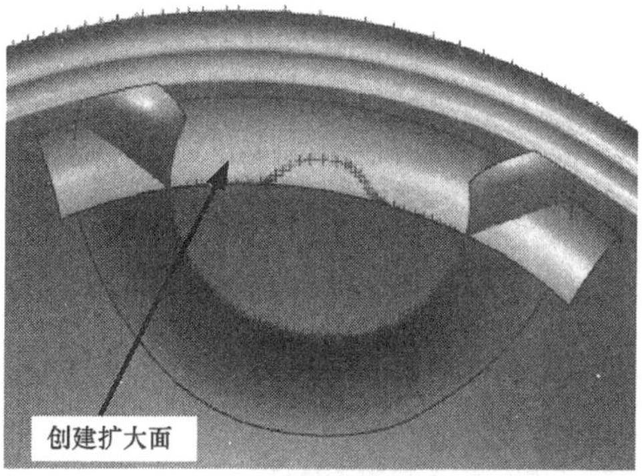

图 6-67

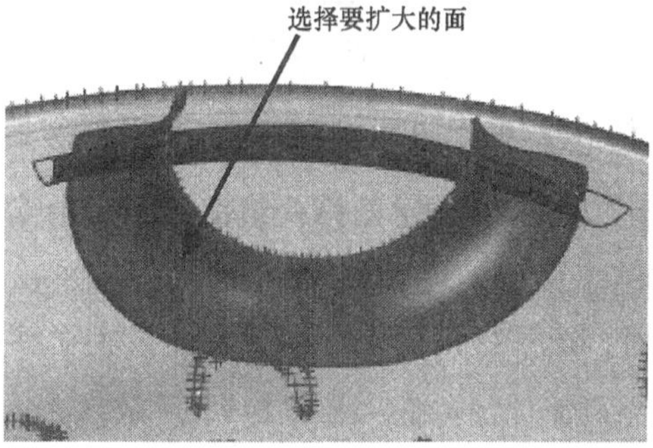

图 6-68

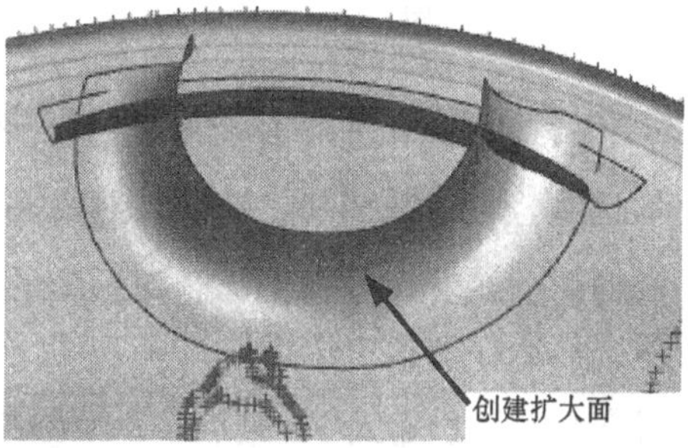

图 6-69

【修剪片体(R)...】命令，或在【曲面】工具栏中选择（修剪片体）图标，出现【修剪片体】对话框，如图 6-70 所示，在投影方向下拉框中选择垂直于面选项，在区域项中选择保持单选选项，并在图形中选择如图 6-71 所示的曲面为要修剪的对象。然后在【修剪片体】对话框的边界对象区域选择（对象）图标，在主界面的曲线规则下拉框中选择单条曲线选项，并选择如图 6-71 所示的片体边为修剪边界，接着在对话框中单击应用按钮，完成修剪片体，如图 6-72 所示。

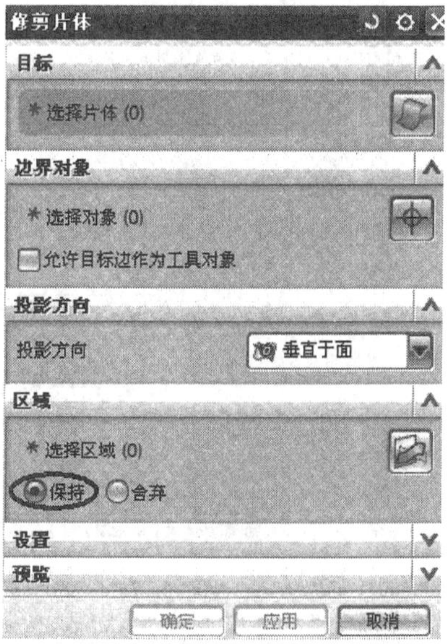

图 6-70

8. 将曲线移至 255 层

选择菜单中的【格式(R)】/【移动至图层(M)...】命令，出现【类选择】对话框，选择曲线并将其移至 255 层（步骤略）。

9. 创建面倒圆特征

选择菜单中的【插入(S)】/【细节特征(L)】/【面圆角(F)...】命令，或在【特征】操作工具条中选择（面倒圆）图标，出现【面倒圆】对话框，如图 6-73 所示。

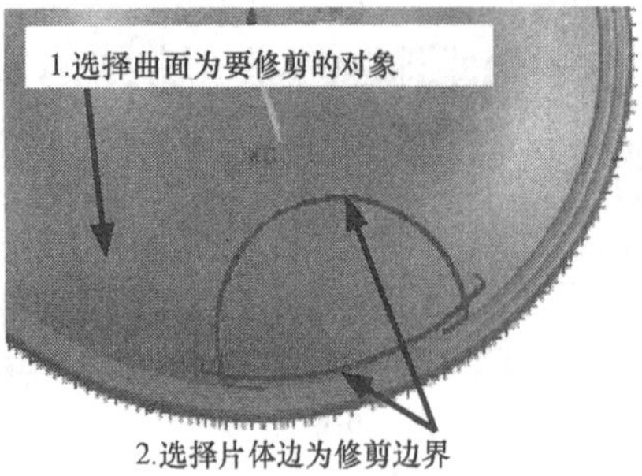

图 6-71

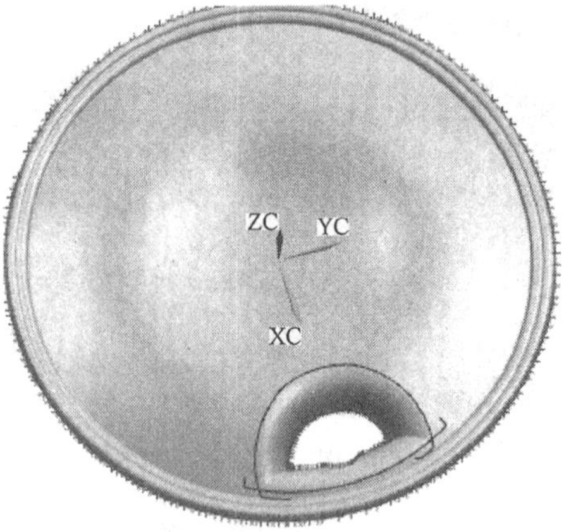

图 6-72

在【面倒圆】对话框 修剪和缝合选项 / 圆角面 下拉框中选择 修剪至长输入面 选项，取消勾选 修剪输入面至倒圆面 选项，然后在图形中选择如图 6-74 所示的第一组面，图形中出现圆心向量。接着在【面倒圆】对话框的 选择面链 2 (1) 区域选择（面）图标，如图 6-73 所示，然后在图形中选择如图 6-74 所示的第二组面，图形中出现圆心向量，然后在对话框的【半径】栏输入 5，最后单击 应用 按钮，完成面倒圆特征，如图 6-75 所示。

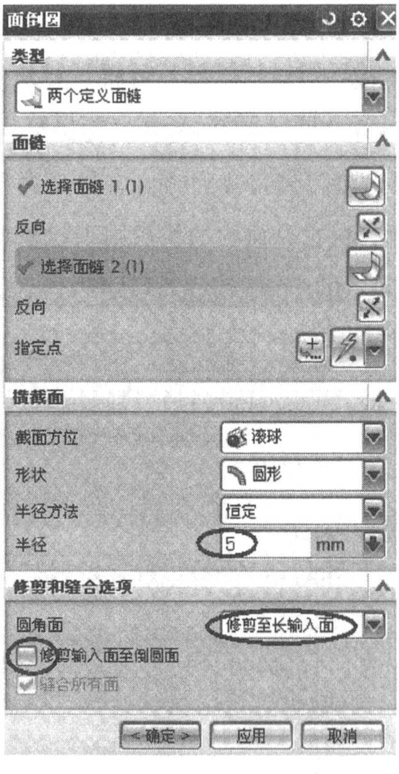

图 6-73

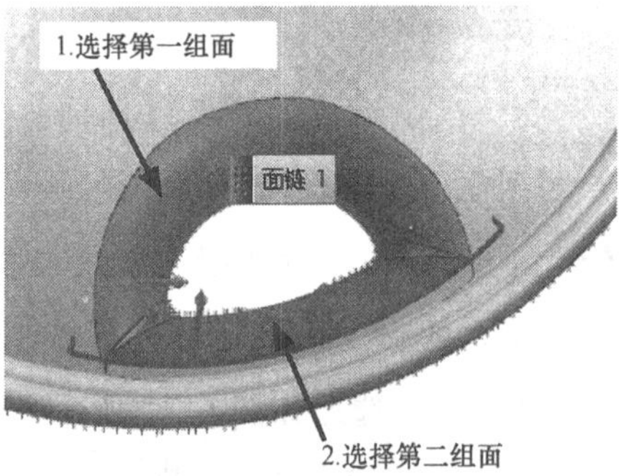

图 6-74

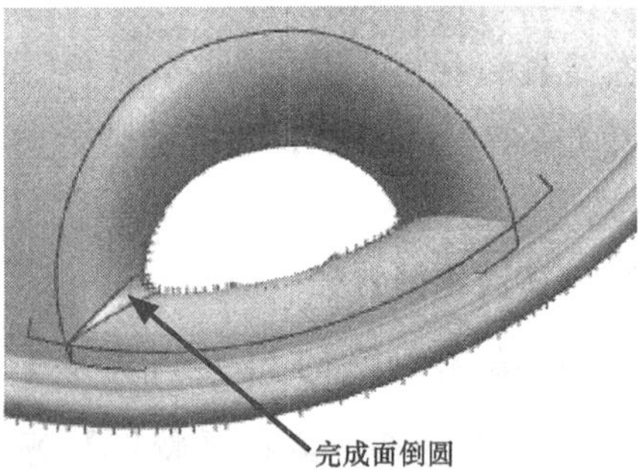

图 6-75

继续创建面倒圆特征。按照上述方法，依次选择如图 6-76 所示的曲面为第一、第二组倒圆面，并在【面倒圆】对话框的 指定点 区域选择（自动判断的点）图标，然后在图形中选择如图 6-76 所示的点，在【 半径 】栏输入 5，完成面倒圆特征，如图 6-77 所示。

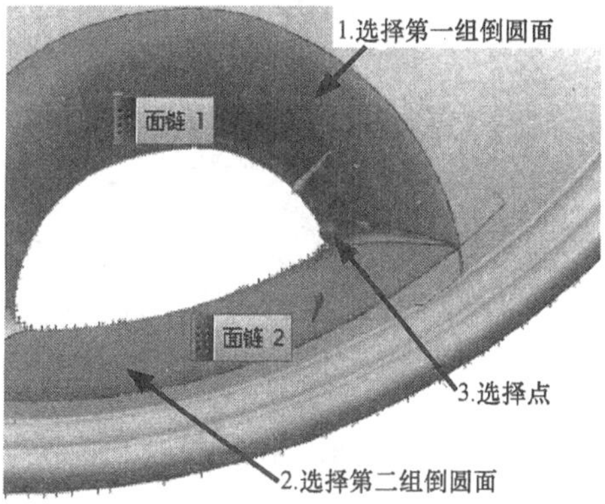

图　6-76

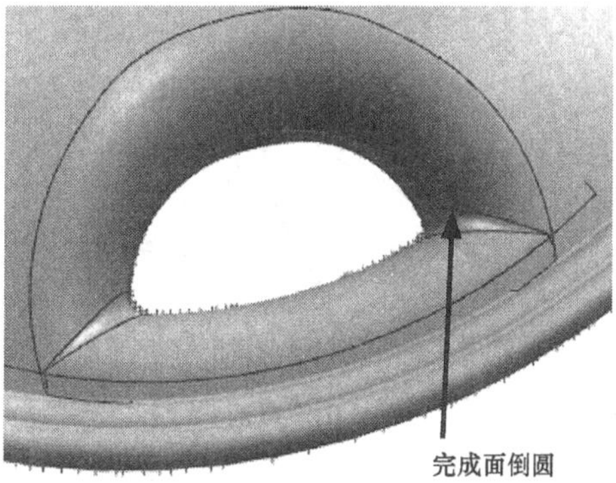

图　6-77

10. 绘制直线

选择菜单中的【 插入(S) 】/【 曲线(C) 】/【 直线(L)... 】命令，或在【曲线】工具条中选择（直线）图标，出现【直线】对话框，如图 6-78 所示，然后在捕捉点工具条中选择（端点）选项，在图形中选择如图 6-79 所示的两个端点，单击 应用 按钮，完成直线的绘制，如图 6-80 所示。

按照上述方法，在图形中选择如图 6-81 所示的两个端点，向右拖曳如图 6-81 所示箭头至适当位置，然后单击 应用 按钮，完成直线的绘制，如图 6-82 所示。

按照上述方法，绘制右侧两条辅助直线，如图 6-83 所示。

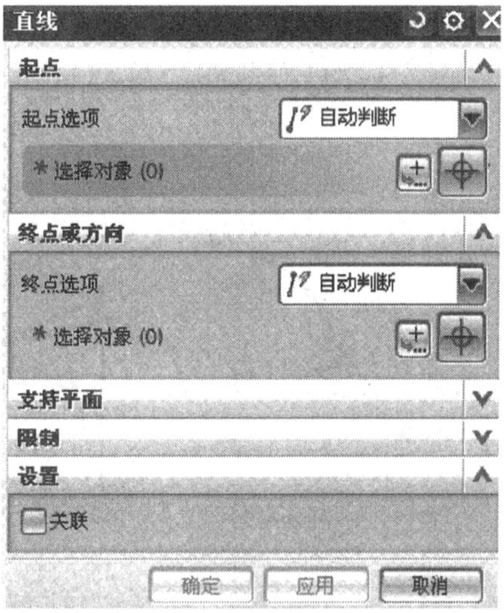

图　6-78

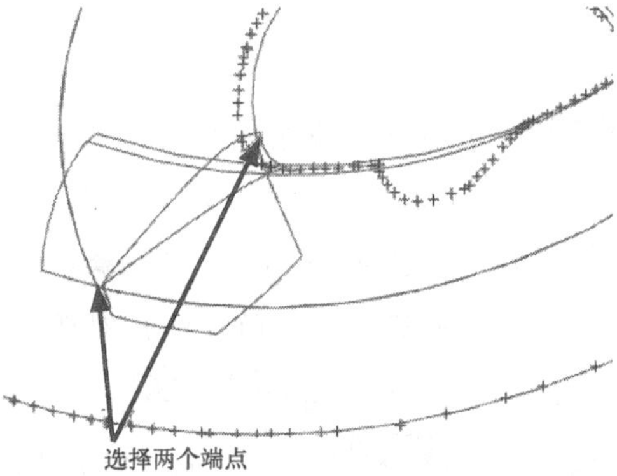

图　6-79

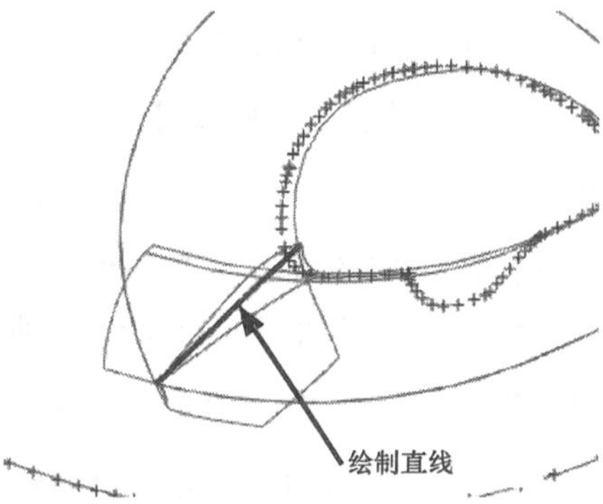

图　6-80

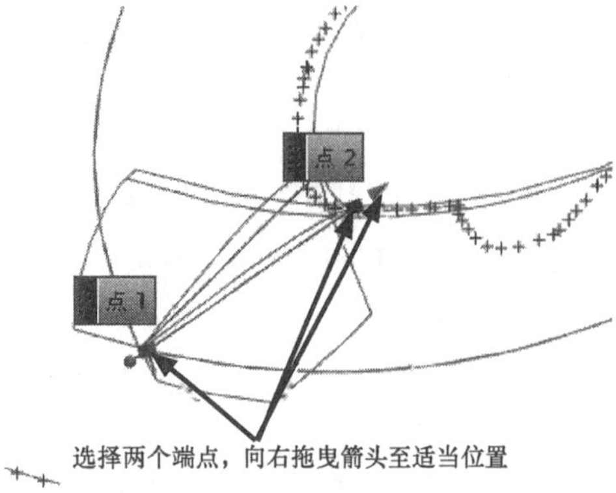

图 6-81

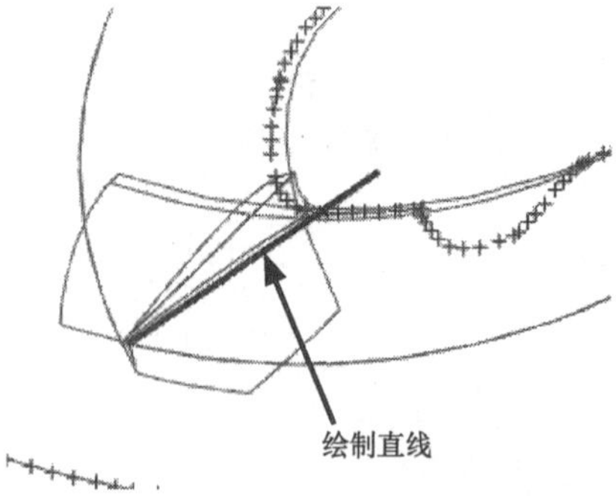

图 6-82

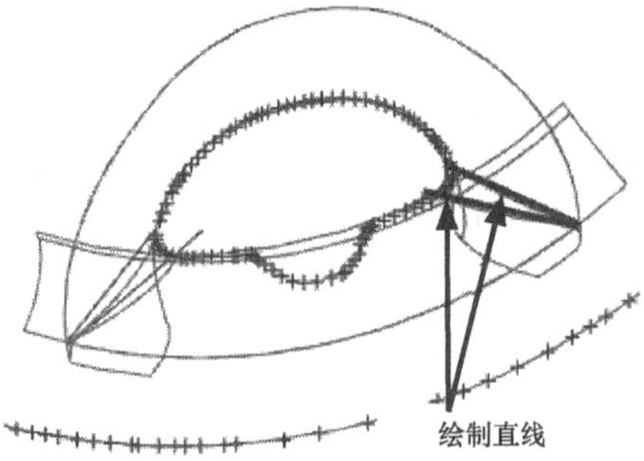

图 6-83

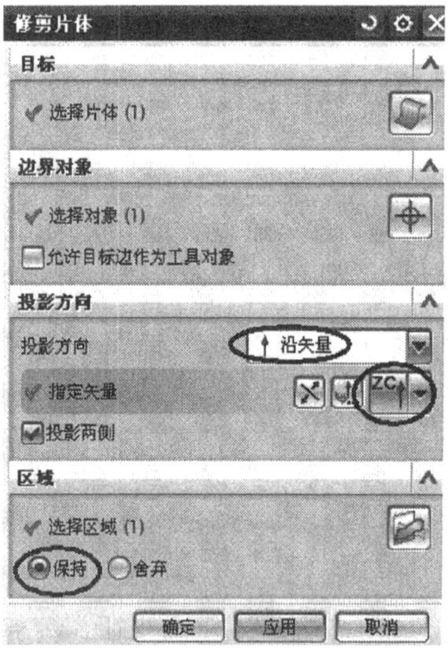

图 6-84

11. 将圆角面移至 255 层

选择菜单中的【格式(R)】/【移动至图层(M)...】命令，出现【类选择】对话框，选择圆角面并将其移至 255 层。

12. 创建修剪片体特征

选择菜单中的【插入(S)】/【修剪(T)】/【修剪片体(R)...】命令，或在【曲面】工具栏中选择（修剪片体）图标，出现【修剪片体】对话框，如图 6-84 所示，在投影方向下拉框中选择沿矢量选项，在指定矢量下拉框中选择ZC选项，在区域项中选择保持单选选项，在图形中选择如图 6-85 所示的曲面为要修剪的对象。然后在【修剪片体】对话框的边界对象区域选择（对象）图标，在主界面的曲线规则下拉框中选择单条曲线选项，并选择如图 6-85 所示的直线为修剪边界，接着在对话框中单击应用按钮，完成修剪片体，如图 6-86 所示。

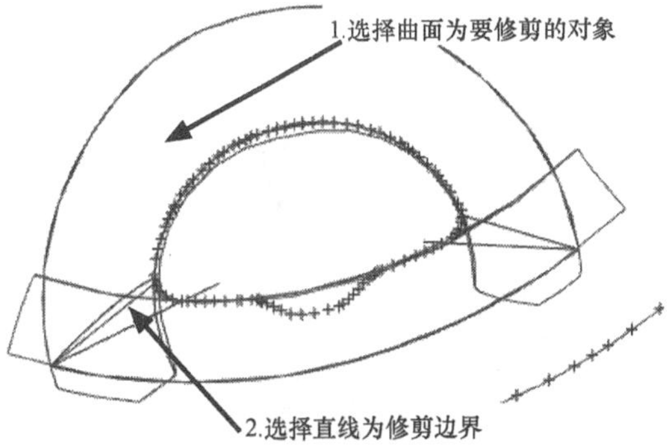

图 6-85

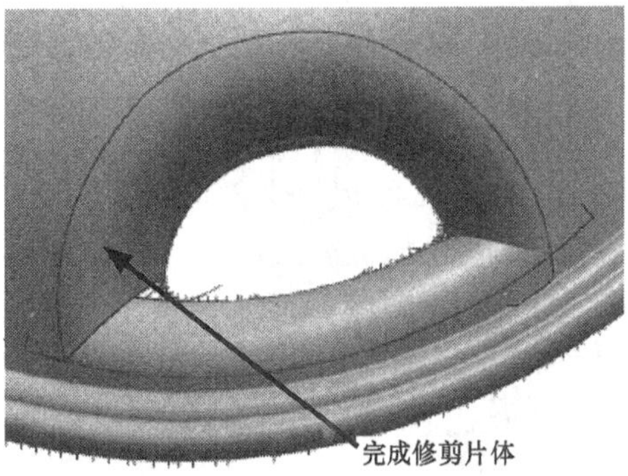

图 6-86

按照与上述相同的方法，修剪另 3 张面，完成后如图 6-87 所示。

13. 将曲线移至 255 层

选择菜单中的【格式(R)】/【移动至图层(M)...】命令，出现【类选择】对话框，选择曲线并将其移至 255 层（步骤略）。

14. 创建桥接曲面特征

选择菜单中的【插入(S)】/【细节特征(L)】/【桥接(B)...】命令，或在【特征】工具条中选择（桥接）图标，出现【桥接曲面】对话框，如图 6-88 所示，然后依次在图形中选择如图 6-89 所示的片体边（注意：图形中出现的向量箭头要一致），再在【桥接曲面】对话框中单击【应用】按钮，完成桥接曲面，如图 6-90 所示。

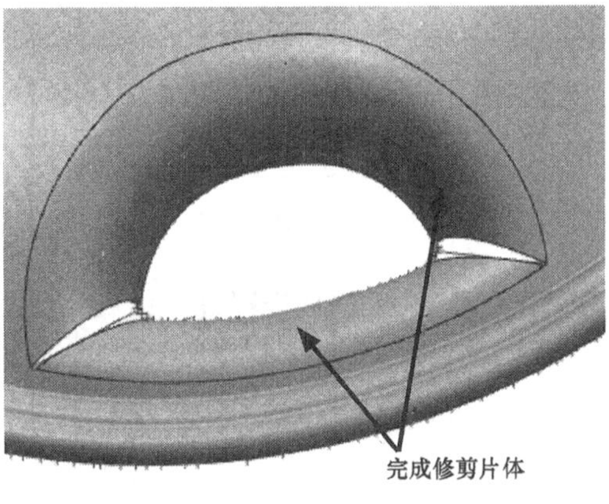

图 6-87

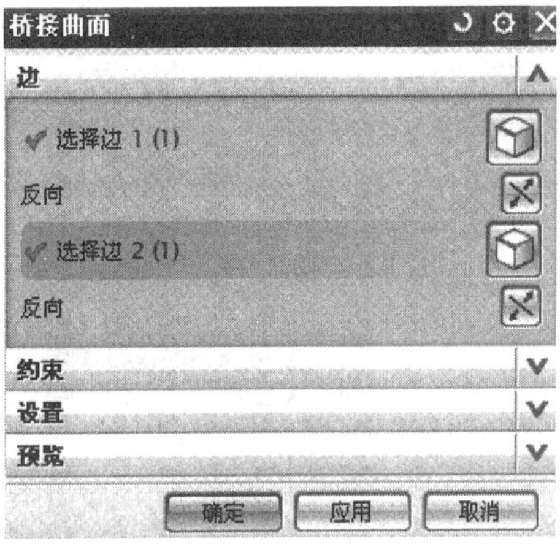

图 6-88

按照上述方法，完成右侧的桥接曲面，如图 6-91 所示。

15. 绘制直线

选择菜单中的【插入(S)】/【曲线(C)】/【基本曲线(B)...】命令，或在【曲线】工具条中选择（基本曲线）图标，出现【基本曲线】对话框，如图 6-92 所示，取消勾选线串模式选项，然后在【跟踪条】的XC、YC和ZC栏分别输入 0、0、0，如图 6-93 所示，再按下回车键，接着在【跟踪条】的 （长度）和 （角度）栏分别输入210和30，如图6-94所示，再按下回车键，完成直线的绘制，如图6-95所示。

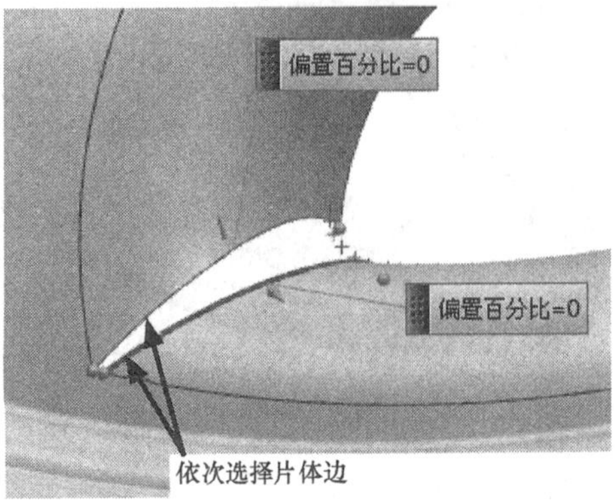

图 6-89

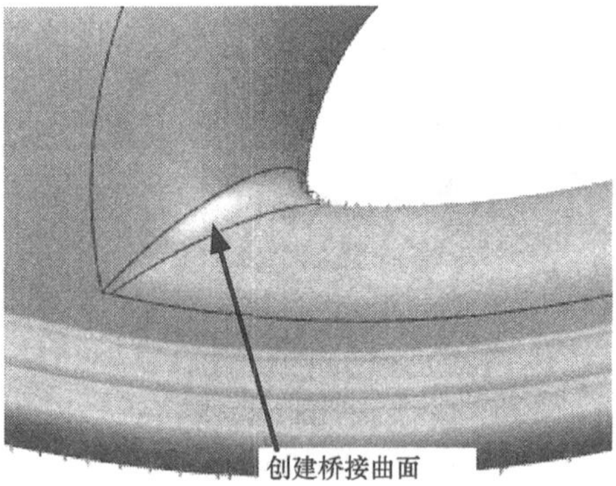

图 6-90

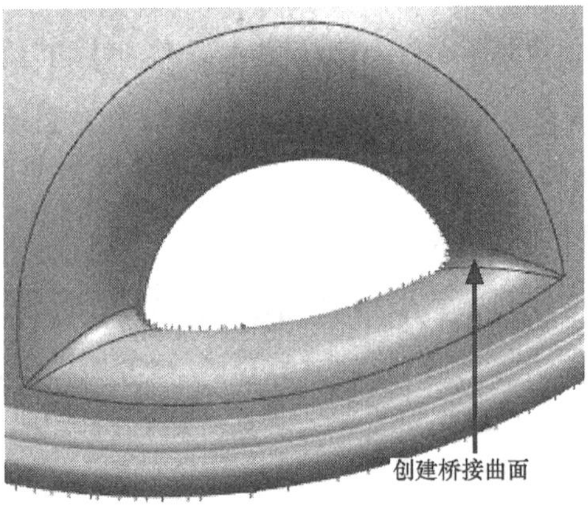

图 6-91

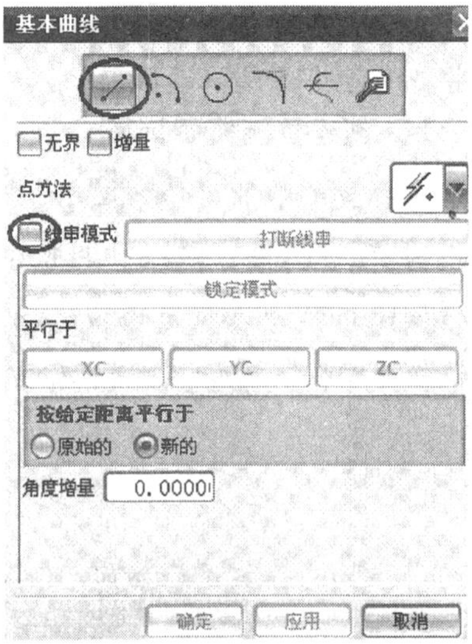

图 6-92

图 6-93

图 6-94

按照上述方法，在【跟踪条】的XC、YC和ZC栏分别输入0、0、0，如图6-96所示，并按下回车键，接着在【跟踪条】 （长度）和 （角度）栏分别输入210和－30，如图6-97所示，再按下回车键，完成直线的绘制，如图6-98所示。

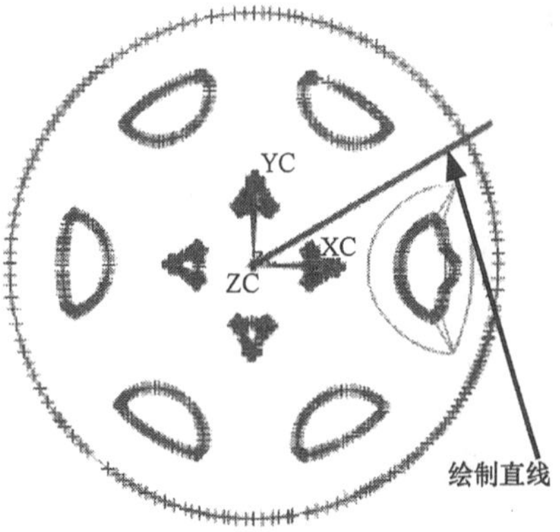

图 6-95

图 6-96

图 6-97

16. 创建修剪片体特征

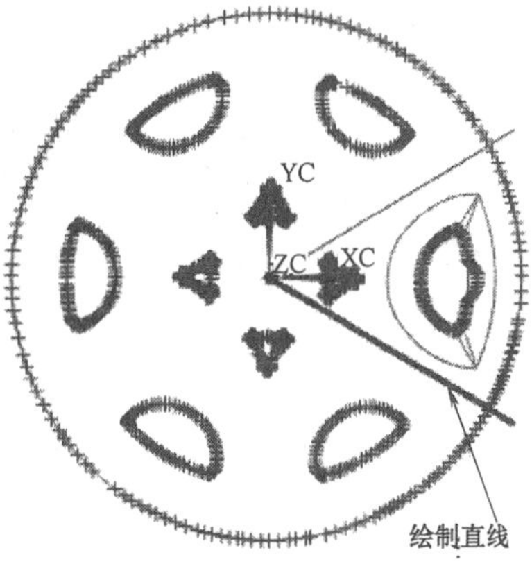

图 6-98

选择菜单中的【插入(S)】/【修剪(T)】/【修剪片体(R)...】命令，或在【曲面】工具栏中选择（修剪片体）图标，出现【修剪片体】对话框，如图 6-99 所示，在投影方向下拉框中选择沿矢量选项，在指定矢量下拉框中选择ZC选项，在区域项中选择舍弃单选选项，在图形中选择如图 6-100 所示的曲面为要修剪的对象。然后在【修剪片体】对话框的边界对象区域选择（对象）图标，在主界面的曲线规则下拉框中选择相连曲线选项，再选择如图 6-100 所示的直线为修剪边界，接着在对话框中单击应用按钮，完成修剪片体，如图 6-101 所示。

17. 创建缝合曲面特征

选择菜单中的【插入(S)】/【組合(B)】/【缝合(W)...】命令，或在【特征】操作工具栏中选择（缝合）图标，出现【缝合】对话框，如图 6-102 所示，系统提示选择缝合的目标片体，按照图 6-103 所示选择目标片体。

然后框选如图 6-104 所示的工具片体，最后单击应用按钮，此时片体已经缝合成一张片体。

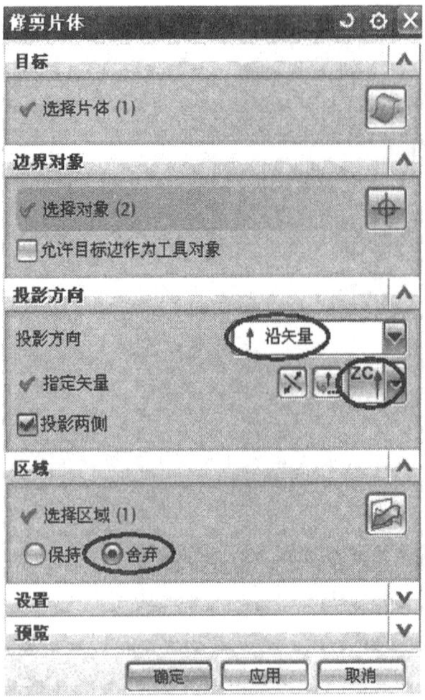

图 6-99

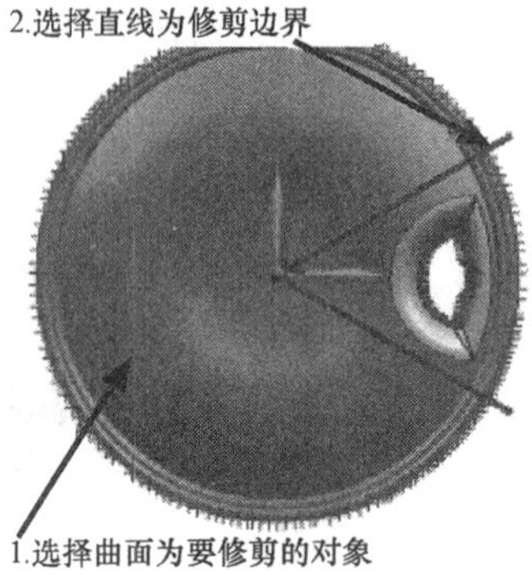

图 6-100

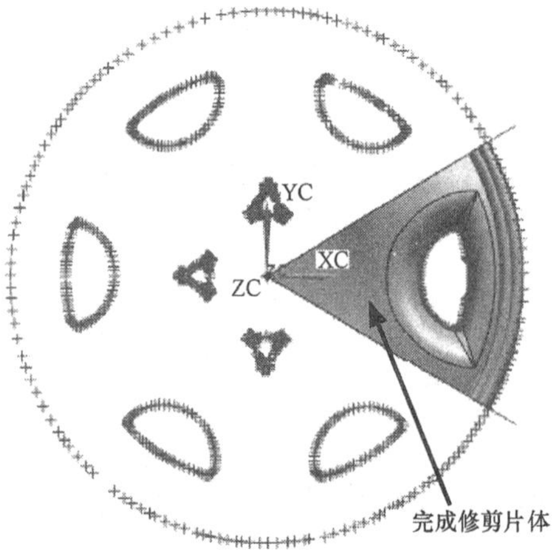

图 6-101

图 6-102

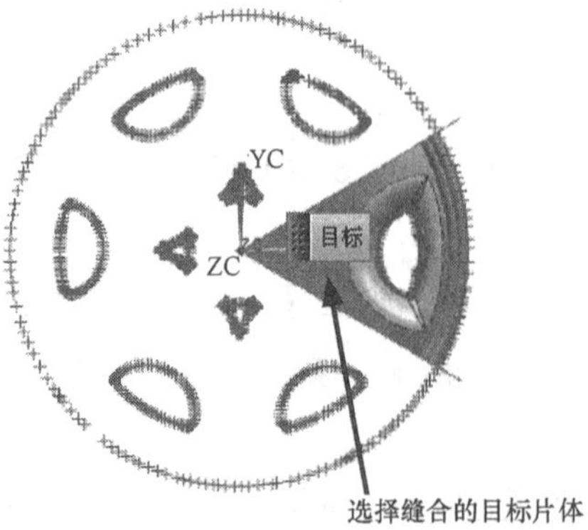

图 6-103

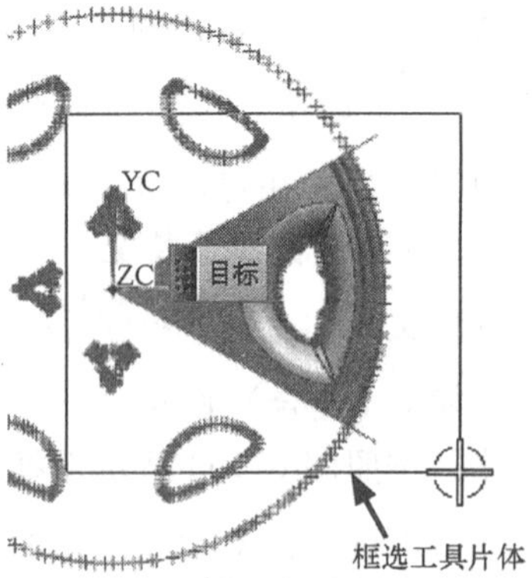

图 6-104

18. 创建加厚片体特征

选择菜单中的【插入(S)】/【偏置/缩放(O)】/【加厚(T)...】命令，或在【特征】工具栏中选择（加厚）片体图标，出现【加厚】片体对话框，如图 6-105 所示，在图形中选择如图 6-106 所示面为加厚的面，出现加厚方向，然后在【加厚】片体对话框的偏置栏输入 3，单击确定按钮，完成创建加厚片体特征，如图 6-107 所示。

图 6-105

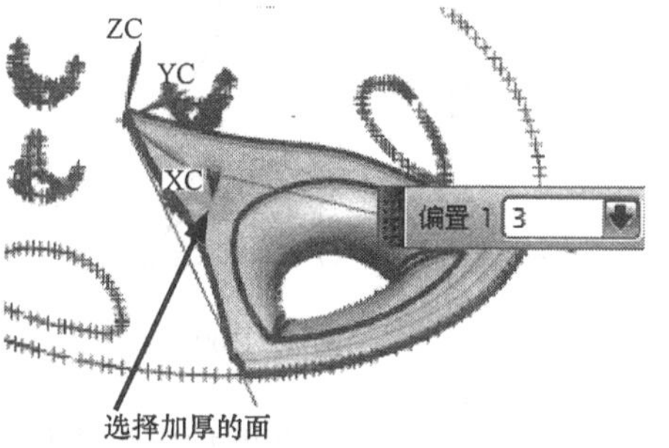

图 6-106

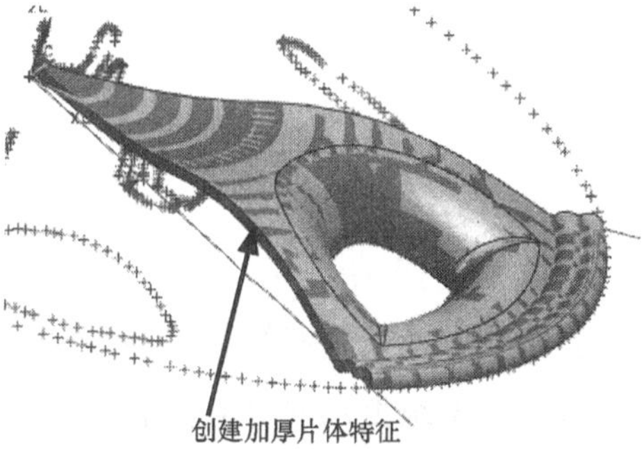

图 6-107

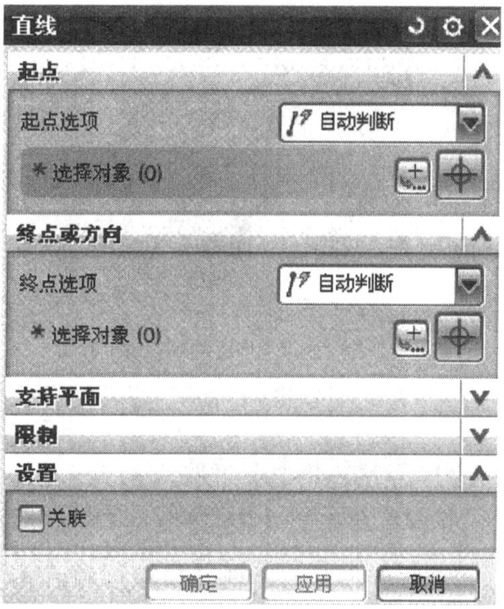

图 6-108

19. 将曲线及片体移至 255 层

选择菜单中的【格式(R)】/【移动至图层(M)...】命令，出现【类选择】对话框，选择曲线及片体并将其移至 255 层（步骤略）。

20. 绘制直线

选择菜单中的【插入(S)】/【曲线(C)】/【直线(L)...】命令，或在【曲线】工具条中选择（直线）图标，出现【直线】对话框，如图 6-108 所示，然后在捕捉点工具条中选择（现有点）选项，在图形中选择如图 6-109 所示的两个蓝色点，拖曳如图 6-109 所示的圆点和箭头至适当位置，单击【应用】按钮，完成绘制直线，如图 6-110 所示。

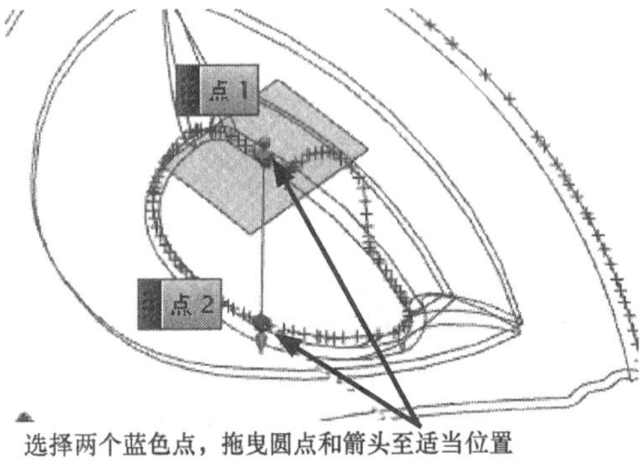

图 6-109

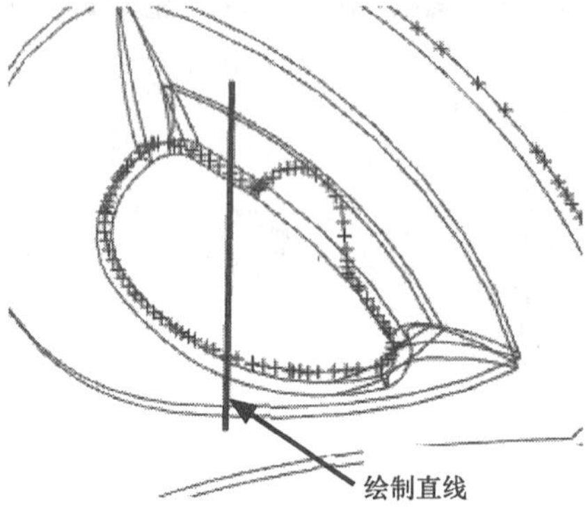

图 6-110

按照上述方法，在图形中选择如图 6-111 所示的两个蓝色点，单击【应用】按钮，完成绘制直线，如图 6-112 所示。

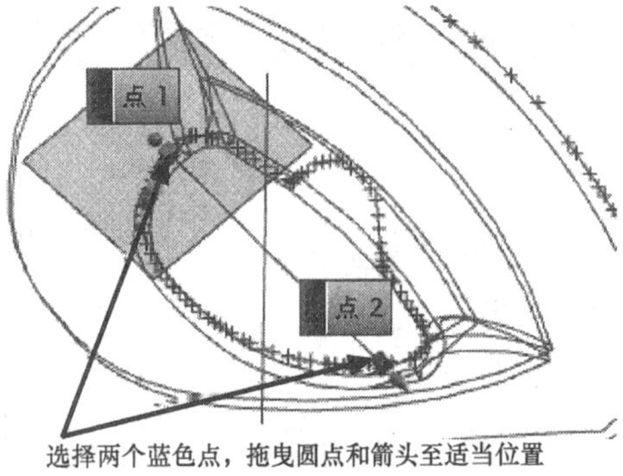

图 6-111

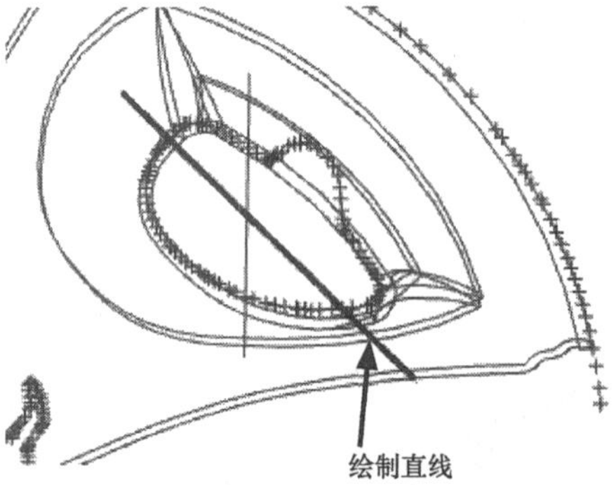

图 6-112

21. 创建扫掠曲面特征

选择菜单中的【插入(S)】/【扫掠(W)】/【扫掠(S)...】命令，或在【特征】工具条中选择（扫掠）图标，出现【扫掠】对话框，如图 6-113 所示，系统提示选择截面曲线，在图形中选择如图 6-114 所示的直线为截面线，然后在对话框中选择（引导线）图标，在图形中选择如图 6-114 所示的直线为引导线，再在【扫掠】对话框中单击【确定】按钮，完成创建扫掠特征，如图 6-115 所示。

22. 创建修剪体特征

选择菜单中的【插入(S)】/【修剪(T)】/【修剪体(T)...】命令，或在【特征】工具栏中

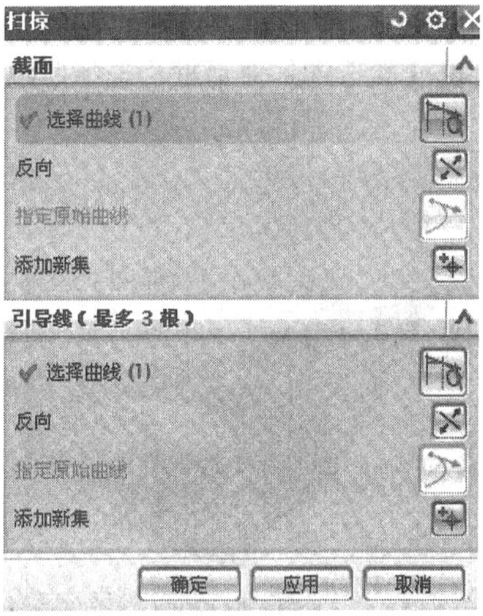

图 6-113

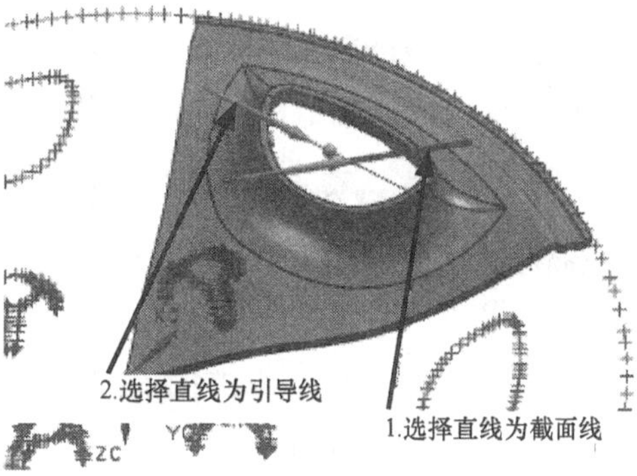

图 6-114

选择 （修剪体）图标，出现【修剪体】对话框，如图 6-116 所示，在图形中选择如图 6-117所示的实体为要修剪的体，然后在【修剪体】对话框的 工具选项 下拉框中选择 面或平面 选项，再在图形中选择如图 6-117 所示的面为修剪工具面，单击的 （反向）按钮，然后单击 < 确定 > 按钮，完成创建修剪体特征，如图 6-118 所示。

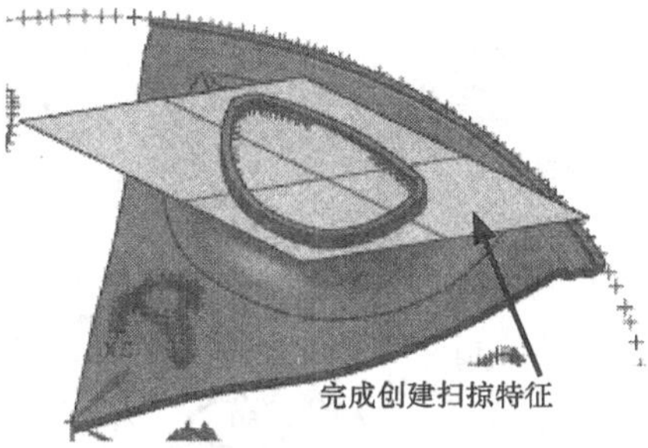

图 6-115

图 6-116

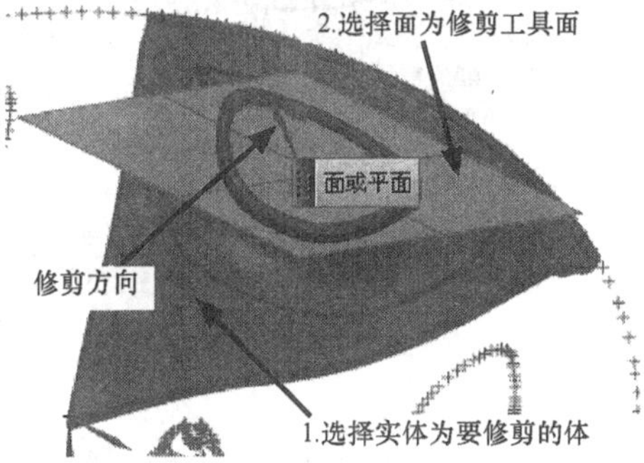

图 6-117

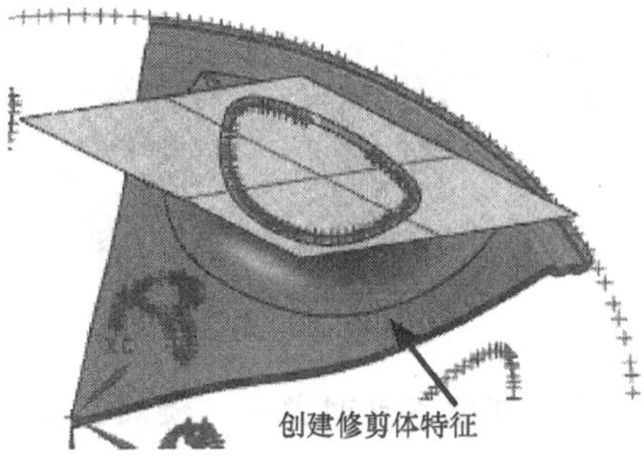

图 6-118

23. 将曲线及片体移至 255 层

选择菜单中的【格式(R)】/【移动至图层(M)...】命令，出现【类选择】对话框，选择曲线及片体并将其移至 255 层（步骤略）。

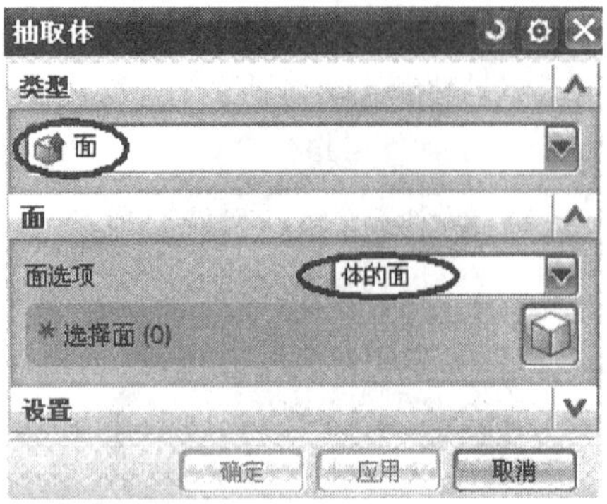

图 6-119

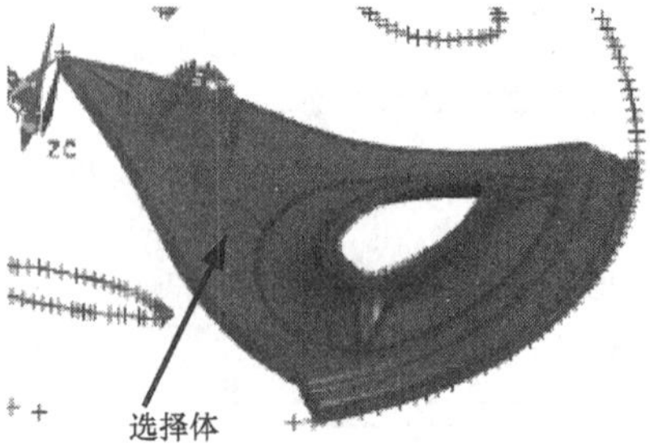

图 6-120

24. 创建抽取体特征

选择菜单中的【插入(S)】/【关联复制(A)】/【抽取体(E)...】命令，或在【特征】工具栏中选择（抽取体）图标，出现【抽取体】对话框，如图 6-119 所示，在图形中选择如图 6-120所示的体，单击确定按钮，完成创建抽取体特征。

25. 将实体及部分片体移至 255 层

选择菜单中的【格式(R)】/【移动至图层(M)...】命令，出现【类选择】对话框，选择实体及侧面并将其移至 255 层（步骤略），图形更新后如图 6-121 所示。

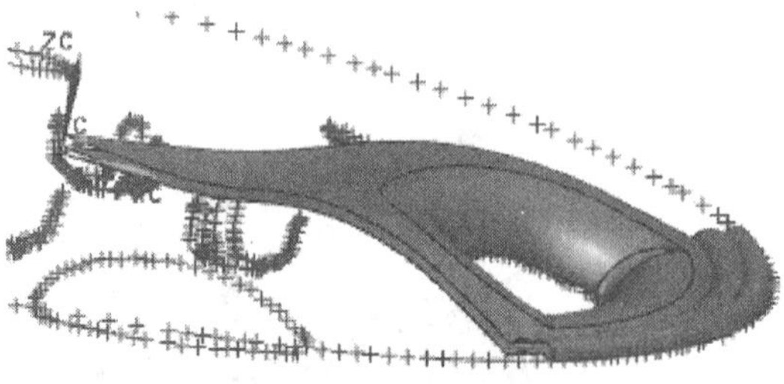

图 6-121

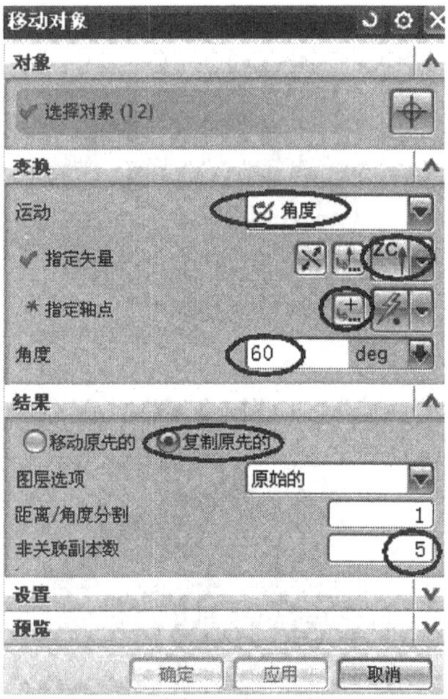

图 6-122

26. 创建移动对象——旋转片体

选择菜单中的【编辑(E)】/【移动对象(O)...】命令，或在【标准】工具栏中选择（移动对象）图标，出现【移动对象】对话框，如图 6-122 所示，然后在主界面的类型下拉框中选择 片体 选项，在图形中框选如图 6-123 所示的片体，再在【移动对象】对话框的 运动 下拉框中选择 角度 选项，然后在 角度 栏输入 60，在 指定矢量 下拉框中选择 ZC 选项，在 指定轴点 下拉框中选择（点对话框）选项，出现【点】对话框，在 参考 下拉框中选择 WCS （工作坐标系）选项，单击右上角的（重置）按钮，使坐标值归 0，如图 6-124 所示，然后单击 确定 按钮，系统返回【移动对象】对话框，在 结果 区域选中 复制原先的 选项，在 非关联副本数 栏输入 5，单击 确定 按钮，完成创建移动对象——旋转片体，如图 6-125 所示。

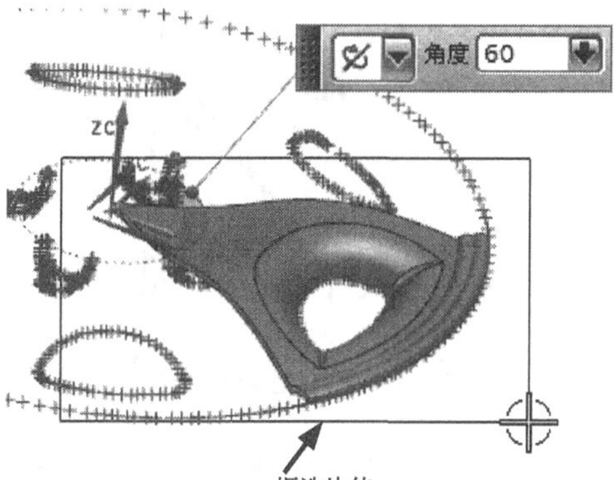

图 6-123

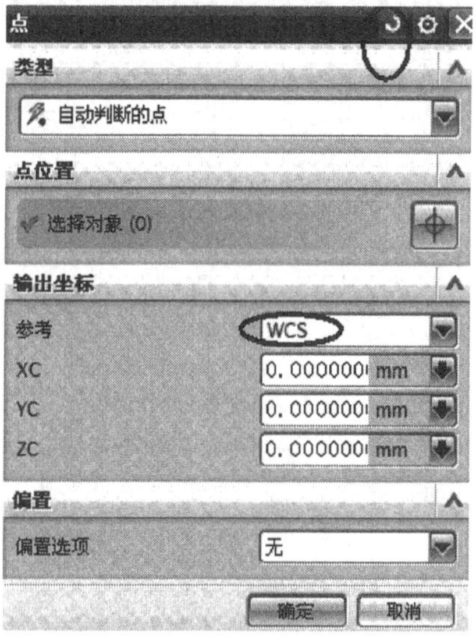

图 6-124

27. 编辑对象显示——将片体颜色设置为黄色

选择菜单中的【编辑(E)】/【对象显示(J)...】命令，将片体颜色设置为黄色。

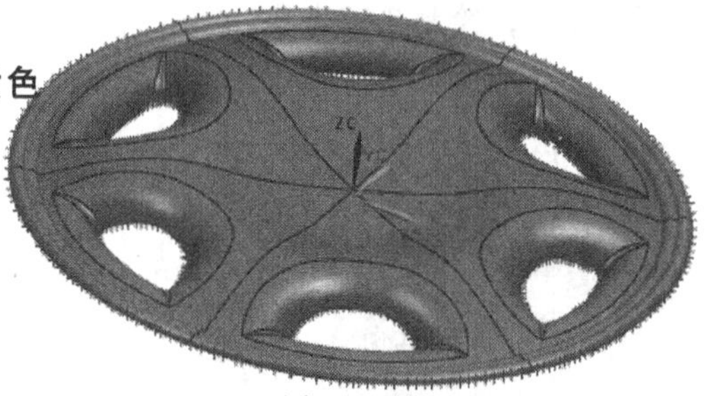
图 6-125

6.4 创建轮毂盘中间小孔

1. 图层设置

选择菜单中的【格式(R)】/【图层设置(S)...】命令，出现【图层设置】对话框，在图层列表框中取消勾选第 3 层，并勾选第 4、5、6、7 层，然后单击 关闭 按钮，完成图层设置操作，图形更新为如图 6-126 所示。

2. 绘制直线

选择菜单中的【插入(S)】/【曲线(C)】/【直线(L)...】命令，或在【曲线】工具条中选择（直线）图标，出现【直线】对话框，如图6-127所示，然后在捕捉点工具条中选择（现有点）选项，并在图形中选择如图6-128所示的两个绿色点，拖曳如图6-128所示的圆点与箭头至适当位置，单击应用按钮，完成绘制直线，如图6-129所示。

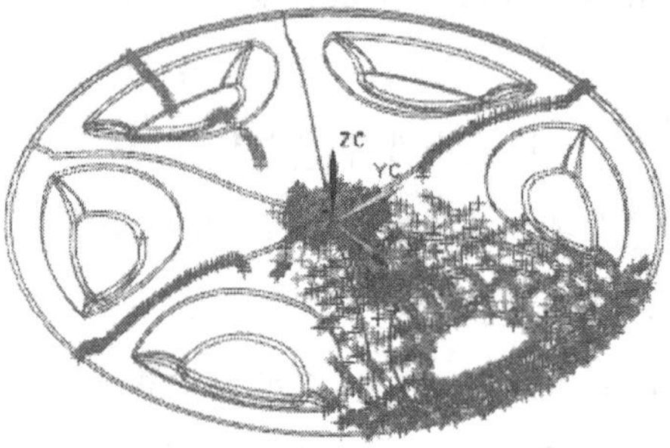

图 6-126

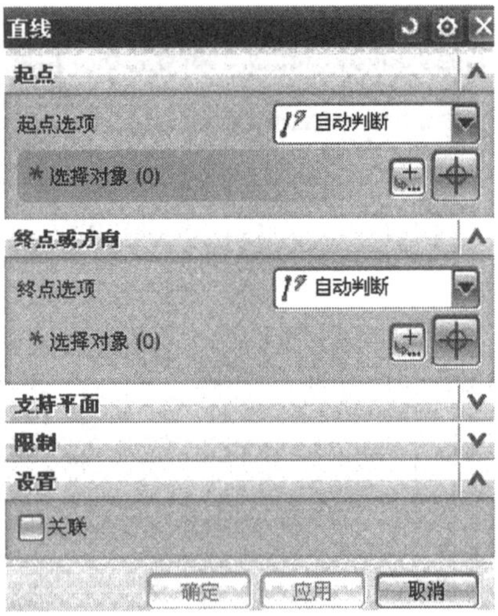

图 6-127

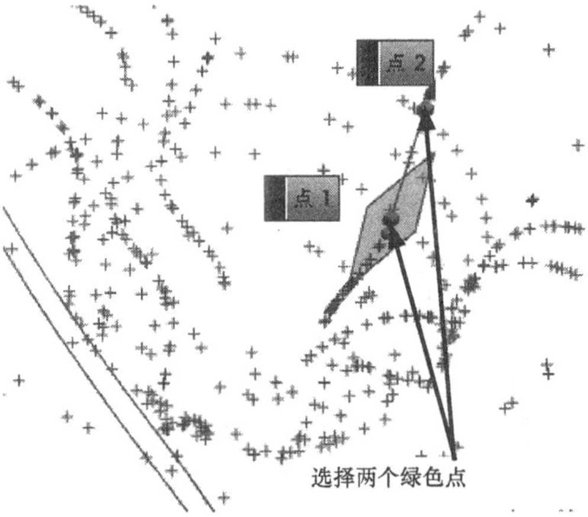

图 6-128

按照上述方法，依次在图形中选择如图6-130所示的两个绿色点和4个青色点，单击应用按钮，绘制3条直线。

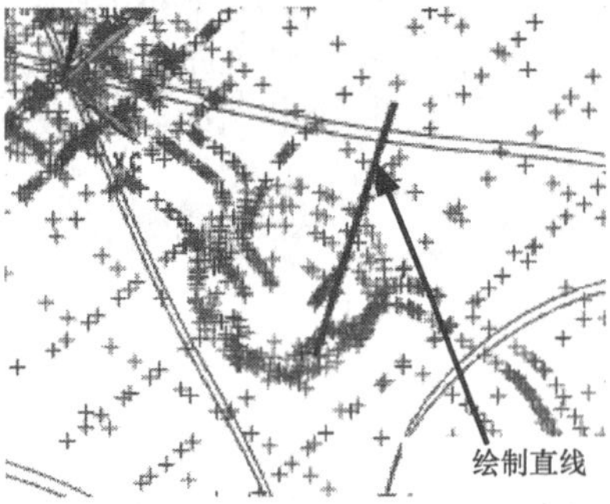

图 6-129

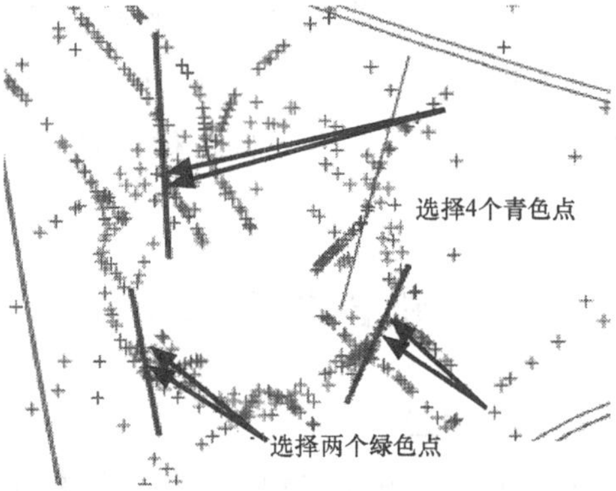

图 6-130

3. 隐藏直线及第三排黄色点

选择菜单中的【编辑(E)】/【显示和隐藏(H)】/【隐藏(H)...】命令，或在【实用】工具条中选择（隐藏）图标，出现【类选择】对话框，在【颜色过滤器】区选择

（颜色过滤）图标，如图 6-131 所示，系统出现【颜色】过滤选择对话框，如图 6-132 所示，单击（从对象继承）按钮，然后在图形中选择如图 6-133 所示的黄色点，再在【颜色】过滤选择对话框中单击 确定 按钮，系统返回【类选择】对话框，然后在【视图】工具条中选择（前视图）图标，框选如图 6-134 所示的从上往下第三排黄色点，单击 确定 按钮完成操作。

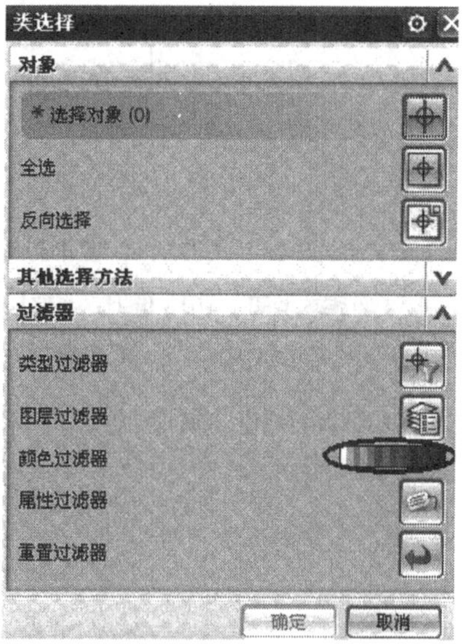

图 6-131

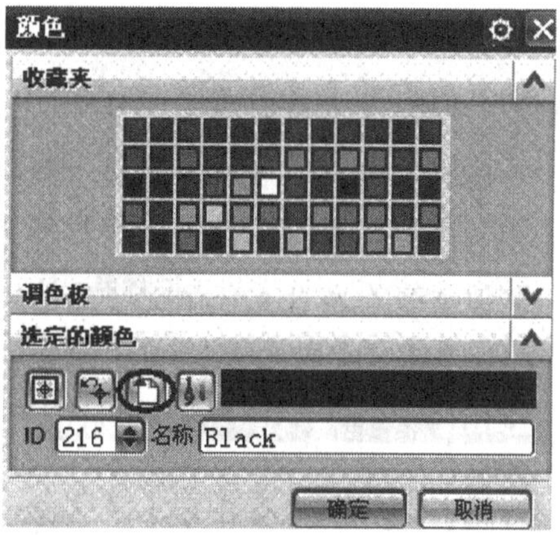

图 6-132

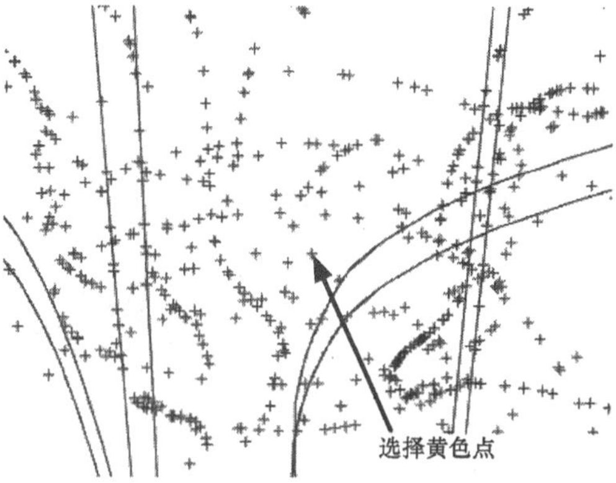

图 6-133

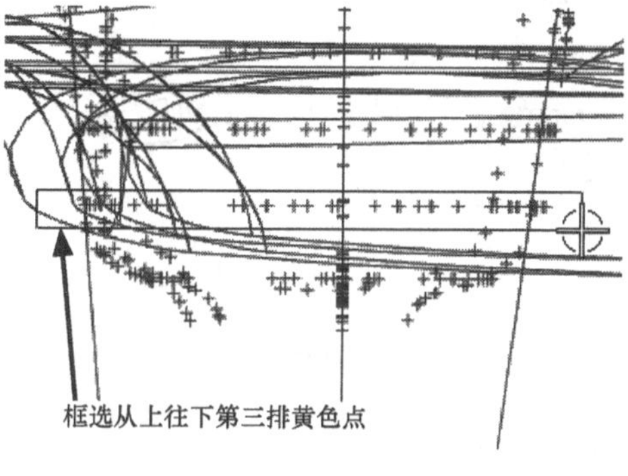

图 6-134

接着隐藏 4 条直线，步骤同上，完成后如图 6-135 所示。

4. 反转显示和隐藏

选择菜单中的【编辑(E)】/【显示和隐藏(H)】/【反转显示和隐藏(I)】命令，或在【实用】工具条中选择（反转显示和隐藏）图标，图形更新后如图 6-136 所示。

5. 创建截面曲线

选择菜单中的【插入(S)】/【来自体的曲线(U)】/【截面(S)...】命令，或在【曲线】工

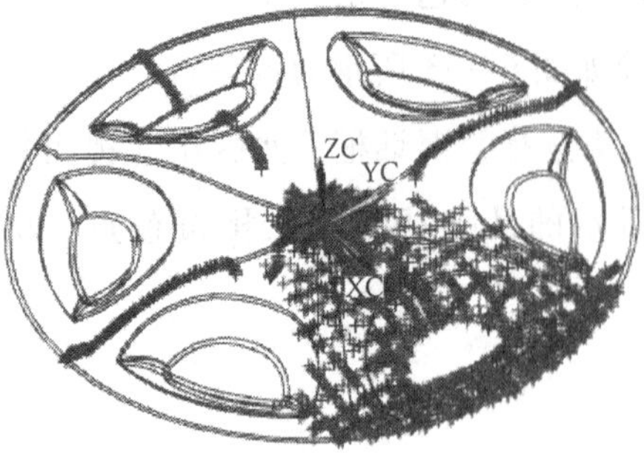

图 6-135

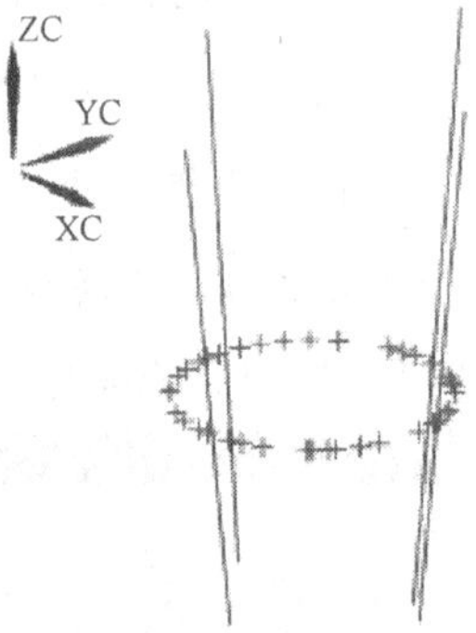

图 6-136

具条中选择（截面曲线）图标，出现【截面曲线】对话框，如图 6-137 所示，在图形中选择如图 6-138 所示的 4 条直线，然后在【截面曲线】对话框的指定平面下拉框中选择（点和方向）选项，在图形中选择如图 6-139 所示的黄色点，出现方向箭头，再选择如图 6-139所示的 Z 方向，单击确定按钮，完成创建截面曲线（实际为用过黄色点且平行于 XC-YC 平面的平面去截 4 条直线而产生的 4 个交点），如图 6-140 所示。

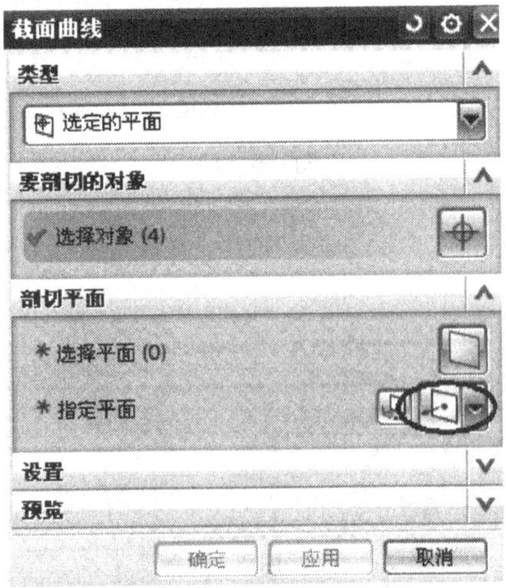

图 6-137

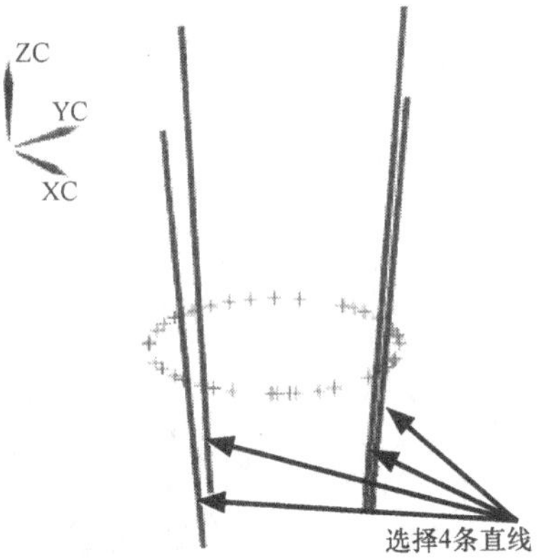

图 6-138

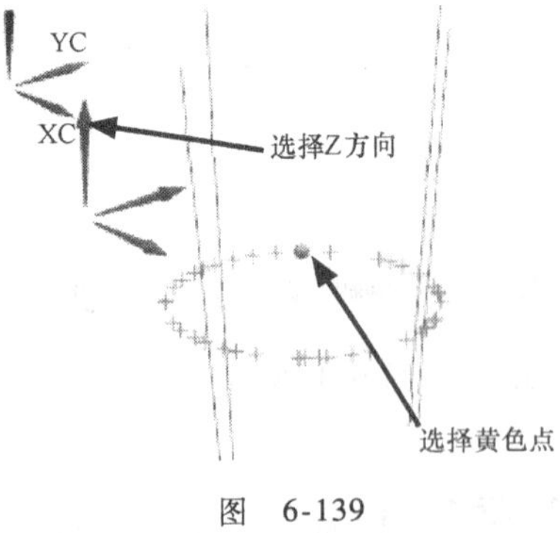

图 6-139

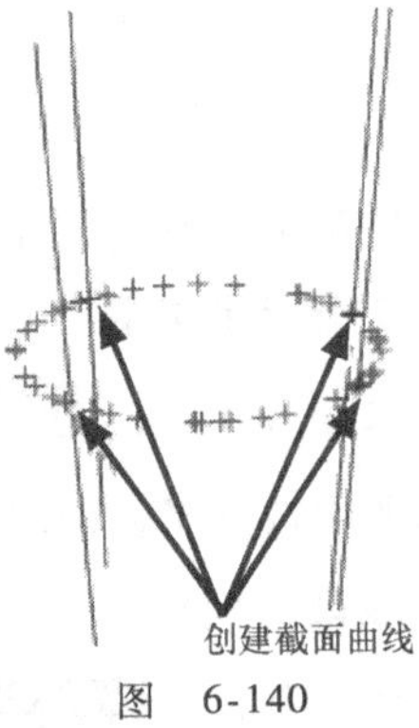

图 6-140

6. 绘制整圆

选择菜单中的【插入(S)】/【曲线(C)】/【圆弧/圆(C)...】命令，或在【曲线】工具条中选择（圆弧/圆）图标，出现【圆弧/圆】对话框，在**限制**区域勾选整圆选项，在**设置**区域取消勾选关联选项，如图 6-141 所示，然后在捕捉点工具条中选择（现有点）选项，在图形中依次选择如图 6-142 所示的 3 个黑色点，并单击应用按钮，完成绘制整圆，如图 6-143 所示。

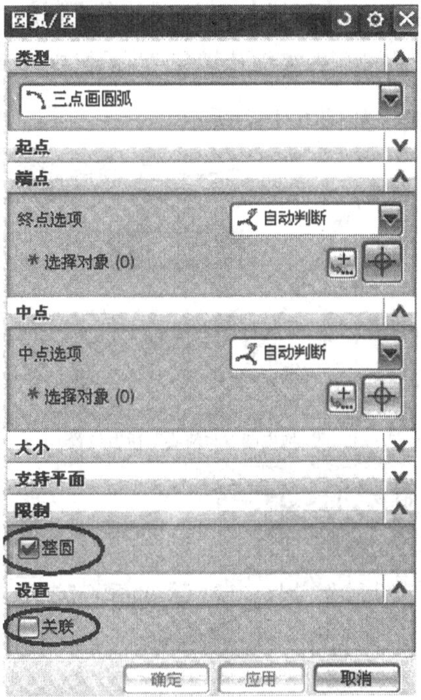

图 6-141

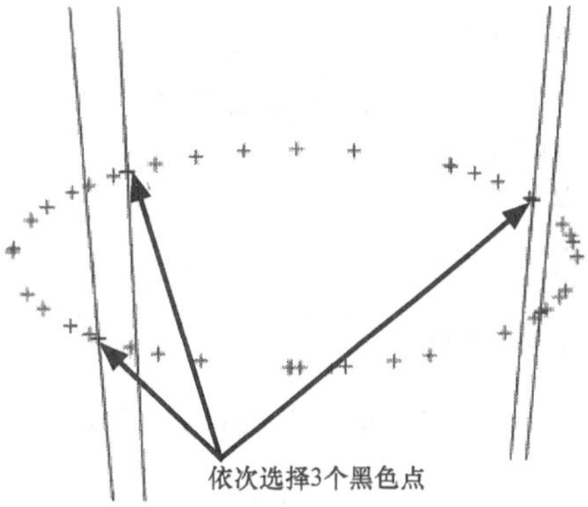

图 6-142

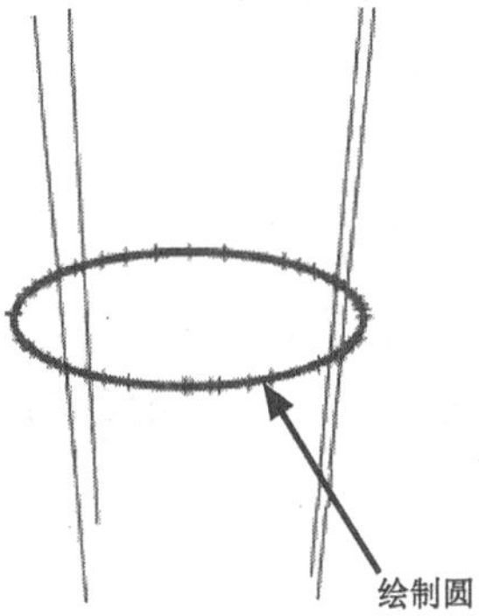

图 6-143

图 6-144

7. 隐藏圆及黄色点

选择菜单中的【编辑(E)】/【显示和隐藏(H)】/【隐藏(H)...】命令，或在【实用】工具条中选择（隐藏）图标，选择圆及所有黄色点并加以隐藏。

8. 反转显示和隐藏

选择菜单中的【编辑(E)】/【显示和隐藏(H)】/【反转显示和隐藏(I)】命令，或在【实用】工具条中选择（反转显示和隐藏）图标，图形更新后如图 6-144 所示。

9. 绘制直线

选择菜单中的【插入(S)】/【曲线(C)】/【直线(L)...】命令，或在【曲线】工具条中选择（直线）图标，出现【直线】对话框，如图 6-145 所示，然后在捕捉点工具条中选择（圆弧中心）选项，在图形中选择如图 6-146 所示的圆，在【直线】对话框的终点选项下拉框中选择ZC 沿 ZC选项，拖曳如图 6-146 所示的圆点与箭头至适当位置，在设置区域取消勾选关联选项，并单击应用按钮，完成绘制直线，如图 6-147 所示。

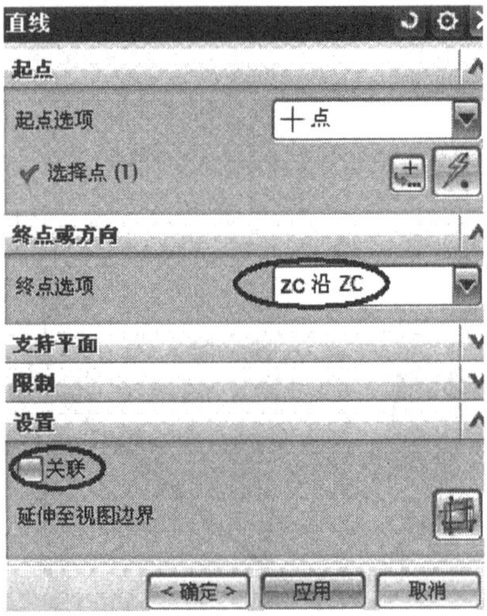

图 6-145

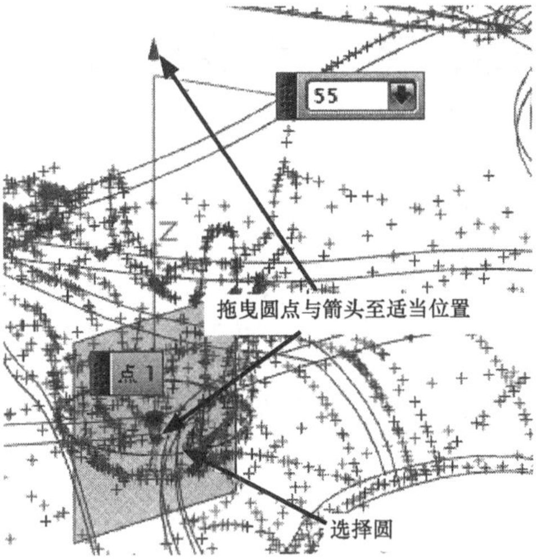

图 6-146

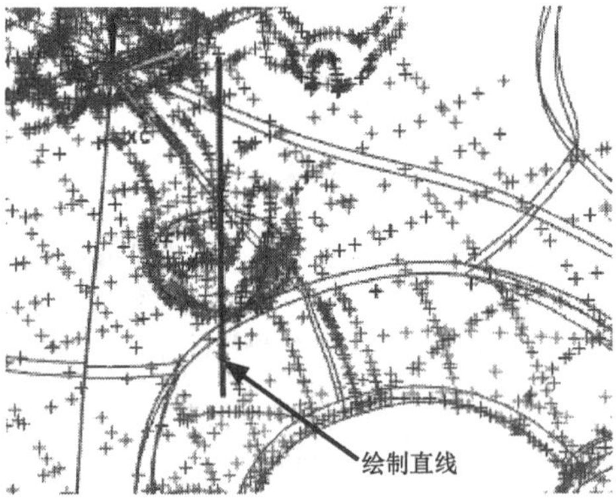

图 6-147

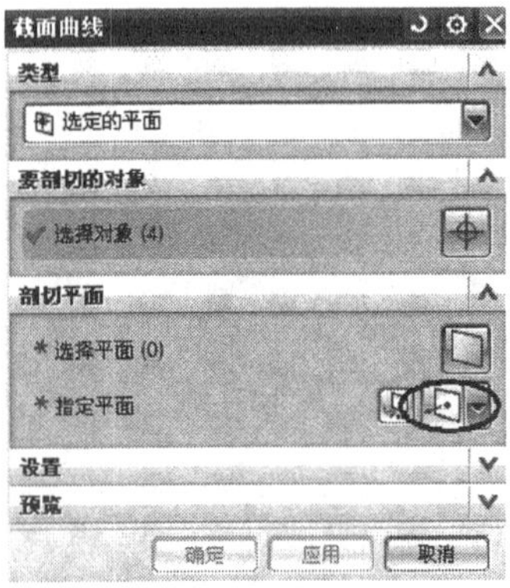

图 6-148

10. 创建截面曲线

选择菜单中的【插入(S)】/【来自体的曲线(U)】/【截面(S)...】命令，或在【曲线】工具条中选择（截面曲线）图标，出现【截面曲线】对话框，如图 6-148 所示，在图形中选择如图 6-149 所示的直线，然后在【截面曲线】对话框的指定平面 下拉框中选择（点和方向）选项，再在图形中选择如图 6-149 所示的黄色点，出现方向箭头，再选择如图 6-149 所示的 Z 方向，单击 确定 按钮，完成创建截面曲线（实际为用过黄色点且平行于 XC-YC 平面的平面去截直线而产生的交点），如图 6-150 所示。

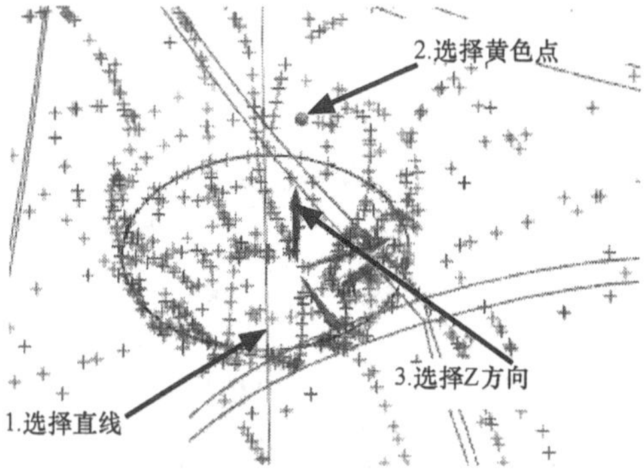

图 6-149

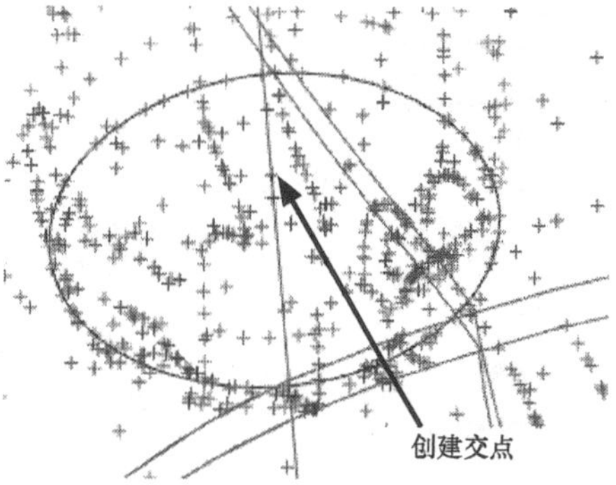

图 6-150

继续创建截面曲线。按照上述方法，在图形中选择如图 6-151 所示直线，然后在【截面曲线】对话框的指定平面 下拉框中选择（点和方向）选项，再在图形中选择如图 6-151 所示的蓝色点，出现方向箭头，选择如图 6-151 所示的 Z 方向，单击 确定 按钮，完成创建截面曲线（实际为用过蓝色点且平行于 XC-YC 平面的平面去截直线而产生的交点），如图 6-152 所示。

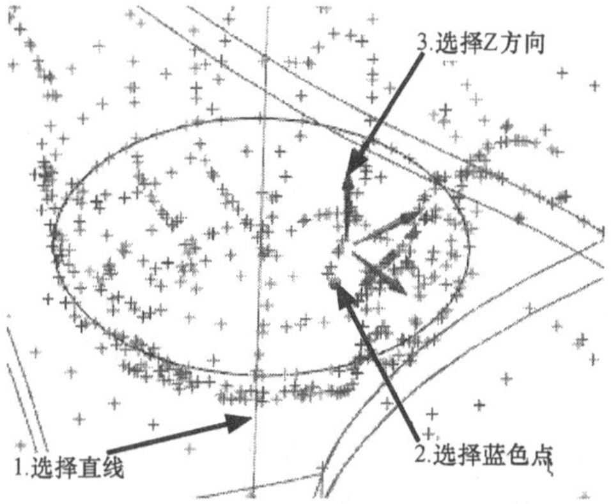

图 6-151

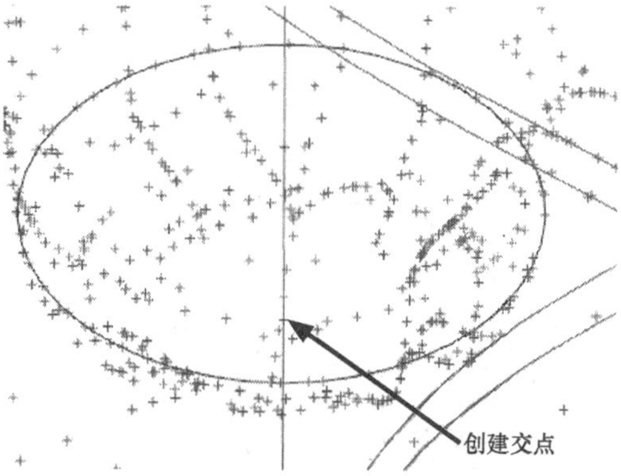

图 6-152

11. 绘制整圆

选择菜单中的【插入(S)】/【曲线(C)】/【圆弧/圆(C)...】命令，或在【曲线】工具条中选择（圆弧/圆）图标，出现【圆弧/圆】对话框，在 类型 下拉框中选择 从中心开始的圆弧/圆 选项，在 限制 区域勾选 整圆 选项，在 设置 区域取消勾选 关联 选项，如图 6-153 所示，然后在捕捉点工具条中选择（现有点）选项，在图形中选择如图 6-154 所示的黑色点为圆心，然后选择如图 6-154 所示的黄色点为通过点，单击 应用 按钮，完成绘制整圆，如图 6-155 所示。

继续绘制整圆。在图形中选择如图 6-156 所示的黑色点为圆心，然后选择如图 6-156 所示的蓝色点为通过点，单击【应用】按钮，完成绘制整圆，如图 6-157 所示。

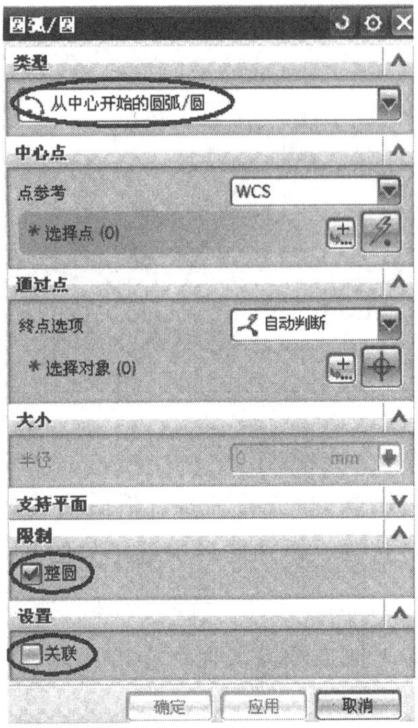

图 6-153

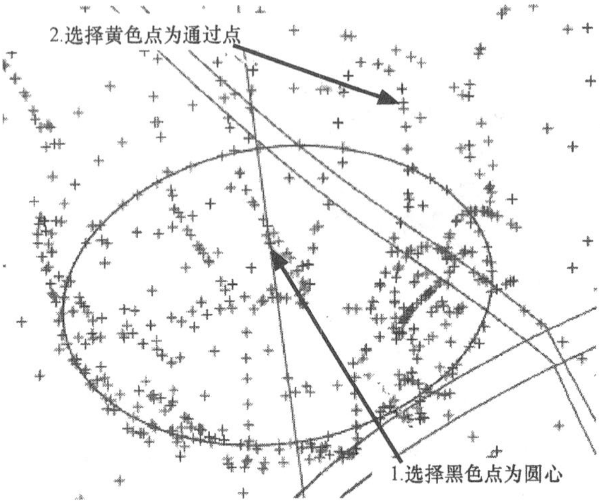

图 6-154

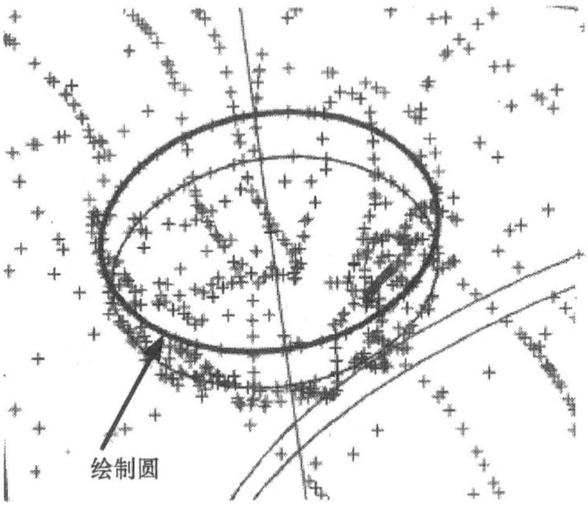

图 6-155

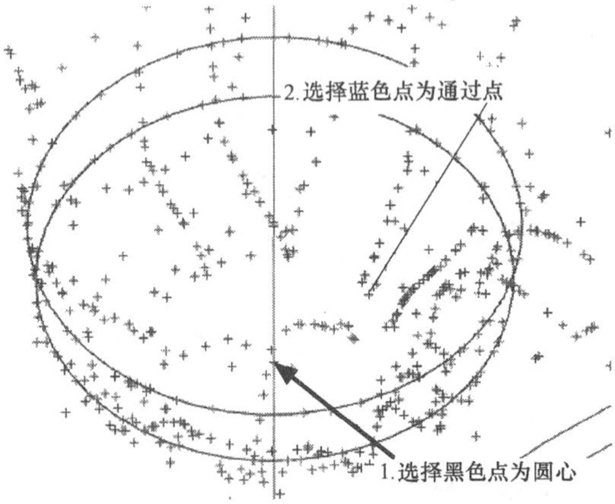

图 6-156

12. 创建有界平面特征

选择菜单中的【插入(S)】/【曲面(R)】/【有界平面(B)...】命令，或在【曲面】工具栏中选择（有界平面）图标，出现【有界平面】对话框，如图 6-158 所示，在图形中选择如图 6-159 所示的圆，单击【确定】按钮，完成创建有界平面，如图 6-160 所示。

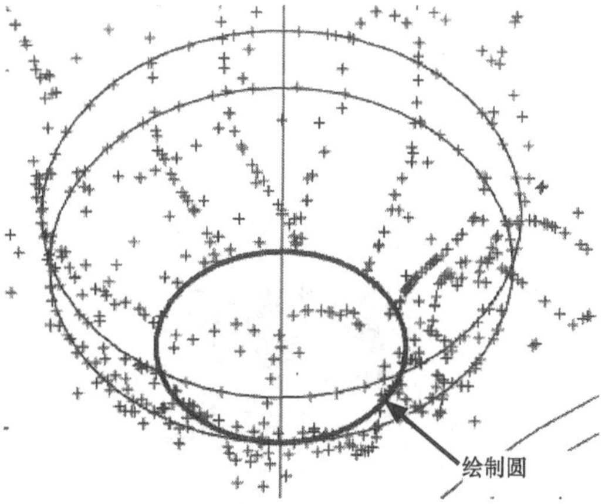

图 6-157

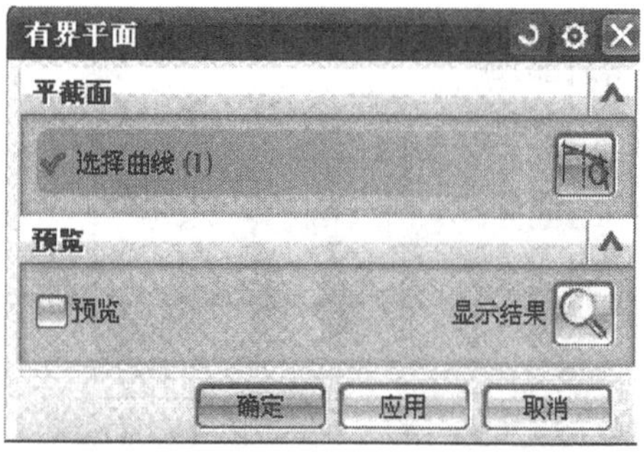

图 6-158

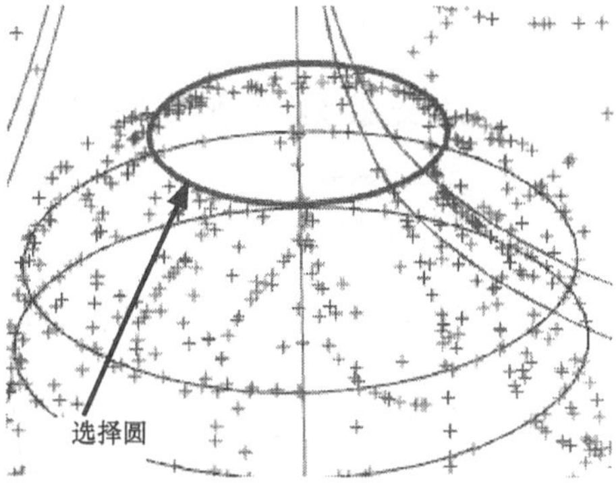

图 6-159

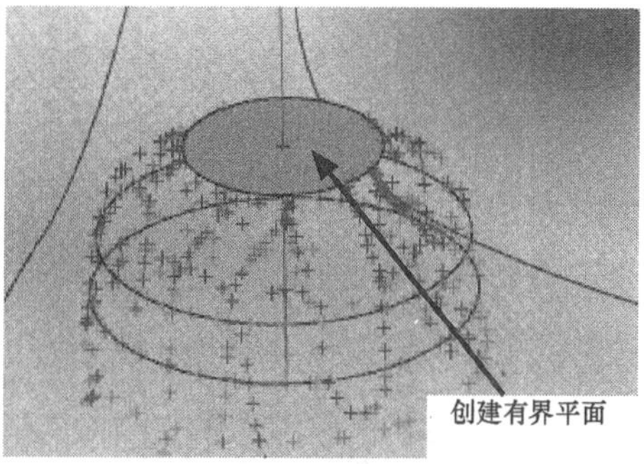

图 6-160

13. 创建基准平面

选择菜单中的【插入(S)】/【基准/点(D)】/【基准平面(D)...】命令，或在【特征】工具栏中选择（基准平面）图标，出现【基准平面】对话框，如图 6-161 所示，在图形中选择如图 6-162 所示的平面，出现偏置方向，在对话框的距离栏输入 1.8，在设置区域取消勾选关联选项，单击确定按钮，完成创建基准平面，如图 6-163 所示。

14. 绘制整圆

选择菜单中的【插入(S)】/【曲线(C)】/【圆弧/圆(C)...】命令，或在【曲线】工具条中选择（圆弧/圆）图标，出现【圆弧/圆】对话框，在类型下拉框中选择从中心开始的圆弧/圆选项，在限制区域勾选整圆选项，在设置区域取消勾选关联选项，如图 6-164 所示，然后在捕捉点工具条中选择（现有点）选项，在图形中选择如图 6-165 所示的黑色点为圆心，然后选择红色点为通过点，再在【圆弧/圆】对话框的平面选项下拉框中选择选择平面选项，在图形中选择如图 6-165 所示的基准平面，单击应用按钮，完成绘制整圆，如图 6-166 所示。

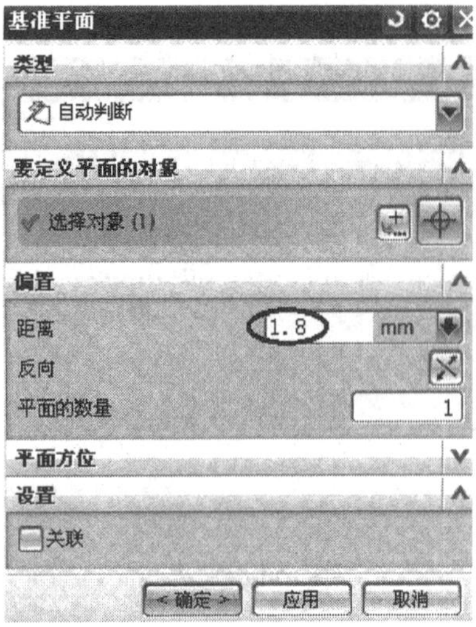

图 6-161

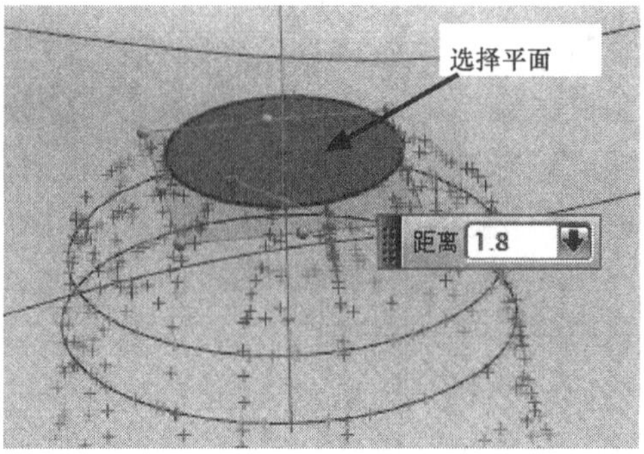

图 6-162

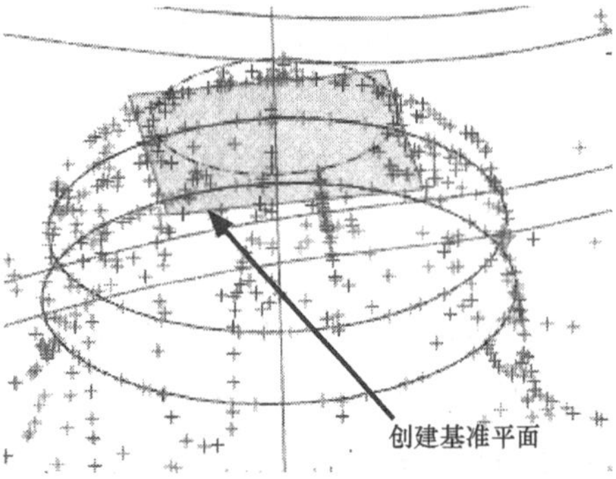

图 6-163

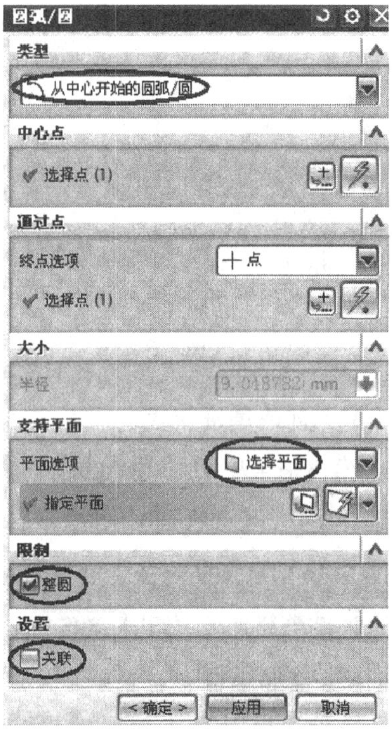

图 6-164

15. 创建分割曲线

选择菜单中的【编辑(E)】/【曲线(V)】/【分割(D)...】命令，或在【编辑曲线】工具条中选择（分割曲线）图标，出现【分割曲线】对话框，如图6-167所示，在类型下拉框中选择按边界对象选项，然后在图形中选择如图6-168所示的圆，再在【分割曲线】对话框的对象下拉框中选择投影点选项，在指定点区域选择（自动判断的点）图标，然后在图形中选择如图 6-168 所示的黄色点，并单击确定按钮，完成创建分割曲线，如图 6-169 所示。

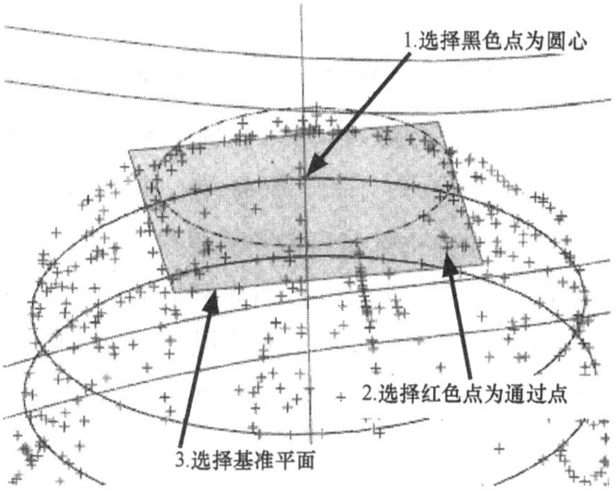

图 6-165

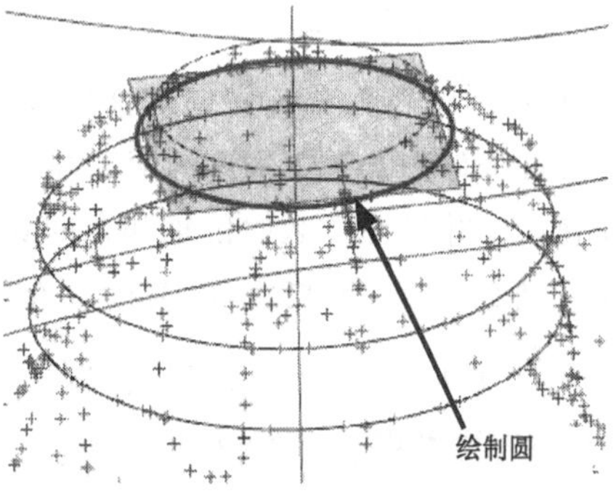

图 6-166

图 6-167

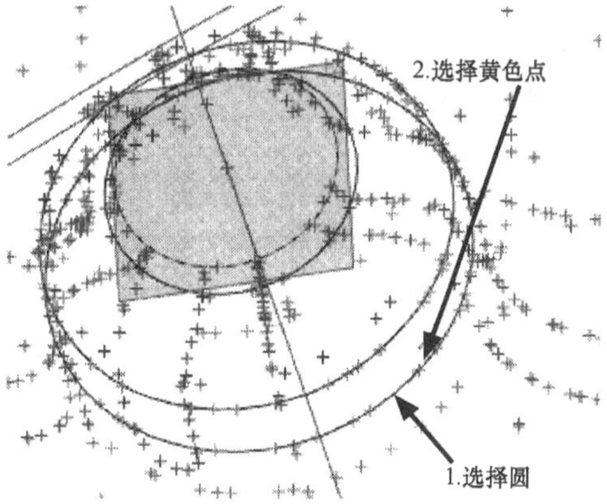

图 6-168

按照上述方法，依次选择上面 3 个圆，用如图 6-168 所示的黄色点来创建分割曲线，完成后如图 6-170 所示。

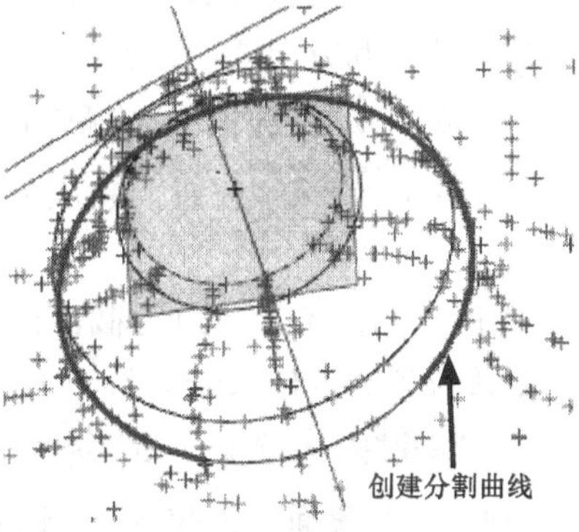

图 6-169

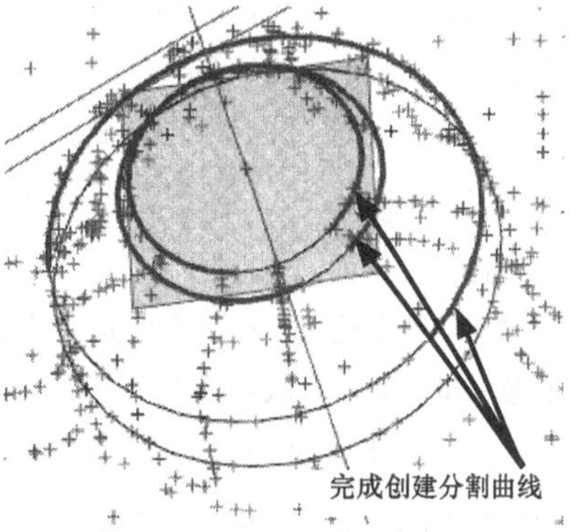

图 6-170

16. 设置片体颜色为淡蓝色

选择菜单中的【首选项(P)】/【对象(O)... Ctrl+Shift+J】命令，将片体颜色设置为淡蓝色。

17. 创建通过曲线组曲面

选择菜单中的【插入(S)】/【网格曲面(M)】/【通过曲线组(T)...】曲面命令，或在【曲面】工具条中选择（通过曲线组）图标，出现【通过曲线组】曲面对话框，如图6-171所示，首先在主界面的曲线规则下拉框中选择 相切曲线 选项，然后在图形中依次选择如图6-172所示的两条曲线为截面曲线（注意：选择每条截面曲线后，按下鼠标中键确认，并且注意起始位置和方向要一致），接着在【通过曲线组】曲面对话框中的设置区域取消勾选 保留形状 复选框，在 对齐 下拉框中选择 弧长 选项，体类型 下拉框中选择 片体 选项，然后单击 <确定> 按钮，完成创建通过曲线组曲面，如图6-173所示。

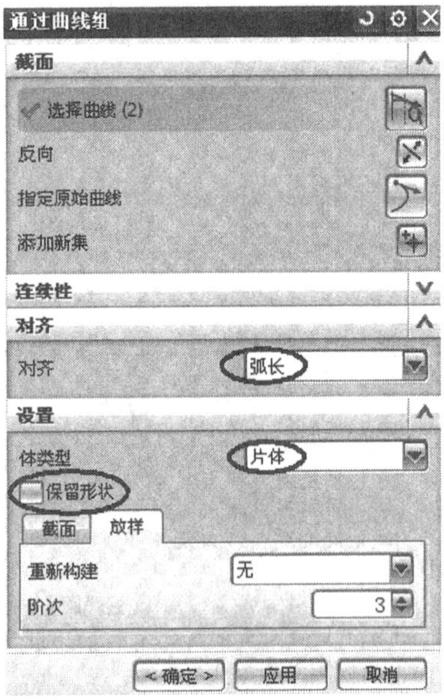

图 6-171

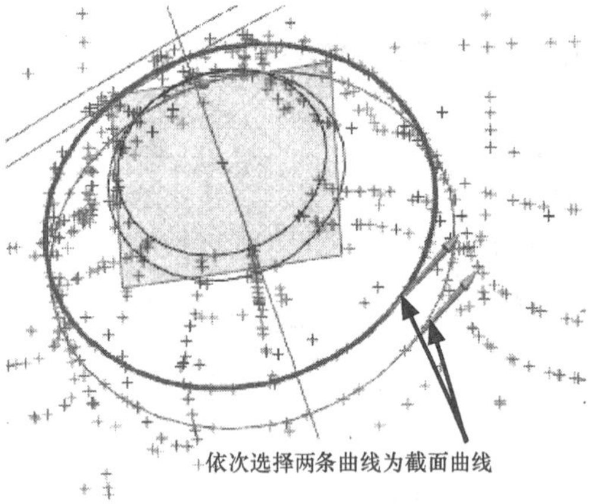

图 6-172

继续创建通过曲线组曲面。在图形中依次选择如图6-174所示的两条曲线为截面曲线（注意：选择每条截面曲线后按下鼠标中键确认，并且注意起始位置和方向要一致）。

然后在【通过曲线组】曲面对话框的设置区域取消勾选 保留形状 复选框，在 对齐 下拉框中选择 弧长 选项，体类型 下拉框中选择 片体 选项，然后单击 确定 按钮，完成创建通过曲线组曲面，如图6-175所示。

继续创建通过曲线组曲面。在图形中依次选择如图6-176所示的两条片体边为截面曲线（注意：选择每条截面曲线后按下鼠标中键确认，并且注意起始位置和方向要一致）。

然后在【通过曲线组】曲面对话框的设置区域取消勾选 保留形状 复选框，在 对齐 下拉框中选择 弧长 选项，体类型 下拉框中选择 片体 选项，第一截面 下拉框中选择 G1(相切) 选项，如图6-177所示，然后在图形中选择如图6-178所示的曲面，并单击

6 CHAPTER

确定 按钮，完成创建通过曲线组曲面，如图 6-179 所示。

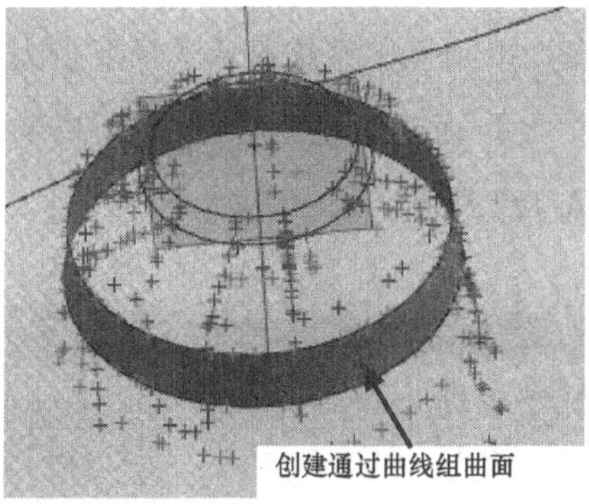

图 6-173

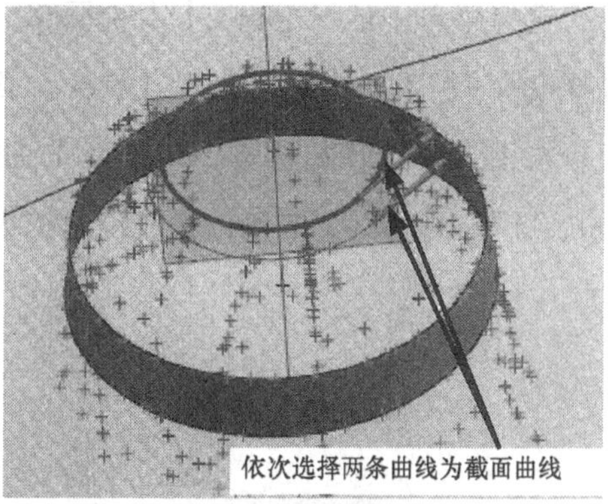

图 6-174

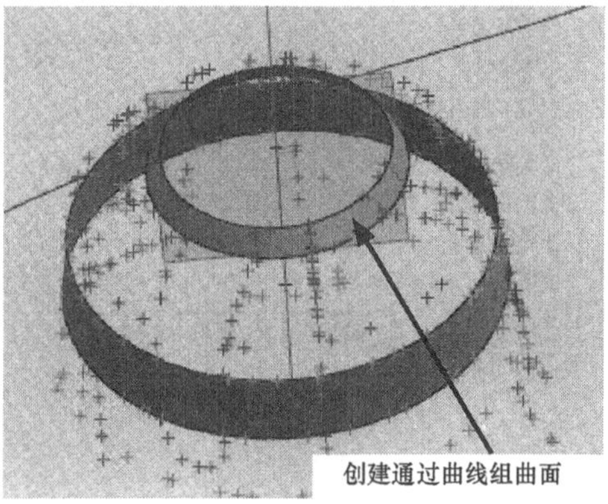

图 6-175

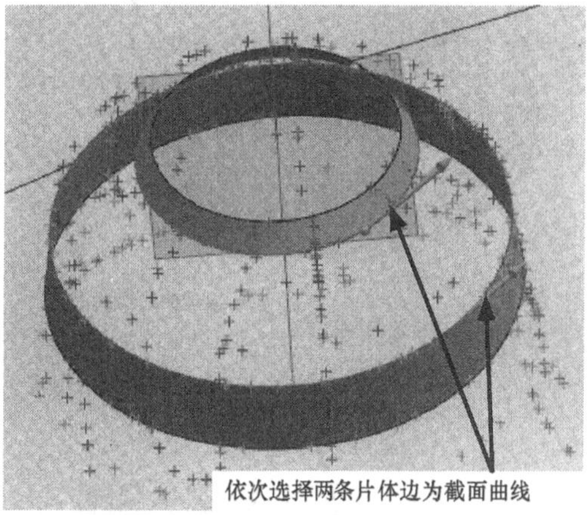

图 6-176

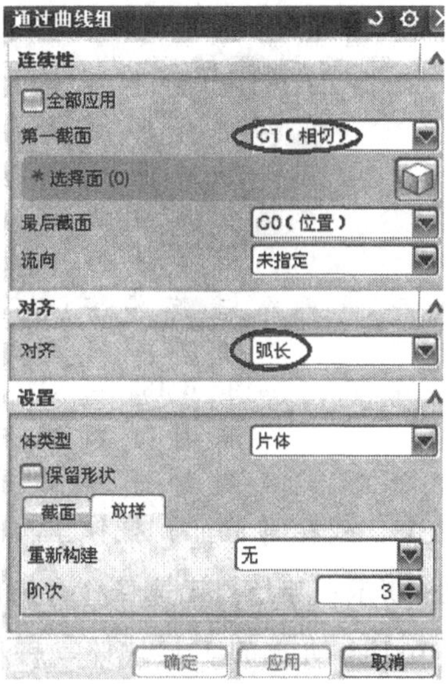

图 6-177

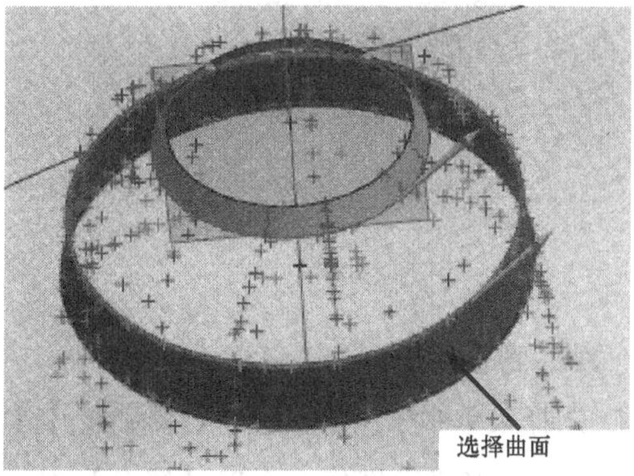

图 6-178

18. 创建扩大面特征

选择菜单中的【编辑(E)】/【曲面(R)】/【扩大(L)...】命令，或在【编辑曲面】工具栏中选择（扩大）图标，出现【扩大】面对话框，如图 6-180 所示，系统提示选择要扩大的面，在图形中选择如图 6-181 所示的曲面，然后在【扩大】面对话框的%V起点栏输入 350，并单击确定按钮，完成创建扩大面特征，如图 6-182 所示。

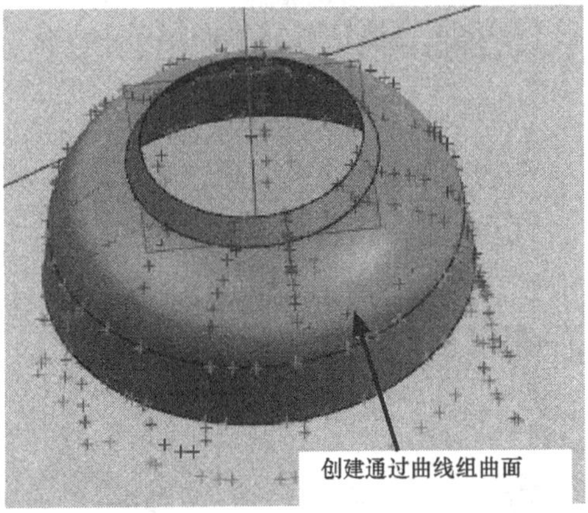

图 6-179

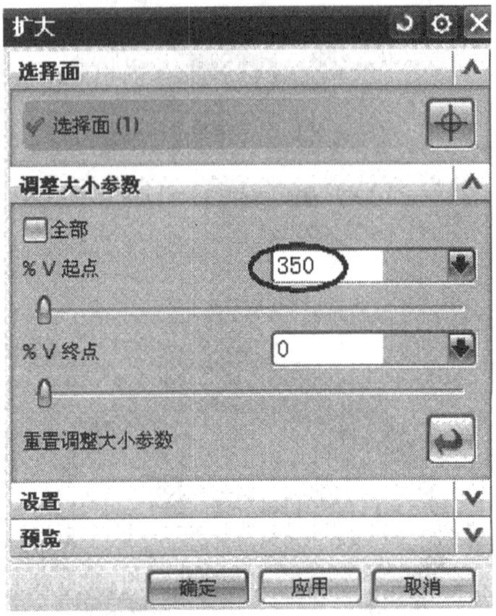

图 6-180

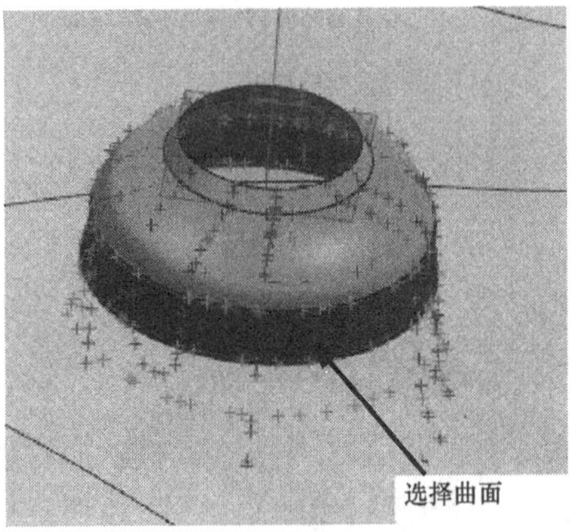

图 6-181

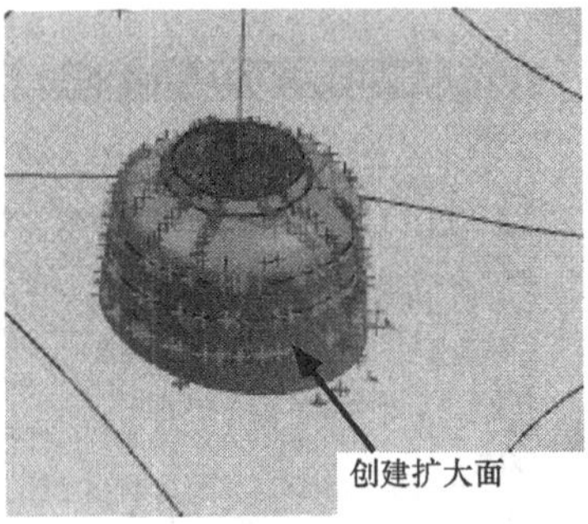

图 6-182

19. 缝合曲面

选择菜单中的【插入(S)】/【组合(B)】/【缝合(W)...】命令，或在【特征】操作工具栏中选择（缝合）图标，出现【缝合】对话框，如图 6-183 所示，系统提示选择缝合的目标片体，按照图 6-184 所示选择目标片体，然后选择如图 6-184 所示的工具片体，再单击应用按钮，此时片体已经缝合。

20. 创建边倒圆角特征

选择菜单中的【插入(S)】/【细节特征(L)】/【边倒圆(E)...】命令，或在【特征】工具条中选择（边倒圆）图标，出现【边倒圆】对话框，如图 6-185 所示，在主界面的曲线规则下拉框中选择相切曲线选项，然后在图形中选择如图 6-186 所示的边缘为倒圆角边，再在【边倒圆】对话框的【半径 1】栏输入 3，并单击确定按钮，完成创建边倒圆角特征，如图 6-187 所示。

图 6-183

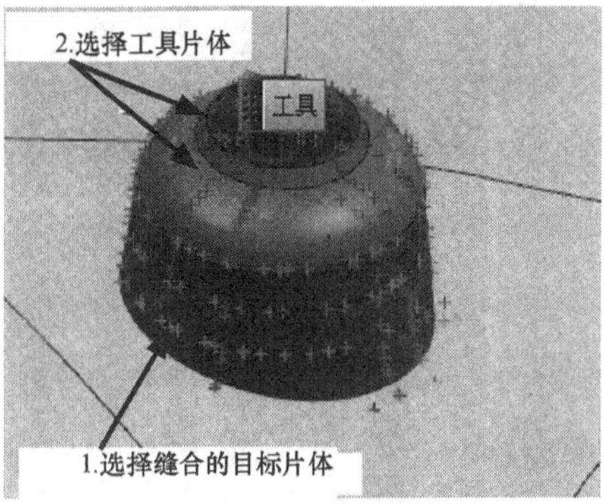

图 6-184

图 6-185

图 6-186

21. 创建相交曲线

选择菜单中的【插入(S)】/【来自体的曲线(U)】/【求交(I)...】命令，或在【曲线】工具条中选择（相交曲线）图标，出现【相交曲线】对话框，如图 6-188 所示，系统提示选择第一组面，在图形中选择如图 6-189 所示的面，然后在【相交曲线】对话框中选择（面）图标，再在图形中选择如图 6-189 所示的面，在对话框的设置区域取消勾选关联选项，最后单击确定按钮，完成创建相交曲线，如图 6-190 所示。

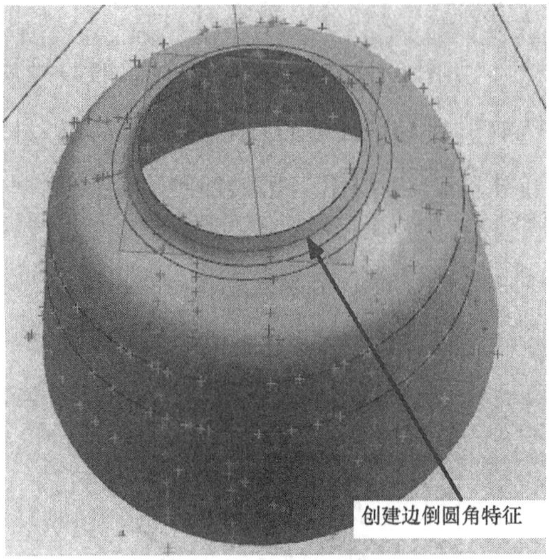

图 6-187

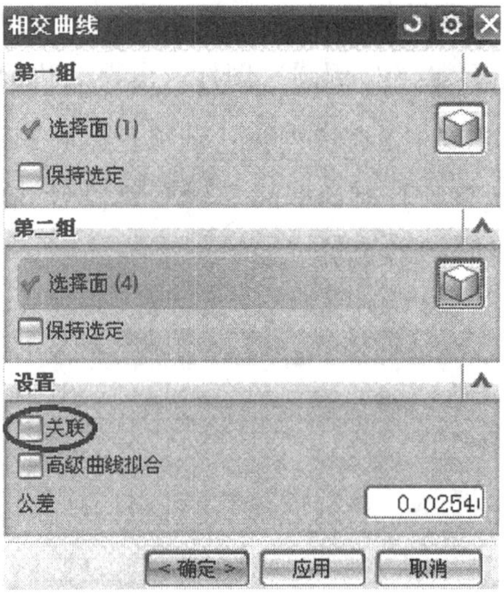

图 6-188

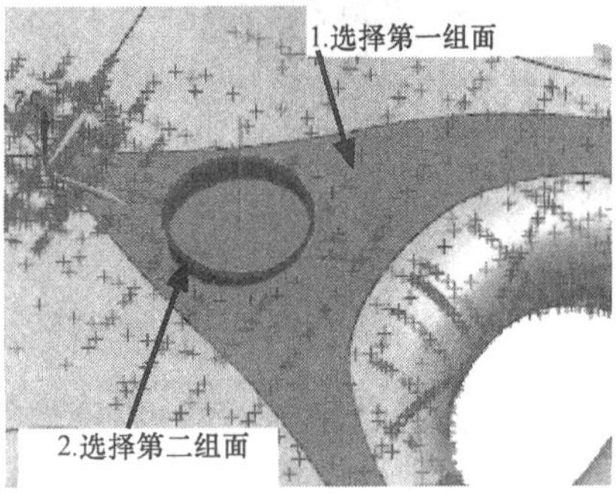

图 6-189

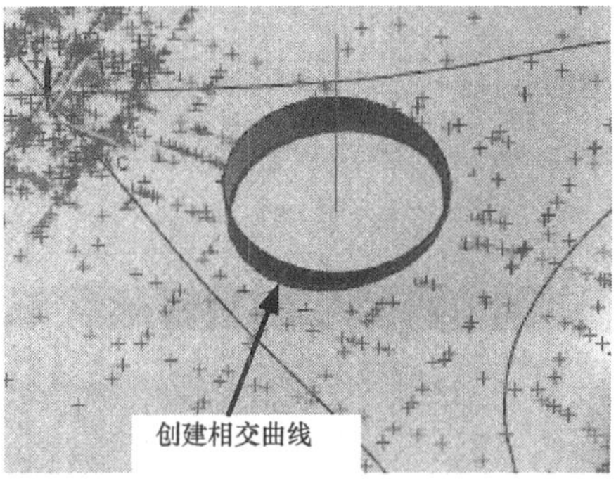

图 6-190

22. 创建变半径面倒圆特征

选择菜单中的【插入(S)】/【细节特征(L)】/【面圆角(F)...】命令，或在【特征】操作工具条中选择（面倒圆）图标，出现【面倒圆】对话框，如图 6-191 所示，在 类型 下拉框中选择 两个定义面链 选项，在 圆角面 下拉框中选择 修剪至长输入面 选项，然后在图形中选择如图 6-192 所示的曲面为第一组面，图形中出现圆心向量，再在【面倒圆】对话框中的 选择面链 2 (4) 区域选择（面）图标，然后在图形中选择如图 6-192 所示的侧壁面为第二组面，图形中出现圆心向量，如图 6-192 所示。

然后在【面倒圆】对话框的 半径方法 下拉框中选择 规律控制 选项，在 规律类型 下拉框中选择 沿脊线的三次 选项，再在图形中选择如图 6-193 所示的曲线为脊线，并在【面倒圆】对话框的 指定新的位置 下拉框中选择（点在曲线/边上）选项，然后在图形中依次选择如图 6-193 所示的 4 个脊线上的点，分别输入如图 6-193 所示的半径，单击 确定 按钮，完成创建变半径面倒圆角特征，如图 6-194 所示。

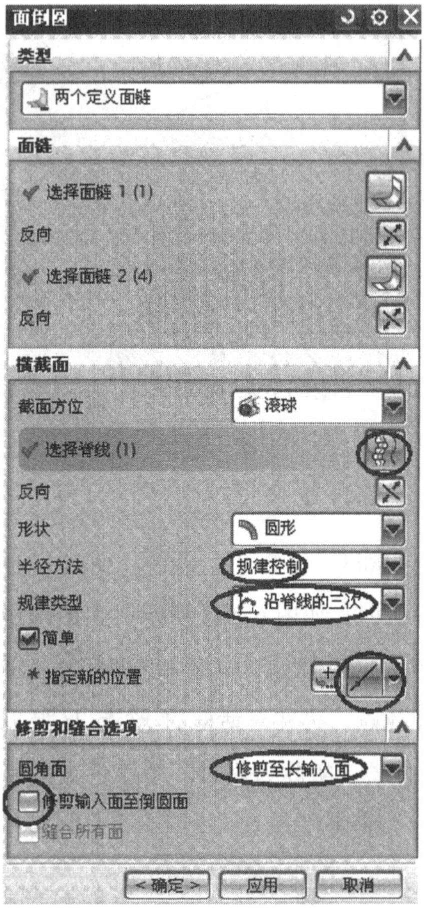

图 6-191

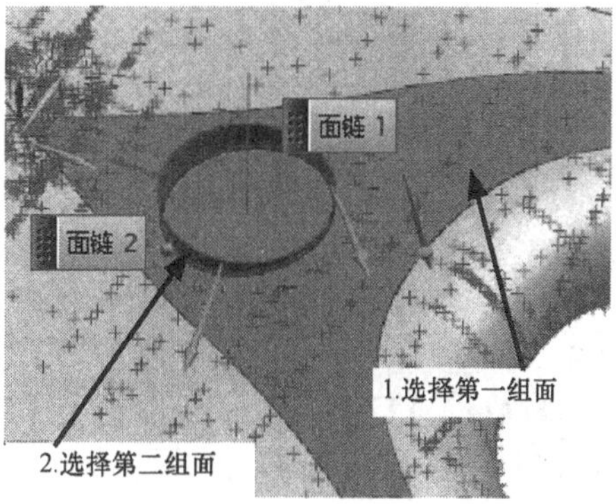

图 6-192

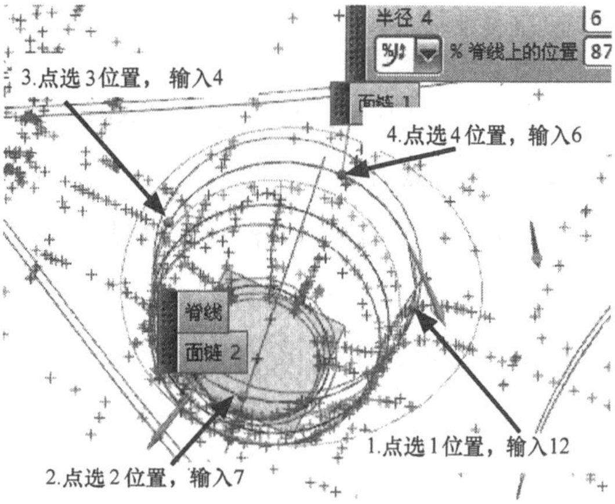

图 6-193

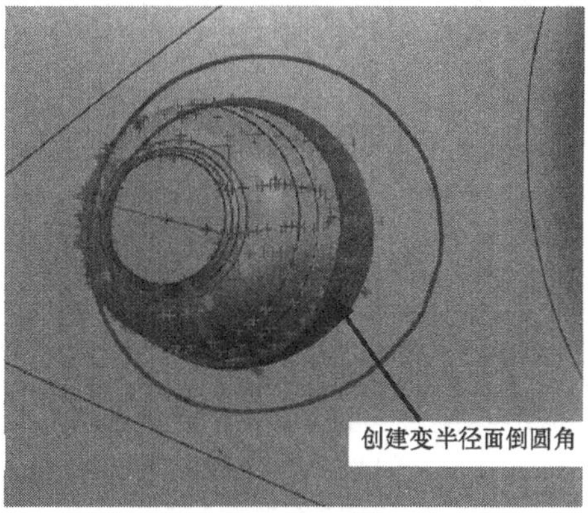

图 6-194

23. 创建修剪片体特征

选择菜单中的【插入(S)】/【修剪(T)】/【修剪片体(R)...】命令，或在【曲面】工具栏中选择（修剪片体）图标，出现【修剪片体】对话框，如图 6-195 所示，在投影方向下拉框中选择垂直于面选项，在区域项中选择保持单选选项，并在图形中选择如图 6-196 所示的曲面为要修剪的对象。

然后在【修剪片体】对话框的边界对象区域选择（对象）图标，再在主界面的曲线规则下拉框中选择单条曲线选项，并选择如图 6-196 所示的片体边为修剪边界，接着在对话框中单击应用按钮，完成修剪片体，如图 6-197 所示。

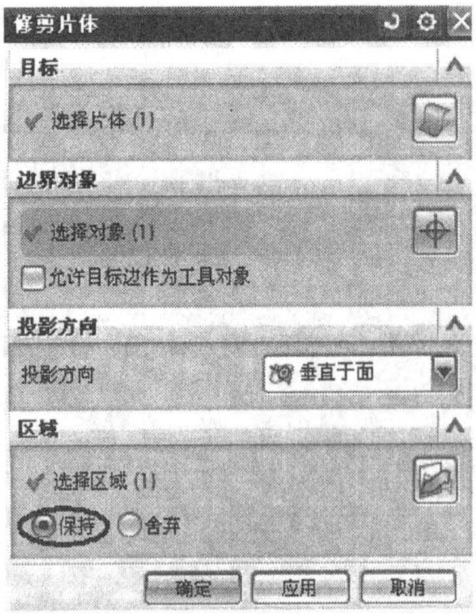

图 6-195

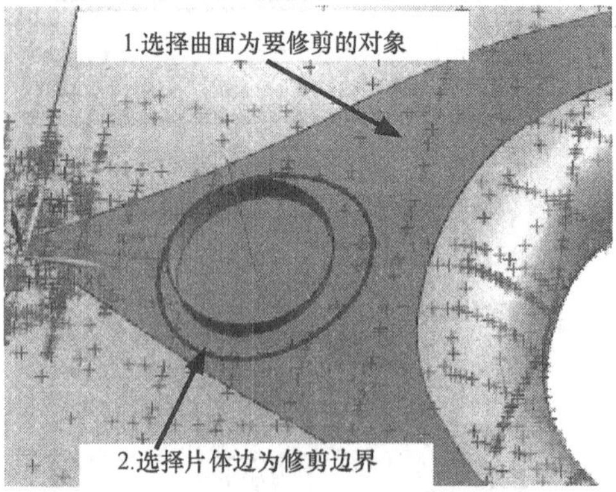

图 6-196

24. 创建截面曲线

选择菜单中的【插入(S)】/【来自体的曲线(U)】/【截面(S)...】命令，或在【曲线】工具条中选择（截面曲线）图标，出现【截面曲线】对话框，如图 6-198 所示，在图形中选择如图 6-199 所示的曲面，然后在【截面曲线】对话框的指定平面下拉框中选择（曲线和点）选项，并在图形中选择如图 6-199 所示的 3 个蓝色点，再在对话框的**设置**区域取消勾选关联选项，并单击确定按钮，完成创建截面曲线（实际为用过 3 个蓝色点的平面去截曲面而产生的交线），如图 6-200 所示。

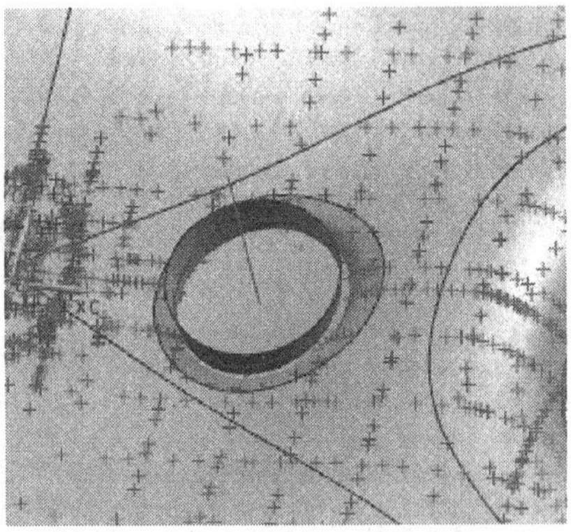

图 6-197

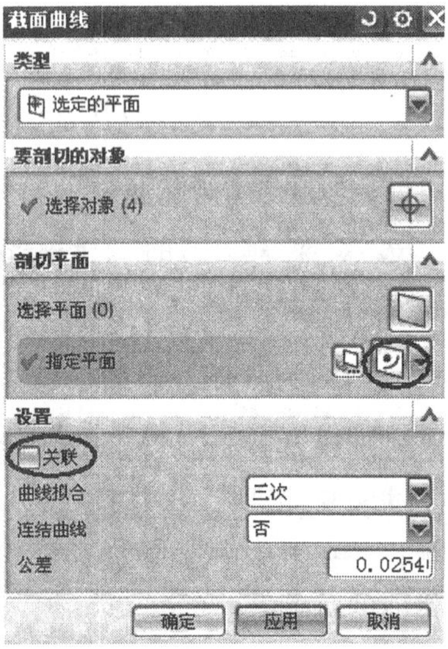

图 6-198

按照上述方法继续创建截面曲线。在图形中选择如图 6-199 所示的曲面，然后在【截面曲线】对话框的指定平面下拉框中选择（曲线和点）选项，并在图形中选择如图6-201所示的 3 个蓝色点，再在对话框的**设置**区域取消勾选关联选项，并单击确定按钮，完成创建截面曲线（实际为用过3个蓝色点的平面去截曲面而产生的交线），如图6-202所示。

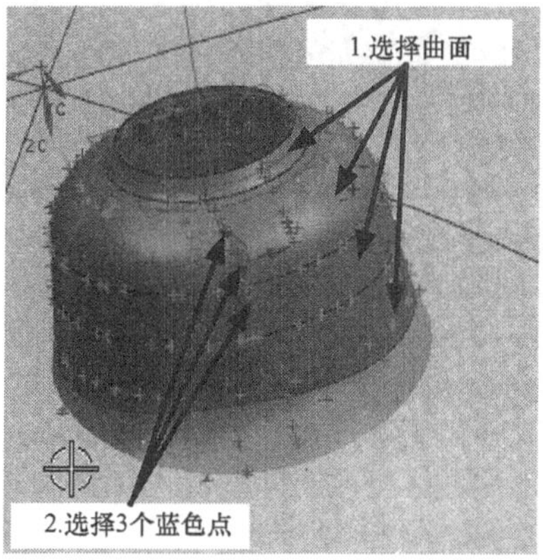

图 6-199

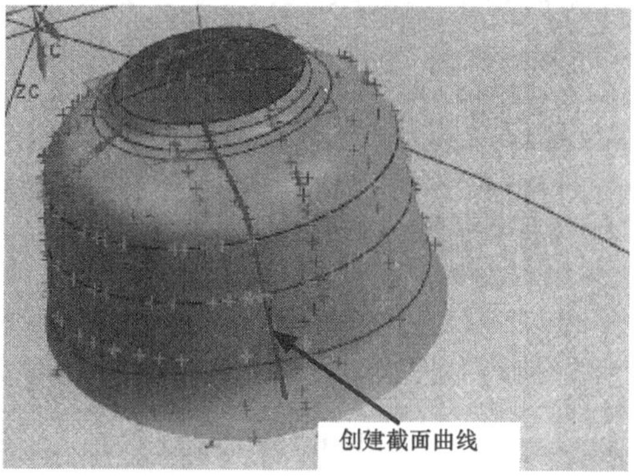

图 6-200

图 6-201

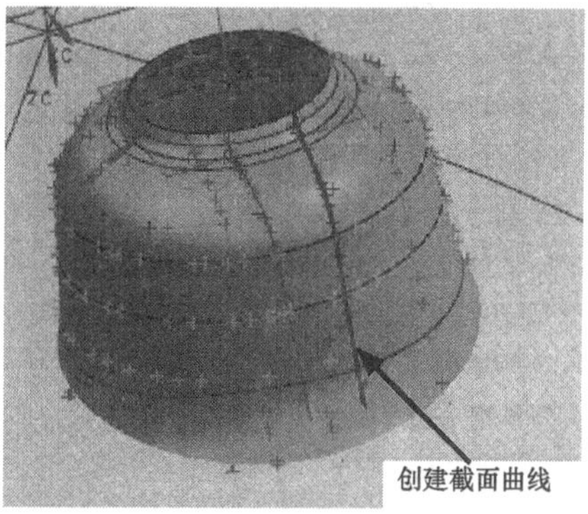

图 6-202

按照上述方法继续创建截面曲线。在图形中选择如图6-203所示曲面，然后在【截面曲线】对话框的指定平面下拉框中选择（点和方向）选项，并在图形中选择如图6-203所示的蓝色点，出现方向箭头，选择如图6-203所示的Z方向，单击确定按钮，完成创建截面曲线（实际为用过蓝色点且平行于XC-YC平面的平面去截曲面而产生的交线），如图6-204所示。

25. 创建曲线倒圆角

选择菜单中的【插入(S)】/【曲线(C)】/【基本曲线(B)...】命令，或在【曲线】工具条中选择（基本曲线）图标，出现【基本曲线】对话框，选择（圆角）图标，如图6-205所示，系统出现【曲线倒圆】对话框，在【方法】栏选择（2曲线圆角）图标，在半径栏输入2，选中修剪第一条曲线 修剪第二条曲线复选框，如图6-206所示，然后在图形中依次选择两条曲线及圆心，如图6-207所示，完成曲线倒圆角，如图6-208所示。

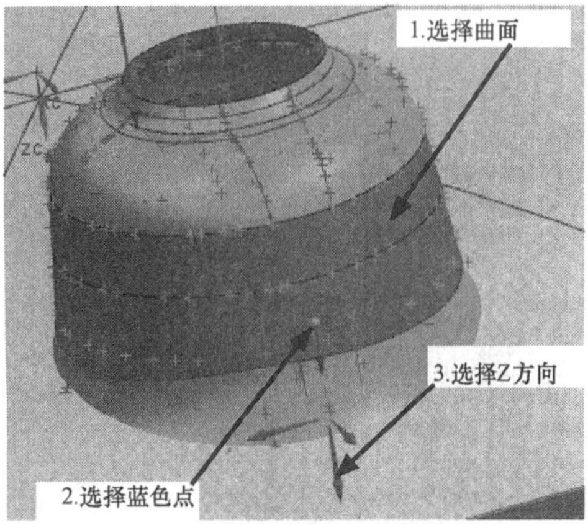

图 6-203

图 6-204

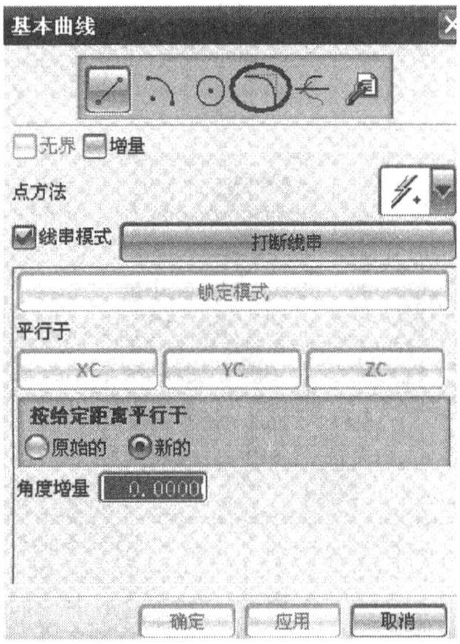

图 6-205

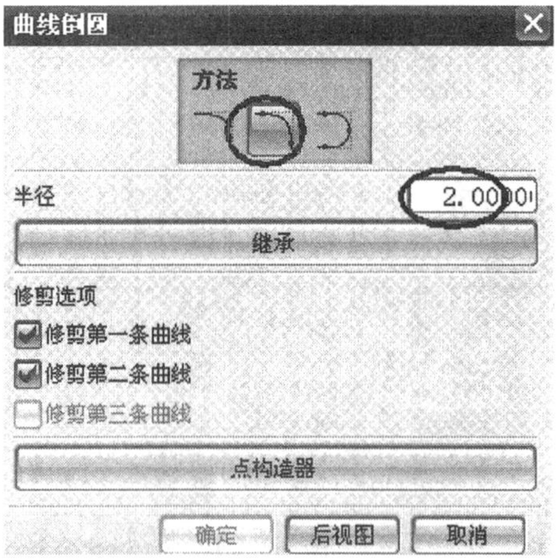

图 6-206

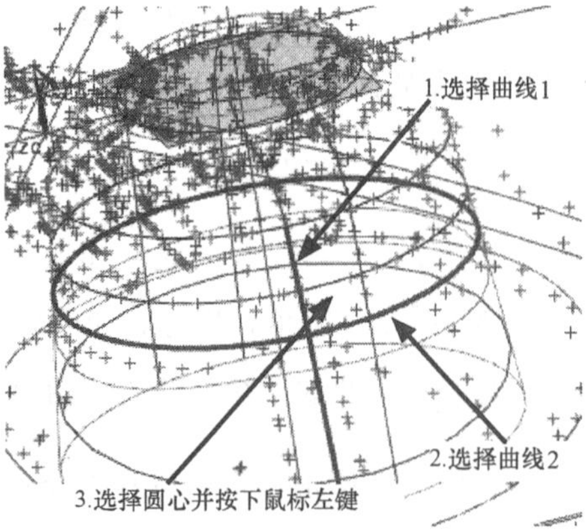

图 6-207

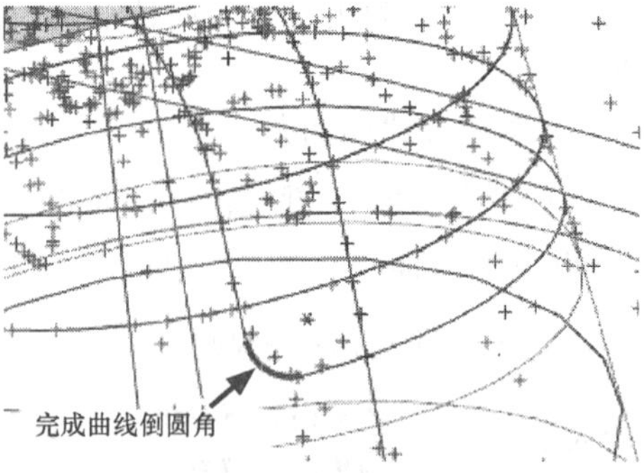

图 6-208

按照上述方法，完成右侧的曲线倒圆角，如图 6-209 所示。

26. 创建投影曲线

选择菜单中的【插入(S)】/【来自曲线集的曲线(F)】/【投影(P)...】命令，或在【曲线】工具条中选择（投影曲线）图标，出现【投影曲线】对话框，如图 6-210 所示，取消勾选关联选项，并在图形中选择如图 6-211 所示的两条曲线，然后在【投影曲线】对话框的选择对象 (1) 区域选择（面、小平面体、基准平面）图标，并在图形中选择如图 6-211 所示的曲面，再在【投影曲线】对话框的方向下拉框中选择沿面的法向选项，在输入曲线下拉框中选择替换选项，单击应用按钮，完成创建投影曲线，如图 6-212 所示。

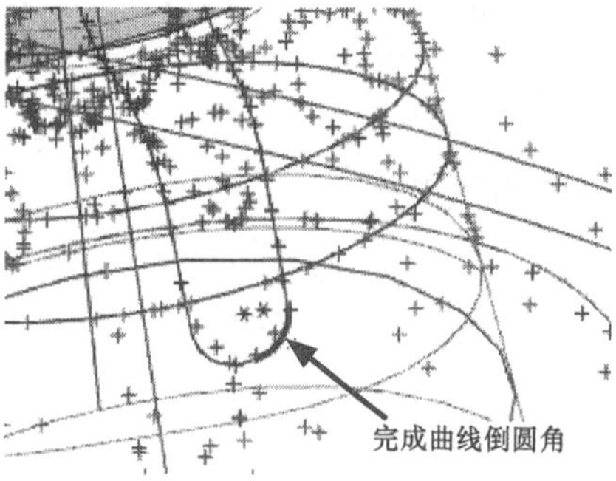

图 6-209

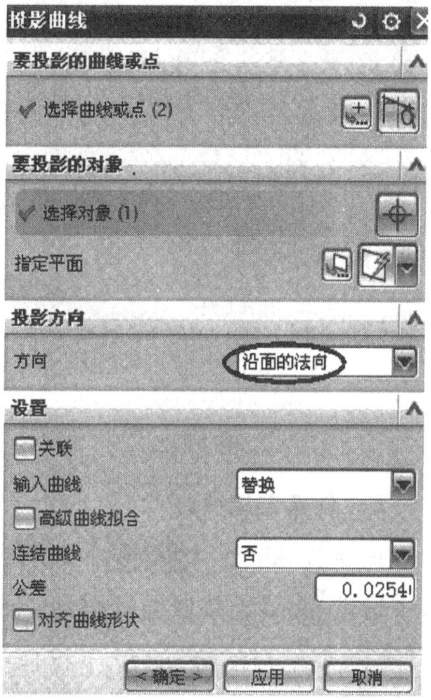

图 6-210

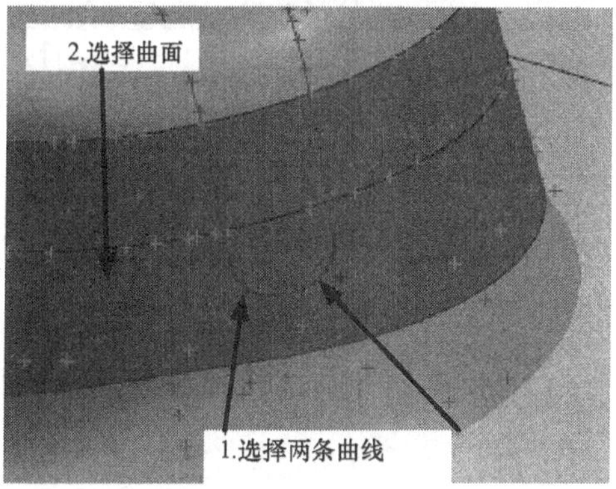

图 6-211

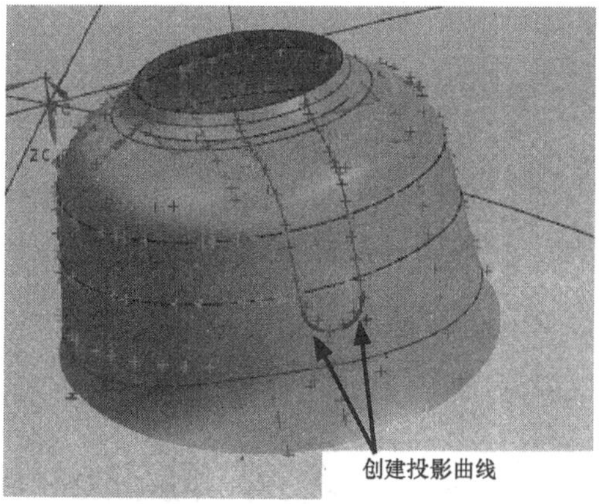

图 6-212

继续创建投影曲线。在图形中选择如图 6-213 所示的曲线，在【投影曲线】对话框的 指定平面 下拉框中选择 (XC-YC) 选项，如图 6-214 所示，在 方向 下拉框中选择 沿面的法向 选项，在 输入曲线 下拉框中选择 替换 选项，然后单击 应用 按钮，完成创建投影曲线，如图 6-215 所示。

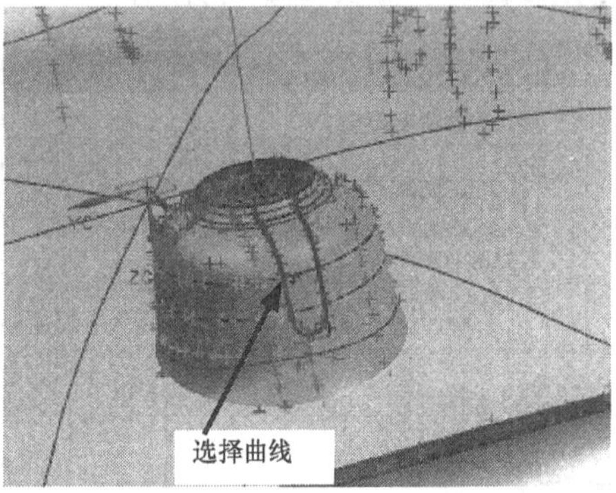

图 6-213

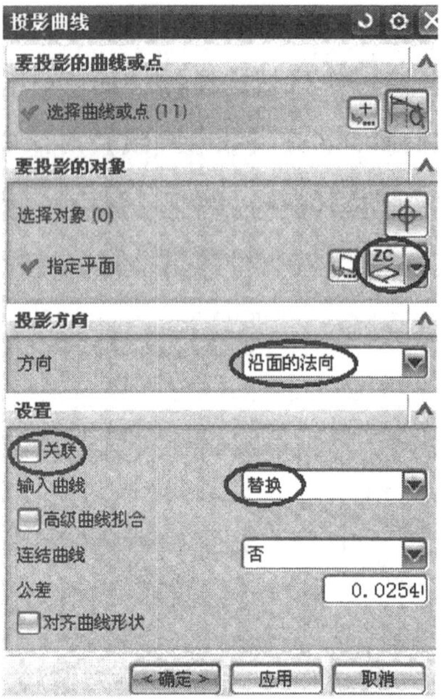

图 6-214

27. 创建连接曲线

选择菜单中的【插入(S)】/【来自曲线集的曲线(F)】/【连结(J)...】命令，或在【曲线】工具条中选择 (连接曲线) 图标，出现【连结曲线】对话框，如图 6-216 所示，取消勾选 关联 选项，并在 输入曲线 下拉框中选择 替换 选项，在主界面的曲线规则下拉框中选择 相切曲线 选项，然后在图形中选择如图 6-215 所示的曲线，再在【连结曲线】对话框中单击 < 确定 > 按钮，完成创建连接曲线。

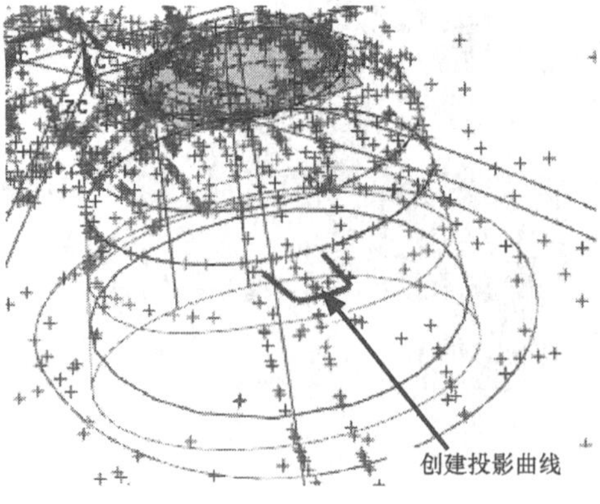

图 6-215

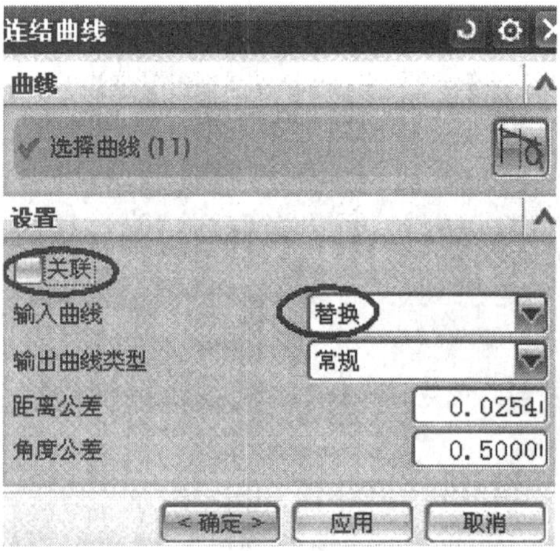

图 6-216

28. 创建拉伸片体特征

选择菜单中的【插入(S)】/【设计特征(E)】/【拉伸(E)...】命令，或在【特征】工具条中选择（拉伸）图标，出现【拉伸】对话框，如图 6-217 所示，在主界面的曲线规则下拉框中选择单条曲线选项，然后选择如图 6-215 所示的曲线为拉伸对象，再在【拉伸】对话框的【结束】下拉框中选择对称值选项，在【距离】栏输入 50，并单击应用按钮，创建拉伸片体，如图 6-218 所示。

图 6-217

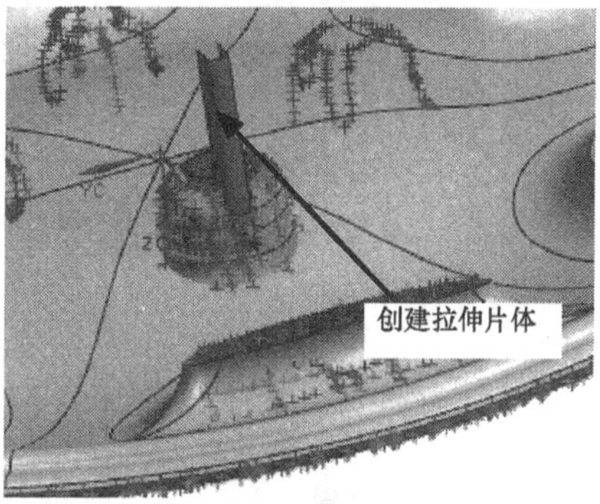

图 6-218

29. 创建移动对象——旋转片体

选择菜单中的【编辑(E)】/【移动对象(O)...】命令，或在【标准】工具栏中选择（移动对象）图标，出现【移动对象】对话框，如图 6-219 所示，在图形中选择如图 6-220 所示的片体，并在【移动对象】对话框的运动下拉框中选择角度选项，然后在角度栏输入 120，在指定矢量下拉框中选择ZC选项，在指定轴点下拉框中选择（现有点）选项，并在图形中选择如图 6-220 所示的黑色点，在对话框的**结果**区域选中复制原先的选项，在非关联副本数栏输入 2，单击确定按钮，完成创建移动对象——旋转片体，如图 6-221 所示。

30. 创建修剪片体特征

选择菜单中的【插入(S)】/【修剪(T)】/【修剪片体(R)...】命令，或在【曲面】工具栏中选择（修剪片体）图标，出现【修剪片体】对话框，如图 6-222 所示，在投影方向下拉框中选择垂直于面选项，在**区域**项中选择保持单选选项，并在图形中选择如图 6-223 所示的曲面为要修剪的对象。

然后在【修剪片体】对话框的**边界对象**区域选择（对象）图标，并选择如图6-223所示的片体为修剪边界，接着在对话框中单击应用按钮，完成修剪片体，如图 6-224 所示。

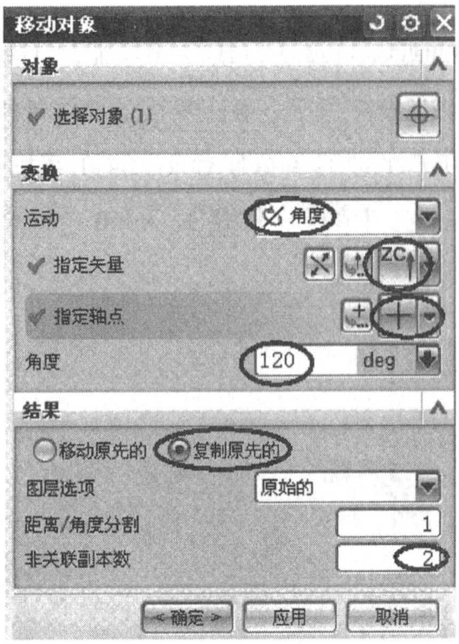

图 6-219

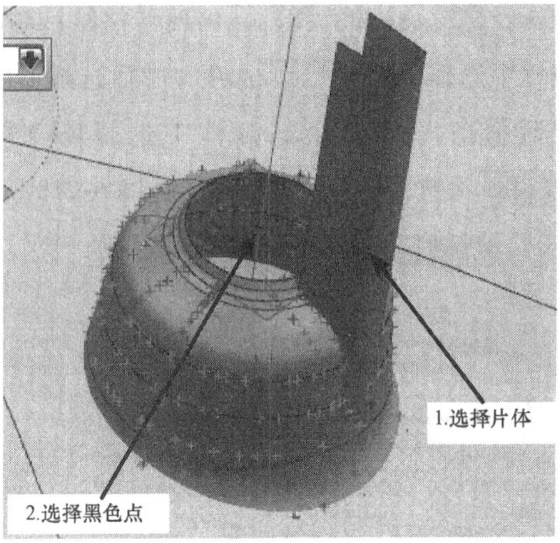

图 6-220

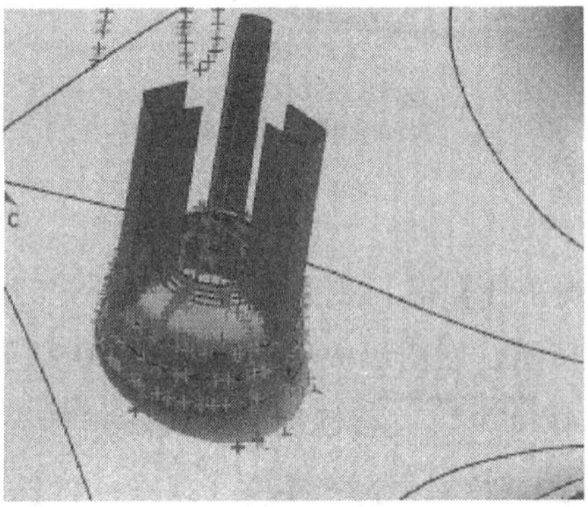

图 6-221

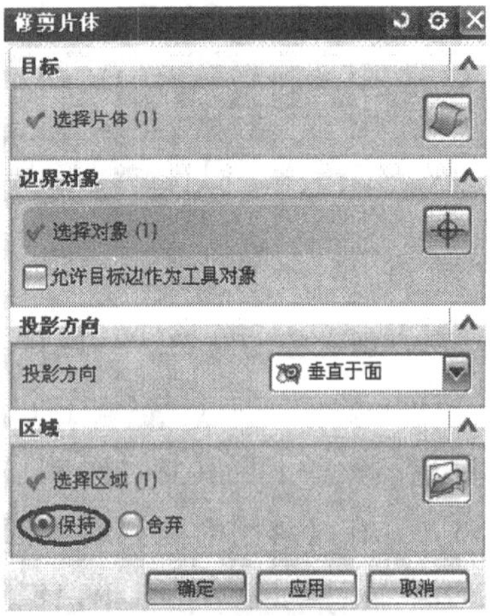

图 6-222

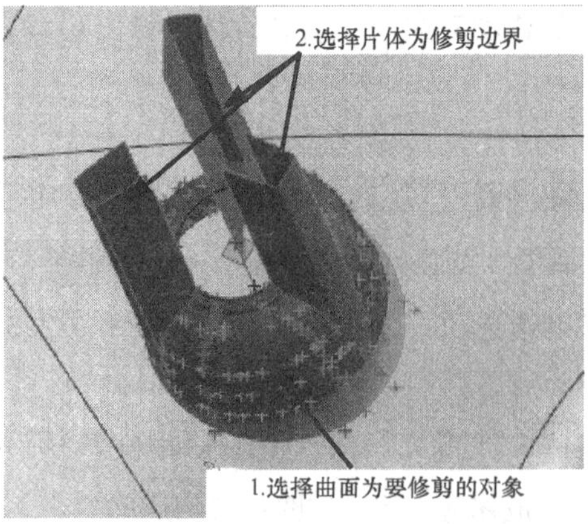

图 6-223

图 6-224

继续创建修剪片体特征。在图形中选择如图 6-225 所示的曲面为要修剪的对象，然后在【修剪片体】对话框的 **边界对象** 区域选择（对象）图标，并选择如图 6-225 所示的片体边为修剪边界，接着在对话框中单击 应用 按钮，完成修剪片体，如图 6-226 所示。

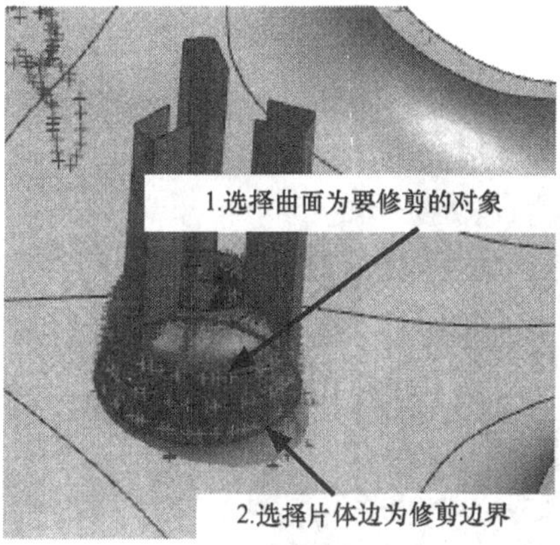

图 6-225

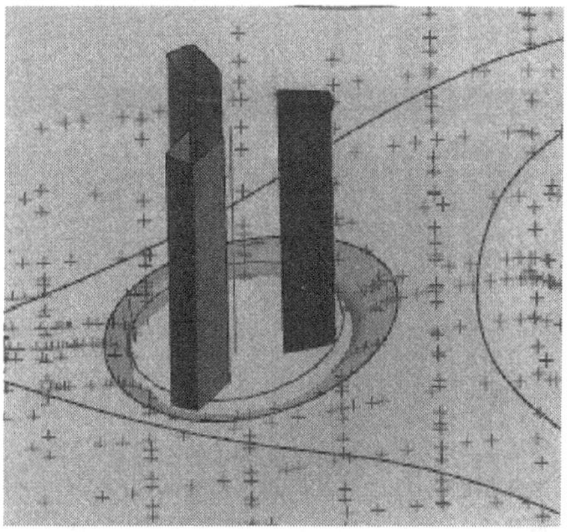

图 6-226

31. 将曲线和辅助曲面移至 255 层

选择菜单中的【格式(R)】/【移动至图层(M)...】命令，出现【类选择】对话框，选择曲线和辅助曲面，并将其移至 255 层（步骤略）。

32. 创建缝合曲面特征

选择菜单中的【插入(S)】/【组合(B)】/【缝合(W)...】命令，或在【特征】操作工具栏中选择（缝合）图标，出现【缝合】对话框，如图 6-227 所示，系统提示选择缝合的目标片体，按照图 6-228 所示选择目标片体，然后选择工具片体，再单击 应用 按钮，此时片体已经缝合成一张片体。

图 6-227

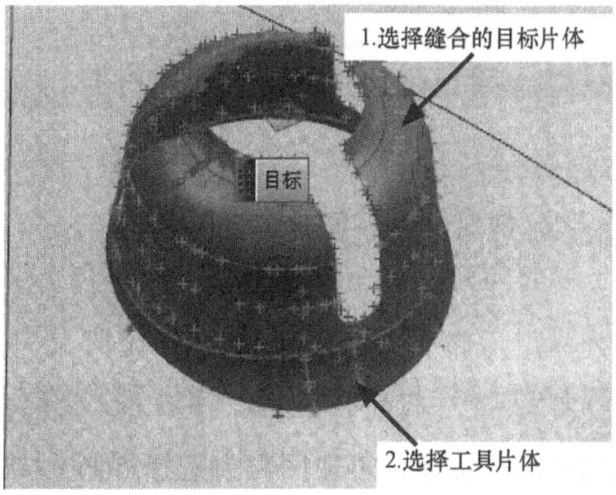

图 6-228

33. 创建偏置曲面特征

选择菜单中的【插入(S)】/【偏置/缩放(O)】/【偏置曲面(O)...】命令，或在【特征】操作工具条中选择（偏置曲面）图标，出现【偏置曲面】对话框，如图 6-229 所示，在主界面的面规则下拉框中选择体的面选项，然后在图形中选择如图 6-230 所示的曲面，出现偏置方向箭头，再在对话框的【偏置 1】栏输入 3，最后单击确定按钮，完成偏置曲面，如图 6-231 所示。

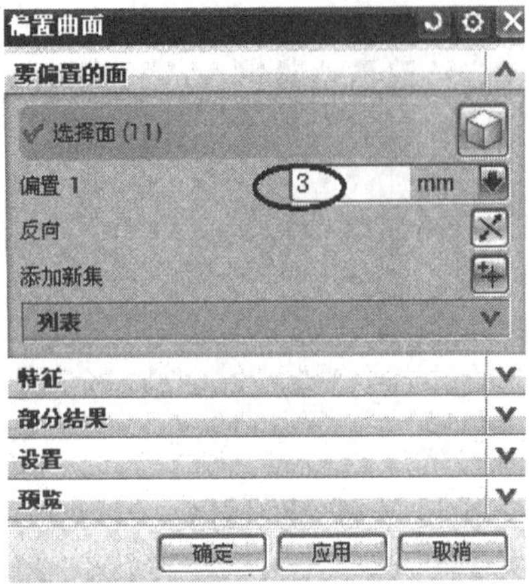

图 6-229

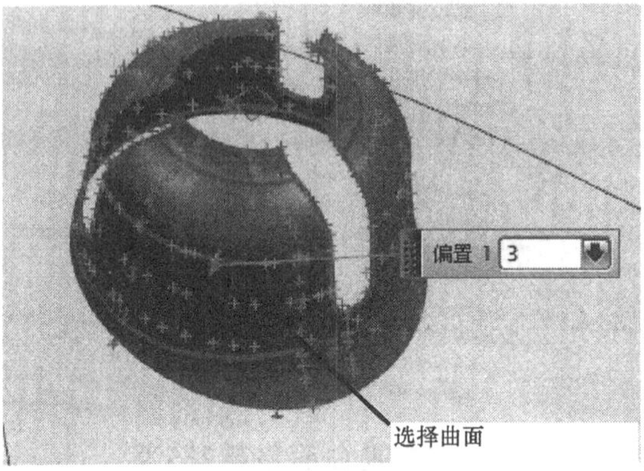

图 6-230

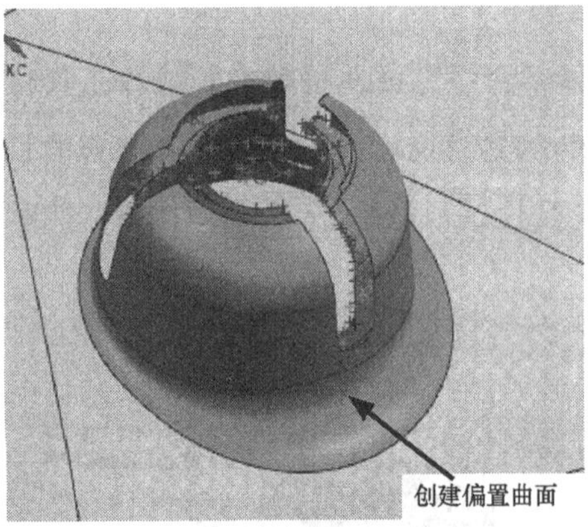

图 6-231

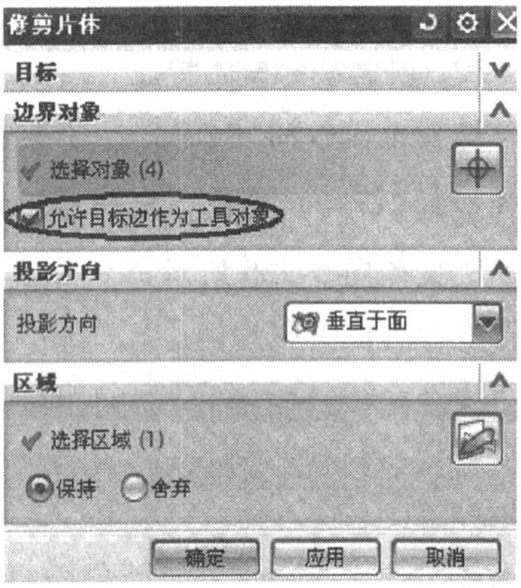

图 6-232

34. 创建修剪片体特征

选择菜单中的【插入(S)】/【修剪(T)】/【修剪片体(R)...】命令，或在【曲面】工具栏中选择（修剪片体）图标，出现【修剪片体】对话框，如图 6-232 所示，勾选允许目标边作为工具对象选项，并在投影方向下拉框中选择垂直于面选项，在区域项中选择保持单选选项，再在图形中选择如图 6-233 所示的曲面为要修剪的对象。

然后在【修剪片体】对话框的边界对象区域选择（对象）图标，选择如图 6-233 所示的片体边为修剪边界，接着在对话框中单击应用按钮，完成修剪片体，如图 6-234 所示。

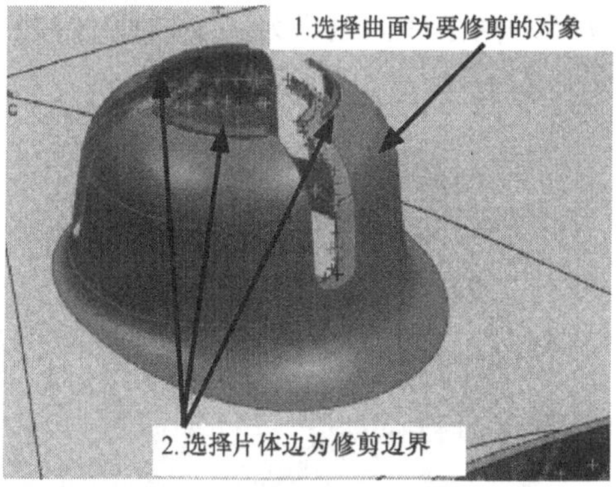

图 6-233

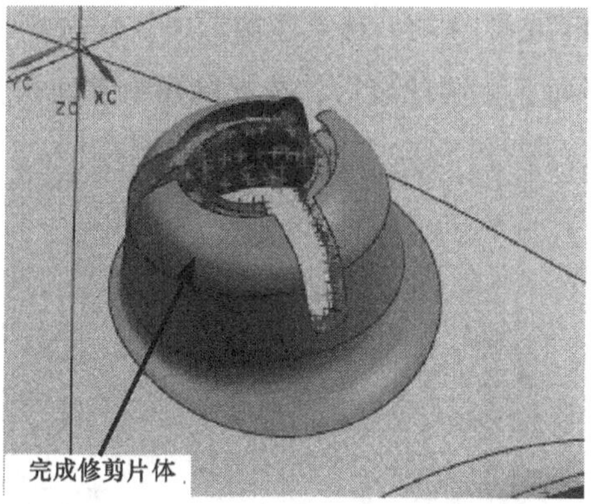

图 6-234

35. 创建桥接曲线

选择菜单中的【插入(S)】/【来自曲线集的曲线(F)】/【桥接(B)...】命令，或在【曲线】工具条中选择（桥接曲线）图标，出现【桥接曲线】对话框，如图 6-235 所示，取消勾选关联选项，然后在图形中依次选择片体边，如图 6-236 所示，最后在【桥接曲线】对话框中单击应用按钮，创建桥接曲线，如图 6-237 所示。

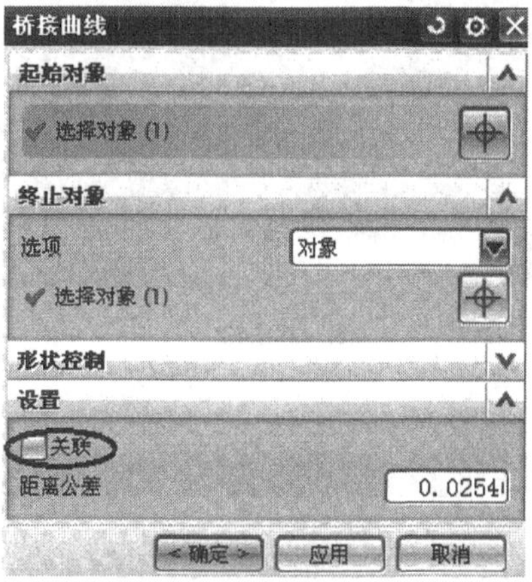

图 6-235

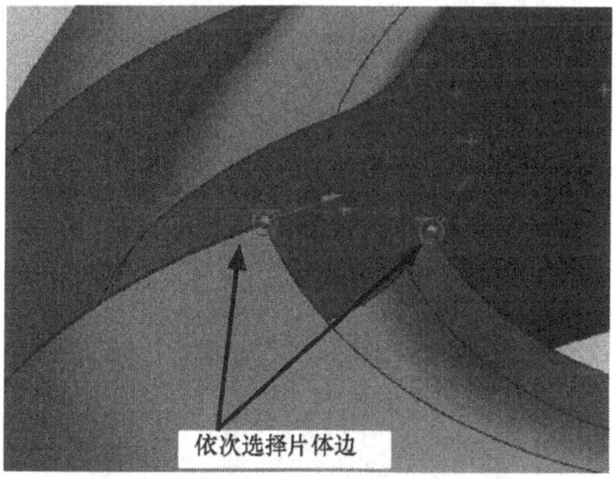

图 6-236

在图形中依次选择片体边继续创建桥接曲线，如图 6-238 所示，最后在【桥接曲线】对话框中单击应用按钮，创建桥接曲线，如图 6-239 所示。

在图形中依次选择片体边继续创建桥接曲线，如图 6-240 所示，最后在【桥接曲线】对话框中单击应用按钮，创建桥接曲线，如图 6-241 所示。

36. 创建通过曲线网格曲面特征

选择菜单中的【插入(S)】/【网格曲面(M)】/【通过曲线网格(M)...】命令，或在【曲面】工具条中选择（通过曲线网格曲面）图标，出现【通过曲线网格】曲面对话框，如图6-242 所示。根据系统提示，首先关闭点捕捉工具按钮，在主界面的曲线规则下拉框中选择相切曲线选项，然后在图形中依次选择如图6-243所示的两条片体边缘为主要曲线（注意选择每条主要曲线后，按下鼠标中键确认）。

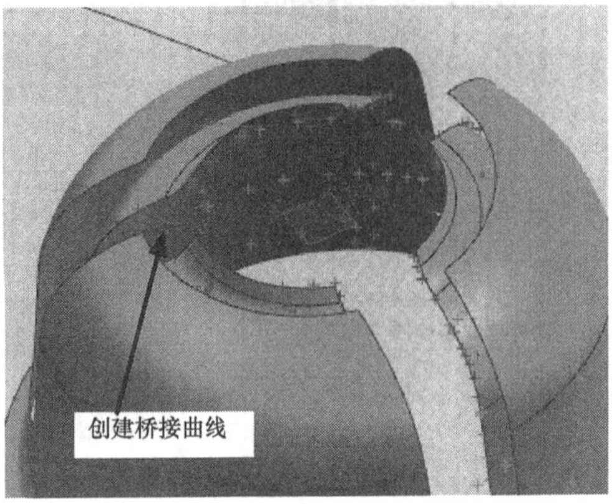

图 6-237

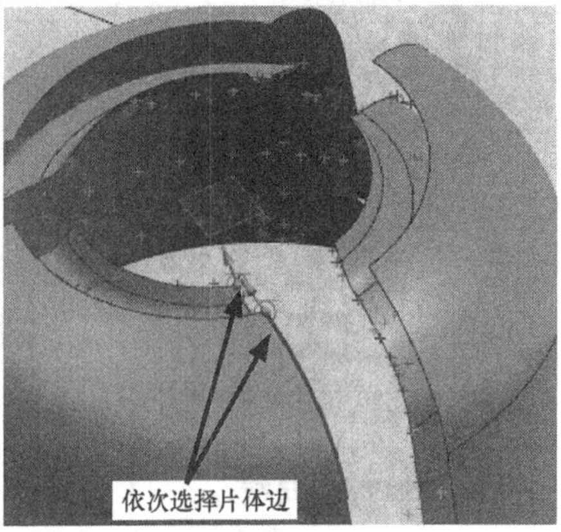

图 6-238

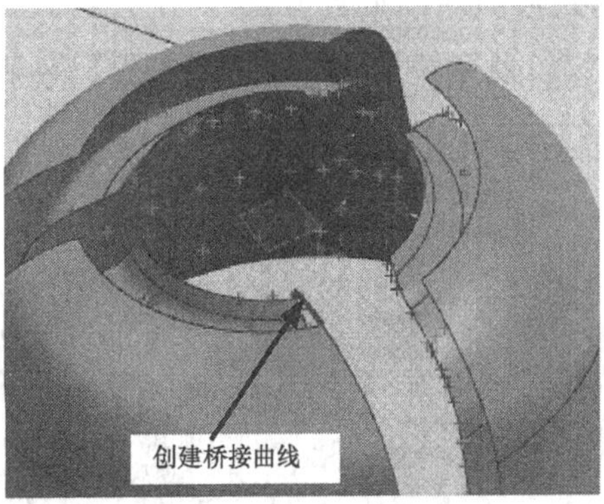

图 6-239

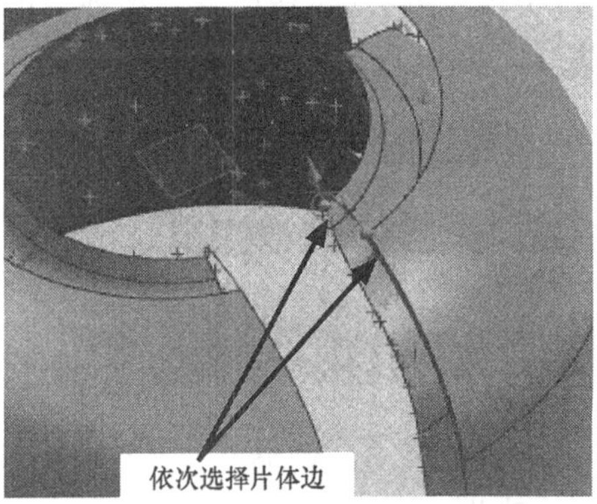

图 6-240

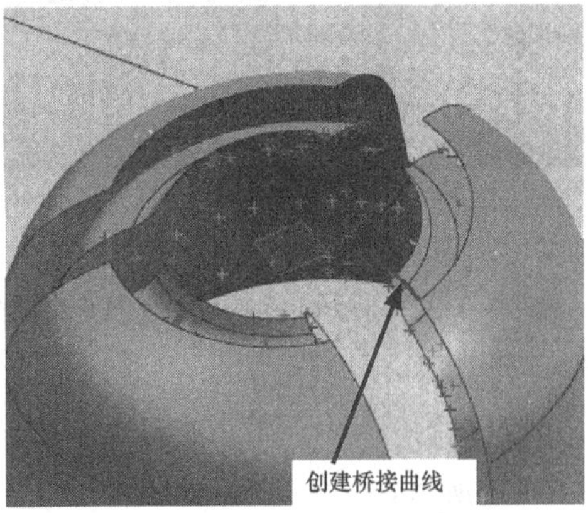

图 6-241

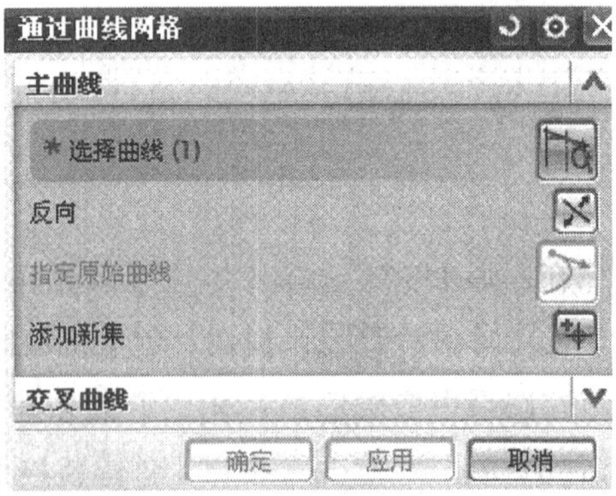

图 6-242

然后，在【通过曲线网格】曲面对话框的交叉曲线区选择（交叉曲线）图标，或直接按下鼠标中键，在主界面的曲线规则下拉框中选择单条曲线选项，接着在图形中依次选择如图6-244所示的两条曲线为交叉曲线（注意：选择每条交叉曲线后，按下鼠标中键确认）。当选择好第 2 条交叉曲线后，按下鼠标中键，然后在 **连续性** 区的 **第一主线串** 下拉框中选择 G1（相切） 选项，如图 6-245 所示，并在图形中选择如图 6-246 所示的曲面，使创建的网格曲面与之相切。同样，在 **最后主线串** 下拉框中选择 G1（相切） 选项，如图 6-245 所示，并在图形中选择如图 6-247 所示的曲面，使创建的网格曲面与之相切，最后在【通过曲线网格】曲面对话框中单击 确定 按钮，完成创建通过曲线网格曲面，如图 6-248 所示。

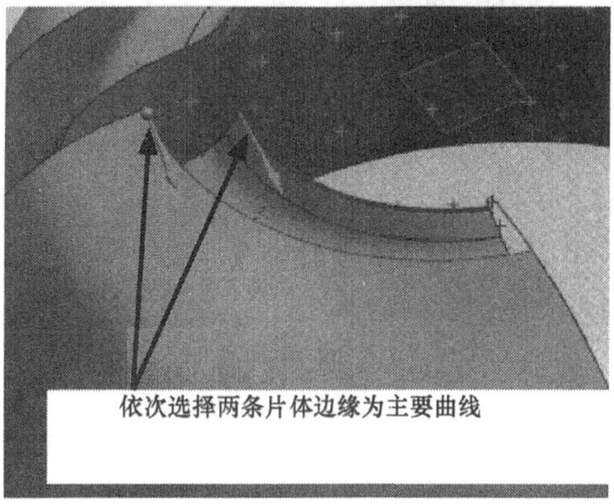

图 6-243

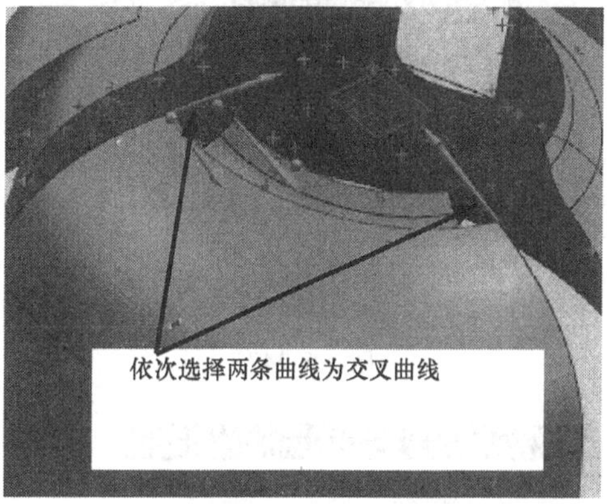

图 6-244

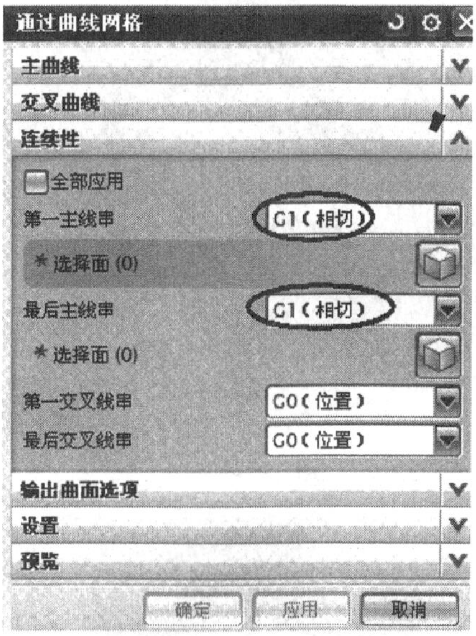

图 6-245

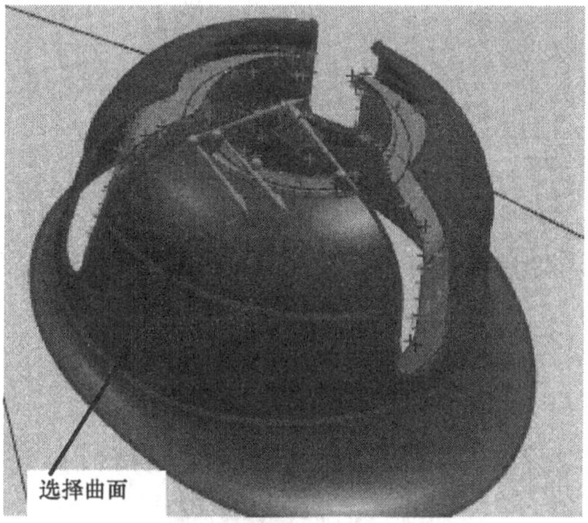

图 6-246

37. 创建直纹面

选择菜单中的【插入(S)】/【网格曲面(M)】/【直纹(R)...】命令，或在【曲面】工具栏中选择（直纹面）图标，出现【直纹】面对话框，如图 6-249 所示。

在主界面的曲线规则下拉框中选择 单条曲线 选项，并在图形中选择如图 6-250 所示的片体边，然后在【直纹】面对话框的 **截面线串 2** 区域选择（截面 2）图标，接着在图形中选择如图 6-251 所示的片体边（注意起始位置和矢量方向一致），最后在【直纹】面对话框

的 体类型 下拉框中选择 图纸页 选项，取消勾选 保留形状 选项，再单击 确定 按钮，完成创建直纹面，如图 6-252 所示。

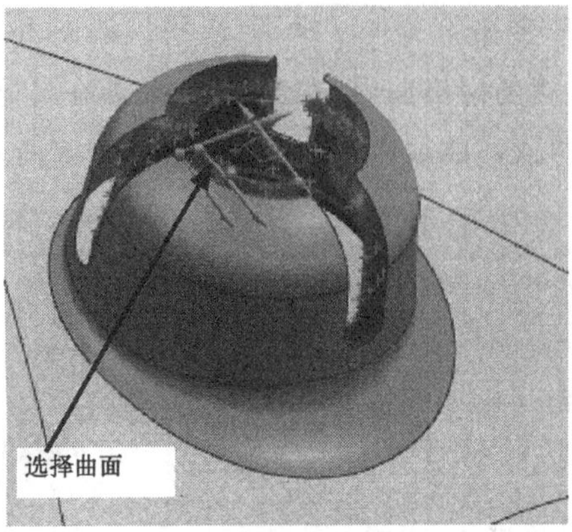

图 6-247

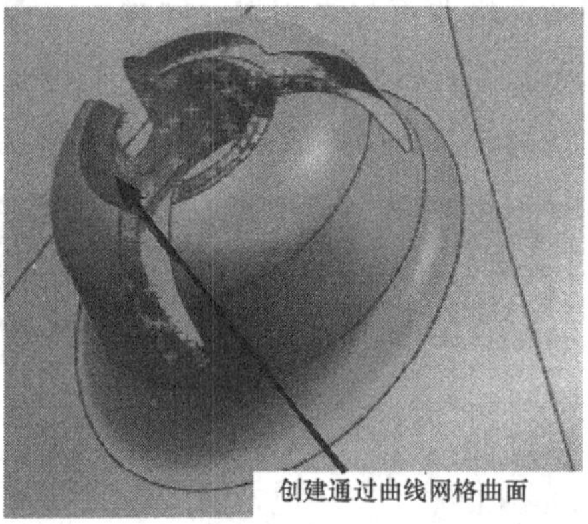

图 6-248

图 6-249

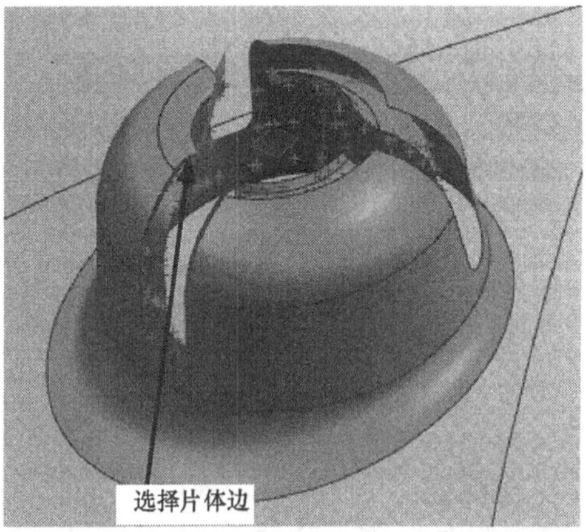

图 6-250

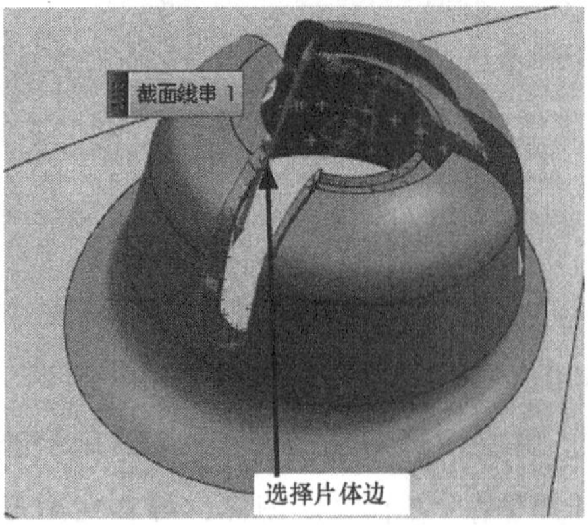

图 6-251

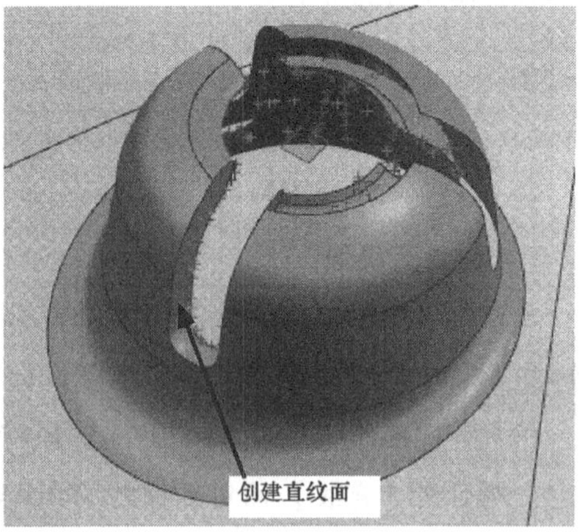

图 6-252

38. 创建移动对象——旋转片体

选择菜单中的【编辑(E)】/【移动对象(O)...】命令，或在【标准】工具栏中选择（移动对象）图标，出现【移动对象】对话框，如图 6-253 所示，在图形中选择如图 6-254 所示的片体。

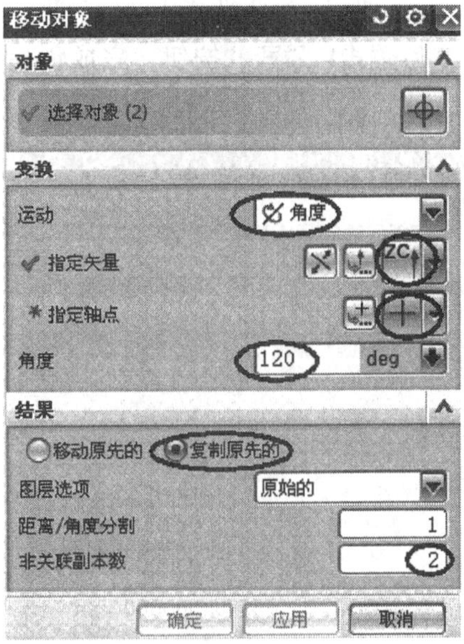

图 6-253

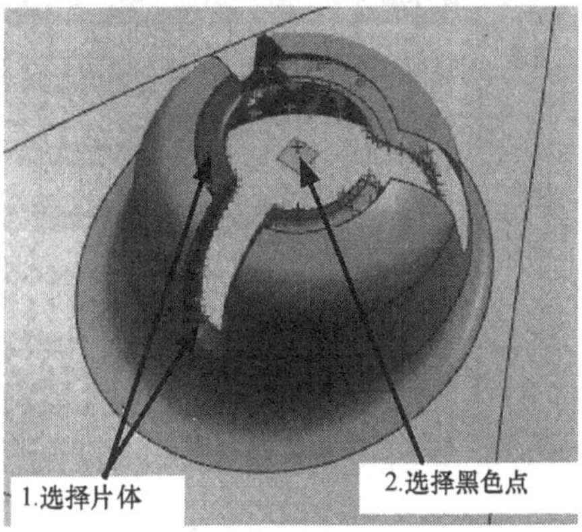

图 6-254

然后在【移动对象】对话框的运动下拉框中选择角度选项，并在角度栏输入 120，在指定矢量下拉框中选择ZC选项，在指定轴点下拉框中选择（现有点）选项，再在图形中选择如图 6-254 所示的黑色点，在对话框的**结果**区域选中复制原先的选项，在非关联副本数栏输入 2，最后单击确定按钮，完成创建移动对象——旋转片体，如图 6-255 所示。

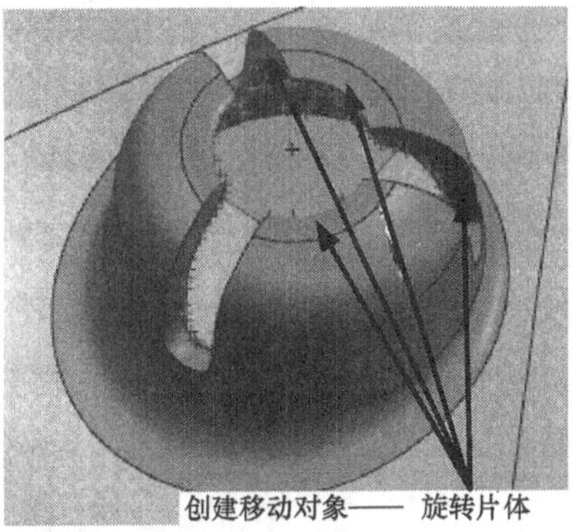

图 6-255

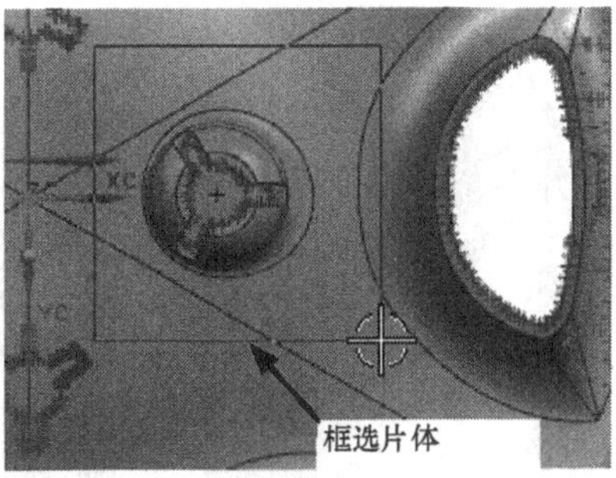

图 6-256

继续创建移动对象——旋转片体。在主界面的类型过滤器下拉框中选择片体选项，将视图切换为仰视图，然后框选如图 6-256 所示的片体，再在【移动对象】对话框的运动下

拉框中选择 角度 选项，然后在 角度 栏输入 90，在 指定矢量 下拉框中选择 ZC 选项，在 指定轴点 下拉框中选择（点对话框）选项，如图 6-257 所示，出现【点】对话框，在 插入(S) 下拉框中选择 WCS （工作坐标系）选项，单击右上角的（重置）按钮，使坐标值归 0，如图 6-258 所示，再单击 确定 按钮，系统返回【移动对象】对话框，在 **结果** 区域选中 复制原先的 选项，在 非关联副本数 栏输入 3，最后单击 确定 按钮，完成创建移动对象——旋转片体，如图 6-259 所示。

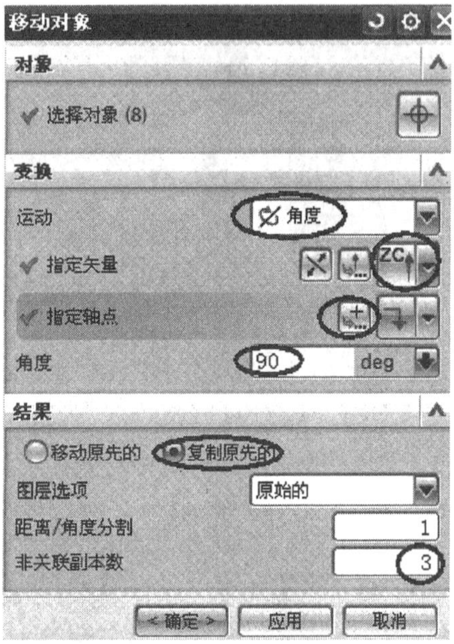

图 6-257

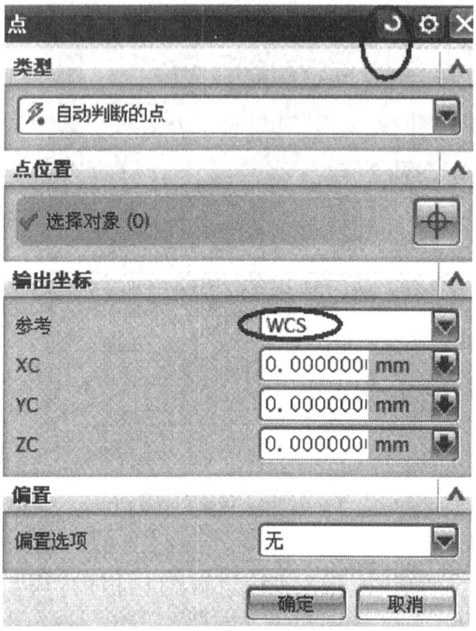

图 6-258

图 6-259

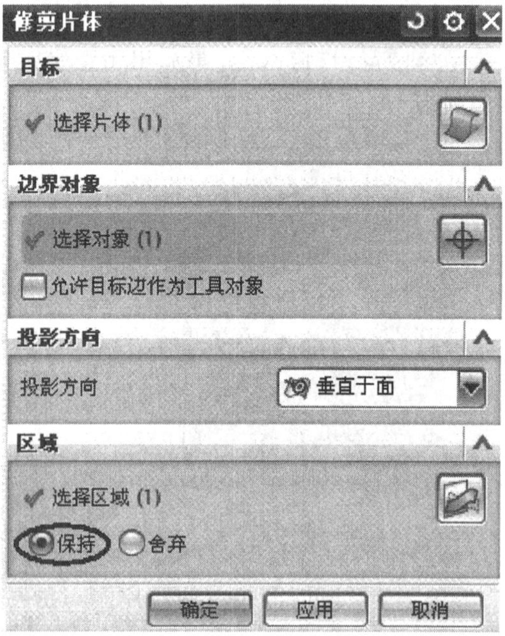

图 6-260

39. 创建修剪片体特征

选择菜单中的【插入(S)】/【修剪(T)】/【修剪片体(R)...】命令，或在【曲面】工具栏中选择（修剪片体）图标，出现【修剪片体】对话框，如图 6-260 所示，在投影方向下拉框中选择垂直于面选项，在区域项中选择保持单选选项，然后在图形中选择如图 6-261 所示的曲面为要修剪的对象。

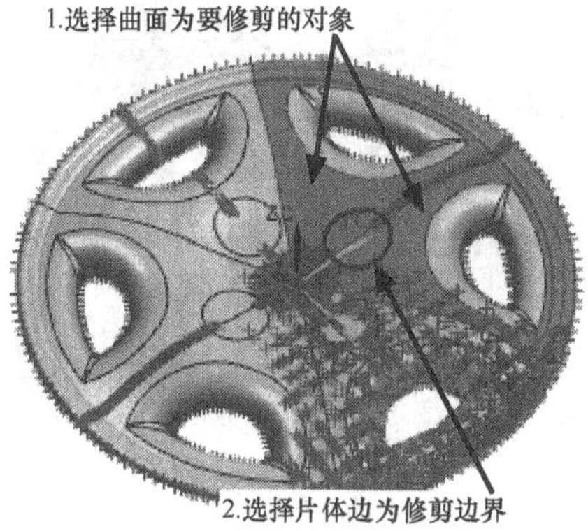

图 6-261

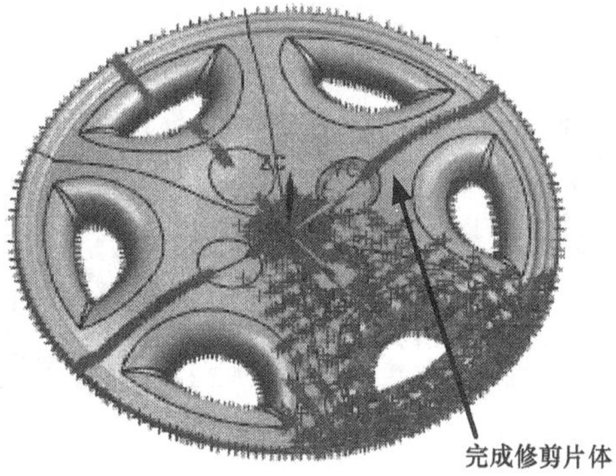

图 6-262

然后在【修剪片体】对话框的边界对象区域选择（对象）图标，在主界面的曲线规则下拉框中选择单条曲线选项，并选择如图 6-261 所示的片体边为修剪边界，接着在对话框中单击应用按钮，完成修剪片体，如图 6-262 所示。

继续创建修剪片体特征。在图形中选择如图 6-263 所示的曲面为要修剪的对象，然后在【修剪片体】对话框的边界对象区域选择（对象）图标，在主界面的曲线规则下拉框中选择单条曲线选项，并选择如图 6-263 所示的片体边为修剪边界，接着在对话框中单击应用按钮，完成修剪片体，如图 6-264 所示。

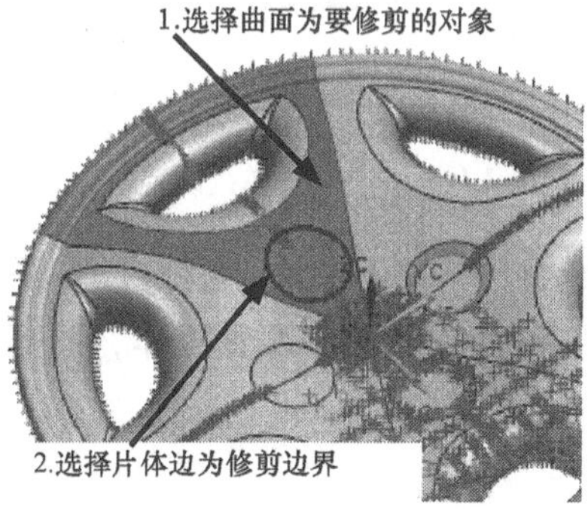

图 6-263

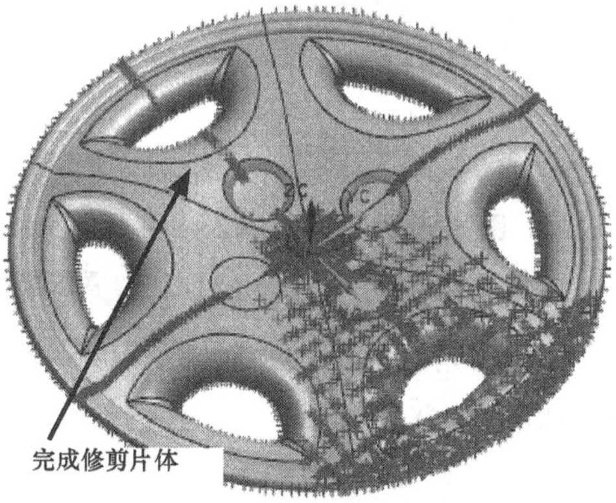

图 6-264

按照上述方法，完成另一顶面的孔修剪片体，如图 6-265 所示。

继续创建修剪片体特征。翻转模型，在图形中选择如图 6-266 所示的曲面为要修剪的对象，然后在【修剪片体】对话框的 **边界对象** 区域选择 （对象）图标，在主界面的曲线规则下拉框中选择 单条曲线 选项，并选择如图 6-266 所示的片体边为修剪边界，接着在对话框中单击 应用 按钮，完成修剪片体，如图 6-267 所示。

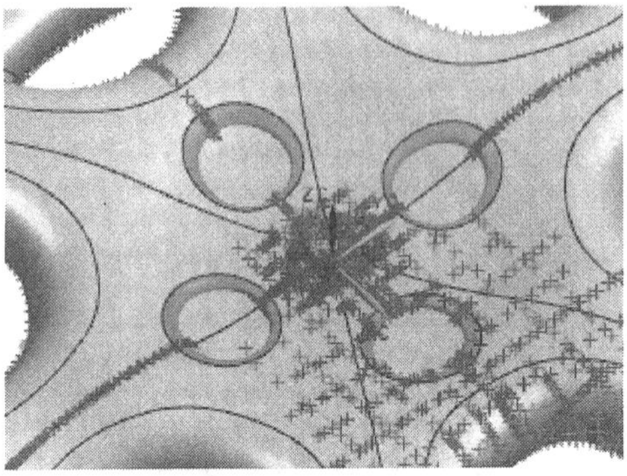

图 6-265

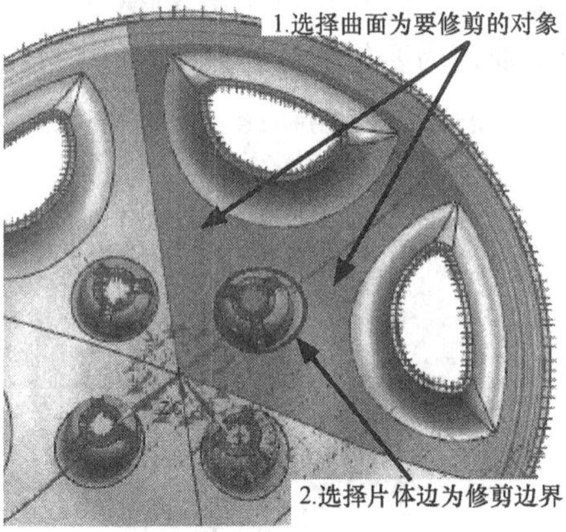

图 6-266

按照上述方法，完成另外三处底面的孔修剪片体，如图 6-268 所示（隐藏点后）。

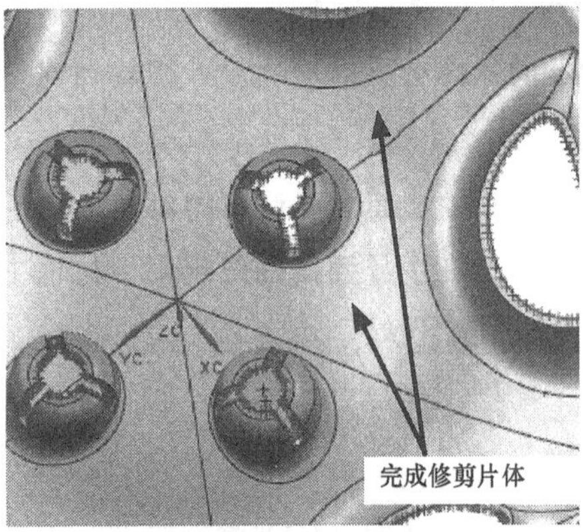

图 6-267

图 6-268

40. 图层设置

选择菜单中的【格式(R)】/【图层设置(S)...】命令，出现【图层设置】对话框，在图层列表框中取消勾选第 3、4、5、6、7 层，然后单击 关闭 按钮，完成图层设置操作，图形更新后如图 6-268 所示。

6.5 创建轮毂盘上的标志

1. 图层设置

选择菜单中的【格式(R)】/【编辑(E)】命令，出现【图层设置】对话框，在图层列表框中勾选第 8 层，然后单击 关闭 按钮，完成图层设置操作，图形更新后如图 6-269 所示。

2. 投影曲线

选择菜单中的【插入(S)】/【来自曲线集的曲线(F)】/【投影(P)...】命令，或在【曲线】工具条中选择 （投影曲线）图标，出现【投影曲线】对话框，如图 6-270 所示，取消勾选 关联 选项，在主界面的类型过滤器下拉框中选择 点 选项，在图形中框选如图 6-271 所示的点，然后在对话框的 指定平面 下拉框中选择 （XC-YC 平面）选项，并在图形中的 距离 栏输入 -100，再在【投影曲线】对话框的 方向 下拉框中选择 沿面的法向 选项，在 输入曲线 下拉框中选择 保持 选项，单击 应用 按钮，完成创建投影曲线（黑色的点），如图 6-272 所示。

图 6-269

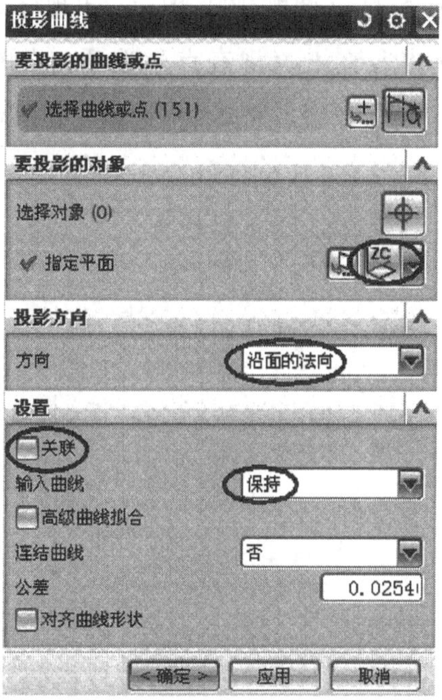

图 6-270

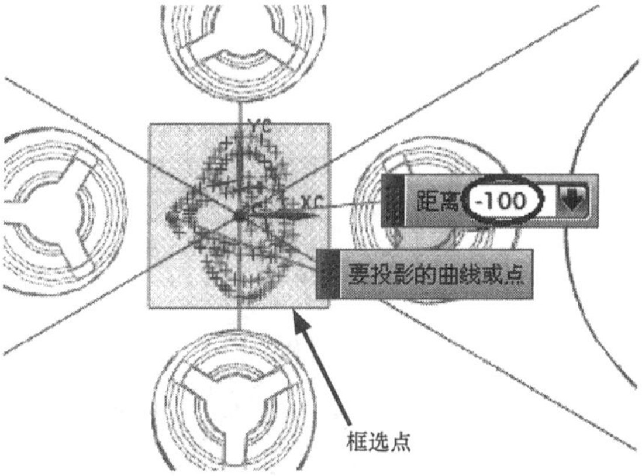

图 6-271

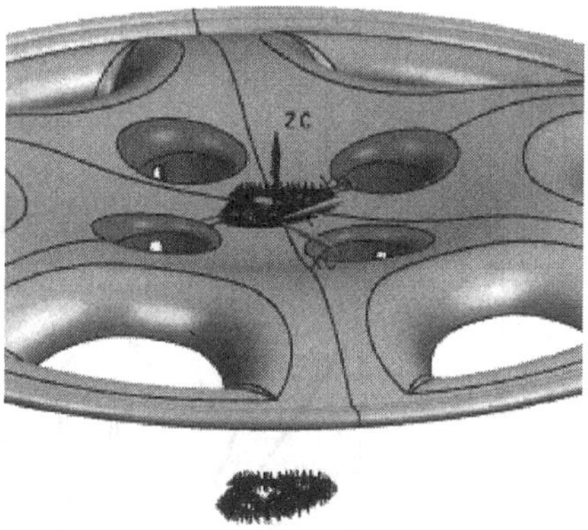

图 6-272

3. 隐藏投影的点

选择菜单中的【编辑(E)】/【显示和隐藏(H)】/【隐藏(H)...】命令，或在【实用】工具栏中选择（隐藏）图标，隐藏投影的点。

4. 反转显示和隐藏

选择菜单中的【编辑(E)】/【显示和隐藏(H)】/【反转显示和隐藏(I)】命令，或在【实用】工具条中选择（反转显示和隐藏）图标，图形更新后如图 6-273 所示。

5. 绘制圆弧

选择菜单中的【插入(S)】/【曲线(C)】/【圆弧/圆(C)...】命令，或在【曲线】工具条中选择（圆弧/圆）图标，出现【圆弧/圆】对话框，如图 6-274 所示，然后在捕捉点工具条中选择（现有点）选项，在图形中依次选择如图 6-275 所示的 3 个黑色点，单击应用按钮，完成绘制圆弧，如图 6-276 所示。

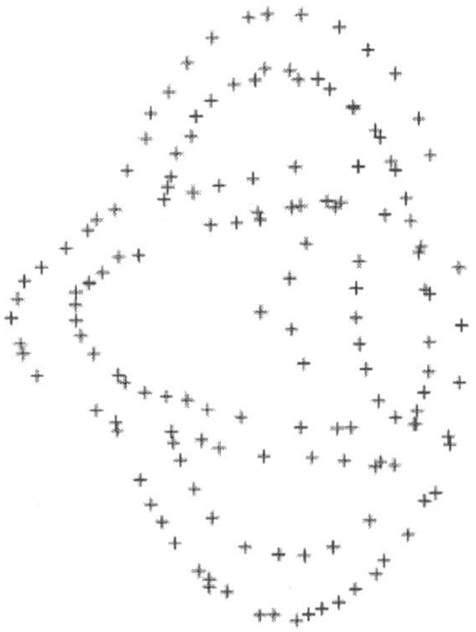

图 6-273

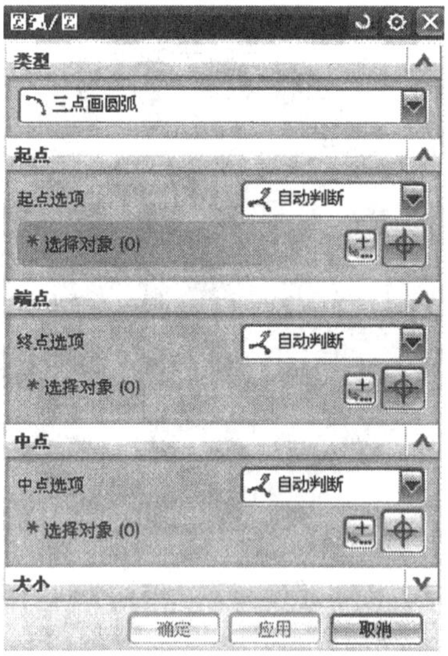

图 6-274

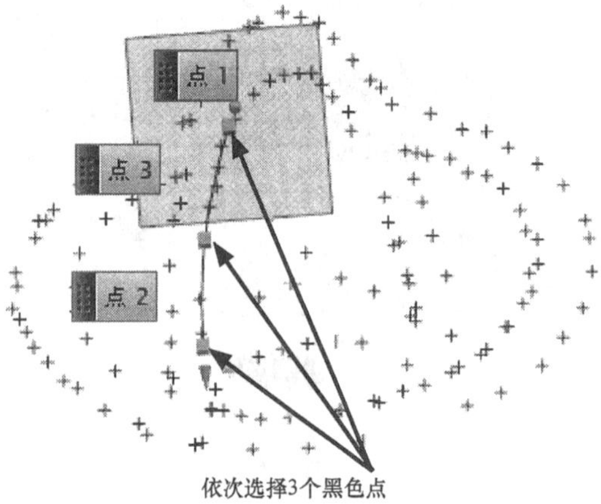

图 6-275

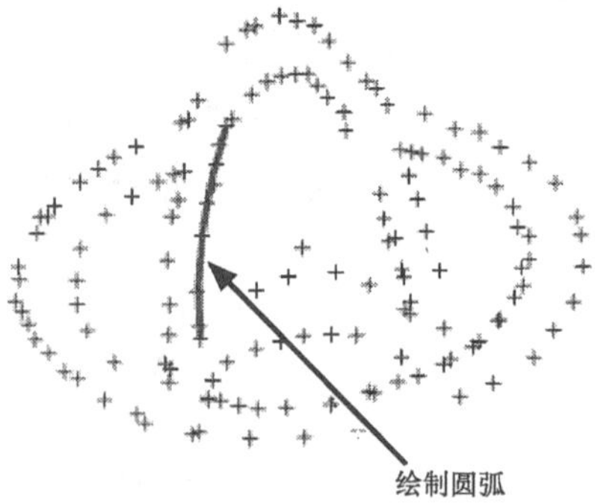

图 6-276

按照上述方法，绘制其他 6 条圆弧，如图 6-277 所示。

6. 创建艺术样条曲线

选择菜单中的【插入(S)】/【曲线(C)】/【艺术样条(D)...】命令，或在【曲线】工具条中选择（艺术样条）图标，出现【艺术样条】对话框，如图 6-278 所示，在类型下拉框中选择通过点选项，勾选匹配的结点位置选项，然后在捕捉点工具条中仅选择（现有点）选项，再在图形中依次选中点 1、点 2、点 3、点 4 和点 5，如图 6-279 所示，然后拖曳点至适当位置，使样条曲线最贴近点，最后单击应用按钮，完成创建艺术样条曲线，如图 6-280 所示。

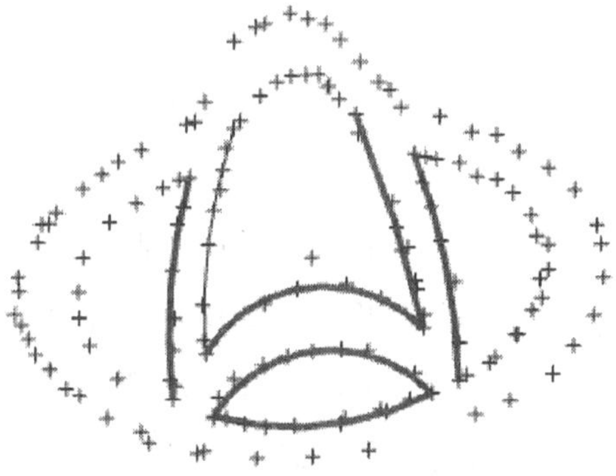

图 6-277

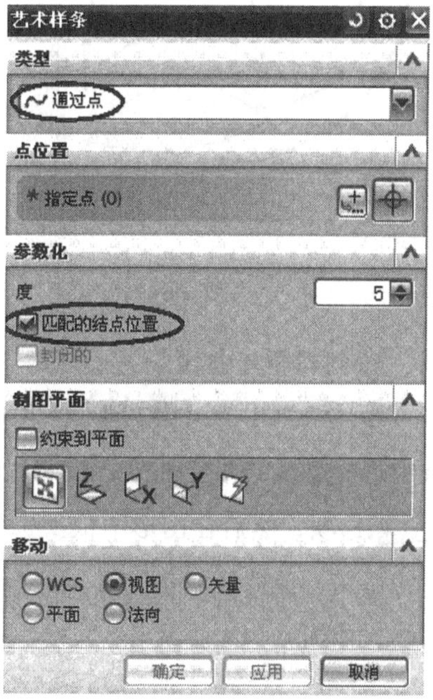

图 6-278

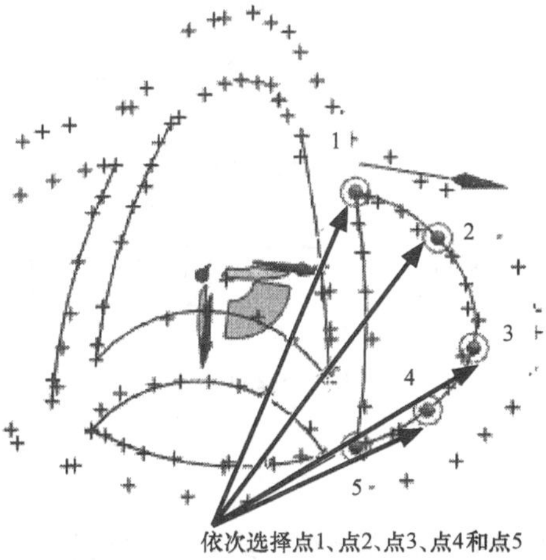

图 6-279

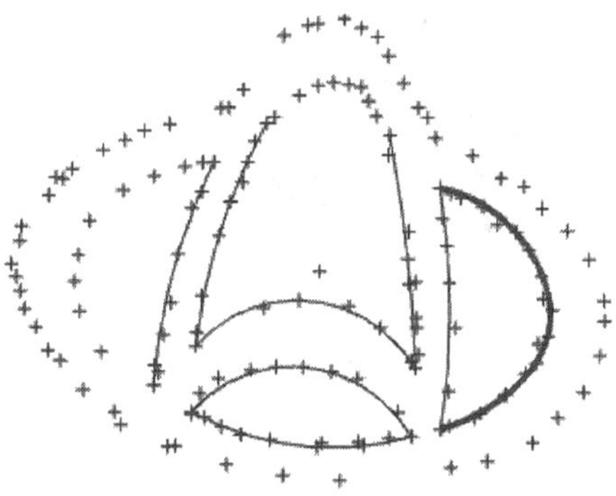

图 6-280

按照同样的方法，依次创建其他艺术样条曲线，完成后如图 6-281 所示。

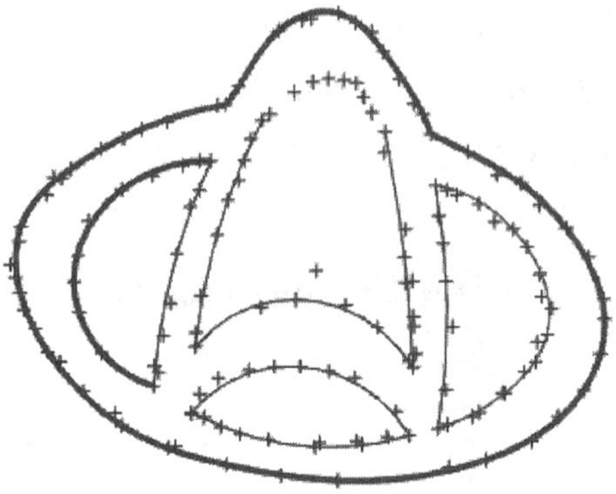

图 6-281

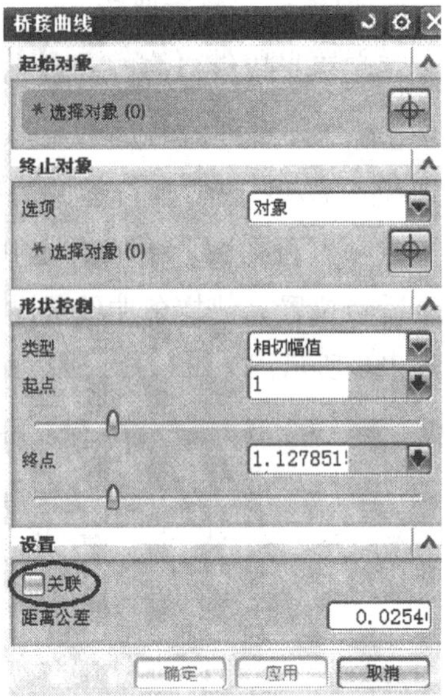

图 6-282

7. 创建桥接曲线

选择菜单中的【插入(S)】/【来自曲线集的曲线(F)】/【桥接(B)...】命令，或在【曲线】工具条中选择（桥接曲线）图标，出现【桥接曲线】对话框，如图 6-282 所示，取消勾选关联选项，然后在图形中依次选择曲线，如图 6-283 所示，并选择如图 6-283 所示的箭头进行微调，使曲线尽量贴点，最后在【桥接曲线】对话框中单击确定按钮，创建桥接曲线，如图 6-284 所示。

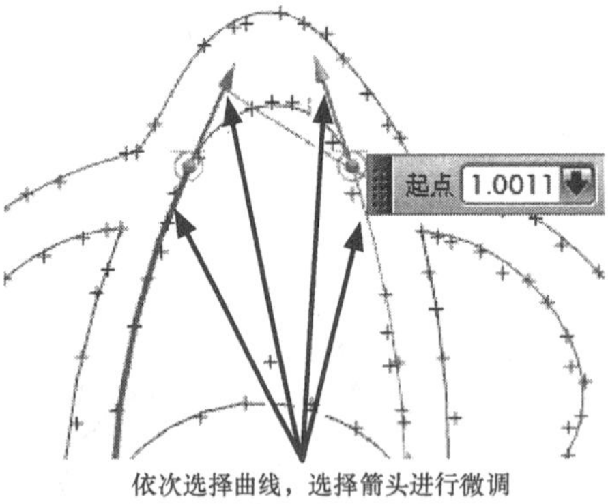

图 6-283

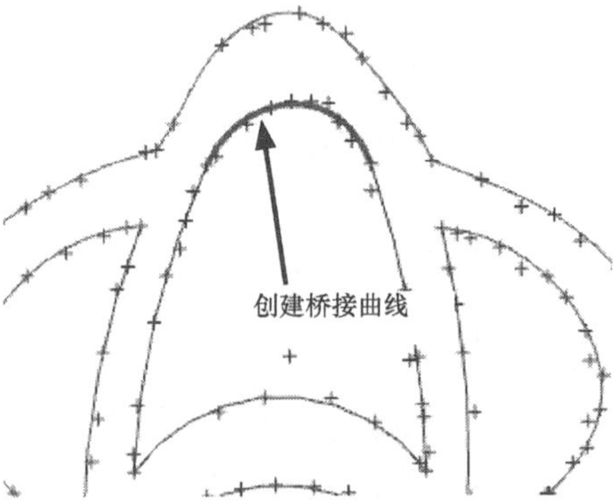

图 6-284

8. 隐藏曲线

选择菜单中的【编辑(E)】/【显示和隐藏(H)】/【隐藏(H)...】命令，或在【实用】工具栏中选择（隐藏）图标，隐藏曲线（略）。

9. 反转显示和隐藏

选择菜单中的【编辑(E)】/【显示和隐藏(H)】/【反转显示和隐藏(I)】命令，或在【实用】工具条中选择（反转显示和隐藏）图标，图形更新后如图6-285所示。

10. 创建拉伸片体特征

选择菜单中的【插入(S)】/【设计特征(E)】/【拉伸(E)...】命令，或在【特征】工具条中选择（拉伸）图标，出现【拉伸】对话框，如图6-286所示，在主界面的曲线规则下拉框中选择相连曲线选项，并选择如图6-287所示的曲线为拉伸对象，然后在【拉伸】对话框的【开始】\【距离】栏和【结束】\【距离】栏中分别输入0和150，再单击应用按钮，创建拉伸片体，如图6-288所示。

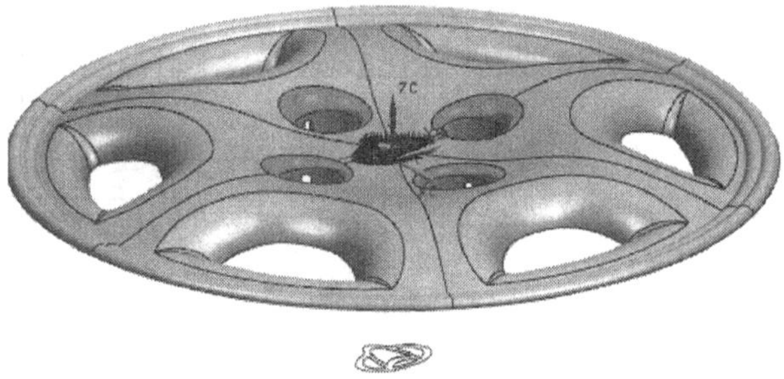

图．6-285

图 6-286

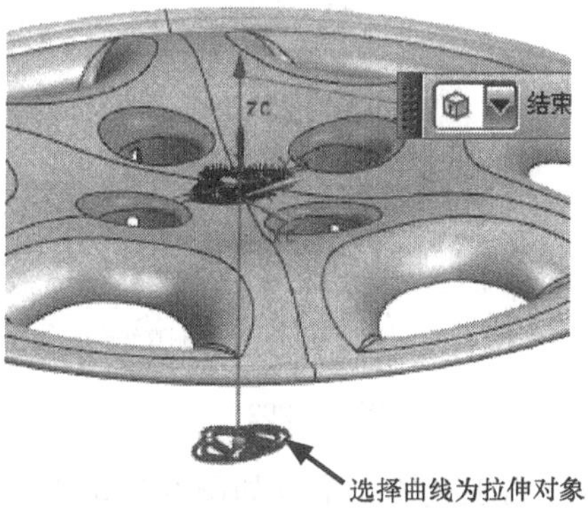

图 6-287

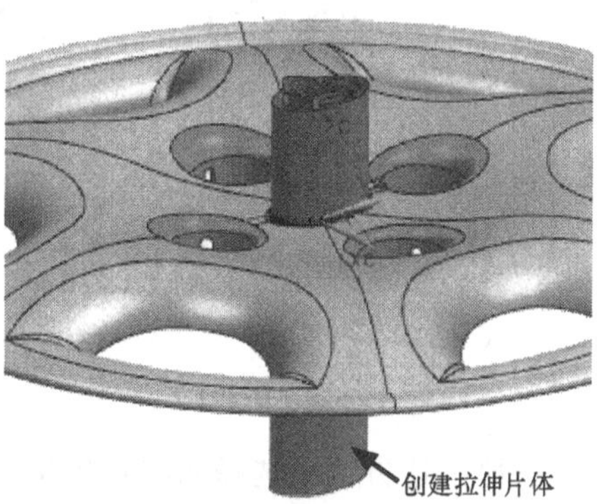

图 6-288

11. 图层设置

选择菜单中的【格式(R)】/【图层设置(S)...】命令，出现【图层设置】对话框，在图层列表框中勾选第 6 层，取消勾选第 8 层，然后单击 关闭 按钮，完成图层设置操作，图形更新后如图 6-289 所示。

12. 绘制直线

选择菜单中的【插入(S)】/【曲线(C)】/【直线(L)...】命令，或在【曲线】工具条中选择 （直线）图标，出现【直线】对话框，如图 6-290 所示，然后在捕捉点工具条中选择 （现有点）选项，并在图形中选择如图 6-291 所示的两个红色点，出现直线，拖曳如图 6-291所示的圆点和箭头至适当位置，再单击 应用 按钮，完成绘制直线，如图 6-292 所示。

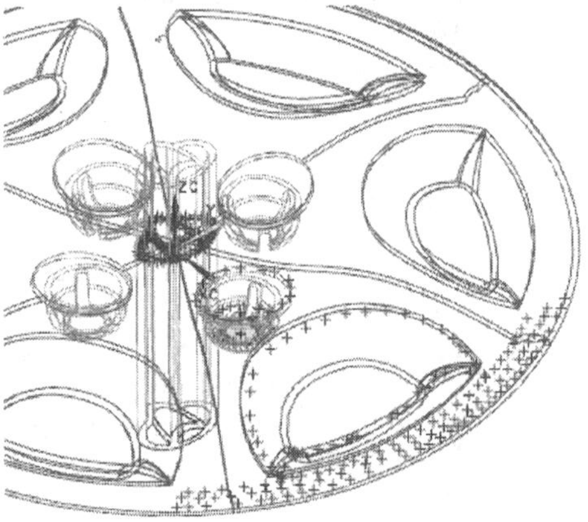

图 6-289

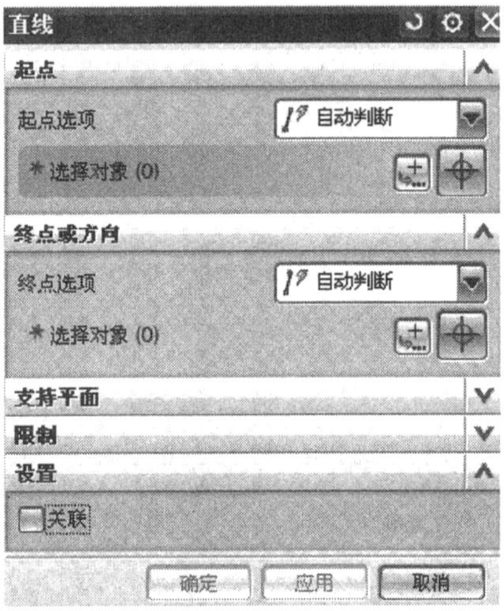

图 6-290

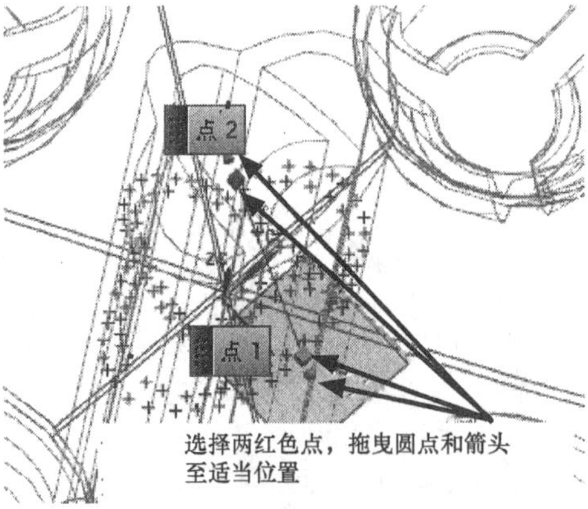

图 6-291

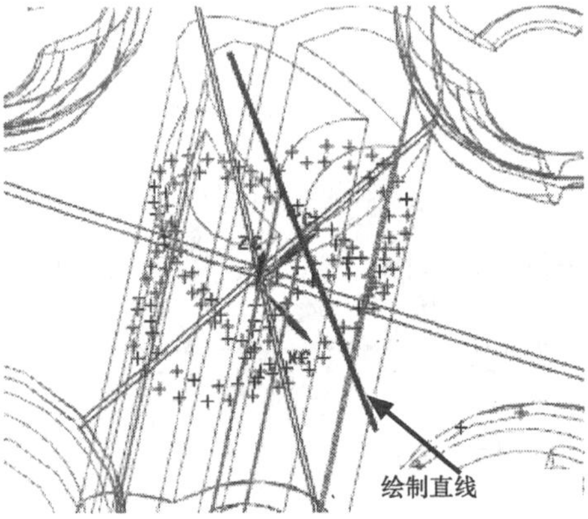

图 6-292

按照上述方法，选择如图 6-293 所示的两个红色点，出现直线，拖曳如图 6-293 所示的圆点和箭头至适当位置，单击 应用 按钮，完成绘制直线，如图 6-294 所示。

13. 创建扫掠曲面特征

选择菜单中的【插入(S)】/【扫掠(W)】/【扫掠(S)...】命令，或在【特征】工具条中选择

(扫掠) 图标，出现【扫掠】对话框，如图 6-295 所示，系统提示选择截面曲线，在图形中选择如图 6-296 所示的直线为截面线，然后在对话框中选择 (引导线) 图标，在图形中选择如图 6-296 所示的直线为引导线，再在【扫掠】对话框中单击 确定 按钮，完成创建扫掠特征，如图 6-297 所示。

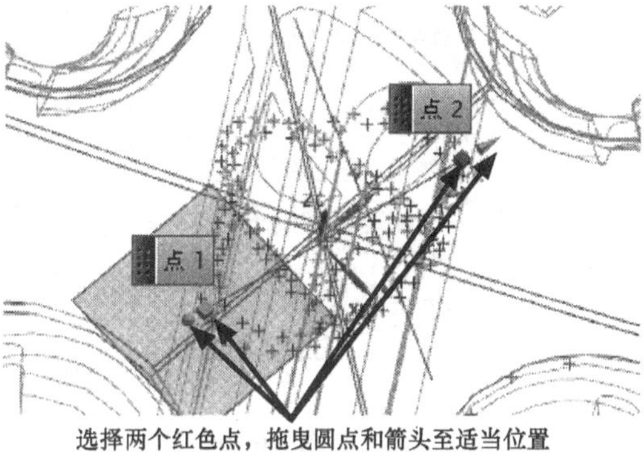

图 6-293

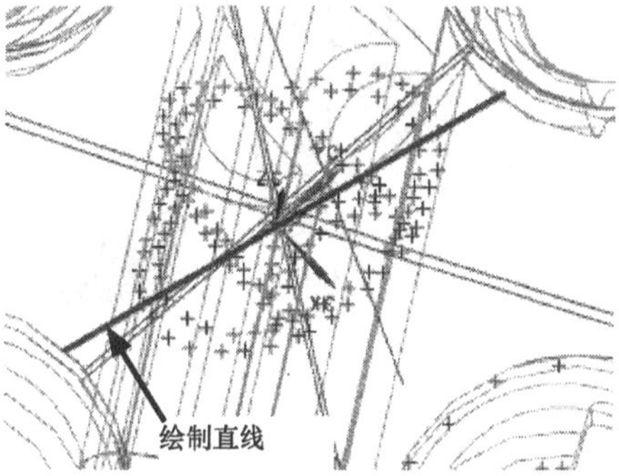

图 6-294

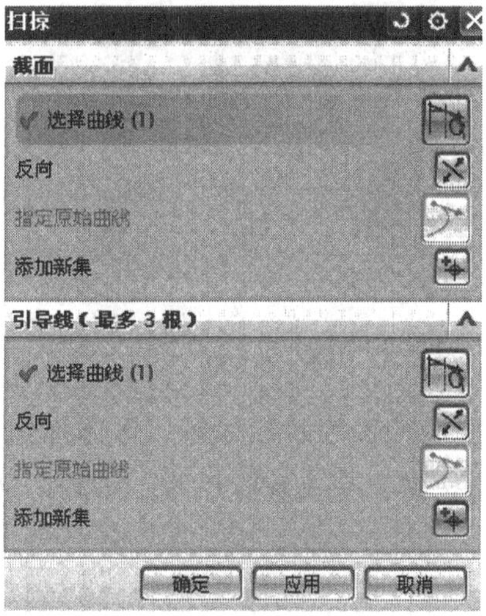

图 6-295

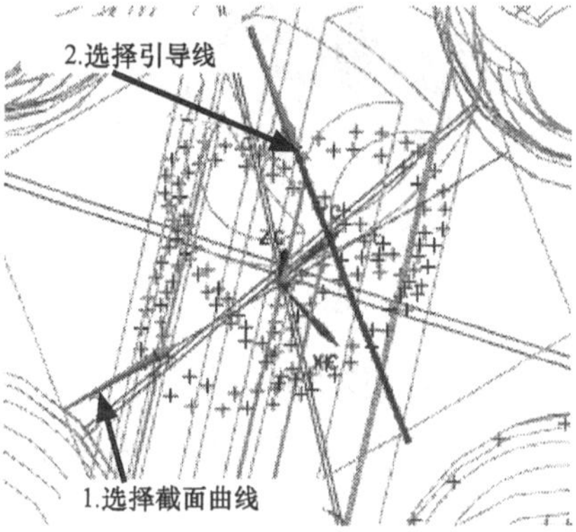

图 6-296

14. 创建修剪片体特征

选择菜单中的【插入(S)】/【修剪(T)】/【修剪片体(R)...】命令，或在【曲面】工具栏中选择 (修剪片体) 图标，出现【修剪片体】对话框，如图 6-298 所示，在 投影方向 下拉框中选择 垂直于面 选项，在 区域 项中选择 舍弃 单选选项，并在图形中选择如图 6-299 所示的面为目标片体，然后在【修剪片体】对话框的 边界对象 区域选择 (对象) 图标，再选择如图 6-299 所示的面为修剪边界，接着在对话框中单击 应用 按钮，完成修剪片体，如图 6-300 所示。

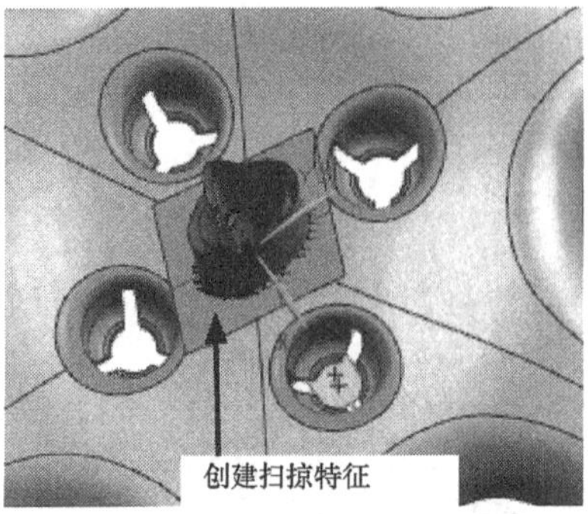

图 6-297

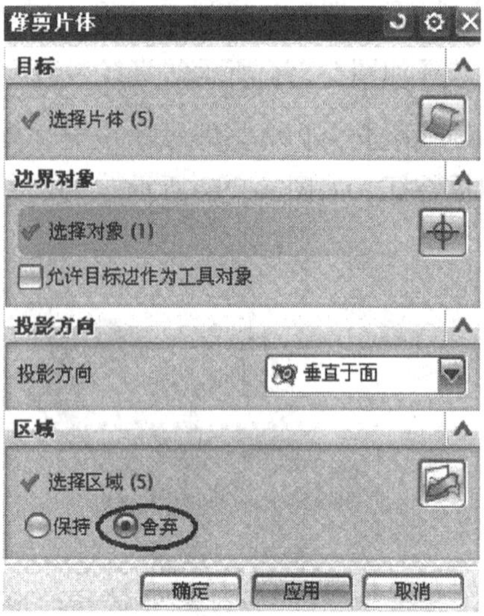

图 6-298

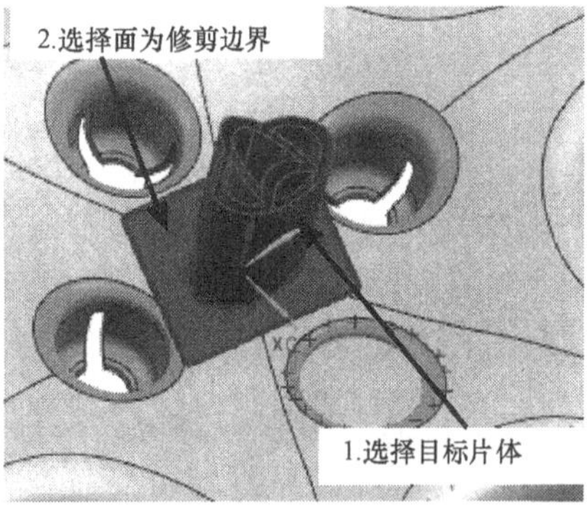

图 6-299

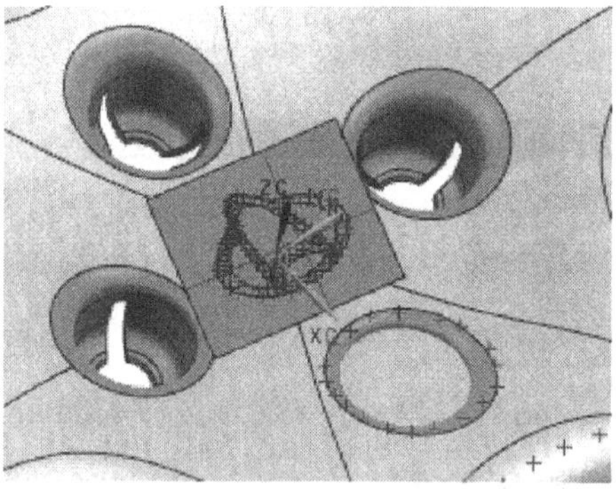

图 6-300

继续创建修剪片体特征。在图形中选择如图 6-301 所示的面为目标片体，再选择如图 6-301所示的面为修剪边界，接着在对话框中单击 应用 按钮，完成修剪片体，如图 6-302 所示。

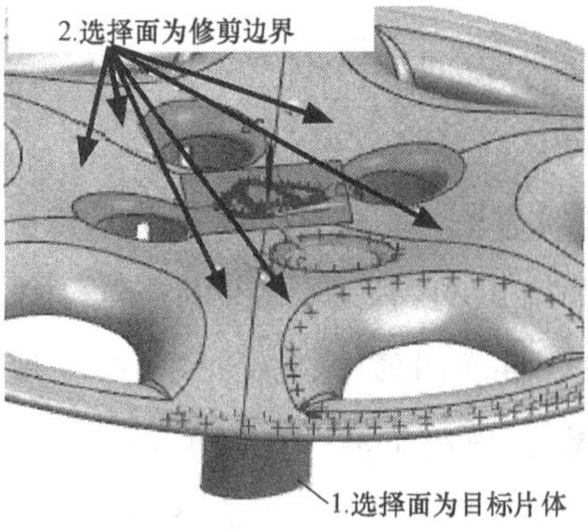

图 6-301

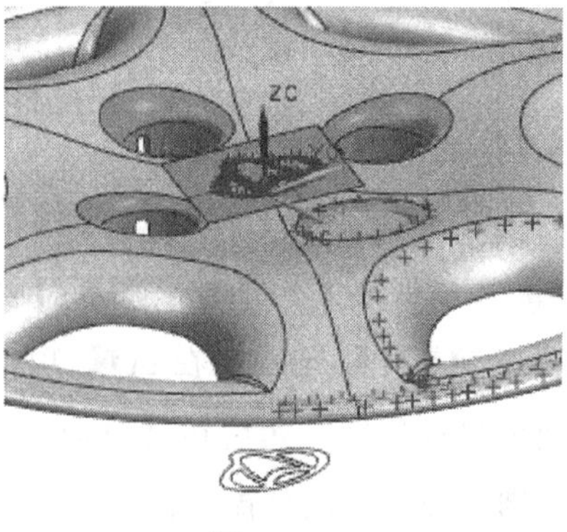

图 6-302

继续创建修剪片体特征。在【修剪片体】对话框的投影方向下拉框中选择垂直于面选项，在区域项中选择保持单选选项，在图形中选择如图6-303所示的面为目标片体，再选择如图6-303所示的片体边为修剪边界，接着在对话框中单击应用按钮，完成修剪片体，如图6-304所示。

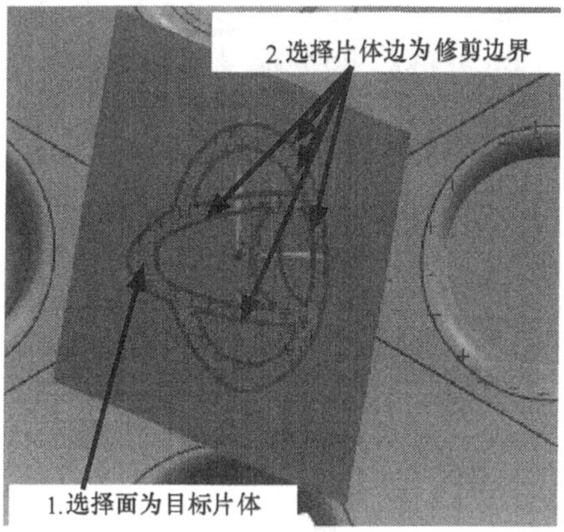

图 6-303

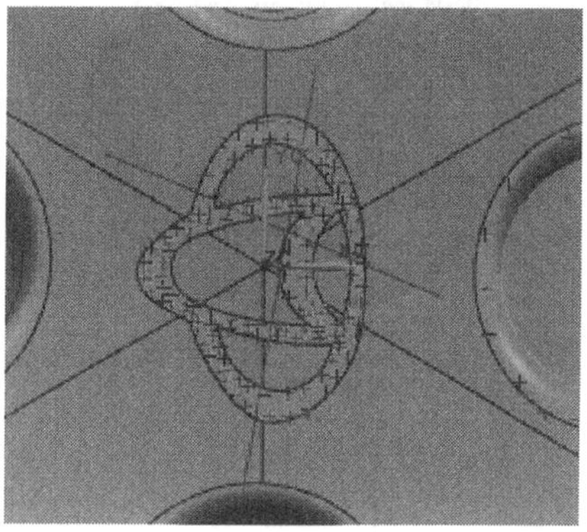

图 6-304

15. 隐藏标志上表面

选择菜单中的【编辑(E)】/【显示和隐藏(H)】/【隐藏(H)...】命令，或在【实用】工具栏中选择（隐藏）图标，隐藏标志上表面（略），图形更新后如图6-305所示。

16. 创建缝合曲面特征

选择菜单中的【插入(S)】/【组合(B)】/【缝合(W)...】命令，或在【特征】操作工具栏中选择（缝合）图标，出现【缝合】对话框，如图6-306所示，系统提示选择缝合的目标片体，按照图6-307所示选择目标片体。

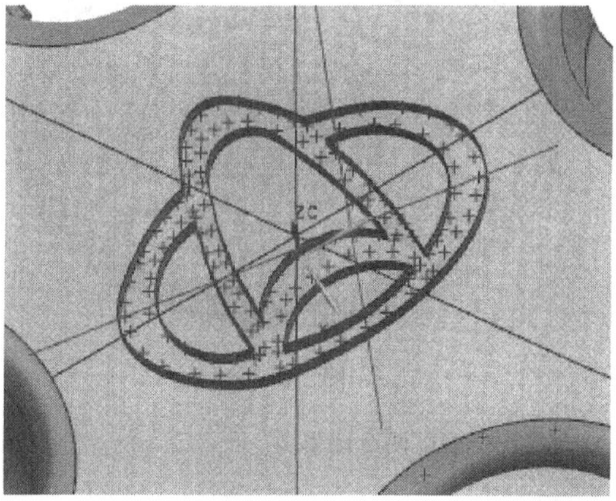

图 6-305

图 6-306

然后选择如图6-307所示的工具片体，再单击应用按钮，此时片体已经缝合成一张片体。

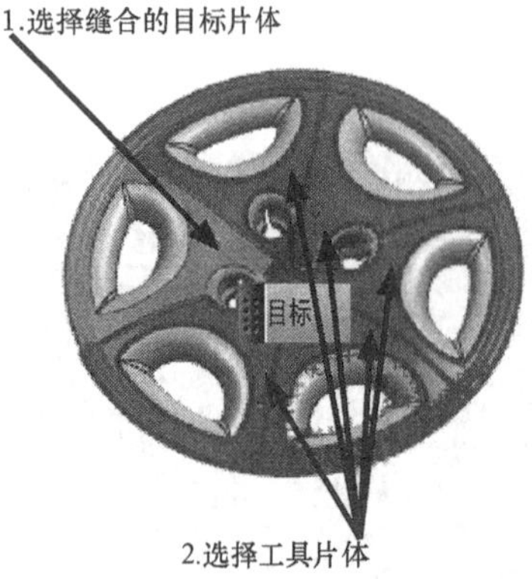

图 6-307

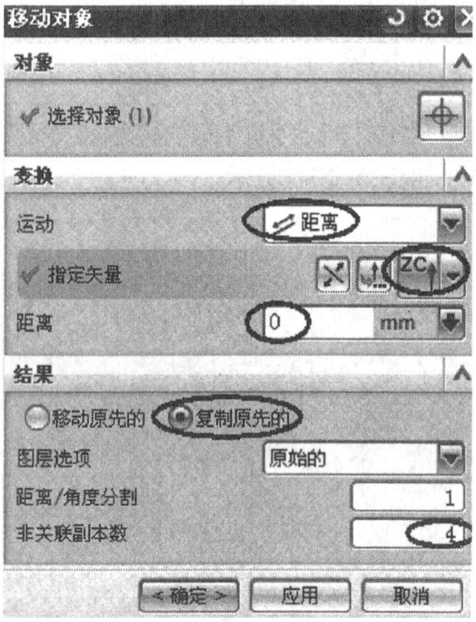

图 6-308

17. 复制曲面

选择菜单中的【编辑(E)】/【移动对象(O)...】命令，或在【标准】工具栏中选择（移动对象）图标，出现【移动对象】对话框，如图 6-308 所示，在图形中选择如图 6-309 所示的片体，然后在【移动对象】对话框的运动下拉框中选择距离选项，在指定矢量下拉框中选择ZC选项，在距离栏输入 0，在结果区域选中复制原先的选项，在非关联副本数栏输入 4，最后单击确定按钮，完成创建移动对象——复制曲面 4 个，如图 6-310 所示。

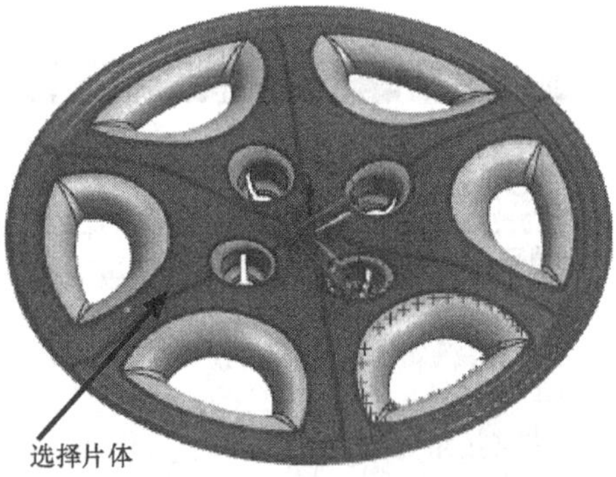

图 6-309

图 6-310

注；通过移动对象，距离为 0，创建曲面的复制，复制出 4 个面以便后面修剪。

18. 创建修剪片体特征

选择菜单中的【插入(S)】/【修剪(T)】/【修剪片体(R)...】命令，或在【曲面】工具栏中选择（修剪片体）图标，出现【修剪片体】对话框，如图 6-311 所示，在投影方向下拉框中选择垂直于面选项，在区域项中选择保持单选选项，并在图形中选择如图 6-312

所示的曲面为要修剪的对象。

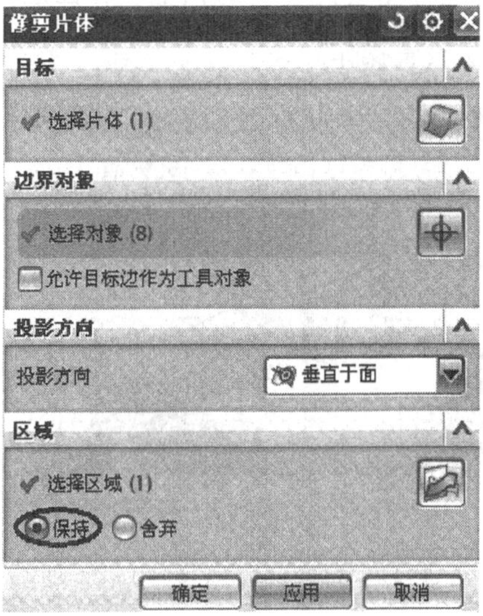

图 6-311

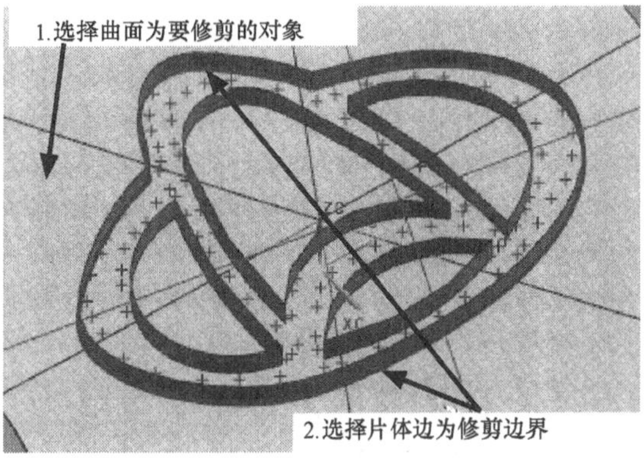

图 6-312

然后在【修剪片体】对话框的**边界对象**区域选择 （对象）图标，在主界面的曲线规则下拉框中选择单条曲线选项，再选择如图 6-312 所示的片体边为修剪边界，接着在对话框中单击应用按钮，完成修剪片体，如图 6-313 所示（隐藏在其他面后）。

按照上述方法继续创建修剪片体特征，继续进行 4 次修剪，分别选择如图 6-314 所示的 4 个区域为保持，再选择 4 个区域的片体边为修剪边界，修剪出内部 4 张片体，完成后如图 6-315 所示（隐藏在其他面后）。

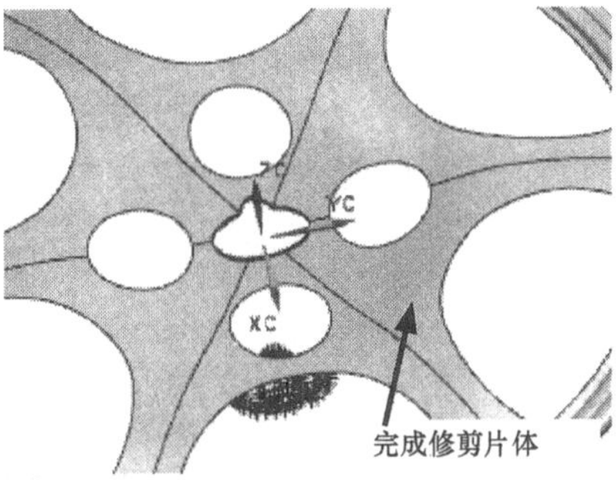

图 6-313

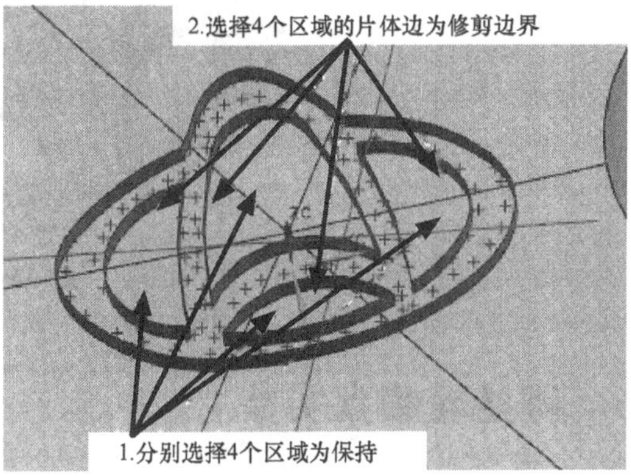

图 6-314

19. 显示被隐藏标志的表面

选择菜单中的【编辑(E)】/【显示和隐藏(H)】/【全部显示(A)】命令，或在【实用】工具栏中选择 （全部显示）图标，恢复被隐藏的片体，图形更新为如图 6-316 所示。

20. 图层设置

选择菜单中的【格式(R)】/【图层设置(S)...】命令，出现【图层设置】对话框，在图层列表框中取消勾选第6层，然后单击 关闭 按钮，完成图层设置操作。

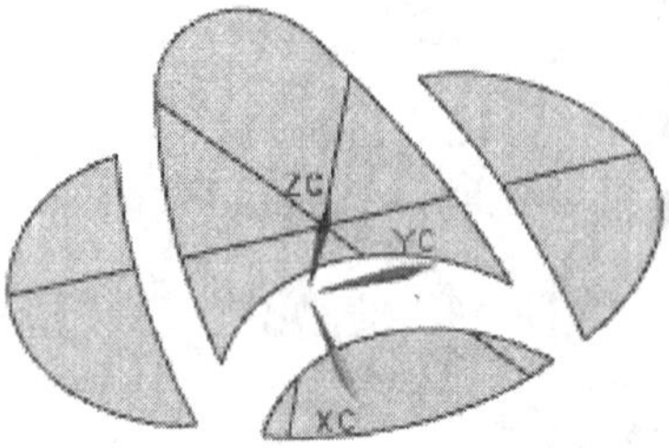

图 6-315

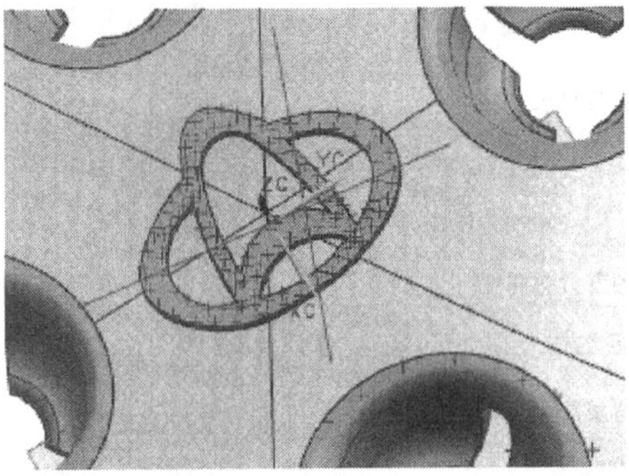

图 6-316

21. 将曲线及点移至255层

选择菜单中的【格式(R)】/【移动至图层(M)...】命令，出现【类选择】对话框，选择曲线及点并将其移至255层（步骤略），图形更新后如图6-317所示。

图 6-317

6.6 创建轮毂盘实体

选择菜单中的【插入(S)】/【组合(B)】/【缝合(W)...】命令，或在【特征】操作工具栏中选择（缝合）图标，出现【缝合】对话框，如图6-318所示，系统提示选择缝合的目标片体，按照图6-319所示选择目标片体。然后框选如图6-319所示的工具片体，再在【缝合】对话框中单击 应用 按钮，此时片体经缝合后已经成了实体，结果如图6-320所示。

图 6-318

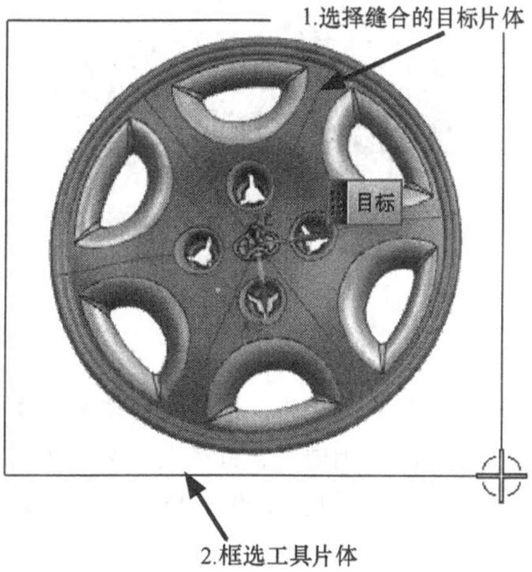

图 6-319

图 6-320

参考文献

[1] 刘之生. 逆向工程技术 [M]. 北京：机械工业出版社，1996.

[2] 柯映林，肖尧先，李江雄. 逆向工程 CAD 建模技术研究 [J]. 计算机辅助设计与图形学学报，2001，13 (6)：570-575.

[3] 柯映林，刘云峰，范树迁，等. 基于特征的逆向工程系统 RE-SOFT [J]. 计算机辅助设计与图形学学报，2004，16 (6)：799-811.

[4] 黄小平，杜晓明，熊有伦. 逆向工程中的建模技术 [J]. 中国机械工程，2001，12 (5)：539-542.

[5] 谢金，王文，等. 基于激光测量的自由曲面零件逆向工程的实现 [J]. 组合机床及自动化加工技术，2002 (1).

[6] 李发致. 模具先进制造技术 [M]. 北京：机械工业出版社，2003.

[7] 金涛，童水光. 逆向工程技术 [M]，北京：机械工业出版社，2003.

[8] 朱林泉，白培康，等. 快速成型与快速制造技术 [M]. 北京：国防工业出版社，2003.

[9] 李总杰，等. 逆向工程技术探讨 [J]. 橡塑技术与装备，2001，27 (10).

[10] 杨文玉，尹周平，等. 数字制造基础 [M]. 北京：北京理工大学出版社，2005.

[11] 苏春. 数字化设计与制造 [M]. 北京：机械工业出版社，2006.